物联网通信安全及解决方案

Wireless Communications Security: Solutions for the Internet of Things

[美] 于尔基 T. J. 潘蒂宁（Jyrki T. J. Penttinen） 著
李爱萍 冯秀芳 陈 健 等译

机 械 工 业 出 版 社

本书是一本介绍无线通信安全的基本原理、物联网应用及其最新研究进展的书籍，全书内容可分为三部分。本书第一部分介绍无线通信安全相关的基础知识，包括：第1章简单介绍无线安全的概念、原理和标准化机构；第2章主要描述与现代无线和移动系统最为相关的安全结构；本书第二部分为第3~7章，分别介绍无线系统安全通信涉及的5个方面及其解决方案：物联网，智能卡和安全元件，无线支付和访问系统，无线安全平台和功能，移动订阅管理；本书第三部分给出无线通信中的风险和保护措施以及无线安全的未来。本书针对物联网安全问题，基本涵盖了无线通信安全从概念、标准、构成、发展到最新进展的全部内容。

本书可以为无线电应用与管理领域、物联网技术与应用领域内政府机关、科研院所、高等学校、企事业单位的管理者、经营者、科研人员提供借鉴，也可作为高等院校研究生、高年级本科生学习物联网领域无线通信安全的教材，还可供相关专业技术人员和教研人员参考。

译者序

物联网是一个涉及计算机科学与技术、通信工程、电子工程、软件工程等多学科范畴的新的业务和应用领域，无线通信是构成物联网中物物相连的重要组成部分。物联网中的安全问题随着无线通信技术的发展和推广，与每个参与物联网的个体紧密相关。本书主要讨论无线通信安全问题针对物联网的解决方案，对于物联网业务和应用的逐步实施和普及具有非常重要的指导作用。

本书是一本针对物联网通信安全基础内容的入门读物，介绍与无线电接入网络安全解决方案相关的主要标准、框架、元器件、产品等方面，以及防止恶意尝试的常规保护措施，涉及物联网、无线通信及其安全知识的来源和最新发展。在内容编排上，本书既保持学科的广度，又兼顾物联网中无线通信安全内容的深度，并把握了最新的技术发展趋势。本书力求在一个宽泛的知识背景下，使读者能够对物联网中涉及的无线通信安全的内容有一个总体的概念，并在此基础上，为以后更深层次的物联网无线通信安全业务及应用做好铺垫。这也是作者将宽广的无线通信安全技术及其物联网应用浓缩到这本书中的良苦用心，其中还包含了作者多年来在移动通信技术和网络相关公司工作的经验积累，以及与移动设备制造商一起工作期间的感受和体会，这些都为物联网无线通信安全的解决方案提供了有益的思路和指导。

本书深入浅出，引人入胜，摆脱了常规书籍过多地深入讨论理论技术细节的框架束缚。作者的用意显然是从物联网应用的角度出发，为读者奠定无线通信安全所需要的基本知识，架起进一步深入学习和应用物联网无线通信安全的桥梁，特别是为读者提供在物联网应用中用于确保无线通信安全的不同解决方案，并通过每章提供的参考文献、网站为读者提供进一步深入学习的参考指南。

这本书既适合国内无线电应用与管理领域、物联网技术与应用领域相关人员了解物联网无线通信安全解决方案时的借鉴和参考，也可作为高等院校研究生、高年级本科生学习物联网领域无线通信安全的教材，或供非物联网专业相关技术人员和教研人员参考。

由于本书涉及面广，技术内容新，有一定的翻译难度，为此，我们几位从事物联网专业教学的老师在翻译过程中字斟句酌，力求做到既忠实于原文，又不失中文语义理解的一般性。此外，因为文中出现大量的缩略语，为使读者逐步熟悉缩略语内容，能够轻松理解缩略语在不同上下文中的准确含义，除了专用的缩略语对照翻译外，书中给第一次出现的缩略语提供全称及中文翻译，但在后文再次出现时一般是中文加缩略语或者直接以缩略语的形式出现。鉴于译者自身的知识局限及时间仓促，译稿中难免有不妥或疏漏之处，谨向原书作者表示歉意，若读者在阅读过程中发现我们的工作有不足之处，敬请广大读者批评指正。

参与本书翻译工作的主要是太原理工大学负责物联网工程专业教学和科研工作的相关老师。本书的翻译是分工合作的结果，并经过了多轮校对和修订。分工如下：李爱萍（第1、10章）、陈健（第2章）、冯秀芳（第3章）、段利国（第4章）、曹棣（第5、6、7章）、兰方鹏（第8、9章），其余部分由李爱萍翻译。全书由李爱萍负责统稿和审校。

很高兴能将本书推荐给读者，希望拿起本书的读者都能获益匪浅。

译者

E-MAIL：tyutli@163. com

原书前言

这本介绍无线通信安全的书籍总结了与无线电接入网络安全解决方案有关的关键方面的内容，以及防止恶意尝试的保护。由于大量的服务依赖于互联网及其日益重要的无线电接入方式，因此，适当的屏蔽是至关重要的。随着无线通信系统（如 Wi-Fi 和蜂窝网络）的普及，服务的使用常常通过无线电设备进行，如通过支持短距离和长距离无线电接入技术的智能手机和笔记本电脑。目前对这些服务和设备的威胁正在增加，攻击者的动机之一是利用用户凭证和其他机密来获得金钱利益。犯罪分子攻击无线电系统还有很多其他原因，因此需要用户、运营商、服务提供商、设备制造商、标准化机构和其他利益相关者采用越来越复杂的保护方法。

随着信息产业和通信技术的全面发展，这些年来环境发生了巨大变化。在 20 世纪 80 年代，对移动通信的威胁仅仅与克隆用户的电话号码有关，以便在无保护的无线电接口上进行免费电话呼叫和窃听语音通话。从保护相对较差的第一代移动网络的经验来看，现代无线通信系统已经以更先进的方式逐渐考虑到安全威胁，而攻击也正在变得越来越复杂，涉及更多样化的动机，如故意破坏服务和赎金型威胁。除了对终端用户的所有这些威胁之外，针对运营商、服务提供商和其他利益相关者的安全漏洞也在增加。换句话说，我们正在进入一个网络世界，通信服务是这个新时代的一个基本组成部分。

互联网在我们的日常生活中扮演着不可或缺的角色，其服务中出现的重大故障所带来的后果将导致混乱。适当屏蔽恶意攻击的企图需要一个完整的和及时更新的网络安全系统，以保护诸如银行机构、能源分配和电信基础设施等社会的基本功能。与物联网（Internet of Thing，IoT）相关的趋势，即，估计在短时间内将有数百亿台设备投入使用，而其中很大比例是较便宜的 IoT 设备，可能往往缺乏自己的保护机制，因此这就意味着环境将会变得更具挑战性。这些看似无害的连接设备，如智能家用电器——如果部署和设置不当——可能会使家庭网络、其服务和信息容器更深地暴露出来，并进一步打开安全漏洞，进入商业网络。这是现代无线安全准备的关键领域之一。

正如我的好朋友阿尔弗雷多所总结的那样，互联网可以比作核能，它在控制之下非常有用，但一旦出现安全威胁，就可能导致重大灾难的发生。毫无疑问，适当的保护是必不可少的。本书通过总结典型的、目前使用的服务和解决方案，介绍了无线安全的解决方案和挑战，并通过提出新颖的解决方案——如先进的移动订阅管理的概念——来描绘未来的图景。我希望读者能在你的工作和研究中发现有趣的和相关的内容，并对这一领域所建立的和尚未形成的解决方案进行总结。本书中的内容还可以通过电子书格式阅读，您可以在 www. tlt. fi 的主题中找到更多的信息和更新，这些内容补充了无线安全的总体情况。就像我以前在 Wiley 出版的书一样，我很乐意通过我的电子邮件地址（jyrki. penttinen@ hotmail. com）直接收到您关于这本无线通信安全书籍的宝贵反馈。

Jyrki T. J. Penttinen
美国新泽西州莫里斯敦

致　谢

将无线安全方面的所有信息收集到一本书中是一项非常有趣的任务。我认为许多已经提出的解决方案往往会发展得非常快，因为威胁越来越复杂和新奇。当然，挑战在于保持书面材料的相关性。随着消费者和 M2M（Machine-to-Machine，机器对机器）领域的所有进步，利益相关者同样难以确保对无线通信网络、设备、移动应用和服务的正确屏蔽——不要忘记物联网（IoT）的整体发展，目前正在受到重大关注。即便如此，我相信这些基础还是值得用一本书的方式来描述的，而给出的每一个领域的最新进展都可以通过确定的关键参考文献和信息的根源进行检查。

本书的一个重要部分，即基础知识的描述，是我在职业生涯中与移动网络运营商以及网络和设备供应商合作过程一直参与其中的事情，而其余的内容则通过完整的画面展示最新的进展，例如，嵌入式 SIM 卡和相应的订阅管理，将在不久的将来以最有效的方式与消费者的移动和配套设备以及越来越多的 IoT 设备高度相关。感谢所有我有幸与之合作，并交流有关移动安全的想法的同事。我想特别提到捷德（Giesecke & Devrient）公司的重要作用，它为我提供了在当前位置上关注这个话题的可能性。

我衷心感谢 Wiley 团队的专业工作，以坚定而又温和的方式，确保图书项目和进度表按照计划完成。特别感谢 Mark Hammond、Sandra Grayson、Tiina Wigley 和 Nithya Sechin 以及 Tessa Hanford 等，帮助我确保这本书的定稿顺利进行。

我还要向芬兰非小说作家协会表示由衷的感谢，感谢他们的支持。

最后，我要感谢 Elva、Stephanie、Carolyne、Miguel、Katriina 和 Pertti，感谢他们所有的支持。

Jyrki T. J. Penttinen

美国新泽西州莫里斯敦（Morristown，NJ，USA）

缩略语

3DES	Triple-Data Encryption Standard	三重数据加密算法
3GPP	3rd Generation Partnership Program	第三代合作伙伴计划
6LoWPAN	IPv6 Low power Wireless Personal Area Network	IPv6 低功耗无线个人区域网
AAA	Authentication, Authorization and Accounting	认证、授权和计费
AAS	Active Antenna System	有源天线系统
ACP	Access Control Policy	访问控制策略
ADF	Application Dedicated File	应用程序专用文件
ADMF	Administration Function	管理功能
ADSL	Asymmetric Digital Subscriber Line	非对称数字用户线
ADT	Android Developer Tool	安卓开发工具
AES	Advanced Encryption Standard	高级加密标准
AF	Authentication Framework	认证框架
AID	Application ID	应用程序标识符
AIDC	Automatic Identification and Data Capture	自动识别和数据采集
AIE	Air Interface Encryption	空中接口加密
AK	Anonymity Key	匿名密钥
AKA	Authentication and Key Agreement	认证和密钥协商
ALC	Asynchronous Layered Coding	异步分层编码
AMF	Authenticated Management Field	(身份) 认证管理域
AMI	Advanced Metering Infrastructure	智慧型电表基础建设
AMPS	Advanced Mobile Phone System	高级移动电话系统
ANDSF	Access Network Discovery and Selection Function	接入网发现与选择功能
ANSI	American National Standards Institute	美国国家标准协会
AOTA	Advanced Over-The-Air	空中推进
AP	Access Point	接入点
AP	Application Provider	应用提供商
APDU	Application Protocol Data Unit	应用协议数据单元
API	Application Programming Interface	应用程序接口
AR	Aggregation Router	聚合路由器
ARIB	Association of Radio Industries and Businesses	(日本) 无线电工业和商业协会
AS	Access Stratum	接入层
AS	Authentication Server	认证服务器

ASIC	Application-Specific Integrated Circuit	应用型专用集成电路
ASME	Access Security Management Entity	接入安全管理实体
ASN. 1	Abstract Syntax Notation One	抽象语法表示法
ATCA	Advanced Telecommunications Computing Architecture	高级电信计算体系结构
ATIS	Alliance for Telecommunications Industry Solutions	电信行业解决方案联盟
ATR	Answer to Reset	复位应答
ATSC	Advanced Television Systems Committee	高级电视系统委员会
AuC	Authentication Centre	认证中心
AUTN	Authentication Token	认证令牌
AV	Authentication Vector	认证向量，鉴权矢量
AVD	Android Virtual Device	安卓虚拟设备
BAN	Business/Building Area Network	商业/建筑区域网
BCBP	Bar Coded Boarding Pass	条形码登机牌
BCCH	Broadcast Control Channel	广播控制频道
BE	Backend	后端
BGA	Ball Grid Array	球栅阵列
BIN	Bank Identification Number	银行识别码（发卡银行代号）
BIP	Bearer-Independent Protocol	独立承载协议
BLE	Bluetooth, Low-Energy	蓝牙，低能耗
BM-SC	Broadcast-Multicast Service Centre	广播-组播服务中心
BSC	Base Station Controller	基站控制器
BSP	Biometric Service Provider	生物识别服务提供商
BSS	Billing System	计费系统
BSS	Business Support System	业务支持系统
BTS	Base Transceiver Station	基站收发信台
C2	Command and Control	指挥和控制
CA	Conditional Access	条件访问
CA	Carrier Aggregation	载波聚合
CA	Certificate Authority	凭证管理中心；认证机构
CA	Controlling Authority	控制机构；监管部门
CAT	Card Application Toolkit	卡应用工具包
CAT_TP	Card Application Toolkit Transport Protocol	卡应用工具包传输协议
CAVE	Cellular Authentication and Voice Encryption	蜂窝认证和语音加密
CB	Cell Broadcast	小区广播
CBEFF	Common Biometric Exchange Formats Framework	常见的生物特征交换格式框架
CC	Common Criteria	通用标准
CC	Congestion Control	拥塞控制
CCM	Card Content Management	卡内容管理
CCMP	Counter-mode Cipher block chaining Message authentication code Protocol	计数器模式密码块链接消息认证码协议
CCSA	China Communications Standards Association	中国通信标准化协会

CDMA	Code Division Multiple Access	码分多址
CEIR	Central EIR	中央 EIR
CEPT	European Conference of Postal and Telecommunications Administrations	欧洲邮电行政会议
CFN	Connection Frame Number	连接帧号
CGN	Carrier-Grade NAT	运营商级 NAT
CHV	Chip Holder Verification	芯片持有人验证
CI	Certificate Issuer	证书发行机构
CK	Cipher Key	密码密钥
CL	Contactless	非接触式
CLA	Class of Instruction	教学类
CLF	Contactless Frontend	非接触前端
CLK	Clock	时钟
CMAS	Commercial Mobile Alert System	商业移动预警系统
CMP	Certificate Management Protocol	证书管理协议
CN	Core Network	核心网
CoAP	Constrained Application Protocol	受限应用协议
CoC	Content of Communication	通信的内容
CPU	Central Processing Unit	中央处理单元
CS	Circuit Switched	电路交换
CSFB	Circuit Switched Fallback	电路交换回退
CSG	Closed Subscriber Group	封闭用户组
CSS7	Common Signaling System	通用信令系统
CVM	Cardholder Verification Method	持卡人验证方法
DBF	Database File	数据库文件
DD	Digital Dividend	数字红利
DDoS	Distributed Denial-of-Service	分布式拒绝服务攻击
DE	Data Element	数据元素
DES	Data Encryption Standard	数据加密标准
DF	Dedicated File	专用文件
DFN	Dual-Flat, No leads	双平面，无引线
DHCP	Dynamic Host Configuration Protocol	动态主机配置协议
DL	Downlink	下行
DM	Device Management	设备管理
DM	Device Manufacturer	设备制造商
DMO	Direct Mode Operation	直通工作方式；直通模式
DNS	Domain Name System	域名系统
DoS	Denial-of-Service	拒绝服务
DPA	Data Protection Act	数据保护法；信息保护法
DPI	Deep Packet Inspection	深度包检测
DRM	Digital Rights Management	数字版权管理

DS	Data Synchronization	数据同步
DSS	Data Security Standard	数据安全标准
DSSS	Direct Sequence Spread Spectrum	直接序列扩频
DTLS	Datagram Transport Layer Security	数据报传输层安全
DTMB	Digital Terrestrial Multimedia Broadcast	数字地面多媒体广播
DVB	Digital Video Broadcasting	数字视频广播
EAL	Evaluation Assurance Level	评估保证级别
EAN	Extended Area Network	扩展区域网络
EAP	Extensible Authentication Protocol	扩展认证协议
EAPoL	Extensible Authentication Protocol over Local Area Network	局域网上的可扩展认证协议
EAP-TTLS	Extensible Authentication Protocol-Tunneled Transport Layer Security	可扩展认证协议-隧道传输层安全性
ECASD	eUICC Controlling Authority Secure Domain	eUICC 控制权限安全域
eCAT	Encapsulated Card Application Toolkit	封装卡应用程序工具包
ECC	Elliptic Curve Cryptography	椭圆曲线密码学
ECDSA	Elliptic Curve Digital Signature Algorithm	椭圆曲线数字签名算法
ECO	European Communications Office	欧洲通信办公室
EDGE	Enhanced Data Rates for Global Evolution	用于全球演进的增强数据速率
EEM	Ethernet Emulation Mode	以太网仿真模式
EEPROM	Electrically Erasable Read-Only Memory	电可擦只读存储器
EF	Elementary File	基本文件
EGAN	Enhanced Generic Access Network	增强型通用接入网络
EID	eUICC Identifier	eUICC 标识符
EIR	Equipment Identity Register	设备标识寄存器
E-MBS	Enhanced Multicast Broadcast Service	增强型组播广播业务
EMC	Electro-Magnetic Compatibility	电磁兼容
EMF	Electro-Magnetic Field	电磁场
EMI	Electro-Magnetic Interference	电磁干扰
EMM	EPS Mobility Management	EPS 移动管理
EMP	Electro-Magnetic Pulse	电磁脉冲
eNB	Evolved Node B	演进节点 B
EPC	Enhanced Packet Core	增强分组核心
EPC	Evolved Packet Core	演进分组核心
EPS	Electric Power System	电力系统
EPS	Enhanced Packet System	增强分组系统
ERP	Enterprise Resource Planning	企业资源规划
ERTMS	European Rail Traffic Management System	欧洲铁路交通管理系统
eSE	Embedded Security Element	嵌入式安全元件
eSIM	Embedded Subscriber Identity Module	嵌入式用户识别模块
ESN	Electronic Serial Number	电子序列号

ESP	Encapsulating Security Payload	封装安全有效负荷
ETSI	European Telecommunications Standards Institute	欧洲电信标准协会
ETWS	Earthquake and Tsunami Warning System	地震和海啸预警系统
eUICC	Embedded Universal Integrated Circuit Card	嵌入式通用集成电路卡
EUM	eUICC Manufacturer	eUICC 制造商
E-UTRAN	Enhanced UTRAN	增强型 UTRAN
EV-DO	Evolution Data Only/Data Optimized	仅用于演进数据/数据优化
FAC	Final Approval Code	最终批准代码
FAN	Field Area Network	场域网络
FCC	Federal Communications Commission	（美国）联邦通信委员会
FDD	Frequency Division Multiplex	频分复用
FDT	File Delivery Table	文件传送表
FEC	Forward Error Correction	前向纠错
FF	Form Factor	（电子产品等的）物理尺寸和形状，规格
FICORA	Finnish Communications Regulatory Authority	芬兰通信管理局
FID	File-ID	文件 ID
FIPS	Federal Information Processing Standards	联邦信息处理标准
FLUTE	File Transport over Unidirectional Transport	单向传输的文件传输
FM	Frequency Modulation	频率调制
FPGA	Field Programmable Gate Array	现场可编程门阵列
GAA	Generic Authentication Architecture	通用认证架构
GBA	Generic Bootstrapping Architecture	通用引导架构
GCSE	Group Communication System Enabler	组通信系统启用器
GEA	GPRS Encryption Algorithm	GPRS 加密算法
GERAN	GSM EDGE Radio Access Network	GSM 边缘无线电接入网
GGSN	GPRS Gateway Support Node	GPRS 网关支持节点
GMSK	Gaussian Minimum Shift Keying	高斯最小偏移键控
GoS	Grade of Service	服务等级
GP	GlobalPlatform	全球平台
GPRS	General Packet Radio Service	通用分组无线电业务
GPS	Global Positioning System	全球定位系统
GRX	GPRS Roaming Exchange	GPRS 漫游交换
GSM	Global System for Mobile Communications	全球移动通信系统
GSMA	GSM Association	GSM 协会
GTP	GPRS Tunnelling Protocol	GPRS 隧道协议
GUI	Graphical User Interface	图形用户界面
HAN	Home Area Network	家庭区域网络
HCE	Host Card Emulation	主机卡仿真
HCI	Host Controller Interface	主机控制器接口
HE	Home Environment	家庭环境

HF	High Frequency	高频率
HFN	Hyperframe Number	超帧号
HIPAA	Health Insurance Portability and Accountability Act	健康保险携带和责任法案
HLR	Home Location Register	归属位置寄存器
HNB	Home Node B	家庭节点
HRPD	High Rate Packet Data	高速分组数据
HSPA	High Speed Packet Access	高速分组接入
HSS	Home Subscriber Server	归属用户服务器
HTTPS	HTTP Secure	HTTP 安全
HW	Hardware	硬件
I/O	Input/Output	输入/输出
I^2C	Inter-Integrated Circuit	内部集成电路
IAN	Industrial Area Network	工业区域网
IANA	Internet Assigned Numbers Authority	互联网号码分配机构
IARI	IMS Application Reference ID	IMS 应用程序参考 ID
ICAO	International Civil Aviation Organization	国际民航组织
ICC	Integrated Circuit Card	集成电路卡
ICCID	ICC Identification Number	ICC 识别号码
ICE	In Case of Emergency	紧急情况
ICE	Intercepting Control Element	拦截控制元件
ICIC	Inter Cell Interference Control	小区间干扰控制
ICT	Information and Communication Technologies	信息通信技术
IDE	Integrated Development Environment	集成开发环境
IDEA	International Data Encryption Algorithm	国际数据加密算法
ID-FF	Identity Federation Framework	身份联盟框架
IDM	Identity Management	身份管理
IDS	Intrusion Detection System	入侵检测系统
ID-WSF	Identity Web Services Framework	身份 Web 服务框架
IEC	International Electrotechnical Commission	国际电工委员会
IEEE	Institute of Electrical and Electronics Engineers	电气和电子工程师学会
IETF	Internet Engineering Task Force	互联网工程任务组
IF	Intermediate Frequency	中频
IK	Integrity Key	完整性密钥
IKE	Internet Key Exchange	互联网密钥交换
IMEI	International Mobile Equipment Identity	国际移动设备标识
IMEISV	IMEI Software Version	IMEI 软件版本
IMS	IP Multimedia Subsystem	IP 多媒体子系统
IMSI	International Mobile Subscriber Identity	国际移动用户识别
IOP	Interoperability Process	互操作性过程
IoT	Internet of Things	物联网
IOT	Inter-Operability Testing	互操作性测试

IP	Internet Protocol	互联网协议
IPS	Intrusion Prevention System	入侵预防系统
IPSec	IP Security	IP 安全
IR	Infrared	红外线
IRI	Intercept Related Information	监听（拦截）相关信息
ISD	Issuer Security Domain	发行者安全域
ISDB-T	Terrestrial Integrated Services Digital Broadcasting	地面综合业务数字广播
ISD-P	Issuer Security Domain Profile	发行者安全域配置文件
ISD-R	Issuer Security Domain Root	发行者安全域根
ISIM	IMS SIM	国际移动用户身份模块
ISO	International Organization for Standardization	国际标准化组织
ISOC	Internet Society	互联网协会
ITSEC	Information Technology Security Evaluation Criteria	信息技术安全评估标准
ITU	International Telecommunications Union	国际电信联盟
IWLAN	Interworking Wireless Local Area Network	互通无线局域网
JBOH	JavaScript-Binding-Over-HTTP	HTTP 上的 JavaScript 绑定
JTC	Joint Technical Committee	联合技术委员会
K	User Key	用户密钥
KASME	Key for Access Security Management Entity	接入安全管理实体密钥
KDF	Key Derivation Function	密钥导出函数
LA	Location Area	位置区域
LAN	Local Area Network	局域网
LBS	Location Based Service	基于位置的服务
LCT	Layered Coding Transport	分层编码传输
LEA	Law Enforcement Agencies	执法机构
LEAP	Lightweight Extensible Authentication Protocol	轻量级可扩展认证协议
LEMF	Law Enforcement Monitoring Facilities	执法监控设施
LF	Low Frequency	低频
LI	Legal/Lawful Interception	法律/合法拦截
LIF	Location Interoperability Forum	位置互操作论坛
LIG	Legal Interception Gateway	合法监听（拦截）网关
LLCP	Logical Link Control Protocol	逻辑链路控制协议
LoS	Line-of-Sight	视线
LPPM	Location-Privacy Protection Mechanism	位置隐私保护机制
LTE	Long Term Evolution	长期演进（技术名）
LTE-M	LTE M2M	LTE M2M
LTE-U	LTE Unlicensed	非授权频段 LTE
LUK	Limited Use Key	有限使用密钥
LWM2M	Lightweight Device Management of M2M	M2M 轻量级设备管理
M2M	Machine-to-Machine	机器对机器
MAC	Medium Access Control	媒体访问控制

MAC	Message Authentication Code	消息认证码
MBMS	Multimedia Broadcast and Multicast Service	多媒体广播和组播服务
MC	Multi Carrier	多载波
MCC	Mobile Country Code	移动国家代码
MCPTT	Mission Critical Push To Talk	关键任务一键通
ME	Mobile Equipment	移动设备
ME ID	Mobile Equipment Identifier	移动设备标识符（识别码）
MF	Master File	主文件
MFF2	Machine-to-Machine Form Factor 2	M2M 规格 2
MGIF	Mobile Gaming Interoperability Forum	移动游戏互操作论坛
MIM	Machine Identity Module	机器识别模块
MIMO	Multiple In Multiple Out	多输入多输出
MITM	Man in the Middle	中间人
MM	Mobility Management	移动管理
MME	Mobility Management Entity	移动管理实体
MMS	Multimedia Messaging	多媒体消息
MNC	Mobile Network Code	移动网络代码
MNO	Mobile Network Operator	移动网络运营商
MPLS	Multiprotocol Label Switching	多协议标签交换
MPU	Multi Processing Unit	多处理单元
MRTD	Machine Readable Travel Document	机读旅行证件
MSC	Mobile Services Switching Centre	移动业务交换中心
MSISDN	Mobile Subscriber's ISDN number	移动用户的 ISDN 号码
MSP	Multiple Subscriber Profile	多用户配置文件
MST	Magnetic Secure Transmission	磁安全传输
MT	Mobile Terminal	移动终端
MTC	Machine-Type Communications	机器类通信
MVNO	Mobile Virtual Network Operator	移动虚拟网络运营商
MVP	Minimum Viable Product	最小可行产品
MWIF	Mobile Wireless Internet Forum	移动无线互联网论坛
NAA	Network Access Application	网络访问应用程序
NACC	Network Assisted Call Control	网络辅助呼叫控制
NAF	Network Application Function	网络应用功能
NAN	Neighborhood Area Network	邻近区域网络
NAS SMC	NAS Security Mode Command	NAS 安全模式命令
NAS	Non-Access Stratum	非接入层
NAT	Network Address Translation	网络地址转换
NB	Node B	节点 B
NCSC-FI	National Cyber Security Centre of Finland	芬兰国家网络安全中心
NDEF	NFC Data Exchange Format	NFC 数据交换格式
NDS	Network Domain Security	网络域安全

NE ID	Network Element Identifier	网络元素标识符
NFC	Near Field Communications	近场通信
NGMN	Next Generation Mobile Network	下一代移动网络
NH	Next Hop	下一跳
NHTSA	National Highway Transportation and Safety Administration	（美国）国家公路运输与安全管理局
NIS	Network and Information Security	网络与信息安全
NIST	National Institute of Standards and Technology	（美国）国家标准和技术研究院
NMS	Network Monitoring System	网络监控系统
NMT	Nordic Mobile Telephony	北欧移动电话
NP	Network Provider	网络提供商
NPU	Numerical Processing Unit	数字处理单元
NTP	Network Time Protocol	网络时间协议
NWd	Normal World	正常模式
OAM	Operations, Administration and Management	运营，行政和管理
OBU	Onboard Unit	车载单元
OCF	Open Card Framework	开放卡框架
OCR	Optical Character Recognition	光学字符识别
ODA	On-Demand Activation	按需激活
ODM	Original Device Manufacturer	原始设备制造商
OEM	Original Equipment Manufacturer	原始设备制造商
OFDM	Orthogonal Frequency Division Multiplexing	正交频分复用
OM	Order Management	订单管理
OMA	Open Mobile Alliance	开放移动联盟
OP	Organizational Partner	组织合作伙伴
OPM	OTA Provisioning Manager	OTA 配置管理器
OS	Operating System	操作系统
OSPT	Open Standard for Public Transport (Alliance)	公共交通开放标准（联盟）
OTA	Over-the-Air	空中下载
OTT	Over-the-Top	不经过运营商的直接服务
PAN	Personal Account Number	个人账户号
PAN	Personal Area Network	个人区域网络；个域网
PC/SC	Personal Computer/Smart Card	个人计算机/智能卡
PCC	Policy and Charging Control	策略与计费控制
PCI	Payment Card Industry	支付卡行业
PCI-DSS	Payment Card Industry Data Security Standard	支付卡行业数据安全标准
PDA	Personal Digital Assistant	个人数字助理
PDCP	Packet Data Convergence Protocol	分组数据汇聚协议
PDN	Packet Data Network	分组数据网络
PDP	Packet Data Protocol	分组数据协议
PDS	Packet Data Services	分组数据服务

PDU	Protocol/Packet Data Unit	协议/分组数据单元
PED	PIN-Entry Device	PIN 输入设备
PGC	Project Coordination Group	项目协调组
P-GW	Proxy Gateway	代理网关
PICC	Proximity ICC	邻近 ICC
PIN	Personal Identification Number	个人识别号码
PITA	Portable Instrument for Trace Acquisition	便携式轨迹采集仪
PIV	Personal Identity Verification	个人身份验证
PKI	Public Key Infrastructure	公钥基础设施
PLI	Physical Layer Identifier	物理层标识符
PLMN	Public Land Mobile Network	公共陆地移动通信网
PMR	Private Mobile Radio	专用移动无线电
PNAC	Port-based Network Access Control	基于端口的网络访问控制
POS	Point-of-Sales	销售终端
PP	Protection Profile	保护配置文件
PTM	Point-to-Multipoint	点对多点
PTP	Point-to-Point	点对点
PTS	PIN Transaction Security	PIN 交易安全
PTS	Protocol Type Selection	协议类型选择
PUK	Personal Unblocking Key	个人解锁键
PWS	Public Warning System	公共预警系统
QoS	Quality of Service	服务质量
QR	Quick Read	快速阅读
RA	Registration Authority	注册机构
RAM	Random Access Memory	随机存取存储器
RAM	Remote Application Management	远程应用管理
RAN	Radio Access Network	无线电接入网络
RANAP	RAN Application Protocol	无线电接入网络应用协议
RAND	Random Number	随机数
RAT	Radio Access Technology	无线电接入技术
RCS	Rich Communications Suite	富通信套件
REE	Rich Execution Environment	富执行环境
RES	Response	响应
RF	Radio Frequency	无线电频率
RFID	Radio Frequency Identity	射频识别
RFM	Remote File Management	远程文件管理
RLC	Radio Link Control	无线电链路控制
RN	Relay Node	中继节点
RNC	Radio Network Controller	无线电网络控制器
RoI	Return on Investment	投资回报率
ROM	Read-Only Memory	只读存储器

RPM	Remote Patient Monitoring	远程患者监测
RRC	Radio Resource Control	无线电资源控制
RRM	Radio Resource Management	无线电资源管理
RSP	Remote SIM Provisioning	远程 SIM 卡配置
RTC	Real Time Communications	实时通信
RTD	Record Type Definition	记录类型定义
RTT	Radio Transmission Technology	无线电传输技术
RUIM	Removable User Identity Module	可移动用户识别模块
SA	Security Association	安全关联
SA2	Services and System Aspects	服务和系统方面
SaaS	Software as a Service	软件即服务
SAE	System Architecture Evolution	系统架构演进
SAR	Specific Absorption Rate	比吸收率
SAS	Security Accreditation Scheme	安全认证方案
SAT	SIM Application Toolkit	SIM 应用工具包
SATCOM	Satellite Communications	卫星通信
SBC	Session Border Controller	会话边界控制器
SC	Sub-Committee	小组（分）委员会
SCD	Signature-Creation Data	签名创建数据
SCP	Secure Channel Protocol	安全通道协议
SCQL	Structured Card Query Language	结构化卡查询语言
SCTP	Stream Control Transmission Protocol	流控制传输协议
SCWS	Smart Card Web Server	智能卡 Web 服务器
SD	Secure Digital	安全数字
SD	Security Domain	安全域
SDCCH	Stand Alone Dedicated Control Channel	独立专用控制信道
SDK	Software Development Kit	软件开发工具包
SDS	Short Data Services	短数据服务
SE	Secure Element	安全元件
SE	Service Enabler	业务引擎
SEG	Security Gateway	安全网关
SEI	Secure Element Issuer	安全元件发行商
SES	Secure Element Supplier	安全元件供应商
SFPG	Security and Fraud Prevention Group	安全防范小组
SG	Smart Grid	智能电网
SGSN	Serving GPRS Support Node	服务 GPRS 支持节点
S-GW	Serving Gateway	服务网关
SIM	Subscriber Identity Module	用户识别模块
SIP	Session Initiation Protocol	会话发起协议
SiP	Silicon Provider	硅供应商
SM	Short Message	短消息

SMC	Security Mode Command	安全模式命令
SM-DP	Subscription Manager, Data Preparation	订阅管理器-数据准备
SMG	Special Mobile Group	专用移动通信群
SMS	Short Message Service	短消息服务
SMSC	Short Message Service Centre	短消息服务中心
SM-SR	Subscription Manager, Secure Routing	订阅管理器-安全路由
SN ID	Serving Network's Identity	服务网络的身份
SN	Sequence Number	序列号
SN	Serving Network	服务网络
SoC	System on Chip	片上系统
SON	Self-Organizing Network	自组织网络
SP	Service Provider	服务提供商
SPI	Serial Peripheral Interface	串行外设接口
SQN	Sequence Number	序列号
SRES	Signed Response	鉴权响应
SRVCC	Single Radio Voice Call Continuity	单无线电语音通话连续性
SS	Service Subscriber	业务用户
SSCD	Secure Signature-Creation Device	安全签名创建设备
SSD	Shared Secret Data	共享保密数据
SSDP	Simple Service Discovery Protocol	简单服务发现协议
SSID	Service Set Identifier	服务集标识符
SSL	Secure Sockets Layer	安全套接层
SSO	Single Sign On	单点登录
SubMan	Subscription Management	订阅管理
SVLTE	Simultaneous Voice and LTE	同步语音与 LTE
SVN	Software Version Number	软件版本号
SW	Software	软件
SWd	Secure World	安全模式
SWP	Single Wire Protocol	单线协议
TAC	Type Approval Code	类型批准代码
TACS	Total Access Communications System	全接入通信系统
TC	Technical Committee	技术委员会
TCAP	Transaction Capabilities Application Part	事务能力应用程序部分
TCP	Transmission Control Protocol	传输控制协议
TDD	Time Division Multiplex	时分复用
TDMA	Time Division Multiple Access	时分多址
TE	Terminal Equipment	终端设备
TEDS	TETRA Enhanced Data Service	TETRA 增强型数据服务
TEE	Trusted Execution Environment	可信执行环境
TETRA	Terrestrial Trunked Radio	地面集群无线电
TIA	Telecommunications Industry Association	（北美）电信工业协会

TKIP	Temporal Key Integrity Protocol	时间密钥完整性协议
TLS	Transport Layer Security	传输层安全
TMO	Trunked Mode Operation	集群模式操作
TMSI	Temporary Mobile Subscriber Identity	临时移动用户（身份）识别
TOE	Target of Evaluation	评估目标
ToP	Timing over Packet	时序分组
TPDU	Transmission Protocol Data Unit	传输协议数据单元
TSC	Technical Sub-Committee	技术小组委员会
TSG	Technical Specification Group	技术规范组
TSIM	TETRA Subscriber Identity Module	TETRA 用户识别模块
TSM	Trusted Service Manager	可信服务管理
TSDSI	Telecommunications Standards Development Society of India	印度电信标准发展协会
TTA	Telecommunications Technology Association	（韩国）电信技术协会
TTC	Telecommunications Technology Committee	（日本）电信技术委员会
TTLS	Tunneled Transport Layer Security	隧道传输层安全
TUAK	Temporary User Authentication Key	临时用户认证密钥
TZ	Trusted Zone	可信区域
UART	Universal Asynchronous Receiver/Transmitter	通用异步收发器
UDP	User Datagram Protocol	用户数据报协议
UE	User Equipment	用户设备
UHF	Ultra High Frequency	超高频
UICC	Universal Integrated Circuit Card	通用集成电路卡
UIM	User Identity Module	用户（身份）识别模块
UL	Uplink	上行
UMTS	Universal Mobile Telecommunications System	通用移动通信系统
UN	United Nations	联合国
UP	User Plane	用户平面
URI	Uniform Resource Identifier	统一资源标识符
USAT	USIM Application Toolkit	USIM 应用工具包
USB	Universal Serial Bus	通用串行总线
USIM	Universal Subscriber Identity Module	通用用户识别模块
UTRAN	Universal Terrestrial Radio Access Network	通用地面无线电接入网
UWB	Ultra-Wide Band	超宽带
UX	User Experience	用户体验
VLAN	Virtual Local Area Network	虚拟局域网
VLR	Visitor Location Register	漫游位置寄存器
VoIP	Voice over Internet Protocol	IP 电话
VoLTE	Voice over LTE	LTE 语音
VPLMN	Visited PLMN	漫游的 PLMN
VPN	Virtual Private Network	虚拟专用网络

WAN	Wide Area Network	广域网
WAP	Wireless Access Protocol	无线接入协议
WCDMA	Wideband Code Division Multiplexing Access	宽带码分多址
WEP	Wired Equivalent Privacy	有线等效保密
WG	Working Group	工作组
WIM	Wireless Identity Module	无线识别模块
WISPr	Wireless Internet Service Provider roaming	无线互联网服务提供商漫游
WLAN	Wireless Local Area Network	无线局域网
WLCSP	Wafer-Level re-distribution Chip-Scale Packaging	晶圆级再分配芯片规模封装
WPA	Wi-Fi Protected Access	Wi-Fi 保护访问
WPA2	Wi-Fi Protected Access, enhanced	增强的 Wi-Fi 保护访问
WPS	Wi-Fi Protected Setup	Wi-Fi 保护设置
WRC	World Radio Conference	世界无线电大会
WSN	Wireless Sensor Network	无线传感器网络
WWW	World Wide Web	万维网
XOR	Exclusive Or	异或
XRES	Expected Response	预期反应

目　录

第1章 绪论

1.1 简介

本书指出了移动通信领域的关键方面，内容包括作为当前无线系统及解决方案的安全性基础的技术的基本背景资料，还包括许多新颖性和预期的未来发展方案，并讨论了各自的安全性方面和保护方法。

本章概括描述了无线安全解决方案当前和未来最有可能会遇到的问题，并讨论其技术背景、面临的挑战和需求，重点是对现有系统的技术描述和像物联网（Internet of Things，IoT）的演化阶段等新趋势的说明。本书还概述了现有和潜在的安全威胁，提出了保护系统、运营商和最终用户的方法，介绍了安全系统的攻击类型和不断发展的移动通信网络和互联网中的新危险，其中包括将在今后几年出现的数据传输的新途径。

本章介绍了在移动和无线通信方面的整体进展，并总结了无线通信环境的关键的标准化和统计数据。本章为在较高层次理解无线网络安全的原理、架构设计、部署、安装、配置、测试、认证和其他安全过程奠定了基础，同时这些内容将在本书后面详细介绍。本章还讨论了移动设备安全性的特殊性质，提出了安全架构，并提出了实施管理政策和规则的建议。读者还可以了解各自安全级别的不同方法的优缺点。

总的来说，本书为读者提供了了解无线通信可能性和挑战的工具，主要重点在于典型的安全漏洞以及问题和其解决方案的实际示例。因此，本书可作为描述无线环境演变的实用指南，以及如何确保新功能的流畅连续性的同时，最大限度地减少网络安全的潜在风险的使用指南。

1.2 无线安全

1.2.1 背景及进展

直到2000年初，无线通信的发展，特别是其安全方面，与通过固定接入方式的公共互联网的整体问题相比，还是相对稳定的。然而，随着智能设备、网络和应用功能的增强，恶意攻击的数量大大增加。可以估计，随着新的解决方案中更多数量的设备和用户的增加，无线环境中的安全攻击、病毒分发和其他非法活动呈指数级增长。不仅是支付活动、个人对个人通信和社交媒体类型的利用等在不断受到威胁，而且这种强大的不断增长的安全风险之一是与物联网领域的机器对机器（Machine to Machine，M2M）通信有关。现代化威胁的一个实例是在互联网连接的自动驾驶汽车中的恶意代码，在最坏的情况下，这可能会导致汽车中乘客的身体受伤。

有许多想法可能改变目前的用户识别模块（Subscriber Identity Module，SIM）或通用集成电路卡（Universal Integrated Circuit Card，UICC）的作用，这些卡一直是第三代合作伙伴计划（3rd Generation Partnership Program，3GPP）移动通信的坚实基础，因为它们提供高度受保护的基于硬件的安全元件（Secure Element，SE）。目前已经提出了一些用于修改或替换 SIM/UICC 概念的备选方案，例如基于云的认证、授权和支付的解决方案。这种演进为最终用户、运营商、服务提供商和领域中其他利益相关者的日常生活的便捷提供了广泛的可能性，但同时也为安全威胁开放了未知的入口。不久的将来会显示出更好的开发方法，其中一个合理的可能性是混合解决方案，将诸如密钥等基本数据保存在像 SIM/UICC 之类的硬件保护的安全元件（SE）中，同时，诸如移动支付等应用，则受益于云概念的灵活性，可以动态改变有限使用寿命的口令。

在不久的将来，不需要人工交互的自主操作设备的普及率将大幅增加，这将引发更多积极的自动通信，例如，遥测信息和医疗数据的分发传递。这些设备作为大量新的解决方案的增值服务的基础，而这些解决方案仍在大量开发或尚待开发中。然而，如果在系统、硬件和软件开发的早期阶段没有考虑到各自的情况，则连接到网络的这种机器的份额的增加也可能会开启新的安全威胁。

新的订阅管理领域，以及物联网概念、自动化通信和其他传输无线数据的新方式将会非常快速地发展。工业界亟需更新后的信息和相应的安全机制，以便更好地理解这些发展带来的可能性和威胁，并开发相应的方法来保护最终用户和运营商免受新奇的恶意尝试攻击。许多解决方案仍然处于开放和标准化中。因此，本书从行业和标准化领域的最新信息中解读了当前的环境和最有可能的发展道路。

1.2.2 统计

在移动通信中，无线局域网（Local Area Network，LAN）可能是最易受到安全漏洞攻击的。Wi-Fi 安全性常常被个人和公司忽视。无线路由器的主要部分已经提前配备了默认设置，以便在安装过程中，特别是为非技术人员提供流畅的用户体验。然而，厂商的这种良好的出发点，对于一些商业或家庭办公，由于较差的或不存在安全措施的无线路由器和访问点，可能导致潜在的安全漏洞。根据本章参考文献［21］，大约25%的无线路由器安装时可能会遭受这样的安全漏洞。从执行的测试看，2011年的文献[21]指出，61%的研究案例（包括2133个消费者和商业网络）通过Wi-Fi保护访问（Wi-Fi Protected Access，WPA）或增强型的Wi-Fi保护访问（enhanced Wi-Fi Protected Access，WPA2）设置了适当的安全性。对于其余的情况，6%根本没有安全设置，19%使用了较低级别的"有线等效保密"（Wired Equivalent Privacy，WEP）保护，11%使用默认凭据，3%使用隐藏的服务集标识符（Service Set Identifier，SSID）而没有加密。

本章参考文献［26］给出了近期网络安全漏洞的统计数据，并得出结论，受影响最严重的3个行业是公共、信息和金融服务业。违法违规行为的典型方式包括以下内容：

1）网络钓鱼。通常，网络钓鱼是以电子邮件的形式出现的，目的是说服用户通过看起来合法的网页来改变他们银行服务的密码。本章参考文献［26］的调查表明，网络钓鱼是时下更集中的、并持续取得成功的"罪犯"，因为23%的用户开启了网络钓鱼电子邮件，11%的用户查看了邮件所带的附件。

2）利用漏洞。例如，2014年中，大约一半的常见漏洞和风险于该年度前两周内暴露，这表明解决紧急漏洞问题的高度需求。

3）移动。本章参考文献［26］指出，Android显然是受到较多利用的移动平台。不一定是因为保护薄弱，但是在2014年期间，96%的恶意软件集中在安卓（Android）上。因此，超过50亿次下载的安卓应用程序更容易受到远程攻击，例如通过HTTP上的JavaScript绑定（JavaScript-Binding-Over-HTTP，JBOH），可以远程访问安卓设备。尽管如此，即使移动设备容易受到破坏，过滤掉低级恶意软件后，受损设备的数量几乎也可以忽略不计。2014年Verizon网络每周平均只有0.03%的智能手机感染高级恶意代码。

4）恶意软件。2014年期间，一半的参与调查的公司在35天或更短的时间内发现了恶意软件事件。恶意软件与其他类型（如网络钓鱼）类似，是将恶意代码嵌入到用户设备的入口。根据行业类型，恶意软件的数量有所不同，因此，例如金融机构更加谨慎地保护自己的网页免受诈骗邮件的侵扰，这就表明恶意软件的比例较低。

5）支付卡略读和销售终端（Point-Of-Sales，POS）入侵。近年来，这种类型的漏洞已经成为头条新闻，因为每个受损零售商都有数千万受影响的用户。

6）犯罪软件。最近的发展显示，2014年中，拒绝服务（Denial-of-Service，DoS）攻击在增加，与其对应，指挥和控制（Command and Control，C2）持续发挥其作用。

7）Web 应用程序的攻击。实际上，该类几乎所有攻击（约 98% 的比例）本质上就是机会主义的，金融服务和公共实体是受其影响最严重的受害者。有关这方面的一些方法是使用窃取的凭证，使用后门或 C2，滥用功能特性、暴力和强制浏览等。

8）分布式拒绝服务（Distributed DoS，DDoS）攻击。这种漏洞类型日益增加。此外，DDoS 攻击越来越多地通过恶意软件进行。这些攻击依赖于不正确的安全服务，如网络时间协议（Network Time Protocol，NTP）、域名系统（Domain Name System，DNS）和简单服务发现协议（Simple Service Discovery Protocol，SSDP），这些可能提供欺骗互联网协议（Internet Protocol，IP）地址的可能性。

9）物理盗窃和内部人员滥用。这些都是与人为因素有关；一般情况下，这一类属于“机会盗窃”，只要信任链依赖的关键人员有机会并有动机向安全妥协或绕过安全，完全消除这一问题是非常具有挑战性的。因此内部人士检测潜在的误用是非常重要的，可以尽早预防和揭露欺诈企图。该检测可能与数据传输模式、登录尝试、基于时间的利用率的偏差等有关，更一般地，与活动花费的时间有关，这些可能表明对工作场所的不满意。

10）网络间谍活动。根据本章参考文献［26］，特别是制造业、政府和信息服务被认为是间谍的典型目标。此外，为间谍打开门最常用的方法似乎是电子邮件附件或链接。

11）任何可能会为外部或内部滥用打开门的其他错误。

关于数据泄露统计和在整个信息技术和无线环境中的影响的更详细的信息，参见本章参考文献［26］。

1.2.3 无线威胁

1.2.3.1 概述

无线通信系统为物联网领域的大量机会提供了功能基础，包括先进的多媒体应用和越来越多的实时虚拟现实应用。伴随创新和提供新颖的商业解决方案而来的，还有全新的安全威胁，这些安全威胁是这样一个快速发展的环境的结果，因此用户和运营商尚未完全体验其真正的影响。因此，确实需要不断努力来识别漏洞，并更好地防范任何潜在的安全漏洞。以下各部分介绍了无线通信的可能性和挑战的一些现实世界的示例，其中重点讨论了安全漏洞及其解决方案。

对于无线环境中的保护主要遵循来自于固定网络中的熟悉的原理。然而，作为与固定系统最为重要的不同，无线通信有可能通过无线电接口捕获而无需对基础设施进行物理“窃听”，因此无线电接口带来了新的挑战。因此，知识渊博的黑客可能会通过实时方式或通过记录流量并在受害者无意识的情况下离线攻击内容的方式，尝试解读内容。相应的保护等级取决于内容的价值——基本的问题是最终用户、网络运营商和服务提供商为保证最低、典型或最大的安全性，分别应该投资多少。例如，如果用户将智能设备的照片上传到社交媒体进行公开发布，则这些智能设备照片的云存储就不需要太强烈的保护。然而如果用户存储高度机密的内容，这些内容一旦公开暴露，则可能会严重危害隐私，那么场景就会改变。关于这种事件及其后果，包括偷窃和分发名人个人照片，都有无数例证。无论这些安全漏洞的非常不幸的情况如何，它们均可以作为非常有益的借鉴。将损坏最小化的最简单方法是通过使用独立的密码加密内容，来应用附加的应用层安全，并简单地重新考虑将最敏感的数据上传到外部数据存储器中。

安全级别的选择，无论是由终端用户、网络运营商或服务提供商完成，都可以通过权衡保护的成本和使用的流畅性来优化。这种简便的用户体验可能是一个重要的方面，因为高度安全的服务可能需要这样复杂的程序来认证和保护对一般用户来说不实用的内容。最可靠也最流畅的一种方法是利用双重身份验证，例如基于永久用户 ID 和密码的同时，还需通过诸如移动通信消息这样的可选路由发送给用户的一次性代码。随着移动设备普及率的提高，大多数用户已经拥有了移动设备，因此这种消息传递身份验证的最合理的载体之一是基于健壮的、广泛的短消息服务（Short Message Service，SMS）。

1.2.3.2 无线环境

第一代移动通信系统，如北欧移动电话（Nordic Mobile Telephony，NMT）、英国的全接入通信系统（Total Access Communications System，TACS）和美国的先进移动电话系统（Advanced Mobile Phone System，AMPS）都是模拟的，且基于调频（Frequency Modulation，FM）无线电信道，仅支持语音通信。因为没有用于防护潜在窃听内容的保护机制，所以可以通过将简单的商用级无线电扫描仪调谐到基站和移动设备的使用频率，来拦截用户的会话。另外，复制和再利用该设备的凭证，如电话号码，有可能通过不受保护的无线电接口和通用信令系统（Common Signaling System，CSS7）消息进行。模拟移动通信网络已经过时很多年，但这些早期关于安全漏洞的经验对开发更先进的系统仍具有教育意义。

仍然广泛应用于商业的全球移动通信系统（Global System for Mobile Communications，GSM），是最流行的第二代移动通信系统，它通过对模拟系统操作过程中出现的明显的安全漏洞进行适当的屏蔽来实现标准化。还要感谢数字传输技术，使其对系统的保护比前面的系统更容易。不仅通过加密信令和通信来保护无线电接口，而且认证和授权订阅者的程序也提供了防止系统误用的附加机制。然而，随着原有技术的老化，保护机制的脆弱性已被发现。一个基本的 GSM 的具体威胁是，有可能建立一个欺骗的基站收发信台（Base Transceiver Station，BTS），以这样的方式来捕获呼叫尝试，非移动网络运营商（Mobile Network Operator，MNO）基站不需要利用加密通道，因为它仅仅作为一个中继站，不需要合法用户的察觉。作为实现这一目的的原理是基于可公开获得的 GSM BTS 协议层的复制，实际设备可以通过模拟在便携式计算机中使用的最小的 BTS 功能集合，以及通过利用商业高斯最小偏移键控（Gaussian Minimum Shift Keying，GMSK）调制收发器和天线系统[1]来构建。根据欧洲电信标准协会/第三代合作伙伴计划（European Telecommunications Standards Institute，ETSI/3GPP）GSM 规范，未被任何加密方案 A5 算法版本所保护的，也即使用的是 A5/0 算法的，不安全无线电信道，必须向用户说明。实际上，这个不安全的信道指示符可以被显示为诸如开着锁的小符号，最终用户可能无法涉及这种未保护的通信。在某些情况下，无论标准要求如何，信号均可能会完全丢失。将无担保通信支持包含进 GSM 手机中的基本原因，是由于这样一个事实：一些网络运营商没有激活安全通信，在漫游过程中，手机设备需要能够在所有网络中都正常使用。

该漏洞在第三代（3rd Generation，3G）标准化的早期就被确定，因此，自 1999 年首次发布以来，ETSI/3GPP 通用移动电信系统（Universal Mobile Telecommunications System，UMTS）将相互认证作为增强安全性项目之一。尽管还有其他一些威胁可以应对任何类型的移动通信网络，但 3G 移动通信对于诸如欺骗性基站这样的威胁还是相对安全的。其中之一是从用户设备到 MNO 基础设施的端到端路径，其被固定到解扰设备，但是在固定电话网络中到接收者的移动台的应答用户的其余路径，网络的加扰设备通常是不安全的。此外，即使假设 MNO 的内部网络是隔离的，由于光纤利用率的提高，集中式线路攻击也是具有挑战性的。2G 和 3G 通信的内部传输可能是基于不安全的无线连接，而这些无线电连接可能暴露出通过应用各自协议层堆栈来从比特流中捕获内容的方式，来拦截通信的可能性。

对于 3GPP 版本 8 长期演进（Long Term Evolution，LTE）及其增强版本 10（被称为 LTE-A），安全级别又进一步提高，增强的项目包括新的通信算法等。

与传统上受到良好保护的移动通信网络不同，像 Wi-Fi 和 WiMAX 这样的无线解决方案不包含如此大规模的基础设施，因此更容易受到安全漏洞的攻击。尽管在家庭使用的 Wi - Fi 热点中部署了授权密码，同时隐藏了接入点的 ID 并应用新的加密算法，但无线局域网往往容易受到恶意攻击。结果可能是暴露了用户的通信和存储的文件，而攻击者可能会在用户不知情的情况下为垃圾邮件或非法内容存储设置非法服务器。

1.2.3.3 来自现实世界的例子

随着无线网络安全性的提高，恶意尝试越来越多地集中在于设备和应用上。由于其安全性发展常常不够，不仅针对智能设备，还有物联网设备都是恶意攻击卓有成效的目标。以下内容总结了 2014 ~ 2015 年发布的部分真实案例。

Wired 报道，黑客可以通过使用射频（Radio Frequency，RF）的本地连接，在 16ft㊀远的地方悄悄地控制 Google Now 和 Siri（Apple 设备的智能语音助手）从而在启用此类应用程序的商业手机上触发语音命令，并将外部耳机/麦克风附加到设备上。这种威胁与用作天线的耳机线相关，耳机线传输捕获的 RF 信号并使手机的操作系统变得混乱，该操作系统将信号通过麦克风视为用户自己的音频命令。这种攻击将用于命令 Siri 或 Google Now 发送文本，并强制手机拨打其他移动设备，从而形成一个简单的窃听设备。根据本章参考文献［74］，命令也可以用来强制手机的浏览器进入恶意网站，通过电子邮件产生垃圾邮件和网络钓鱼邮件。

《干涉技术》报告了由特拉维夫大学和以色列研究中心开发的低成本便携式轨迹采集仪器（Portable Instrument for Trace Acquisition，PITA）。这是一种可以通过无线方式窃取加密密钥的黑客设备。该设备基于对计算机处理器的 RF 发射的解释以揭示加密密钥，因此该方法不依赖于诸如 Wi-Fi 或蓝牙的标准通信方法。该设备能够在距离处理器达 19in㊁的范围进行工作，可以存储使用 RSA 和 ElGamal 加密的数据并对其进行解密。此外，该设备可以通过 Wi-Fi 将解密的数据传输到攻击者的计算机[75]。

本章参考文献［76］报道了关于有可能破解和窃取，然后用于监视人的远程保姆设备的报告。Rapid7 是一家总部设在美国的公司，透露了许多商业设备的风险程度。一些受损的机型包括 iBaby M3S。一旦这些设备连接到互联网，攻击者可能会接管控制权并将其用作隐藏的摄像机和窃听设备。此外，通过这些设备，可以利用它们作为载体，进一步突破到用户的家庭和商业网络，从而产生利用连接的私有和业务使用的风险。与这些安全漏洞有关的问题包括能够通过视频和音频外部监视家庭的可能性。如果这些设备靠近用户，则可能会窃听潜在的机密通话。

本章参考文献［77］以及 CNN 和 Ars Technica 的报道，告知了关于看起

㊀ 1ft = 0.3048m。

㊁ 1in = 0.0254m。

来无辜的家庭和办公设备（如打印机）的危险，即使没有互联网连接，也可能会暴露安全漏洞。Red Balloon Security 在 2015 年的 Red Hat 活动中证明，通过修改打印机的功能，可以无线方式发送文本。通常，IoT 安全漏洞基于互联网漏洞，但是不太注重来自设备组件的 RF 泄露，这种泄露可以在设备的短距离内捕获。此外，这种方法可能会暴露与公共互联网完全隔离的计算机中的安全漏洞，包括核电厂和银行等最高等级的安全环境。这种设备在本地泄露信息的常用术语是“僵尸”。更多关于使用恶意软件的数据泄露的细节可以参见本章参考文献［77］的演示文稿。

这些例子表明，网络和设备不仅在典型的连接技术时处于威胁之下，而且还在不断出现许多“开箱即用”的方法。极具挑战性但也是高度需要的对策是评估现有和潜在的安全威胁。一个解决方案是，服务或设备供应商可能会试图故意侵入自己的系统。这种方法被称为“白帽”黑客，因为寻找安全漏洞的意图是与黑客专家合作完成的，目的是找到并保护安全漏洞。例如，本章参考文献［78］讨论了为证明其支付环境安全级别的万事达卡（MasterCard）的数字安全实验室。在该案例中，使用了手工和自动化方法来用于犯罪前后的取证。实验室的目的是找出窃贼试图攻击数字支付系统的方法，诸如老式磁条信用卡、非接触式芯片银行卡、基于智能手机的生物识别系统和新的基于设备的支付方式，像那些计划使用生物特征的可穿戴产品，如用于认证的心跳模式。探索暴露和破坏支付技术加密，密码和个人识别号码（Personal Identification Number，PIN）及其潜在问题的一些方法是基于电子束、激光和电离辐射。此外，实验室还可以通过自动取款机、卡片和黑客 PIN 入侵器来调查罪犯 DNA 的物理痕迹。这种非法意图的一个例子是通过提供一张恶意射频识别（Radio Frequency Identity，RFID）芯片来篡改支付卡，该芯片可以通过可接收的 RF 信号来广播账号和 PIN 细节，例如接近销售网点终端或在自动取款机（ATM）附近。磁条卡仍然被广泛使用，并暴露出复制卡片非常容易的重要风险（例如，简单地在磁条上喷涂铁填充物，就可以看到磁条包含的各自的二进制信息，包括账号和其他关键数据）。根据本章参考文献［78］，该实验室还没有看到克隆的芯片卡。对于更复杂的物理攻击手段，可以通过电子显微镜监控电荷在 Europay、MasterCard、Visa 芯片之间的连接，观察各自的视觉闪烁，来显示其二进制信息，但这一点反过来也可能有助于黑客对加密密钥进行的逆向操作。为了防止这种可能性，EMV 芯片的连接轨迹可以被掩埋或改道，或逻辑门位置被重新洗牌，以消除这种攻击，如本章参考文献［78］中所述。另一个威胁是功耗分析，它指的是在加密操作期间监控芯片的功率分布，这可能提供芯片加密方法的暗示，因此针对这种情况已经制定了适当的应对措施。

不仅这些芯片卡，而且位于 POS 机处的 PIN 输入设备（PIN- Entry Device，

PED）也可能容易遭受篡改，例如在设备内添加安全数字（Secure Digital，SD）卡和连接器，使得攻击者可以访问PED执行的信息，包括卡号和相关的PIN。防止这种企图的保护机制包括完善PED中的防篡改功能，例如在篡改工作时进行设备锁定和内存清理。

正如本章参考文献［79］指出，犯罪分子可以通过劫持管理加热、照明、空调、供水、报警、网络摄像机等的各个办公室自动中央控制点，来攻击任何偏远的地方，甚至包括监狱门。根据报告，芬兰通信监管局（Finnish Communications Regulatory Authority，FICORA）的芬兰国家网络安全中心（National Cyber Security Centre of Finland，NCSC-FI）已注意到出现了惊人数量的与这种自动控制系统有关的无保护设备。如果未经授权的黑客可以访问这样的系统，可能会导致重大的损失。此外，即使密码是增加保护级别的最简单方法之一，家庭控制系统也由于用户不常改变的默认密码而同样脆弱。进入这种系统的潜在威胁在于，犯罪分子可以掌握关于居民不在场的时间的重要信息，以便计划随后的入室盗窃的时间安排。

未受保护的设备尤其指用于进入相应系统的与互联网连接的环境。密码保护不一定保证正确的安全性，因为这些设备可能具有已知的漏洞——通常可能非常容易从互联网来源中获得攻击意图细节。阿尔托大学已经调查了芬兰的自动化控制系统漏洞，发现在大多数情况下，每个设备都有已知的漏洞，易于在互联网上跟踪指令。这些设备用于能源生产、电力公司和供水服务。

一种改变生活方式的创新是自动驾驶汽车。很容易猜到，这种环境吸引黑客试图访问汽车控制系统。如本章参考文献［80］所说，有一些公开提供的信息，关于入侵目前的互联网连接的汽车的非常简单的方法，包括更高级的无线劫持控制系统，甚至是在驾驶过程中。

这些例子只是浅尝辄止，但它们证明了增强保护技术的重要性，以确保家庭和企业环境的安全性。其中一个挑战在于，越来越多的活动关心入侵IP网络基础架构和消费者装备，包括诸如路由器、桥接器和消费类配件，如Wi-Fi路由器，等老旧组件，这些老旧组件不像最新的计算机、笔记本电脑和智能设备一样，具有系统软件升级程序。

保护机制的重要性在诸如用于公共交通的控制系统或涉及人类福祉的其他功能的环境中可以理解得更好。例如，本章参考文献［81］讨论了英国的火车控制信号系统，可能会被入侵而导致碰撞。这个具体情况的结论是，确保充分的保护是至关重要的，特别是用新的计算机更换旧的信号灯——如果没有适当的评估和预防计划——可能会使铁路网络暴露于网络攻击下，这一点反过来可能会导致重大事故的发生。该文献讨论的系统，欧洲铁路交通管理系统（European Rail Traffic Management System，ERTMS）规定关键的安全信息，包括火车应该有多快，停车需要多长时间，因此，潜在的黑客理论上可能会引发火车运行过快，造成巨大的灾难。

随着越来越多的互联网连接设备带来的所有新的和潜在的安全漏洞，显然M2M安全需要非常特别的关注。正如本章参考文献［34］总结，在物联网中存在越来越多的已知（和难以想象的）机会，例如远程家庭温控器、自动驾驶汽车，与集装箱码头通信的工厂和数字化城市基础设施。同时，因为正在进行的数字革命，我们的生活方式变得更加方便和移动化新的业务和服务模式正在出现。我们现在是连接世界的一部分，这对所有人来说都是有益的，但是随着共享数据和信息量的增加，风险也会增加——不仅对于存储和传输的信息，而且对于网络环境，还包括控制如物理访问权限和化学过程的安全关键系统的方法。

固定和移动设备安全性的差异总体来说不是那么大，在无线环境中，公开辐射的空中接口是最重要的区别。趋势似乎表明，随着网络保护机制的逐渐改善，黑客攻击基础设施的兴趣正在下降。同时，随着智能设备的普及和广泛应用，安全漏洞越来越多地集中在应用程序层面上，例如通过隐藏在应用程序中的嵌入式恶意代码，或通过病毒改变设备功能，或打开后门以便进一步攻击。智能设备，包括先进的可执行软件的手机和具有无线电连接的平板电脑，因此成为黑客的主要目标，这就需要最终用户、提供连接的运营商，以及为应用程序通信提供后端支持的服务提供商的主动保护。

1.2.4 M2M环境

物联网（IoT）的一个基本优点是便于始终连接的设备自动控制和报告，而无需人机交互。这种M2M通信的一个简单例子是一个关于需要补充食品的冰箱。物联网环境还包括与机器和系统的人机交互，例如使远程打开和关闭灯光成为可能。环境可能包括对各种环境和用户相关项目的认识。例如，当用户访问超市时，随着用户走到附近，关于最近购买的商品的存储信息可以触发移动设备上的提醒，以建议购买相同的产品。物联网环境还有助于优化物流链，提供购买者能够携带的物品，并突出显示可以通过其他方法运输的较重和较不频繁购买的物品。以智慧的方式（智能家居、办公室和交通工具）连接所有的环境（互联社会）实际上是人类历史上开创性的一步。将信息通信技术（Information and Communications Technology，ICT）自动化社会提升到一个新的水平，优化技术经济效益，积极影响绿色价值观，通过高度的意识来降低能源消耗以及货物和人员的运输。由于物联网设备在彼此和系统之间进行通信时收集的数据和后续信息处理，因此可实时了解这种意识。物联网是改变我们生活和工作环境的下一件大事。

由大量的网络设备，以及能够从数据中获益的对象和用户组成这种高级的环境（IoT）。然而，物联网仍处于相对较早的阶段。开始形成IoT的第一个具体解决方案包括智能设备、云和传感器。RFID、无线和蜂窝连接等各种接入技术的组合以及演进的微型组件和设备是推进连接的IoT世界的重要推动力。物联网的子类别包括工业互联网和M2M通信，以及智能消费者环境，包括健康设备和智能手表等设备和服务，可以轻松实现手机银行和许多其他日常功能。

M2M环境目前正在以新的、不断发展的技术和服务强劲进入商业市场。它对管理如此庞大的、永久连接的设备的订阅和流量，以及通信的安全性形成了很大的挑战。

1.3 标 准 化

以下部分总结了与无线安全相关的标准化机构，并列出了各自的关键标准。

1.3.1 开放移动联盟

开放移动联盟（Open Mobile Alliance，OMA）是一个推出开放规范的非营利组织。OMA的目标是在任何承载网络上创建可互操作的、端到端的全球服务。OMA于2002年由主要的移动运营商、设备和网络供应商、信息技术公司以及内容和服务提供商共同组建。OMA的规范支持固定和移动终端，例如建立的蜂窝运营商网络以及具有M2M设备通信的新兴网络。OMA驱动服务引擎体系架构并独立于底层无线平台打开使能器接口，并开发了测试新产品互操作性的程序[28]。

此外，OMA已经整合了包括无线接入协议（Wireless Access Protocol，WAP）论坛、位置互操作论坛（Location Interoperability Forum，LIF）、SyncML倡议、多媒体消息传递互操作过程（Multimedia Messaging Interoperability Process，MMS-IOP）、无线村（Wireless Village）、移动游戏互操作论坛（Mobile Gaming Interoperability Forum，MGIF）和移动无线互联网论坛（Mobile Wireless Internet Forum，MWIF）进入OMA，以促进不同设备、地理位置、服务提供商、运营商和网络之间的端到端互操作性。OMA推动了移动服务引擎，如设备管理（Device Management，DM）、M2M通信、应用编程接口（Application Programming Interface，API）和增强现实等的开发。

OMA的设备管理工作组（Device Management Working Group，DM WG）指定了实现移动设备管理、服务访问和连接设备软件的协议和机制[29]。

OMA 的 DM 规范套件包括 21 个移动服务引擎和 60 多个管理对象，提供部署低风险新应用和服务的方法。还有其他标准组织和论坛与 OMA 合作定义了另外 21 个管理对象，以尽量减少碎片化。例如，3GPP 和 WiMAX 论坛使用 OMA 诊断和监控管理对象，其他行业机构将 OMA DM 扩展到 IP 环境，以便与远程传感器和汽车场景一起使用。OMA DM 的目的是在技术无关网络中管理融合的和多模式设备，包括没有 SIM 卡的设备，这使得 OMA DM 也适用于 M2M 通信[30]。

1.3.1.1 OMA 轻量级 M2M 1.0

网络运营商和企业在移动通信消费领域积极使用设备管理。目前的 M2M DM 环境部分依赖的移动设备，通常是专有的，就像消费者的 DM 技术一样。今天，OMA DM 提供了一种更加标准化的方式，但即使在这种情况下，手机提供商通常也还会实施专有机制。OMA 的 M2M 轻量级设备管理（M2M Lightweight Device Management，LWM2M）标准是为 M2M 市场设计的，以减少碎片化。

LWM2M 于 2013 年稳定下来，它是为移动通信和 M2M 设备环境而设计的，用于根据互联网工程任务组（Internet Engineering Task Force，IETF）标准来增强互操作性。LWM2M 很简单，但提供了一组有效的协议、接口和载荷格式，包括预设共享和公共密钥方法、配置和引导。它适用于移动系统、Wi-Fi 和其他基于 IP 的设备和网络，并且可以与其他 DM 解决方案相结合。

LWM2M 通过数据报传输层安全（Datagram Transport Layer Security，DTLS）v1.2 为受限应用协议（Constrained Application Protocol，CoAP）通信定义了一个强大的整体安全解决方案。CoAP 是专为高度简化的、通过互联网进行交互通信的电子设备设计的软件协议，特别适用于需要监控和控制的低功率传感器、交换机和其他远程组件——换句话说，它适用于 IoT 和 M2M 环境。有关 CoAP 的更多详细信息，请参见本章参考文献［32］。

DTLS 类似于提供相同的完整性、认证和机密性服务的安全套接层（Secure Sockets Layer，SSL）和传输层安全（Transport Layer Security，TLS）协议，但 DTLS 不依赖于传输控制协议（TCP），它通过用于保护不可靠的数据报流量的用户数据报协议（User Data gram Protocol，UDP）传输。因此，DTLS 为数据报协议提供通信安全性。LWM2M 定义的 DTLS 安全模式是预设共享的密钥、原始公钥和证书模式。有关 DTLS 的更多信息，请参见本章参考文献［33］。

1.3.1.2 开放移动联盟标准

表 1.1 总结了当前和计划的 OMA 设备制造商（Device Manufacturer，DM）规范，参见本章参考文献［29，31，35］。

表 1.1 截至 2015 年 12 月的 OMA DM 规格

推动者（文档主题，类别）	发布类型，版本
设备管理，协议	推动者，1.1.2，1.2.1，1.3①，2.0①
客户端推动者 API，协议	参考，1.0
设备管理智能卡，协议	推动者，1.0
客户端配置，协议	推动者，1.1
M2M 设备分类，白皮书	参考 1.0
管理对象设计指南，白皮书	参考 1.0
配置对象，设备管理应用程序特性管理对象，白皮书	参考 1.0.1
浏览器，管理对象	参考 1.0
连接，管理对象	参考 1.0
设备能力，管理对象	推动者，1.0
增量记录，管理对象	推动者，1.0
诊断和监控，管理对象	推动者，1.0，1.1，1.2
固件更新，管理对象	推动者，1.0.4
网关，管理对象	推动者，1.0，1.1①
锁定和擦除，管理对象	推动者，1.0
管理策略，管理对象	推动者，1.0①
调度，管理对象	推动者，1.0
软件组件，管理对象	推动者，1.0，1.1
软件和应用控制，管理对象	推动者，1.0①
虚拟化，管理对象	推动者，1.0①
OMA LWM2M，协议	推动者，1.0①

① 表示草稿或候选者。

该 LWM2M 还包括通过预先配置的引导（基于闪存）和智能卡引导（基于 SIM 卡）来进行配置和密钥管理的引导方法。OMA 的 LWM2M 版本 1.0 于 2013 年发布。

1.3.2 国际标准化组织

国际标准化组织（International Organization for Standardization，ISO）和国际电工委员会（International Electrotechnical Commission，IEC），与电子技术有关的各种其他技术一起，成为世界各地的智能卡标准制定机构。他们共同在 SIM 卡的标准化方面发挥重要作用，因智能卡要适应移动通信系统，所以该标准是在不断变化的。SIM 卡与 2G 系统一起引入，首先通过 GSM，并且在 3G

系统中进一步发展，该系统应用在 UICC 中代表应用的 2G SIM 和 3G 通用 SIM（Universal Subscriber Identity Module，USIM）功能。

ISO 为参与的利益攸关方提供了一个开放的过程，目的是促进自愿创建标准。ISO 7816 定义了集成电路卡（Integrated Circuit Card，ICC），通常称为智能卡，如本章参考文献［37］~［53］中所定义。该标准定义了接触卡，这意味着卡和外部设备（如读卡器）之间的通信通过卡的电路触点进行。它还作为通过 ISO 14443 标准扩展的非接触式卡的基础，该标准定义了通过 RF 通道的通信。非接触式卡基于近场通信（Near Field Communications，NFC）。ISO 7816 和 ISO 14443 两者均由美国国家标准协会（American National Standards Institute，ANSI）提供。

智能卡的关键标准是 ISO/IEC 7816、ISO/IEC 14443、ISO/IEC 15693 以及 ISO/IEC 7501。ISO/IEC 27000 系列也与智能卡相关，描述了信息安全管理[90]。ISO/IEC JTC1/SC17 工作组和各自 ISO 标准的完整系列可参见本章参考文献［91］。

ISO/IEC 7816 包括多个组成部分，其中 1、2、3 部分与接触卡相关，它们的基本内容是接口、尺寸和协议，而第 4~6、8、9、11、13 和 15 部分包括接触和非接触式卡两者的定义，例如卡的文件和数据元素的结构，卡使用的 API 命令，应用管理，生物特征验证，加密功能和应用命名。第 7 部分通过结构化卡查询语言（Structured Card Query Language，SCQL）接口为智能卡定义了一个安全的关系数据库。第 10 部分是与存储卡相关的应用，包括预付费电话和自动售货机卡。

在移动通信系统中所用的 SIM/UICC 的最重要参考是 ISO 7816。第 1、2 和 3 部分定义了物理和通信特性以及嵌入式芯片和数据的应用标识符。该标准为移动通信智能卡创建了基础，并在其他标准的主要部分被引用。此外，除了其他的定义之外，ISO/IEC 7816 还描述了智能卡、电压电平和文件系统的基本的物理和逻辑方面。表 1.2 详细列出了 ISO/IEC 7816 的定义。ISO/IEC 7816 是由 ISO 和 IEC 联合定义的，由联合技术委员会（Joint Technical Committee，JTC）1 和小组委员会（Sub-Committee，SC）17 改编，卡和个人识别[1]及调整部分内容由 ETSI、3GPP 和 3GPP2 进行改编。有关 ISO/IEC 7816 子标准的更多详细信息，请参见第 4 章。

ISO/IEC 14443 定义了与相应阅读器相距约 10cm 以内的 NFC 中使用的非接触式智能卡的接口，它包括电气和射频接口以及通信协议。这些卡的工作频率为 13.56MHz。该标准是门禁、运输和金融应用以及电子护照和联邦信息处理标准（Federal Information Processing Standards，FIPS）201 个人身份验证（Personal Identity Verification，PIV）卡的非接触环境的基础。

表 1.2 ISO/IEC 7816 标准定义

标准	描述
7816-1	物理特性
7816-2	接触卡；尺寸和触点的位置
7816-3	接触卡；供电接口和传输协议
7816-4	组织、安全和交换命令
7816-5	申请提供者注册
7816-6	行业间数据元素交换
7816-7	用于 SCQL 的行业间命令
7816-8	安全操作命令
7816-9	卡管理命令
7816-10	同步卡的电子信号和复位应答
7816-11	通过生物统计方法进行个人验证
7816-12	接触卡；USB 电气接口和操作程序
7816-13	多应用环境下的应用管理命令
7816-15	密码信息应用

ISO/IEC 15693 定义了所谓的邻近卡，包括物理方面的基础、射频功率、接口级别、冲突管理和协议。邻近卡的理念是距阅读器最远 1m 的地方进行操作。反过来，ISO/IEC 7501 具有对机读旅行证件进行说明。

1.3.2.1 其他相关的 ISO/IEC 标准

ISO/IEC 已经制定了与 ICC 和支付卡相关的其他各种标准。有关 ISO/IEC 总体标准的更多信息，请参见本章参考文献［54］。

1.3.3 国际电信联盟

国际电信联盟（International Telecommunications Union，ITU）是一个全球性组织，负责全球电信领域的要求。国际电联 ITU 属于联合国（United Nations，UN），专门从事信息和通信技术（ICT）。国际电联的任务包括全球无线电频谱和卫星轨道的分配，以及技术标准的制定。此外，国际电联在全球范围内，为向缺乏服务水平的社区提供信息和通信技术的渠道铺平了道路。国际电联促进人们通过发达的通信进行交流[3]。国际电联被划分为三个部门，其中 ITU-T 集中于电信领域的标准化，而 ITU-R 对无线电区域进行规范化，ITU-D 侧重于电信领域的发展。ITU-T 的建议可参见本章参考文献［4］，ITU-R 的一组建议参见本章参考文献［5］。电信安全方面国际电联最相关的文件在 ITU-T 系列 X 中，它描述了数据网络、开放系统通信和安全性。

1.3.4 欧洲电信标准协会

欧洲电信标准协会（European Telecommunications Standards Institute，ETSI）为ICT提供全球适用标准，包括固定、移动、无线电、广播、互联网、航空和其他领域。ETSI创建了第一个GSM和UMTS标准。直到3GPP在1999年接管了GSM和UMTS发展的主要部分为止，GSM标准化工作一直在专用移动通信群（Special Mobile Group，SMG）下的各个组中执行。然而，移动通信安全方面的重要部分仍然在欧洲电信标准协会之下[62]。这可以从ETSI的13系列标准的连续中清楚地看出。事实上，例如用于GSM、3G和高级LTE系统的UICC的安全定义，实际上被发现是ETSI和3GPP规范的组合集合。

对于SIM/UICC，一些最重要的ETSI标准是基于TS 11.11和TS 11.14中定义的SIM的原始GSM标准的ETSI 102 221（UICC定义）和ETSI 102 241（UICC）。

欧盟认识到ETSI是一个官方的欧洲标准组织，ETSI的目标之一是进入欧洲市场。ETSI集群代表ICT标准化活动，主要分为安全、家庭和办公、在ICT支持下让生活更美好、内容交付、固定网络、无线系统、交通运输、物联网、互操作性和公共安全。ETSI下的各种技术委员会（Technical Committee，TC）和工作组（WG）执行所有这些集群下的标准化工作。

作为SIM卡开发的一个例子，ETSI TS 103 384定义了嵌入式UICC。它符合SIMalliance互操作配置文件规范v1.0和M2M v2.0的GSM协会（GSM Association，GSMA）嵌入式用户识别模块（Embedded Subscriber Identity Module，eSIM）技术规范。SIM卡在诸如AppleSIM之类的领域中也有新的发展，以及用于处理SMS之外的SIM相关数据的开放项目，如通过独立承载协议（Bearer-Independent Protocol，BIP）进行IP专有远程管理的情况，该协议一直是活跃的3GPP服务和系统方面（Services and System Aspects，SA2）的讨论主题。由ETSI和其他组织的嵌入式SIM卡解决方案的开发，不仅与消费者，还与M2M环境和IoT以及新型终端用户设备（如可穿戴设备）非常相关。因此，该主题属于可互操作的订阅管理领域，本书稍后将对此进行更详细的讨论。

1.3.5 电气和电子工程师协会

电气和电子工程师协会（Institute of Electrical and Electronics Engineers，IEEE）提供了一系列出版物和标准，使得技术专业人员之间的技术知识和信息的交换成为可能。IEEE标准中最重要的领域之一是IEEE 802系列，其定义了一组有线和无线网络，包括无线局域网（Wireless Local Area Network，WLAN）。IEEE出版物和标准可以通过本章参考文献［6，7］获取。

IEEE 参与了与网络和信息安全，以及对抗恶意软件的技术相关的标准化活动。领域包括加密、固定和可移动存储、硬拷贝设备以及这些技术在智能电网中的应用[8]。IEEE 计算机学会有一个专注于计算机安全和隐私的技术委员会，并附有相应的出版物。IEEE 还拥有一个解决恶意软件环境的行业连接安全组。加密领域中的一些相关 IEEE 标准见表 1.3。

表 1.3 一些与加密相关的最重要的 IEEE 标准

标　准	描　述
IEEE 1363-2000/1363a-2004	公钥密码的 IEEE 标准规范
IEEE 1363.1-2008	基于格上的难问题的公钥密码技术的 IEEE 标准规范
IEEE 1363.2-2008	基于密码的公钥密码技术的 IEEE 标准规范
IEEE P1363.3	使用配对的基于身份的加密技术标准草案

此外，IEEE 为固定和可移动存储、硬拷贝设备的安全性以及智能电网的网络与信息安全（Network and Information Security，NIS）提供了大量标准。

1.3.6 互联网工程任务组

互联网工程任务组（IETF）是网络运营商、供应商、设计师和研究人员的国际化的开放社区。IETF 的任务是积极参与互联网架构的演进。IETF 工作成果被记录为建议，编号为 RFC n，其中 n 是指定义特定区域的整数。文件清单可在本章参考文献［10］中找到，具体文件可以在本章参考文献［9，12］中进行搜索。

IETF 的工作方式是基于电子邮件列表和在线交流评论。这种方法与其他国际标准化组织的更正式的方法大不相同。IETF 还组织会议，但每年只有三次。除了实际的标准化之外，IETF 还执行诸如为互联网协议分配参数值等任务，这由互联网协会（Internet Society，ISOC）授权的互联网号码分配机构（Internet Assigned Numbers Authority，IANA）以集中的方式进行处理。有关 IETF 的工作和结构的更详细信息，本章参考文献［11］提出了有用的参考指南。

具体与互联网安全工作组信息共享特别相关的，IETF 有一个专门的网页，名为 IETF 安全区[13]。

1.3.7 第三代合作伙伴计划

第三代合作伙伴计划（3rd Generation Partnership Program，3GPP）于 1998 年由几个标准化机构成立，其最初的目标是开发和增强 3G 移动通信系统。目前 3GPP 内的合作方是无线电工业和商业协会（Association of Radio Industries and Businesses，ARIB）、电信行业解决方案联盟（Alliance for Telecommunications Industry Solutions，ATIS）、中国通信标准协会（China Communications Standards Association，CCSA）、欧洲电信联盟（ETSI）、印度电信标准发展协会（Telecommunications Standards Development Society of India，TSDSI），电信技术协会（Telecommunications Technology Association，TTA）和电信技术委员会（Telecommunications Technology Committee，TTC）。除了3GPP的设置之外，还有一个适应美国境内情况的变型，即3GPP2。

自从首次推出基于GSM的SIM卡以来，这一概念得到了进一步发展。随着移动通信标准化工作从ETSI SMG组到3GPP的切换，除了仍然由ETSI处理的几个安全相关的项目之外，SIM卡的移动通信部分被包括到原始的扩展版本（UICC）中，其中包含移动通信功能，每个无线电网络类型均被视为单独的应用程序。不仅技术方面得到了提高，而且SIM卡的框架材料也在不断发展，现在市场上出现了诸如生态友好的卡片[36]。

目前，3GPP由项目协调组（Project Coordination Group，PGC）及五个子组组成，分别为：服务和系统方面（SA2）、无线电接入网（Radio Access Network，RAN）、核心网（Core Network，CN），终端（Terminals，T）和GSM用于全球演进的增强数据速率（Enhanced Data Rates for Global Evolution，EDGE）无线电接入网（Radio Access Network，RAN）。除去一些与安全相关的主题，ETSI的原始GSM标准化工作于2000年7月几乎完全由3GPP GSM EDGE无线电接入网（GERAN）接管。安全算法规范的制定工作不公开。用户设备（User Equipment，UE）、SIM和USIM的规范在原来的11系列中及后来阶段的34系列中列出。关于移动通信安全方面的一些相关的3GPP规范可以在2009年6月23日3GPP TS 42.009，V4.1.0中找到。3GPP的安全方面由安全关联（Security Association，SA）工作组3负责。

完整的3GPP技术规范和建议以及研究报告可参见本章参考文献［18］。对于LTE阶段，本章参考文献［19，20，22］提出了整体安全方面。此外，一些3GPP LTE最相关的安全规范列在表1.4和表1.5中。

表1.4　一些关键的3GPP安全规范

细　目	规　范
LTE安全原则	TS 21.133，安全威胁和要求 TS 33.120，安全原则和目标 TS 33.401，系统架构演进（SAE）；安全架构 TS 33.402，系统架构演进（SAE）；非3GPP接入的安全方面
安全架构	TS 22.022，移动设备的个性化 TS 33.102，安全架构 TS 33.103，集成指南

（续）

细 目	规 范
算法	TS 33. 105，3GPP 保密性和完整性算法的加密算法要求规范： 1）f8 和 f9；2）KASUMI；3）实施者测试数据；4）设计一致性测试数据
合法侦听	TS 33. 106，合法侦听的要求 TS 33. 107，合法侦听体系架构和功能 TS 33. 108，切换接口的合法侦听
导出密钥	TS 33. 220，GAA：通用引导架构（Generic Bootstrapping Architecture，GBA）
回程安全	TS 33. 310，网络域安全（Network Domain Security，NDS）；认证框架（Authentication Framework，AF）
中继节点的安全性	TS 33. 816，LTE 的中继节点的安全可行性研究（33. 401 同样是）
家用（e）节点 B 的安全性	TS 33. 320，家庭（演进）节点 B 安全
3GPP 的技术报告	TR 33. 901，加密算法设计流程标准 TR 33. 902，分析，3G 认证协议 TR 33. 908，3GPP 的报告、设计、规范和评估标准的保密和完整性算法

表 1. 5　3GPP 安全相关的 33 系列文件的完整列表

文 件	描 述
TS 33. 102	3G 安全；安全架构
TS 33. 103	3G 安全；集成指南
TS 33. 105	3G 安全；加密算法的要求
TS 33. 106	3G 安全；合法侦听的要求
TS 33. 107	3G 安全；合法侦听的体系架构和功能
TS 33. 108	3G 安全；切换接口的合法侦听
TS 33. 110	通用集成电路卡（UICC）和终端之间密钥建立
TS 33. 116	MME 网络产品类的安全保障规范
TS 33. 117	一般安全保障要求的目录
TS 33. 120	安全原则和目标
TS 33. 141	存在服务；安全
TS 33. 187	机器类通信（Machine Type Communication，MTC）和其他移动数据应用通信增强的安全方面
TS 33. 200	3G 安全；网络域安全（NDS）；移动应用部分中的应用层安全
TS 33. 203	3G 安全；基于 IP 服务的访问安全

（续）

文　件	描　述
TS 33.204	3G 安全；网络域安全（NDS）；事务处理能力应用部分用户安全
TS 33.210	3G 安全；网络域安全（NDS）；IP 网络层安全
TS 33.220	通用认证架构（GAA）；通用引导架构（GBA）
TS 33.221	通用认证架构（GAA）；用户证书支持
TS 33.222	通用认证架构（GAA）；在传输层安全上使用超文本传输协议访问网络应用程序功能
TS 33.223	通用认证架构（GAA）；通用引导结构（GBA）推送功能
TS 33.224	通用认证架构（GAA）；通用引导结构（GBA）推送层
TS 33.234	3G 安全；无线局域网（WLAN）互通安全
TS 33.246	3G 安全；多媒体广播/组播（MBMS）业务的安全性
TS 33.259	UICC 主机设备和远程设备之间的密钥建立
TS 33.269	公共预警系统（Public Warning System，PWS）安全体系结构
TS 33.303	基于邻近的服务安全方面
TS 33.310	网络域安全（NDS）；认证框架（AF）
TS 33.320	家庭节点 B（HNB）/家庭演进节点 B（HeNB）的安全
TS 33.328	IP 多媒体子系统（IMS）媒体平面安全
TS 33.401	3GPP 系统架构演进（SAE）；安全架构
TS 33.402	3GPP 系统架构演进（SAE）；非 3GPP 接入的安全方面
TR 33.769	机器通信增强安全方面的可行性研究，促进与分组数据网络和应用程序进行通信
TR 33.803	TISPAN 和 3GPP 认证方案之间的共存
TR 33.804	基于会话发起协议（SIP）的通用 IP 多媒体子系统（IMS）单点登录应用安全
TR 33.805	3GPP 网络产品安全保障方法研究
TR 33.806	3GPP 网络产品类的 MME 网络产品类安全保障规范试点开发
TR 33.810	3G 安全；网络域安全/认证框架（NDS/AF）； 支持 NDS/IP 演进的可行性研究
TR 33.812	M2M 远程配置和订阅更改安全性方面的可行性研究
TR 33.816	LTE 中继节点安全性的可行性研究
TR 33.817	对（通用）用户接口模块［（U）SIM］通过外围设备本地接口安全重用的可行性研究
TR 33.820	家庭节点 B（HNB）/家庭演进节点 B（HeNB）的安全
TR 33.821	长期演进（LTE）RAN/3GPP 系统架构演进（SAE）中的安全决策的理论和跟踪

（续）

文 件	描 述
TR 33.822	非 3GPP 和 3GPP 接入网之间的互访移动性的安全方面
TR 33.823	使用通用引导架构（GBA）与用户设备（UE）浏览器的安全性
TR 33.826	合法侦听服务演进的研究
TR 33.828	IP 多媒体子系统（IMS）媒体平面安全
TR 33.829	扩展的 IP 多媒体子系统（IMS）媒体平面安全特性
TR 33.830	IMS 的防火墙穿越的可行性研究
TR 33.831	欺骗性呼叫检测与防范安全研究（第 2 阶段）
TR 33.832	IMS 增强欺骗性呼叫的预防和检测的研究
TR 33.833	支持近距离服务的安全问题研究
TR 33.838	关于防止 IMS 非自愿通信的研究
TR 33.844	基于对等内容分发服务的 IP 多媒体子系统（IMS）安全性研究（第 2 阶段）
TR 33.849	3GPP 用户隐私影响的研究
TR 33.859	关于通用陆地无线电接入网（UTRAN）中密钥层次的介绍的研究
TR 33.860	支持超低复杂度和低吞吐量物联网的蜂窝系统安全性研究
TS 33.863	极低吞吐量机器类通信设备的电池高效安全性研究
TR 33.865	3GPP 终端 WLAN 选择的安全性
TR 33.868	机器类通信（MTC）和其他移动数据应用通信增强的安全性研究
TR 33.871	网络实时通信（WebRTC）IP 多媒体子系统（IMS）客户端访问 IMS 的安全性研究
TR 33.872	支持 WebRTC 互通的安全增强功能
TR 33.879	关于通过 LTE 的关键任务一键通（Mission Critical Push To Talk，MCPTT）安全增强研究
TR 33.888	为 LTE 的支持组通信系统启动器（Group Communication System Enabler，GCSE）的安全主题研究
TR 33.889	机器类通信的安全方面的可行性研究，促进与数据包数据网络和应用程序的通信
TR 33.895	单点登录（Single Sign On，SSO）框架与 3GPP 操作员控制资源和机制集成的安全性研究㊀
TS 33.897	公共安全隔离 E-UTRAN 操作研究；安全方面
TR 33.901	加密算法设计流程标准

㊀ 3GPP 官方网站显示该规范撤回。——译者注

（续）

文　件	描　述
TR 33.902	3G认证协议的形式化分析
TR 33.905	可信开放平台的建议
TR 33.908	3G安全；3GPP标准保密性和完整性算法的设计、规范和评估的一般性报告
TR 33.909	3G安全；关于MILENAGE算法集的设计和评估报告； 可交付件5：3GPP认证和密钥生成功能的示例算法
TR 33.916	用于3GPP网络产品类的3GPP网络产品的安全保证方案
TR 33.918	通用认证架构（GAA）；在通用集成电路卡（UICC）和网络应用功能（NaF）之间的传输层安全连接之上的超文本传输协议的早期实现
TR 33.919	3G安全；通用认证架构（GAA）；系统描述
TR 33.920	基于通用引导架构（GBA）的SIM卡；早期实现特性
TR 33.924	身份管理和3GPP安全互通；身份管理和通用认证架构（GAA）互通
TR 33.937	IMS非主动通信保护机制的研究
TR 33.969	公共预警系统（PWS）安全性方面的研究
TR 33.978	早期的IP多媒体子系统（IMS）的安全性方面
TR 33.980	自由联盟和3GPP安全互通；自由联盟身份联合框架（Identity Federation Framework，ID-FF），身份Web服务框架（Identity Web Services Framework，ID-WSF）和通用认证架构（GAA）的互通
TR 33.995	单点登录（SSO）框架与3GPP操作员控制资源和机制集成的安全性研究

总之，3GPP规范的一些最高级别的要求，最重要的是要确保当前USIM需求的继续使用。早期的USIM卡还需要能够访问LTE/LTE-A的增强分组系统（Enhanced Packet System，EPS）网络，以确保以前的USIM变型，可以在未来3GPP网络中也发挥功效。此外，与UMTS相比，安全级别应该至少相等或更高。

原则上，3GPP规范是GSM、UMTS和LTE安全方面的根信息源。本章参考文献［20］介绍了3GPP安全性的一般方面，3GPP系统更详细的安全方面将在本书的第2章中讨论。以下各节进一步详细介绍3GPP定义的SIM/UICC规范的一些关键方面。

GSM触发了SIM的引入，用于存储与订阅相关的数据。在开始时，如第一阶段ETSI标准TS 11.11中所定义的，SIM仅仅是表示GSM应用的物理卡。随着3G系统的发展，SIM得到了加强，并将强化后的名称定名为UICC。UICC是指包含如3GPP TS 31.101中描述的逻辑功能的物理卡。此外，USIM是指在3GPP TS 31.102中定义的驻留在UICC上的3G应用。除了3G-USIM应用之外，UICC还可以存储各种其他应用，其中SIM或2G-SIM被用于GSM，国际移动用户身份模块（IMS SIM，ISIM）用于LTE/LTE-A的IP多媒体子系统（IP Multimedia Subsystem，IMS）。随着3GPP系统的进一步发展，UICC仍然是LTE/系统架构演进（System Architecture Evolution，SAE）用户域的可信赖元素，包括新演进的应用和安全性。事实上，UICC的作用的重要性在版本8的功能上正在增加。

以下部分总结了SIM/UICC到3GPP版本12的发展路径中的一些关键方面。

1.3.7.1 版本8

与3GPP 3G的情况一样，在3GPP TS 31.102中定义了LTE阶段的USIM。随着版本8的发布，早期的USIM特性继续支持LTE。此外，现在有了新的特性，可以更好地考虑非3GPP无线电接入、移动管理（Mobility Management，MM）和紧急情况。与以前的版本不同，版本8规定，由于USIM对高级网络选择机制的支持，USIM为非3GPP接入系统对于演进分组核心（Evolved Packet Core，EPC）的访问进行认证和保护。另外的无线电接入网络是通过使用USIM公共陆地移动通信网（Public Land Mobile Network，PLMN）列表来选择CDMA、UMTS和LTE之间的漫游来进行码分多址（Code Division Multiple Access，CDMA）2000和高速率分组数据（High Rate Packet Data，HRPD）。

由于基于USIM的安全元件受到高度保护，因此进一步增强了存储LTE/系统架构演进（System Architecture Evolution，SAE）移动管理参数的功能。安全元件还存储重要数据，如位置和增强分组系统（EPS）安全上下文而不是由用户设备存储。此外，第8版通过允许USIM存储用户的紧急情况（In Case of Emergency，ICE）信息（如过敏、血型和紧急联系信息）来增强个人安全方面。即使用户无法回答或者拨打电话，急救人员也可以查询相关信息。3GPP还包括用于eCall参数的USIM存储。一旦被激活，eCall就可以通过紧急人员服务建立语音通话（手动或依靠车辆的传感器），并发送如用户的位置和车辆识别数据等关键信息，以加快紧急情况下服务的行动时间。

1.3.7.1.1 第8版工具包特性

3GPP规范TS 31.111定义了版本8的工具包特性的改进。版本8工具包支持NFC，因为非接触式接口与UICC集成，允许UICC应用程序主动触发非接触式接口。该工具包还支持触发OMA-DS（Data Synchronization，数据同步）和OMA-DM（Device Management，设备管理）会话，便于设备支持和数据同步。OMA-DS协议（SyncML DS）是用于任何传输（例如蓝牙和任何移动无线电接入）的数据类型和传输协议的通用协议，并且可以同步任何数据类型，例如通讯录、日历、文件和Java信用卡记录[92]。

此外，该工具包还考虑了诸如M2M设备和数据卡等功能有限的设备，这些设备可能不包含正常的用户界面，如屏幕和键盘。工具包事件通知UICC应用程序关于网络拒绝的情况，例如尝试注册失败的情况。运营商可以使用此功能来解决问题，例如无线电中断区域。最后，该工具包支持 UICC 从 eNodeB 传送无线电信号强度测量报告的主动命令。

1.3.7.1.2　通信管理器

版本 8 基于 OMA-DS 及其相应的 JavaCard API（3GPP TS 31.221），在 3GPP TS 31.220 中定义了 USIM 的多媒体电话簿。

1.3.7.1.3　远程管理

随着创建 IP 会话能力的增强，版本 8 定义了演进式远程管理，如 3GPP TS 31.115 和 TS 31.116 中所述。它提供了通过基于 UE 和 USIM 之间的 BIP 会话的卡应用工具包传输协议（Card Application Toolkit Transport Protocol，CAT_TP）链路来利用远程应用和文件管理的能力。此外，相关算法已经更新，用于将 UICC 从数据加密标准（Data Encryption Standard，DES）升级到高级加密标准（Advanced Encryption Standard，AES）算法，这提供了额外的灵活性和安全性。

1.3.7.1.4　第三方应用管理

版本 8 为第三方提供了 UICC 的机密应用程序管理的手段，从而提供了托管机密的第三方应用程序的可能性。这有助于在移动虚拟网络运营商（Mobile Virtual Network Operator，MVNO）和移动支付环境中管理和确保可行的商业模式，例如通过 UICC 的存储器租赁，使得该存储器和相应的内容可以由第三方远程、安全地管理。

1.3.7.1.5　安全通道

版本 8 为 UE 和 UICC 之间，或位于 UICC 和 UE 的应用程序之间的通用串行总线（Universal Serial Bus，USB）和 ISO 接口提供了可信和安全的通信通道。对于整体安全通道协议（Secure Channel Protocol，SCP），请参阅第 4.11.1 节。

1.3.7.1.6　其他方面

除此之外，3GPP CS6 小组也致力于对 UICC 产生影响的以下关键项目。

允许归属运营商和用户通过多系统 PLMN 选择的支持来优先考虑 PLMN 选择中的某些无线电接入技术（Radio Access Technology，RAT）。附加的网络是增强型通用地面无线电接入网（Enhanced Universal Terrestrial Radio Access Network，E-UTRAN），CDMA2000-1x 无线电传输技术（Radio Transmission Technology，RTT）和 CDMA2000 高速分组数据（HRPD）。因此，用户可以选择列表中自己更喜欢的某些运营商。该无线电接入技术（RAT）优先级功能可以应用于归属 PLMN（Home PLMN，HPLMN）以及被访问的 PLMN（Visited PLMN，VPLMN）中支持和可用的 RAT。USIM 上的电力系统（Electric Power System，EPS）移动管理参数的存储提供了通过在 USIM 上提供增强分组系统移动管理（EPS MM，EMM）参数来优化 LTE 网络上的初始网络选择的可能性。Home

(e) NodeB 的配置指的是 UE 保持允许的封闭用户组 (Closed Subscriber Group, CSG) 身份列表的可能性，并且将来可以将它们存储在 USIM 中。基本文件 (Elementary File, EF) 运营商 PLMN 列表中的 LTE 的支持是向运营商的 PLMN 列表添加为基于 LTE 的网络分配运营商名称标签的可能性的项目。EPS 在 USIM 应用工具包 (USIM Application Toolkit, USAT) 中的支持、呼叫控制的扩展是在请求 EPS 分组数据网络 (Packet Data Network, PDN) 连接时提供用于呼叫控制的过程和命令的扩展的项目。

1.3.7.2 版本 9

3GPP 版本 9 引入了在 UICC 开发中也被考虑到的 LTE 的 M2M 和家庭演进节点 eNodeB (femtocell, 毫微微蜂窝) 环境的增强。由于毫微微蜂窝部署方案与向 LTE-Advanced (符合 ITU 的 4G) 的演进高度相关，因此为了管理为毫微微蜂窝提供的信息，相应 USIM 的重要性在逐步增强。作为高度可靠的安全元件，当依靠基于由运营商或用户控制的 CSG 列表的 USIM 时，接入毫微微蜂窝基站是理想的选择。

毫微微蜂窝实际上是一个由消费者控制的可插拔元件，也就是说它可以由用户部署，而不需要任何运营商控制。毫微微蜂窝的挑战在于，其位置不能由相应 MNO 预先预测，因此相应的无线电网络优化是具有挑战性的。毫微微蜂窝的位置发现可以通过 3GPP 中考虑的增强工具包命令来提供。因此，运营商可以使用该信息来尽可能调整该区域内的网络服务。

即将发布的版本将通过 HTTP 或 HTTPS 在 IP 层开发并利用 UICC 远程应用程序管理 (Remote Application Management, RAM)。网络还可以向 UICC 发送推送消息以发起使用 TCP 的通信。此外，UICC 的 M2M 专用规格 (包括物理尺寸和外形) 也是将需求扩展到目前定义的温度和机制之外的发展主题之一。另一个讨论主题是完整的 IP UICC 与基于 IP 的 UE 的集成，以及与通过以太网仿真模式 (Ethernet Emulation Mode, EEM) 和 USB 的服务的集成，还有 UICC 在基于组播的服务上注册的能力。

版本 9 中 3GPP CS6 工作的主要变化与 CSG 管理有关。以下列出了关键更改。UE 应包含两个独立的列表：①由运营商和用户控制的允许的 CSG 标识列表；②由运营商控制的允许的 CSG 标识列表。可以将两个列表都存储在 USIM 上，并且 USIM 上允许的 CSG 列表可以被禁止。可以将 CSG 类型存储为文本和/或图形格式，这种需求在已经发布的版本 8 中尚未实现。还可以向 UICC 应用提供可用于选择的 CSG 身份列表，并且在选定和离开 CSG 蜂窝小区时通知 UICC 应用。

影响 UICC 版本 9 的其他 CS6 关键项目如下。H(e)NB 的运营商控制的 CSG 列表的引入是一种新的运营商控制的 CSG 列表。H(e)NB 的受控 CSG 列表的修正提供了访问条件、名称和指示符的校正。禁止曾经允许的 CSG 列表的指示符的引入是指基于归属运营商偏好的项目，以及在 USIM 上可能被禁止的曾经允许的 CSG 列表的使用。

此外，下面的卡应用工具包（Card Application Toolkit，CAT）命令已得到扩展。终端配置是指支持 CSG 小区发现和小区选择事件。提供本地信息是指对 CSG 列表的支持以及周边 CSG 小区的对应 H（e）NB 的名称。终端响应是指包括 CSG ID 的列表标识符。CAT 还为 CSG 小区选择事件提供了一个定义，并添加了新的“q”类，以在 CSG 小区选择中的 CSG 小区发现和事件下载中支持物理层标识符（Physical Layer Identifier，PLI）。

1.3.7.3 版本 10

1.3.7.3.1 主要增强功能

以下总结了 UICC 版本 10 增强功能的重点内容。①通过 AT 命令的卡应用工具包和封装的卡应用工具包（Enhanced CAT，eCAT）；②UICC 访问 IP 多媒体子系统（IMS）：基于 UICC 的应用程序的 IMS 应用程序参考 ID（IMS Application Reference ID，IARI）；手机上的会话发起协议（SIP）会话管理；IMS 的独立承载协议（BIP）；③H（e）NB USIM（毫微微蜂窝）对于托管方的认证是可选的；④中继节点（Relay Node，RN）上的 USIM 具有两个新的应用，即 USIM-INI 和 USIM-RN，以及通过安全信道将中继节点绑定到 USIM（TS 102 484）。

此外，版本 10 中影响 UICC 的最重要的 3GPP 规范是 TS 31.101（UICC 终端接口的物理和逻辑特性）、TS 31.102（USIM 应用的特征）、TS 31.103（ISIM 应用的特征）、TS 31.111（USAT）和 TS 31.130（用于 Java 卡的 USIM API）。

1.3.7.3.2 版本 10 中的主要特性

中继节点将有两种 USIM，即 USIM-INI 和 USIM-RN。USIM-INI 用于链路建立（初始化），而 USIM-RN 用于与核心网（CN）认证并提供中继节点服务。这些对 3GPP TS 31.101 和 TS 31.102 均有影响。智能卡 Web 服务器（Smart Card Web Server，SCWS）将介绍 SCWS 启动功能。移动设备（Mobile Equipment，ME）的专用基本文件（EF）被定义为检查在手机主菜单中应该显示哪些图标和文本，以便访问 UICC 上的 SCWS。USIM 针对 IMS 的通信控制项目与呼叫控制类似，但适用于 IMS 服务。还有一个 USAT（USIM 应用工具包）设备控制的附加功能，它是指通过 AT 调制解调器命令支持的 USAT 命令。USIM 的 CSG 列表显示控制管理是指通过 USIM 与用户交互存储和管理 CSG 列表的可能性。UICC 访问 IMS 指的是 IARI（IMS 应用程序参考 ID）列表和会话发起协议（SIP）推送到 UICC 应用[93]。最后，非接入层（Non-Access Stratum，NAS）参数存储更新和更正是指安全上下文和非接入层配置存储的存储速率。

1.3.7.3.3 版本 10 的其他功能

以下列出影响 SIM/UICC 的版本 10 的其他相关特性。会话发起协议推送

（即 UICC 对 IMS 的访问）是指仅仅适用于由移动设备所支持的类“e”（BIP）和“t”（UICC 访问 IMS）的项目。在此解决方案中，IMS 访问在以下情况下由移动设备管理：①分组数据网络（PDN）上下文建立；②注册和数据流；③能够使用 USIM 和 ISIM。此外，USIM 或 ISIM 包括一个称为 EF_ UICCIARI 的参数，该参数指的是一个基本文件，它包含一个 IMS 应用程序引用标识符的列表，列表与安装在 UICC 上的活动应用程序相关联，应用程序包含在 SIP 注册表中。

导致修改流程图的其他项目是发现 UICC 的 IARI 和 IMS 注册，以及有通知传入 IMS 数据。此外，定义了空中下载（OTA）HTTPS 和 SIP 推送。在此解决方案中，SIP 推送可用于触发 UICC 中的 HTTPS 客户端，IMS SIP 对话可用于指示 UICC 的 AdminAgent，以使 HTTPS 访问空中下载服务器的信息。

1.3.7.4 版本 11

版本 11 包含以下增强功能。由苹果公司推出并首次在 iPhone 5 中使用的 4FF（第四种规格，即 nano- SIM）。已经定义的卡应用工具包（CAT）的安全通道用来保护所有 CAT 通信，该项目受到移动虚拟网络运营商（MVNO）环境的特殊用例的启发。已经为增强型卡应用工具包（eCAT）定义了安全通道，以保护经过封装的 CAT 与 eCAT 客户端交换数据，该客户端可以是移动设备中的可信执行环境（Trusted Execution Environment，TEE）或移动设备外的端点；目标是启用基于 CAT 的可信用户界面。GlobalPlatform 采用的密钥建立方案 3 是在服务提供商的安全域（Security Domain，SD）中建立初始密钥组的一个项目；这提供了基于椭圆曲线加密的高级加密标准（AES）级安全性。强制刷新是指终端始终保持数据连接的情况；嵌入式 UICC（eUICC）的配置文件管理也需要它（强制刷新）。最后，HTTPS 的应用程序接口（API）已被定义为允许小程序使用 HTTPS 通信。

1.3.7.5 版本 12

作为 3GPP 版本 12 的亮点，临时用户认证密钥（Temporary User Authentication Key，TUAK）是接近于 Milenage 算法的第二种标准的认证算法。它基于 Keccak 哈希算法，是 SHA-3 竞赛的获胜者。在 3GPP TS 35. 231 中它被指定为版本 12，目的是在 eUICC 中使用它。

版本 12 标准化的另一个重要议题是从网络检索 DNS 服务器地址。该项目类似于个人计算机上的动态主机配置协议（Dynamic Host Configuration Protocol，DHCP），它只允许基于域名的应用程序。因此所有的解决方案都由网络提供，这就意味着重新配置对小程序没有影响。

1.3.8 第三代合作伙伴计划 2

3GPP2 是针对北美和亚洲市场的 3G 电信规范项目。它与 3GPP 合作，其目标是开发基于 ANSI/TIA/EIA-41 的 3G 蜂窝无线电电信演进的全球规范和 ANSI/TIA/EIA-41 支持的无线电传输技术（RTT）的全球规范。

除了与 3GPP 沟通之外，3GPP2 也是五个官方认可的标准化开发组织或组织合作伙伴（Organizational Partner，OP）之间的协作努力：日本无线电工业和商业协会（ARIB）、电信技术委员会（TTC）、中国通信标准协会（CCSA）、北美电信工业协会（TIA）和韩国电信技术协会（TTA）。3GPP2 的技术规范组（Technical Specification Group，TSG）包括 TSG-A（接入网接口）、TSG-C（CDMA2000）、TSG-S（服务和系统方面）和 TSG-X（核心网）。就像 3GPP 的规范和报告可以免费下载一样，网站上每个 3GPP2 TSG 都有一个专门区域，可供访问用以下载规范和报告。关于 3GPP2 的更多信息可以参见本章参考文献［89］。

1.3.9 全球平台组织（GlobalPlatform）

GlobalPlatform 是一个由多个委员会组成的行业组织，用于标准化用户卡和系统[55]。GlobalPlatform 是一个国际公认的非营利协会，旨在建立、维护和促进智能卡、设备和系统的互操作基础设施标准的采用。GlobalPlatform 的重点是简化和加速可互操作的安全应用程序和解决方案的开发、部署和管理。GlobalPlatform 标准制定了实现安全通信的机制和政策，许多银行在全球范围内采用基于 JavaCard 的加密数据加载方式。

GlobalPlatform 的重点领域之一是通过使用标准化的基础架构，安全部署和管理安全芯片技术上的多个应用程序，为服务提供商提供开发数字服务并将其统一部署在不同设备和渠道上的手段。这种在安全和隐私参数中的可互操作的方法可实现同一设备上多个提供商的安全和非安全服务的动态组合。因此，GlobalPlatform 是可信赖的端到端安全部署和管理解决方案的国际行业标准，旨在其安全芯片技术开放遵守规则的基础上，通过应用部署和管理的互操作性和可扩展性在金融、移动和电信、政府、高端内容、汽车、医疗保健、零售和运输等行业实现全球采纳。GlobalPlatform 有 120 多名成员，主要工作是保证与现有和新兴市场需求的一致性。GlobalPlatform 的互操作性解决了服务提供商的问题，确保了与不同安全体系结构和 API 的兼容性，这些安全架构和 API 是指设备提供的安全访问服务。因此，GlobalPlatform 的目标是通过标准化的基础架构和 API 来消除兼容性和可伸缩性问题，以便管理与连接的设备兼容的安全芯片上的应用程序。

GlobalPlatform 近期工作的一个具体实例是开发可互操作的订阅管理（SubMan）标准。GlobalPlatform 工作的其他关键领域如下。

首先，服务提供商的服务依赖于受其控制的后端服务器。该解决方案可确保相应终端的安全级别。GlobalPlatform 进一步提供服务提供商建立第二个可信和安全端点的可能性，这是最终用户设备的安全芯片。该第二可信端点为服务提供商和最终用户提供端到端的安全性。

其次，GlobalPlatform 定义了基于安全元件和 TEE 的两种安全组件。除了保护服务提供商和消费者免受外部黑客入侵之外，这些安全组件可防止竞争的服务提供商或消费者访问敏感的应用程序信息。每个服务提供商都可以将密钥加载到安全元件中以保护其自己的应用程序。

第三，GlobalPlatform 消息技术规范了消息传递，以确保正确地利用数据和格式将服务加载和提供给安全组件。

1.3.10 SIM 联盟

SIM 联盟（SIMalliance）是一个全球性非营利行业协会，旨在简化业务引擎（Service Enabler，SE）的实施，从而推动安全移动服务的创建、部署和管理。SIMalliance 还促进了业务引擎在为所有设备提供安全的移动应用和服务方面的有益作用。它还确定和解决了与业务引擎相关的技术问题，澄清并推荐了与业务引擎实施相关的现有技术标准，提升开放的业务引擎生态系统，以促进和加速全球安全移动应用程序的交付[56]。与 GlobalPlatform 和 GSMA 的情况一样，SIMalliance 也参与了可互操作的订阅管理解决方案的开发。

1.3.11 智能卡联盟

智能卡联盟是一个多行业协会，专注于智能卡技术的信息共享、采用、使用和应用。智能卡联盟协调项目，如教育方案、市场调研、宣传、行业联系和开放论坛，简化了其成员和合作各方的联网和创新。智能卡联盟因此成为智能卡技术的集中式行业接口，并遵循智能卡在美国和拉丁美洲的影响和价值。

智能卡联盟成员包括来自金融、政府、企业、交通、移动通信、医疗和零售行业的代表，因此，具有智能卡技术的发行人和采用者的意见，可以理解基于智能卡的系统对于安全支付、识别、访问和移动通信的实现[73]。

1.3.12 GSMA

GSMA 具有悠久的历史，可以追溯到 GSM 的早期阶段。其根源来自于 GSM 谅解备忘录（Memorandum of Understanding，MoU），这是 GSM 标准以代表参与运营商的协会形式达成一致的基础[58]。

目前，GSMA 代表了全球移动运营商的利益。共有大约 800 家运营商和 250 家公司参与[57]，包括手机和设备制造商、软件公司、设备供应商、互联网公司和其他相关行业等。GSMA 的一些具体关键领域如下。

第一是移动宽带的频谱。GSMA 参与了频谱计划，以方便移动宽带的部署。GSMA调查了未来可用的、可承受的、无处不在的、高速移动宽带服务的重要性。可以估计，业界可能需要1600～1800MHz的频谱段，以确保广泛使用移动宽带服务。此外，根据本章参考文献［70］，到2019年数据流量可能会增加近10倍，这是GSMA Intelligence编写的一份报告，该报告是全球移动运营商数据、分析和预测的来源。

其次，GSMA参与了公共政策的制定。GSMA对移动政策手册和政策案例研究做出了贡献，并积极参与移动领域管理能力建设、移动环境隐私、掌上校园、能源效率，漫游、健康、社会互联、移动商务和（如付款、零售和交通运输等的）经济领域，以及公用事业和灾难应对。

第三，GSMA参与了网络2020的制定，为即将到来的5G铺平道路，包括演进的项目，如LTE语音（VoLTE）、丰富的通信、高清语音和IP互连。

第四个关键项目“互联生活”，涵盖了各种主题，如汽车、医疗卫生、交通运输、公用事业和追踪器等。此外，也有许多其他的活动，例如全球公认事件。

除上述项目外，GSMA还积极参与订阅管理开发工作，并参与M2M环境的嵌入式SIM开发。例如，GSMA eSIM（M2M）技术规范v2.0版，与对SIMalliance可互操作的配置文件规范v1.0的贡献一起，结合针对安全通道SCP03t版本的思想，于2015年形成了GSMA eSIM（M2M）TS v3.0。

1.3.13 美国国家标准与技术研究院

美国国家标准与技术研究院（National Institute of Standards and Technology，NIST）与各行业一起，开发了一种自愿的、非监管的网络安全框架，以解决关键的基础设施和新挑战，特别是作为物联网和M2M的成果。NIST框架于2014年正式启动。NIST框架开发涉及总统行政命令、移动行业和电信部门。因此，框架的重点是M2M和IoT演进的安全性和隐私性[23,24]。

1.3.14 国家公路运输与安全管理局

美国国家公路运输与安全管理局（National Highway Transportation and Safety Administration，NHTSA）的重点是改善美国道路上的安全性和机动性。其中一个主题是无线连接的车辆技术，涉及汽车和火车等车辆，并且有助于彼此之间的安全和行动信息的通信。该倡议的最终目的是帮助挽救人类生命、预防伤害、缓解交通拥堵、改善环境。因此，NHTSA非常重视车辆网络安全[25]。

1.3.15 其他标准与行业论坛

1.3.15.1 欧洲邮电管理大会

欧洲邮电管理大会（European Conference of Postal and Telecommunications

Administrations）于1959年开始实施。随着新成员加入，它规模扩大很快，目前有48个成员，覆盖了几乎所有的欧洲国家。CEPT首先并一直代表垄断的邮政和电信管理部门，目前继续在商业、运营、监管和技术标准化问题上进行合作[14]。CEPT活动由欧洲常设办事处欧洲通信办公室（European Communications Office，ECO）协调。

CEPT发布与电信终端服务有关的批准要求文件、批准机构、认证机构和电信终端服务测试实验室，以附加到公共电信网络或获得公共电信服务。

1.3.15.2 电信认可标准委员会

电信认可标准委员会（T1）针对美国的需求开发电信标准、定义和技术报告。T1有六个技术分委员会（Technical Sub-Committee，TSC），由T1咨询组（T1 Advisory Group，T1AG）管理。例如，GSM开发由T1P1（无线/移动服务和系统）处理，其被进一步划分为五个子组：用于国际无线/移动标准协调的T1P1.1，用于个人通信服务描述和网络架构的T1P1.2，用于个人高级通信系统（Personal Advanced Communication System，PACS）的T1P1.3，用于PCS 1900的T1P1.5和用于CDMA/TDMA的T1P1.6。

1.3.15.3 美国国家标准学会

美国国家标准学会（American National Standards Institute，ANSI）的目标是加强美国在全球经济中的地位。它还关心消费者的重要安全和健康问题，以及环境保护[15]。其中一项任务是促进美国标准的使用。如果这些标准被认为适合用户群体的需要，ANSI也有助于将美国环境下的运行情况采纳为国际标准。ANSI是美国在ISO和IEC方面的唯一代表。

ANSI提供了一个带有开放文档的在线图书馆，以及仅供会员使用的受限文档[16]。

1.3.15.4 无线电工业和商业协会

无线电工业和商业协会（Association of Radio Industries and Businesses，ARIB）是日本的标准化机构，它大力开发了移动通信的3G定义，并与进一步开展移动通信的其他机构合作。

1.3.15.5 电信技术委员会

电信技术委员会（Telecommunications Technology Committee，TTC）是日本的另一个标准化机构，一直在积极开发移动通信系统。TTC标准总结可参见本章参考文献［17］。

1.3.16 EMV公司

欧洲支付（Europay）、万事达卡（MasterCard）和Visa已经组建了EMV公司（EMVCo），并根据ISO/IEC 7816标准制定了支付系统集成电路卡规范，目的是为简化储值系统的卡片和系统的实现[63]。

1.3.17 个人计算机/智能卡

PC/SC 是卡和读卡器的国际规范，适用于接触型卡片。PC/SC 版本 v2.0 的进一步发展也为卡通信引入了一个 PIN（个人识别号码）键盘。各种操作系统的公司都支持 PC/SC，目前它是 PC 登录应用程序的常见中间件接口。

1.3.18 健康保险流通和责任法案

健康保险流通和责任法案（Health Insurance Portability and Accountability Act，HIPAA）是以安全的方式实施电子医疗交易系统的美国国家标准的保护伞。相应交易功能的一些示例包括患者索赔、注册、资格、支付和利益协调。HIPAA 规定了在这种环境下对智能卡的要求，以确保数据的安全性和患者的隐私。

1.3.19 通用标准

通用标准（Common Criteria，CC）指的是一个国际安全评估框架。CC 的基本思想是为安全功能提供可靠的 IT 产品评估。这些产品包括安全集成卡的硬件以及智能卡操作系统和应用程序的软件。因此，CC 被用于独立评估，结果表明产品符合安全标准的能力。由于 CC 是在全球得到认可和建立的，它对于需要非常高安全性的客户特别有用，例如政府越来越希望将 CC 认证作为其安全解决方案投资的一部分。此外，CC 允许供应商基于具体需求更有效地处理安全解决方案的同时，提供广泛的产品。因此，CC 是计算机安全认证的国际标准，包括对信息技术产品和保护资料的评估[59]。

1.3.20 评估保证级别

UICC 安全性的一个重要的安全相关主题是与 CC 的一致性。它指的是如表 1.6 中总结的从 1 到 7 的 EAL（Evaluation Assurance Level，评估保证级别）的标准。SIM/UICC 符合 EAL 的 4 级，这使得它成为移动通信中最受保护的解决方案之一。

表 1.6 通过标准 CC 的 EAL 等级

等 级	项 目	描 述
EAL 1	功能测试	尽管存在威胁，但并不严重，表示对正确的操作有一定信心。证据表明，评估目标（Target Of Evaluation，TOE）的功能始终与各自的文件一致，提供了有用的保护

(PCI DSS)、支付应用数据安全标准（Payment Application- Data Security Standard，PA-DSS）和 PIN 交易安全（PIN Transaction Security，PTS）[65]。

近场通信论坛（NFC Forum）是一个 NFC 行业协会。它促进了 NFC 短距离无线交互在消费电子、移动设备和个人计算机上的规范和使用[64]。

与无线安全相关的其他文档包括大部分已经被通用标准所取代的信息技术安全评估标准（Information Technology Security Evaluation Criteria，ITSEC）安全标准[67]，以及诸如 MULTOS[66] 和开放卡框架（Open Card Framework，OCF）等行业倡议[68]。

对于物联网环境，相关组织之一是物联网安全基金会[82]。

1.4 无线安全原则

1.4.1 概述

无线环境中的安全性与有线环境中的设置没有太大的区别。目前的智能设备实际上是各种功能强大的微型计算机，所以我们在个人计算机环境中看到的漏洞，基本上在智能设备上的可执行软件中同样存在。官方应用程序商店中测试和预授权的概念旨在尽量减少隐藏在应用程序中的恶意代码的潜在威胁，但正如在所有操作系统中的各种情况所示，这并不能保证不受到攻击。

正如本章参考文献［27］所指出，来自网络外部的典型攻击并不是唯一的问题，还存在通过嵌入式恶意软件与消费者设备相关的具体的新形式的威胁。根据该文献，已经出现了恶意软件感染消费者硬件和软件产品的事件，甚至受污染的是外围设备。一些预装恶意软件环境的例子包括如 U 盘、微芯片、相机、电池充电器、数码相框、网络摄像头、打印机、手机、主板、系统板和硬盘等产品。

1.4.2 监管

无线网络和固定环境的安全保障在很大程度上与用户设备和网络元素的保护有关。该保障的一些完整任务包括网络、设备和应用程序的保护。强烈建议在早期阶段（标准化、研究和原型化），以及在网络规划、部署、安装和配置等所有进一步阶段中，系统地、有控制地通过安全体系结构设计来实施保护。安全过程作为一个对上述所有这一切都有用的工具，可应用于测试、认证和其他安全阶段。

这些任务是由诸如设备制造商和移动网络运营商这样的参与方在现有工具和流程的基础上完成的。运营商可能并通常会创建设备制造商必须遵守的特定要求。在这方面的额外帮助可由条例与各自的政策提供。

履行监管政策和规定的一个例子是 NERC CIP 5，它指的是美国的 CIP V5

过渡方案。它的目的是保护大型电力系统不受网络安全威胁，如果没有适当的保护，可能会导致不当行为或不稳定。这种关键的基础设施保护网络安全标准集合代表了减轻对大型电力系统的网络风险的进展，而事实上，对于远程基站供电而言，这是无线通信网络的关键弱点。

1.4.3 安全架构

本书中概述了各种无线系统的安全架构。安全与网络的内部保护机制有关，如认证、授权和通信加密等，或者与支持功能有关，如需要在订阅的配置文件中激活的订阅管理——就像最新技术所支持的——更高级的数据传输，如以受保护的方式下载完整的 SIM/UICC 只操作系统。

1.4.4 算法和安全原理

随着时间的推移，加密技术已大大改善，源自于约翰内斯·特里米修斯(Johannes Trithemius) 1499 年（并在 1606 年发表）所记载的隐藏写作（隐写）的古老方法，逐渐走向最现代的方法来加密内容。在现代移动通信中，应用隐写术在逻辑上是具有挑战性的，即使其基本原理是加密的文本通常很容易被发现但很难弄清楚，然而隐写术所隐藏的文本很难找到，但一旦发现就比较容易解释。如果不用在移动通信中，现代隐写技术会用于以下情况，例如，通过对定义像素点颜色的值施加非常小的变化，操纵可视化内容如图像的像素。例如，一个 24 位的图像像素是根据红、绿和蓝的颜色信息来计算的。每一个像素值的微小偏差都会改变颜色，但人眼无法区分与原始值的差别。从这样的图像中解读内容需要原始的参考图像，以揭示隐藏在像素值改变中的附加信息。这些技术通常被称为用于传输秘密消息的最低有效位插入。

对于标准化的移动通信系统，隐写方法对于通信的加密是不实用的，但可由终端用户在应用层中使用。相反，应用于现代移动通信环境的算法包括加密方法的非公开和公开版本的两种变体型。一般认为，公开曝光的算法能提供最有效的保护，因为它们经过最有力和最广泛的测试，与非公开的算法变型非常有限的资源相比，仅仅由于大型的测试社区，它们就会非常高效地检测到任何可能的残留缺陷。例如，用于加密无线电接口通信的原来的 GSM A5/1 算法是保密的，被认为可以防止攻击，但同时限制了证明适当安全级别的专家的数量。这种非公开的方法可能是将算法的弱点最终暴露于攻击方的原因，包括通过了解加密的初始化消息的逐位形式来更容易地解析内容。然而，无论公开或非公开方法，随着代码破译技术的发展和计算机处理能力的提高，算法的安全性都需要不时地加以修正。

当前算法的基本分类可以分为对称型和非对称型两种。在过去的 2000 年左右的时间里，对称的方法已经被应用到信息的安全保护中，包括像GSM和UMTS这样的现代移动通信系统。对称加密的一个例子是高级加密标准（AES）算法。对称加密的缺点是，使用相同的密钥来加密和解密消息，因此该方法中以安全的方式进行密钥交付可能会产生漏洞。密码制造者或密码破译者一直交替领先，引领着这个时代的进步。

非对称方法指的是使用不同密钥加密和解密消息的安全系统。非对称加密技术的一个例子是RSA。在实践中，当前的非对称编码解决方案依赖于基于素数的模块化函数和一对公有的和私有的密钥[2]。素数的数学原理提供了进行加密的可能性，使得用于查找使用的素数和用于窃听的反向分析在实践中对于足够大的数字是不可行的，而合法接收方可以通过已知的密码对中他/她自己的公钥（发送方用作加密的一部分）和自己的私钥（其他人不知道）来解密消息。因此，一旦发送方对消息加密，消息就不能再被解密，因为它只能用与公钥配对的私钥，才能以可行的方式打开。

表1.7列出并比较了在当今移动和无线通信中使用的最相关的加密技术。

表1.7 与移动通信相关的加密技术的比较

算法	原理	示例
AES	块密码，块大小为128位，密钥长度为128位、192位和256位 对称算法，包括密钥加法、字节替换和扩散层	提供有效的软件实现，非常适合8位处理器，如智能卡，但在32位或64位机器上效率不佳。通过查询表（T-Box）进行优化。AES是许多开放标准（如IPSec和TLS）的一部分，是美国政府应用程序的强制加密算法 更多信息参见本章参考文献［83，84］
DES	使用56位的密钥对64位的块密码加密。对称密码（加密和解密使用相同的密钥）。16轮的迭代算法，从主密钥派生相应的子密钥	在硬件中非常高效，如现场可编程门阵列（FPGA）和专用集成电路（ASIC）。适用于具有精简空间的非常小的设备，如RFID标签和低成本智能卡（大容量公共交通支付卡）。除S-box外，易受差分和线性密码分析攻击 更多信息参见本章参考文献［88］
三重DES（3DES）	对称密码和DES的替代方法，分别由三个不同密钥的三个后续DES加密组成	抵抗暴力攻击和分析攻击，3DES的优点是如果密钥相同，就是单个DES加密，这有利于遗留系统的支持
RSA	不对称密码。基于整数环的加密和解密，以及通过公钥和私钥对位串进行模块化计算	最广泛使用的非对称加密方案。通常用于诸如密钥传输和数字签名的小数据片段，例如用于互联网上的数字证书。比AES慢得多，所以RSA不会取代AES等对称密码

（续）

算法	原理	示例
椭圆曲线/离散对数方案	使用椭圆曲线，例如用于加密、数字签名和伪随机生成器	椭圆曲线是移动通信安全解决方案的最新补充之一。更多信息请参见本章参考文献[85]，与 Brainpool 有关的信息请参见本章参考文献［86］
哈希函数	哈希函数计算消息的摘要，该消息是一个短的固定长度的位串。没有密钥	哈希函数可以用作消息的指纹，因此适用于数字签名方案和消息认证。可用于存储密码散列或密钥派生[87]
MILENAGE	在 3GPP TS 35.205、TS 35.206、TS 35.207、TS 35.208 3G 安全规范中定义的一种在移动通信中使用的新算法	3GPP TR 35.909，版本 11 给出了 3GPP 认证和密钥生成函数 f1、f1*、f2、f3、f4、f5 和 f5*的示例算法集，包括算法规范、实现者测试数据、设计一致性测试数据以及结果的设计和评估
TUAK	3GPP TS 35.231、TS 35.232 和 TS 35.233（版本 12）中描述的新算法	规范包括算法描述、实现者测试数据和设计一致性测试数据

关于通用和移动通信环境中的加密技术的更多背景信息可以参见本章参考文献［2，20-23，27，71，72］。

1.5 本书的重点和内容

本书总结了无线安全领域的关键部分，对网络运营商和移动/IoT 设备制造商，以及参与移动通信安全的公司和组织（如智能卡提供商，嵌入式安全元件和“传统” SIM 卡制造商和服务提供商）特别有用。本书还以一种实用的方法为电信专业学生阐明了当前和未来最重要的解决方案，以便将理论与行业发展趋势进行对照。本书的主要读者是无线安防行业，但本书是向所有其他感兴趣的团体，包括监管机构、游戏行业、国防部队和从事科研的人员，解释近期和预期未来安全解决方案的总体情况。

本书还旨在为参与 GlobalPlatform、GSMA、SIMalliance、MiFare、Cipurse、3GPP、3GPP2 和 ETSI 等标准化组织和联盟的人员提供有用的指导。

本书的前两章构成介绍性模块，包含无线安全环境和物联网的描述。这部分描述了与理解用户认证、授权和保护无线电接口等安全方面相关的移动和无线电系统的基本知识，以及标准化机构的重点和作用、消费者系统的开发以及 M2M 通信。提出了最重要的安全算法，为那些想要更详细地研究原理的人提供了进一步参考的专门文献。

第二个模块提供了无线环境中详细的安全解决方案，包括接触式和非接触式智能卡、安全元件和演化系统，这些系统除了基于硬件的解决方案（如云支付）外，对于安全通信来说是非常有用的。另外根据参与的标准化机构和行业论坛的最新信息，对当前和预期的订阅管理的进展进行了描述。本模块概述了物联网与M2M解决方案和移动连接相互融合的整体发展，并讨论了网络社会的概念以及其他行业论坛、联盟和国际标准机构的启动。讨论了新颖性和预期的未来解决方案，包括可穿戴设备、家用电器、行业解决方案和自动驾驶汽车。庞大的物联网设备基础之一是与公用事业有关，因此它们的贡献作用和技术将与公用事业所依赖的无线技术一起讨论，包括它们在电力领域、移动性和智能电网应用中的作用。

模块2的一个重要部分是智能卡，因此提出了为什么智能卡在物联网时代仍然是安全性的有用锚点。随着智能卡技术和并行解决方案的发展，该模块还讨论了智能卡为支持IoT所需的修改，并介绍了目前可用的或未来的备选方案。该模块还给出了接触卡和非接触式卡的技术描述，包括标准、当前解决方案、外形、电气和机械特性、如无线支付和接入系统等使用情况、NFC和其他无线技术。通过提供例如EMVCo概念和其他银行系统、电子商务、运输和接入系统的示例来描述支付和访问环境。

第二个模块还描述了无线安全平台和功能，说明了为什么每个特定的安全机制都是相关的。介绍了基于软件和硬件的两种解决方案的安全元素，并讨论了安全协议。基于智能卡原理，该模块还详细介绍了电信环境的SIM/UICC和嵌入式SIM/UICC。本书还提出基于SIM的无线通信技术，用于订阅的启动、订阅生命周期的管理以及远程文件管理和应用管理。这就为消费者订阅和M2M设备的订阅管理提供了一个更加完整的环境，这一点是根据行业和标准化领域的最新知识进行详细阐述的。

此外，该模块还描述了SIM的替代安全解决方案，如可信执行环境（TEE）、云和主机卡模拟（cloud和Host Card Emulation，HCE），包括标记化的功能。本书还概述了生命周期管理的内容，并讨论了订阅管理的好处和挑战。此外，还考虑了设备类型的演变、对技术经济最佳的订阅管理的选择的成本，以及对订阅管理的潜在问题及其解决方案。

第三个模块详细介绍了无线环境中的典型安全威胁，并解释了如何监控和增强防范意识以抵御恶意攻击。该模块还概述了移动安全的未来。更具体地说，该模块提出了对无线安全机制、潜在安全漏洞的关注，包括网络中的人为错误和缺陷（用户设备、应用、通信，信令和生产等）。讨论了一些攻击类型，如窃听、超载和射频攻击。随着物联网环境的重要性日益增加，模块3概述了无线安全对公用事业领域和应用的影响，讨论了可行的保护技术以及诸如深度包检测、病毒保护和合法监听等监控技术。

第三个模块的未来部分通过总结安全机制的趋势、威胁和解决方案，讨论即将到来的无线环境，以避免随着大量的数据传输无线技术的性能退化。此外，还对传感器网络及其安全性的演变进行了描述。最后，第三个模块引入了5G及以上的移动通信系统以及未来无线技术的安全挑战。5G及以上的移动通信系统仍然是为标准化准备的一组项目。

图1.1显示了本书的主要内容，以简化模块之间的导航。模块和章节彼此独立，因此可以以任何优先顺序读取。然而，从头开始学习这个领域，建议按照顺序逐步熟悉主题，这样可以更容易地理解后面的内容。

模块1 概述 无线环境	总体介绍 1. 简介 2. 无线网络
模块2 技术概述 无线解决方案	安全通信 3. 物联网 4. 智能卡 5. 无线支付与接入系统 6. 无线安全平台与功能 7. 移动订阅管理
模块3 详细说明 无线安全	风险和保护 8. 无线环境下的安全风险 9. 监控与保护技术 10. 无线安全的未来

图1.1　本书内容

参考文献

[1] *Wired*. Hacker spoofs cell phone tower to intercept calls, October 2010. http://www.wired.com/2010/07/intercepting-cell-phone-calls/ (accessed 13 December 2014).

[2] Simon Singh. *The Code Book: The Evolution of Secrecy from Mary Queen of Scots to Quantum Cryptography*. Anchor Books, New York, 1999.

[3] ITU, 2015. http://www.itu.int/en/about/Pages/overview.aspx (accessed 4 July 2015).

[4] ITU-T Recommendations, 2015. http://www.itu.int/rec/T-REC/e (accessed 4 July 2014).

[5] ITU-R Recommendations, 2015. http://www.itu.int/pub/R-REC (accessed 4 July 2014).

[6] IEEE Publications, 2015. http://www.ieee.org/publications_standards/index.html (accessed 4 July 2015).

[7] IEEE Standards, 2015. http://standards.ieee.org/about/get/index.html (accessed 4 July 2015).

[8] IEEE Standards Association. IEEE standards activities in the network and information security (NIS) space. 19 June 2013. 4 p.

[9] IETF RFC search page, 2015. http://www.rfc-editor.org/rfcsearch.html (accessed 4 July 2015).

[10] IETDF, Official Internet Protocol Standards, 2015. http://www.rfc-editor.org/rfcxx00.html (accessed 4 July 2015).

[11] IETF RFC 1677. *The Tao of IETF – A Novice's Guide to the Internet Engineering Task Force*, 2015.

[12] IETF RFC List, 2015. http://www.ietf.org/rfc.html (accessed 4 July 2015).

[13] IETF Security Area, 2015. https://tools.ietf.org/area/sec/trac/wiki (accessed 4 July 2015).

[14] CEPT, 2015. http://www.cept.org (accessed 4 July 2014).

[15] ANSI, 2015. http://www.ansi.org/about_ansi/overview/overview.aspx?menuid=1 (accessed 4 July 2014).

[16] ANSI Standards (Restricted Area), 2015. http://www.ansi.org/library/overview.aspx?menuid=11 (accessed 4 July 2014).

[17] TTC, 2015. http://www.ttc.org.jp/cgi/summarydb/index.html (accessed 4 July 2015).

[18] 3GPP, 2015. www.3gpp.org (accessed 4 July 2015).

[19] 3GPP, Security Aspect, 30 May 2011. ftp://www.3gpp.org/Information/presentations/presentations_2011/2011_05_Bangalore/DZBangalore290511.pdf (accessed 4 July 2015).

[20] Anand R. Prasad. 3GPP SAE/LTE Security. NIKSUN WWSMC, 26 July 2011.

[21] Bogdan Botezatu. 25 percent of wireless networks are highly vulnerable to hacking attacks, Wi-Fi security survey reveals, 11 October 2011. http://www.hotforsecurity.com/blog/25-percent-of-wireless-networks-are-highly-vulnerable-to-hacking-attacks-wi-fi-security-survey-reveals-1174.html (accessed 4 July 2015).

[22] Michael Walker, chairman of 3GPP SA3 WG (Security). On the security of 3GPP networks. Eurocrypt 2000.

[23] CTIA, Mobile Cybersecurity and the Internet of Things; Empowering M2M Communication.

[24] Executive Order 13636 Improving Critical Infrastructure Cybersecurity, 12 February 2013. http://www.whitehouse.gov/the-press-office/2013/02/12/executive-order-improving-critical-infrastructurecybersecurity (accessed 6 July 2015).

[25] National Highway Traffic Safety Administration, Preliminary Statement of Policy Concerning Automated Vehicles, 30 May 2013. http://www.nhtsa.gov/staticfiles/rulemaking/pdf/Automated_Vehicles_Policy.pdf (accessed 6 July 2015).

[26] 2015 Data Breach Investigations Report. Verizon, 2015.

[27] S. Bosworth, M.E. Kabay and E. Whyne. *Computer Security Handbook*. Sixth edition, Volume 1. John Wiley & Sons, Inc., Hoboken, NJ, 2014.

[28] Open Mobile Alliance, 12 October 2015. http://openmobilealliance.org/ (accessed 12 October 2015).

[29] OMA Work Programs, 12 October 2015. http://openmobilealliance.org/about-oma/work-program/device-management/ (accessed 12 October 2015).

[30] OMA DM Development, 29 February 2012. http://technical.openmobilealliance.org/comms/documents/OMA_DM_1.4Billion_PR_Final.pdf (accessed 12 October 2015).

[31] OMA Releases, 12 October 2015. http://technical.openmobilealliance.org/Technical/technical-information/release-program/current-releases/gssm-v1-0 (accessed 12 October 2015).

[32] CoAP. IETF RFC 7252, June 2014. https://tools.ietf.org/html/rfc7252 (accessed 13 October 2015).

[33] DTLS version 1.2. IETF RFC 6347, January 2012. https://tools.ietf.org/html/rfc6347 (accessed 13 October 2015).

[34] Infineon, IoT overview, 1 November 2015. http://www.infineon.com/iot-security-ebrochure/en/index.html (accessed 1 November 2015).

[35] Open Mobile Alliance Release Program document package, 1 November 2015. http://technical.openmobilealliance.org/Technical/Release_Program/docs/GSSM/V1_0-20111220-A/OMA-ERP-GSSM-V1_0-20111220-A.zip (accessed 1 November 2015).

[36] The green life of a SIM card. Giesecke & Devrient, Smart! Telecommunications, 2/2009.

[37] ISO/IEC 7816-1:2011. Identification cards; Integrated circuit cards, Part 1: Cards with contacts; Physical characteristics. http://www.iso.org/iso/home/store/catalogue_ics/catalogue_detail_ics.htm?csnumber=54089 (accessed 1 November 2015).

[38] ISO/IEC 7816-2:2007. Identification cards; Integrated circuit cards, Part 2: Cards with contacts; Dimensions and location of the contacts. www.iso.org (accessed 30 December 2015).

[39] ISO/IEC 7816-3:2006. Identification cards; Integrated circuit cards, Part 3: Cards with contacts; Electrical interface and transmission protocols. www.iso.org (accessed 30 December 2015).

[40] ISO/IEC 7816-4:2013. Identification cards; Integrated circuit cards, Part 4: Organization, security and commands for interchange. www.iso.org (accessed 30 December 2015).

[41] ISO/IEC 7816-5:2004. Identification cards; Integrated circuit cards, Part 5: Registration of application providers. www.iso.org (accessed 30 December 2015).

[42] ISO/IEC 7816-6:2004. Identification cards; Integrated circuit cards, Part 6: Interindustry data elements for interchange. www.iso.org (accessed 30 December 2015).

[43] ISO/IEC 7816-7:1999. Identification cards; Integrated circuit(s) cards with contacts, Part 7: Interindustry commands for Structured Card Query Language (SCQL). www.iso.org (accessed 30 December 2015).

[44] ISO/IEC 7816-8:2004. Identification cards; Integrated circuit cards, Part 8: Commands for security operations. www.iso.org (accessed 30 December 2015).
[45] ISO/IEC 7816-9:2004. Identification cards; Integrated circuit cards, Part 9: Commands for card management. www.iso.org (accessed 30 December 2015).
[46] ISO/IEC 7816-10:1999. Identification cards; Integrated circuit(s) cards with contacts, Part 10: Electronic signals and answer to reset for synchronous cards. www.iso.org (accessed 30 December 2015).
[47] ISO/IEC 7816-11:2004. Identification cards; Integrated circuit cards, Part 11: Personal verification through biometric methods. www.iso.org (accessed 30 December 2015).
[48] ISO/IEC 7816-12:2005. Identification cards; Integrated circuit cards, Part 12: Cards with contacts; USB electrical interface and operating procedures. www.iso.org (accessed 30 December 2015).
[49] ISO/IEC 7816-13:2007. Identification cards; Integrated circuit cards, Part 13: Commands for application management in a multi-application environment. www.iso.org (accessed 30 December 2015).
[50] ISO/IEC 7816-15:2004. Identification cards; Integrated circuit cards, Part 15: Cryptographic information application. www.iso.org (accessed 30 December 2015).
[51] ISO/IEC 7816-15:2004/Cor 1:2004. www.iso.org (accessed 30 December 2015).
[52] ISO/IEC 7816-15:2004/Amd 1:2007. Examples of the use of the cryptographic information application. www.iso.org (accessed 30 December 2015).
[53] ISO/IEC 7816-15:2004/Amd 2:2008. Error corrections and extensions for multi-application environments. www.iso.org (accessed 30 December 2015).
[54] ISO/IEC Standards Summary, 1 November 2015. http://www.iso.org/iso/home/store/catalogue_ics/catalogue_ics_browse.htm?ICS1=35&ICS2=240&ICS3=15& (accessed 1 November 2015).
[55] GlobalPlatform, 1 November 2015. https://www.globalplatform.org/ (accessed 1 November 2015).
[56] SIMalliance, 1 November 2015. http://simalliance.org/ (accessed 1 November 2015).
[57] GSMA, 1 November 2015. http://www.gsma.com/aboutus/ (accessed 1 November 2015).
[58] GSMA history, 9 November 2015. http://www.gsma.com/aboutus/history (accessed 9 November 2015).
[59] Common Criteria, 9 November 2015. http://www.commoncriteriaportal.org/ (accessed 9 November 2015).
[60] Robert Yen. Overview of ANSI-INCITS biometric standards on data interchange format. Biometrics, U.S. Department of Defense, 19 January, 2005.
[61] Federal Information Processing Standards (FIPS), 11 November 2015. https://csrc.nist.gov (accessed 11 November 2015).
[62] European Telecommunications Standards Institute, 11 November 2015. http://www.etsi.org/ (accessed 11 November 2015).
[63] EMVCo, 11 November 2015. http://www.emvco.com/ (accessed 11 November 2015).
[64] NFC Forum, 11 November 2015. http://www.nfc-forum.org (accessed 11 November 2015).
[65] PCI Security Standards, 11 November 2015. https://www.pcisecuritystandards.org (accessed 11 November 2015).
[66] MULTOS, 11 November 2015. https://www.multos.com/ (accessed 11 November 2015).
[67] Information Technology Security Evaluation Criteria (ITSEC). Department of Trade and Industry, London, June 1991.
[68] The Open Card Framework, 11 November 2015. http://www.openscdp.org/ocf/ (accessed 11 November 2015).
[69] CIPURSE V2. Integrating CIPURSE V2 into an existing Automated Fare Collection system. OSPT Alliance, 2014.
[70] GSMA, The Mobile Economy Report 2015.
[71] Crypto tutorial. https://www.cs.auckland.ac.nz/~pgut001/tutorial/ (accessed 11 November 2015).
[72] SSL encryption evaluation. http://www.peerlyst.com/blog-post/a-technical-rant-about-the-different-e-s-in-ssl-tls (accessed 11 November 2015).
[73] Smartcard Alliance, 22 November 2015. http://www.smartcardalliance.org/alliance/ (accessed 22 November 2015).
[74] *Wired*. Siri hack, October 2015. http://www.wired.com/2015/10/this-radio-trick-silently-hacks-siri-from-16-feet-away/?mbid=social_twitter (accessed 22 November 2015).
[75] *Interference Technology*. OTA hacking device. http://www.interferencetechnology.com/unstoppable-new-hacking-device-steals-encryption-keys-out-of-the-air/ (accessed 22 November 2015).
[76] *Helsingin sanomat*. Baby monitoring device security threats, 7 September 2015. www.hs.fi/m/kotimaa/a1441508730024?ref=hs-mob-prio45-1 (accessed 22 November 2015).
[77] *Helsingin sanomat*. Home device security holes, 7 August 2015. http://www.hs.fi/m/ulkomaat/a1438918533873 (accessed 22 November 2015).
[78] BBC. Security breach lab, 20 July 2015. http://www.bbc.com/future/story/20150720-the-hidden-lab-where-bankcards-are-hacked (accessed 22 November 2015).

[79] *Helsingin sanomat*. Remote access breaches. http://www.hs.fi/m/kotimaa/a1435630410758 (accessed 22 November 2015).
[80] *Helsingin sanomat*. Security breach revealed by under aged. http://www.hs.fi/m/autot/a1425284972822 (accessed 22 November 2015).
[81] BBC. Rail signal upgrade could be hacked to cause crashes. http://m.bbc.com/news/technology-32402481 (accessed 22 November 2015).
[82] IoT Security Foundation. https://iotsecurityfoundation.org/ (accessed 22 November 2015).
[83] J. Daemen and V. Rijmen. *The design of Rijndael*. Springer, 2002.
[84] J. Daemen and V. Rijmen. AES proposal: Rijndael. First Advanced Encryption Standard (AES) Conference, Ventura, CA, USA, 1998.
[85] I. F. Blake, G. Seroussi and N. P. Smart. *Elliptic Curves in Cryptography*. Cambridge University Press, New York, 1999.
[86] ECC Brainpool. ECC Brainpool Standard Curves and Curve Generation. 2005. http://www.ecc-brainpool.org/ecc-standard.htm (accessed 12 December 2015).
[87] J. L. Carter and M. N. Wegman. New hash functions and their use in authentication and set equality. *Journal of Computer and System Sciences*, 22(3):265–277, 1981.
[88] W. Diffie and M. E. Hellman. Exhaustive cryptanalysis of the NBS Data Encryption Standard. *COMPUTER*, 10(6):74–84, 1977.
[89] 3GPP2 introduction, 2 January 2016. http://www.3gpp2.org/Public_html/Misc/AboutHome.cfm (accessed 2 January 2015).
[90] ISO 27000 Information Security Management. http://www.iso.org/iso/home/standards/management-standards/iso27001.htm (accessed 9 January 2016).
[91] ISO/IEC JTC1/SC17 Standing Document 3 – SC17 Work Programme including all published standards and target date summary for all work items under development, 23 August 2006. http://wg8.de/wg8n1255_17n3074_SC17_SD3_Work_Programme.pdf (accessed 10 January 2016).
[92] OMA. A Primer to SyncML/OMA DS. Approved 31 Mar 2008. 27 p. http://technical.openmobilealliance.org/Technical/release_program/docs/SyncML_Primer/V1_0-20080331-A/OMA-WP-SyncML_Primer-20080331-A.pdf (accessed 10 January 2016).
[93] 3GPP TR 31.828 V10.0.0 (2011-04). UICC access to IMS (Release 10). 25 p.

第2章 无线系统的安全

2.1 概 述

本章主要通过对3GPP和IEEE 802网络的介绍，来描述与现代无线和移动系统最为相关的安全结构。本章还讨论诸如卫星系统、以地面集群无线电（Terrestrial Trunked Radio，TETRA）和广播网络为代表的特殊系统的安全层面，以及本地无线连接等。识别潜在安全威胁的实际案例，以及用于保护移动通信的方法也会在本章中被介绍。这些案例包括诸如呼叫和发送消息等用户操作，以及与运营商有关的功能，如订阅管理。本章还对包括3GPP网络、非3GPP网络和与Wi-Fi分流的交互性和互通性的安全层面做了概述。

2.1.1 移动环境下的整体安全思考

当前，移动通信网络的数据服务越来越多地采用分组连接方式。这极大地提高了蜂窝连接的效率，较之前面提到的基于电路交换技术的解决方案，提供了更优越的用户体验。同时，由于当前的移动服务与互联网的原理相当，所以有一些相似的安全威胁正在增加。总的来说，我们熟悉的来自公共互联网的安全漏洞在许多方面与移动通信是相关的，并且因此需要类似的保护机制。这适用于“传统”功能的移动电话设备和高级智能设备。此外，不仅数据传输受到威胁，而且与语音通信相关的服务也可能受到攻击。

商业移动通信的安全威胁的一些例子，可能与用户凭据的经济利用有关（一些具体情况是窃取信用卡信息或其他类型的公司秘密）或“虚拟破坏行为”（例如在呼叫时的干扰）。除了与最终用户和商业通信相关的威胁之外，在特殊环境中也存在可能危及政府和国防安全的潜在威胁。一个例子是一个攻击者，他们可能希望通过移动通信寻找战略信息，无论是实时或者是通过后处理，通过公开但安全的信道获得的存储数据，或者试图进入内部网络基础设施。也可能有意图使移动网络和相关服务瘫痪，以便完全阻止合法通信。

无论威胁如何，均需要通过从已知和预期的威胁的准备中使影响最小化，并在具体袭击发生之前设立相应的保护机制。这是一个共同的努力，可以在运营商、设备制造商和最终用户之间理想地完成。

随着新一代移动通信网络的发展，保护机制也在提高。与其他任何形式的电信一样，最新一代的移动系统可能包含弱点，这是由于电子产品及新颖的硬件和软件攻击类型的整体发展暴露出来的。不仅网络和用户设备受到威胁，而且在当今的环境里，特别是在协议层之上使用的服务和应用程序，带来了前所未有的挑战。一个例子就是越来越多地通过移动通信网络访问云存储。云服务器通常部署为与移动网络基础设施分离的单独组件，无论移动系统的安全级别如何其内容可能会受到未经授权访问的影响。同样，日益流行的配备应用程序的智能设备暴露了我们熟悉的公共互联网中的安全漏洞，即恶意攻击者可以瞄准访问用户数据，复制、修改和销毁内容，并通过病毒管理设备。

2.1.2 发展中的安全威胁

在当今和不久的将来，其中一个具体的安全威胁就与物联网有关，也包括 M2M 通信。通过无线方式或有线方式连接到互联网的大量设备，如打印机和视频监控摄像机、音频系统甚至灯泡，都可能打开未知的后门进入其他受到良好保护的环境。一个这样的安全威胁是用户不改变设备制造商的简单默认密码。对于能够危害用户的个人健康设备来说，这是特别有问题的，如互联网自动驾驶车[8]。

无论是关于服务器、笔记本电脑还是简单的 IoT 设备，确保对最明显攻击尝试的充分屏蔽的方法，包括在使用设备之前更改默认密码，以及监控系统的流量、更新病毒防护、维护最新和受保护的防火墙设置、在安装新应用程序时使用常规设置，以及应用公共互联网熟悉的任何其他合理的屏蔽原则。对于高度机密的通信，确保保护的可行方法是在应用层中使用点对点扰频解决方案。此外，当将本地系统之外的机密信息进行云存储时，用户管理的数据扰频解决方案可提供额外的保护。

对于固定和移动网络运营商和服务提供商来说，对欺诈尝试的监控是长期以来的日常生活，通常也至少应用了某种基本的病毒保护机制。明显的可疑行为，例如意图修改用户配置文件作为骗取电子邮件的、被劫持的最终用户设备的一部分，可以从网络侧跟踪，但是如果没有最终用户的积极作用，则很难单独防止安全漏洞。

物联网的重要性以及物联网安全威胁的增加，可以由 Verizon 在本章参考文献［9，12］中提供的统计数据中解释出来。根据数据显示，2015 ~ 2020 年间，全球物联网装置的年均增长率可望保持 28%。以此为据，到 2020 年物联网设备总数约为 54 亿，而 2014 年约为 14 亿。

无论无线电接口保护的技术和级别如何，移动系统的无线电网络的路径均代表了与固定电话网络相似的安全原则。电信网络默认的是封闭环境，从而免受外部攻击。现代网络基于数字传输和光纤，这意味着从外部以未经授权的方式访问它们是一个挑战。然而，如果未授权方确实可以访问通信，例如通过传输网络的无保护无线电链路，除了部署用于这些链路的附加加密设备之外，这里没有太多的工作用于进行检测或防止这种尝试。

除了窃取威胁，有意或无意地破坏网络也可能是一个严重的问题。这可能会导致通信网络服务的一部分崩溃，包括紧急呼叫尝试。公开的新闻故事里偶尔报道过固定或移动通信网络的服务水平下降问题，这些问题可能导致区域性服务中断。有时可能会发生重要的战略光纤电缆损坏的问题，通常情况下这是由该地区的建筑工程造成的。因此，传输网络中明确物理分离布线的适当冗余是基础设施提供商的重要预防性保护方法之一，以最大限度地减少发生这种情况的负面影响。

早在 20 世纪 90 年代，移动网络就被隔离于公共数据网络之外，只有电路交换数据方法被用于早期的访问互联网类型的服务。在 2000 年初期部署的通用分组无线电业务（General Packet Radio Service，GPRS）将分组交换信道开放到互联网，这反过来又给最终用户以及运营商暴露出潜在安全威胁。这种问题的一个例子是通过从外部网络，重复发送分组数据协议（Packet Data Protocol，PDP）上下文激活请求到实际或虚拟 GPRS 用户，来尝试重载内部网络。这种尝试可以通过 GSM 网络的归属位置寄存器（Home Location Register，HLR）和漫游位置寄存器（Visitor Location Register，VLR）触发大量的信令，作为解析接收方位置的过程的一部分。这些消息可以使 GPRS 的信令资源过载，并且由于 GSM 用户注册对于数据和语音用户是共同的，所以 GSM 网络的语音业务也可能受到影响。通过使用额外的流量分析和阻塞程序，可以在 GPRS 网关支持节点（GPRS Gateway Support Node，GGSN）元素的 GPRS 网络的边界中防止这种相对简单的 DoS 攻击。因此，GPRS 的早期部署导致引入了公共互联网上令人熟悉的这种防火墙类型的保护机制。事实上，由于上述原因，运营商倾向于通过网络来回避激活分组数据协议（PDP）上下文选项的利用，因此用户设备通常是打开的，这也可以在从网络一侧，以短消息形式推送消息之后发生。

从那时起，分组数据的利用率由于数据传输速率相对较高，移动通信网络的较低等待时间的增加而呈指数增长，这使得移动数据通信与固定互联网线路相比更具吸引力。因此，为各种目的而开发的多种移动应用程序应运而生。未来数据利用的主要驱动因素之一是智能手机普及率的增长。例如，2010 年的报告估计，全球移动数据流量的 65% 是由 13% 使用智能手机的移动用户生成的，每个用户的平均流量为每月约 85MB。图 2.1 来自本章参考文献［60，36］，由其所示的国际电联统计数据可以看出，移动宽带业务呈指数级增长。

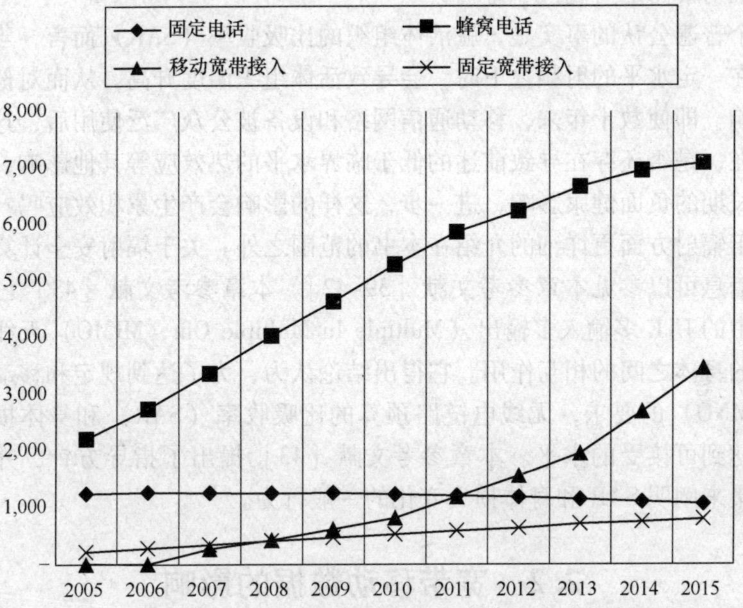

图 2.1　移动笔记本电脑和智能手机用户的数据消费统计

为了应对不断增长的移动数据消费，LTE 和 LTE- A 网络将在未来几年内为最终用户提供高度需要的容量和更高的数据传输速率，LTE/LTE- A 网络正在积极部署。由于这些网络的保护级别与前几代相比可以被认为是优越的，所以新的攻击类型最有可能侧重于应用层而不是网络基础设施。

2.1.3　射频干扰和安全

在实际的 LTE/LTE- A 无线电网络部署中，需要考虑电磁场（Electro- Magnetic Field，EMF）、电磁兼容（Electro- Magnetic Compatibility，EMC）和比吸收率（Specific Absorption Rate，SAR）。它们分别是指无线电发射机的辐射性质、屏蔽、安全调节和生物效应。因此它们属于无线安全领域。电磁场（EMF）领域包括关于射频辐射及其与活体生物组织相互作用的科学和一般性辩论。EMF 通常涵盖从 10MHz ~ 300GHz 的射频，以及从 300Hz ~ 10MHz 的中频（Intermediate Frequency，IF），最高 300Hz 的低频（Low Frequency，LF）和静态场。对于 LTE 和 LTE-A 部署，重点放在射频上，因为潜在实际频带的范围在几百 MHz 到几 GHz 间变化。

由于种种原因（竞争环境等原因造成的土地费用、场地或塔楼共享概念的缺乏等），运营商将两个或更多个天线塔部署得彼此相对接近并不罕见，因为这些地点中的拓扑结构可能最适合于无线网络规划。在这些情况下，当现场人员在塔中工作时，特别是当天线高度与工作高度相匹配时，应考虑到超过推荐射频辐射暴露的可能性[40]。

一个普遍公认的事实是，就活体组织的比吸收率（SAR）而言，当活体组织暴露在一定水平的射频之下时，会导致活体组织温度升高，从而对健康造成负面影响。即使数十年来，移动通信网络和设备被公众广泛使用后，这个问题依然存在，是否还存在导致前述的低于临界水平的热效应等其他影响，或者是否存在长期的负面健康影响，进一步，这样的影响会产生累积效应吗？

关于辐射方面更详细的介绍在本书的范围之外。关于辐射安全计算和考虑的更多信息可以参见本章参考文献［39-42］。本章参考文献［43］已经研究了手机中的 LTE 多输入多输出（Multiple In Multiple Out，MIMO）天线的辐射与用户的身体之间的相互作用。它得出结论认为，为了达到规定和移动网络运营商（MNO）的要求，无线电链路预算的比吸收率（SAR）和身体损失需要优化，达到可接受的水平。本章参考文献［43］提出了指导方针，并用不同的参数集来阐明 SAR 和身体损失变化的一般行为。

2.2 宽带移动数据的影响

2.2.1 背景

自推出第一代系统以来，以任何标准的衡量移动通信网络利用率的增长一直处于快速发展状态。随着综合数据业务的不断完善，智能设备的普及以及智能设备数量的不断增加，对数据的容量和质量的要求也日益提高。本章参考文献［27］已经证实，所需的移动数据的可用范围和网络容量之间的差距正在全球范围内扩大。据估计，移动数据流量由视频增长主导，并且在 2012 年至 2017 年之间可能会增加 20 倍。这反过来导致无线网络中的高流量和信令。

移动宽带的增长需求是如此迅猛，仅仅依靠增加蜂窝的数量和覆盖范围来提供更多的网络容量可能不足以应付需求。即使 LTE 和 LTE-A 的发展是新的运营商和许可证进入市场的演进中的重要一步，只有先进的功能才能确保网络能够处理增加的流量和信令。小型蜂窝的概念在这种演进过程中起着关键作用，以平衡高度局部化的点与宏观层之间的流量。这将导致包含分层方法，以及支持各种无线电接口类型，频带和带宽的异构网络的出现。根据本章参考文献［27］，超过 80% 的运营商声称小型蜂窝将是 2012 年至 2017 年满足其能力目标的第一或第二重要因素。

2.2.2　网络的作用

为了应对规划和部署的挑战并确保未来的网络能力，事先优化、准确的预测和采用复杂的手段来估计无线电网络规划选项的影响都是至关重要的。因为这直接影响到企业的投资回报和盈利能力。需要特别注意的是，通过考虑整个网络（小区间距离和通过不同位置到达的性能），核心网络质量和容量（使其不产生由无线电接口的高数据传输速率导致的瓶颈）以及高效的性能监视和故障管理（以确保接近实时响应以校正非最佳参数）。此外，小型蜂窝单元和无线电网络的其余部分之间的接口需要最小化。这可以通过 3GPP 标准化提供的增强方法实现，特别是通过以动态的方式考虑新的家庭演进节点 B（eNB）的安装问题这样的细致的网络优化——这将有助于自组织/自优化网络（Self-Organizing/Self-Optimizing Network，SON）概念的部署。对于核心网络规划，提供了更多的选项[28]，所以运营商的相应任务是在每个环境中选择最经济可行的任务。

对 LTE/LTE-A 网络的规划目标来说，需要记住的是，从用户体验的角度来看，峰值数据传输速率不是最重要的标准。峰值数据传输速率表示理论吞吐量，而用户体验以及网络容量的相关数字是平均扇区吞吐量[29]。它表示考虑到环境的实际限制，可以实际地在一个扇区内传送带宽的数量。可以进一步考虑通过聚合实现的吞吐量，以计算可以为每个扇区提供的并发订户的实际最大量。特别是这个平均扇区吞吐率可以作为估算部署和运营成本的基础。

LTE 和 LTE-A 网络的部署比以往任何时候都更具挑战性，因为需要与家庭演进节点 B（eNB）概念一致的最佳站点位置的精确规划和相应策略。在部署中要考虑的一些特殊要点是增强规划工具的需求，这些工具能够考虑小型蜂窝小区概念，与辅助自组织网络（SON），以及核心网络的技术—经济最优解决方案相一致。同样重要的是确保小型蜂窝小区的安装是通过最小化干扰来实现的，这可能需要运营商向客户提供额外的工具和指导。然而，作为小型蜂窝小区的部署结果，运营商可与客户一起确保提供的数据传输速率能够及时支持需求。对于运营商来说，不仅能力提高是一个重要的方面，而且对于全球市场上的任何运营商来说，主要目标都是减少与内容传递、提高数据传输速率和降低功耗相关的成本。

处理增加数据传送的更具体的方式之一是增加无线电链路预算，例如通过利用远程无线电单元（降低天线馈线衰减）和较小的无线电小区（其提供更多的容量）。此外，数据流量分流已被确定为可行，并且在实践中被使用。相应的开发正在进行中，以确保有效的分流用例、策略和控制功能以及无缝的用户认证、授权和计费——不要忘记与无线电接入技术之间的实时切换相关的安全方面。除了将数据流量从 LTE/LTE-A 网络（和其他移动通信网络）分流到 Wi-Fi 热点之外，还可以使用其他网络（诸如毫微微蜂窝基站）来分流。

与前几代相比，LTE 和 LTE-A 网络提供更好的频率效率。通过例如经由支持的标准，网络设备和用户设备由例如载波聚合和更高阶 MIMO 来进一步扩展数据传送的可能性，从而提高数据传输速率。LTE/LTE-A 网络还通过如有源天线系统（Active Antenna System，AAS）的手段用于数据增加。

LTE/LTE-A 网络的小型蜂窝小区概念发展的下一步是与蜂窝网络以及 Wi-Fi 的融合，成为异构网络。这一阶段由相当数量的小型单元组成，它们是由 Wi-Fi 和移动通信无线电接口组成的无线电网络元件的组合。它们也可以是形成单个宏小区的 Wi-Fi 接入点和基站的单独元件。不同接入网络之间的流量协调通过有效的 RF 频段中的动态容量池进行。在逻辑上，运行和管理系统在这种情况下处理流量协调。

在各种其他方面，本章参考文献［50］强调了 Wi-Fi 下载的重要性，预计这种方式在不久的将来会大幅增长。预测显示，2017 年，接近 80% 的运营商将拥有通常包含 Wi-Fi 下载的多频段 3G 和 4G 网络。相关的管理挑战是适应不同的拓扑结构，包括异构网络（LTE-A 作为驱动力），Wi-Fi 与可行功能的集成，以及仍然作为网络基础设施的传统系统的优化。

这里还有与增加产能相关的特殊机会。本章参考文献［30］已经调查了使用电视白色空间[⊖]进行移动宽带服务的业务案例。作为结论，该文献指出，与现有运营商相比，部署新网络的运营商，在无线电设备和传输解决方案方面的成本更高。已经建立的运营商，又可以通过如 LTE 网络部署移动宽带接入服务，通过向现有站点添加新的无线电设备。这表明了即使认知无线电设备的成本与 LTE 设备处于同一水平部署新站点面临更高成本的挑战。本章参考文献［30］进一步给出了结论，认知无线电在商业中运用的情况会更糟，其花费显然更昂贵。然而，在适用的情况下，使用电视白色空间在选择潜在部署场景时是值得考虑的。

除了无线电接口之外，回传部署也需要与 LTE/LTE-A 部署一起关注。主要目标是确保核心不会造成瓶颈，因为与以前的 3GPP 版本相比，无线电接口提供了更高的平均和峰值吞吐量值。本章参考文献［31］得出结论，在 LTE 的早期阶段，回传能力需求被夸大了，类似于 21 世纪初的 3G 期望。然而，这将随着 LTE 技术的建立而发生变化。本章参考文献［31］进一步声称，LTE 可能有一个加速的周期，尽管行业可能有初期的挫折。每个站点计划的 LTE

⊖ 电视白色空间是指空白电视信号频段中，被分配做文物使用，但实际没有被使用的无线电频段。——译者注数据容量是固定的，并且用户之间共享最大的资源。因此，最大可用容量取决于商业节点B（NB）模型和可用信道带宽。增加容量需要更多的LTE信道带宽，根据LTE授权这应该是不可能的。此外，宏小区的增加会造成网络运营支出的增加。因此，本章参考文献［31］得出结论，具有更具成本效益的回程选项的小微微蜂窝是LTE容量提供的可行折中。该文献进一步称，运营商应该考虑这个解决方案，而不是针对宏小区的理论最大覆盖范围，特别是在高交通密度的城市地区。该声明基于计算，表明具有10MHz带宽的三扇区站点的容量限制为150Mbit/s，低于部分LTE回传部署。然而，这个假设考虑了无线电传播限制。本章参考文献［31］还指出，LTE回传需要满足不断发展的移动网络的需求，如高可用性、低延迟、低丢包、服务质量（Quality of Service，QoS），直接站点到站点连接和高网络容量。该文献还称，与单路径链路的长链相比，从访问核心的多条路径的环形或网状拓扑结构能更好地确保要求被满足。环形或网状拓扑结构的额外好处在于它确保可以部署新的网络节点，而不会影响已部署的网络的容量分配和连接关系。

许多用户操作，如互联网浏览、在线游戏、视频流、社交媒体中的内容上传和下载电子邮件附件都需要高LTE/LTE-A带宽和低延迟，以确保较好的用户体验。确保足够高质量体验的一些LTE功能是较短的空闲到活动状态转换时间、低延迟和足够的服务质量（QoS）[32]。此外，新的IoT设备可能需要各种服务质量（QoS）类型，一些位于非常偏远的区域，并且仅发送零星的低数据传输速率内容，而其他可能需要实时、更高的容量。IoT设备行为的一个重要方面是“保持活跃”信号，如果不能很好地管理，可能会在非常密集的蜂窝单元中成为瓶颈。

通过平面IP架构，缩短LTE/LTE-A中空闲到活动阶段转换的时间是可能的。具有单个无线接入网络（RAN）元件（eNB）和核心元件的减量，即用于信令的移动管理实体（Mobility Management Entity，MME）和用于用户平面服务网关（Serving Gateway，S-GW）/代理网关（Proxy Gateway，P-GW）的简单解决方案，确保访问无线电和核心网络资源的时间很快。此外，与高速分组接入（High Speed Packet Access，HSPA）中的先前的四态方法相比，LTE连接状态被减少到两个状态。

低延迟值的好处是增加了数据吞吐量并提高了用户体验。作为比较，高速分组接入（HSPA）网络可能延迟两秒或更长时间用于设置初始连接，其次是75~150ms的往返延迟值。LTE对于初始连接时间具有50ms的典型延迟，其次通常为12~15ms的往返延迟值。由于LTE与以前的系统相比具有较低的延迟时间和较高的平均扇区吞吐量，因此特别适用于要求较高的服务提供，如IP电话（VoIP）呼叫、视频点播服务和在线游戏，当IoT/M2M连接在同一个

LTE/LTE-A 网络，或在单独的 2G/3G 网络内，默认情况下不需要这种苛刻的延迟值。

QoS 是指网络管理诸如用户和会话等不同类型服务优先级的能力，同时保证预期的性能。应当注意，在 LTE 之前的 3GPP 网络中，QoS 分类是不可用的。相比之下，LTE 提供了应用 QoS 来支持可延迟和/或比特率敏感的应用的可变服务等级的可能性。LTE 的 QoS 具有用于区分服务和改变服务质量水平的基于类的模型。

LTE/LTE-A 网络因此解决了消费者环境和物联网时代的当前和将来的挑战。图 2.2 描述了整个移动通信演进和 LTE 发展到配备齐全的 LTE-Advanced，最终迈向 ITU-R 定义的 5G 阶段的过程。

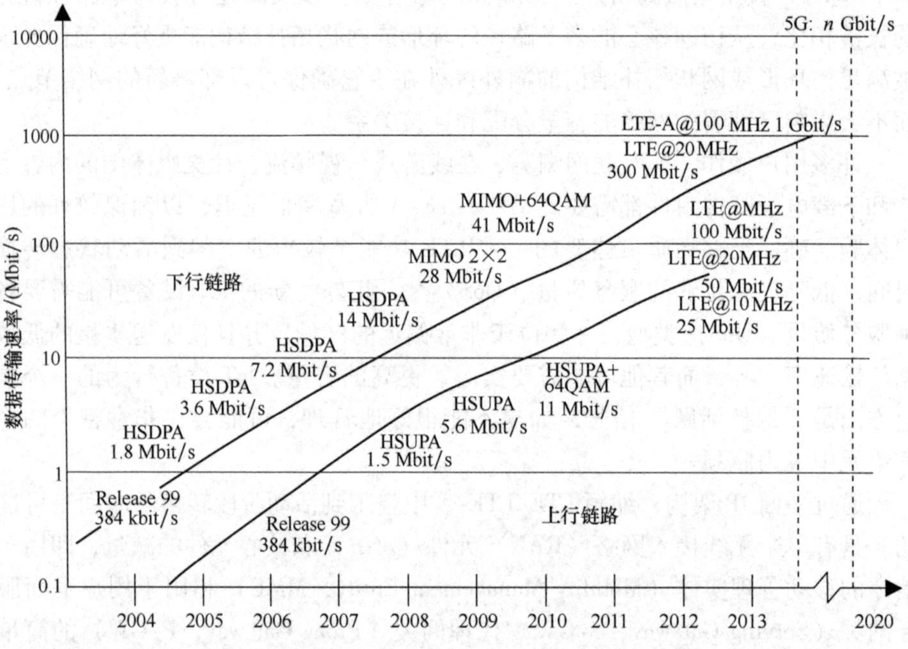

图 2.2　3G 和 4G 数据传输速率的总体趋势（计划中的 5G 将提供更高的速度）

2.2.3　应用程序的作用

自从早期引入无线接入协议（WAP）和相应的浏览器以来，移动通信已经向互联网日益普及的方向发展。智能手机上的 HTML 浏览器进一步提供了对网络的逻辑访问，使得 WAP 变得不是那么必要。另外，提供电子邮件访问在无线接入的高利用率方面一直是重要的，并且可以概括说，整体商业环境从电子邮件中受益匪浅。默认情况下，当前的智能手机和许多基本手机中均包含了集成浏览器和电子邮件客户端。下一步朝着更富互操作性的时代，也就是部署

HTML5 和相应的应用程序的方向发展。以这种方式，网络的利用率被优化，可提供高质量的用户体验。

应用程序的提供也对无线通信产生了很大的影响。它们丰富了用户体验，并因为普遍低廉或零成本而受到欢迎。这种发展使得每个智能设备平台的生态系统成为一个基本要素——流行应用程序的可用性或缺乏甚至可能标志着成功的设备销售之间的差异，所以原始器材制造商（Original Equipment Manufacturer，OEM）除了硬件之外，还需要保证这个生态系统的存在。作为生态系统的一部分，分销渠道或应用商店成为交付应用程序的逻辑手段。此外，生态系统的创建已经启动了全新的业务模式，其中应用程序开发人员、运营商和 OEM 厂商均受益于应用程序的利用。商业模式通常基于免费应用程序的广告，能够支付应用程序的低成本价格和参与利益相关者之间的收入分享[33]。

图 2.3 总结了这种业务环境。如果整个图片中缺少任何元素，或者元素不能完全执行，例如每个操作系统的应用程序不完整，则业务不能达到最佳结果，从而降低设备销售量，进一步降低开发用于该特定操作系统的新应用程序的兴趣。因此，所有涉众之间的合作都是为了提高生态系统的所有元素的充分利润平衡，从而最终自动开始自给自足。基于智能设备市场的短暂历史，应用生态系统是影响用户设备市场份额的最重要因素之一。

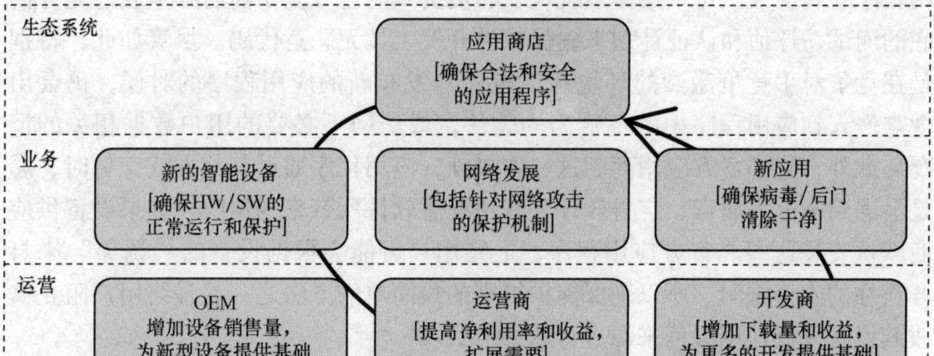

图 2.3　应用程序生态系统取决于可用的技术和服务

开发应用程序并提供多种个人和专业解决方案（包括游戏，公用事业解决方案，集成导航和映射解决方案，银行和股票解决方案）之后，下一个重要的步骤将是演进到语音和视频解决方案。LTE/LTE-A 这样有助于这种开发，因为电路交换域从标准中完全消失，使得系统纯粹在分组交换域中工作。因此，在通过例如电路交换回退（CSFB）处理的语音呼叫的转换阶段之后，更集成的解决方案将语音和视频服务带到下一个级别。

完全能力的 LTE 语音（VoLTE）和富通信套件（Rich Communications Suite，RCS）将使早期的移动通信网络逐渐失去用处，尽管这些早期的移动通信网络仍将在未来的数年里作为运营商的服务基础。随着人们使用习惯的逐渐演变，这些网络的部署会随着利用率的下降逐渐减少。例如，最近的 GSM 利用率的下降意味着在过去的一段时间里，还存在有大量的具有 GSM 能力的手机，包括特别是在 M2M 环境中的 GSM 专用设备。因此，针对 2G、3G 和 LTE/LTE-A 网络进行频率重组优化的过渡策略是运营商目前最重要的任务之一。

这一进程还带来了 HTML5 技术的发展，应用程序能够更好地管理数据的持久性、本机代码执行和多任务处理。这种进化将日益呈现在网站和基于浏览器的应用中，并将为融合基于浏览器和基于本机的应用程序铺平道路。至少在理论上，操作系统和各自分离的应用程序生态系统的作用将因此降低。此外，一直在线的连接将继续发展，多任务应用程序能够保持连接的存活力从而更加高效。这反过来也对运营商带来了进一步的挑战，因为信令量可能呈指数级增长，例如，由于存活或心跳信号会迫使应用程序维持预留承载连接的活动。这可能意味着信号容量的巨大改变和增加，或者运营商需指导应用程序开发人员如果可以使用其他或更少的信令，就不会浪费来自网络的宝贵能力。

观察如图 2.3 所示的新型移动生态系统，明显的安全相关问题就是确保应用程序的真实性。每个操作系统代表和负责人的官方应用商店必须通过充分彻底的测试、评估和认证计划来确保软件开发工具无恶意代码。尽管如此，特别是在竞争对手竞争激烈的环境和“抢先”发布新的应用程序的时候，仍会出现与嵌入到应用程序中的不恰当的软件，或访问不必要的用户数据相关的情况。此外，除了官方应用商店这一方式外，应用程序通过其他方式交付时，总是会遇到被嵌入病毒、广告软件和其他恶意软件所带来的风险。如果设备供应商默认安装这些非官方应用程序，最终用户可能会根据设备的“诱导”来打开潜在的安全漏洞，所以确保保护级别的最简单的方法之一是最终用户阻止修改其设备并仅使用可信来源进行软件下载。

2.2.4 用户设备应用开发

LTE/LTE-A 并没有改变最终用户通过终端来体验应用或应用开发的原理。然而，由于网络数据传输速率提高，延迟和响应时间更短，LTE/LTE-A 确实为更高级的应用程序提供了基础。一些可能的新的、更高质量的应用程序可能与时间和抖动等关键环境相关，例如实时游戏，需要大量数据传输和高处理器功能，这些能力可通过最先进的 LTE/LTE-A 用户设备来提供。

应用程序开发需要一个基于操作系统的软件开发工具包（Software Development Kit，SDK）。移动操作系统正是为智能手机、平板电脑、个人数字助理

（Personal Digital Assistant，PDA）和其他移动设备而设计的。典型的移动操作系统具有来自 PC 操作系统中的熟悉元素，以及针对触摸屏、移动通信技术、近场通信技术（NFC）、USB、蓝牙和 Wi- Fi 等本地连接，GPS 等导航系统，摄像机和传感器等附加集成元件进行优化的功能，以及对例如音频和视频播放等功能的支持。包含移动通信功能的智能手机通常基于两个移动操作系统，这两个移动操作系统被划分为主要软件平台和低级别的操作系统平台，前者是用于管理用户交互的主要软件平台，后者是用于管理硬件模块所需功能的平台。因此，需要为每个操作系统单独开发应用程序，因为它们还管理设备自身所特有的功能。

开始移动应用开发的最佳方法是选择适当的操作系统，并熟悉相应的软件开发工具包（SDK）功能。通过查看简单、可用应用程序的示例，以便了解代码、库、API 和相关方法来控制智能设备的模块，如 GPS、传感器和输入/输出字符。并通过这种方法来创建初始应用程序。与其他任何计算机语言一样，理解代码的可能性和局限性的最佳方式是调查现有的代码。

以下介绍最受欢迎的软件开发工具包环境，即安卓（Android）的主要原理，它从设备和应用程序的数量上拥有主要市场，其次是 iOS。在 2015 年，其余的操作系统仅占有很少的份额，但对于新的应用程序开发人员而言，它们也是一个同样有趣的开发基础。根据本章参考文献［52］的统计结果，Android 在 2014 年第二季度占全球智能手机出货量的 85%，而苹果 iOS、微软、黑莓等则分别为 11.9%，2.7%，0.6% 和 0.2%。

2.2.4.1 安卓

对于 Android 环境中的应用程序开发，由各种设备制造商支持，本章参考文献［51］包含开发人员所需的 SDK 和说明。对于一个新的 Android 开发人员，最直接的方法是下载 Android 开发工具（Android Developer Tool，ADT）软件包。它包含 Android SDK 组件和内置 ADT 的 Eclipse 集成开发环境（Integrated Development Environment，IDE）版本，基本上足以启动实际编程。这些组件有：Eclipse 和 ADT 插件、Android SDK、Android 平台工具、最新的 Android 平台和最新的 Android 系统映像的模拟器。

在软件开发中，其中一个任务是决定要选择哪个 Android 版本。最新版本默认情况下与较早版本兼容。图 2.4 总结了从初始阶段到其发布阶段的 Android应用程序发布所需的步骤。

2.2.4.2 iOS

目前苹果移动环境的软件开发环境基于 Xcode 5。它协助于开发人员创建 iOS 应用程序，包括自动功能，如配置应用程序，以利用升级的 Apple 服务。它还根据资产目录管理图像，并协助设计 iOS 7 和 OS X 的界面。此外，

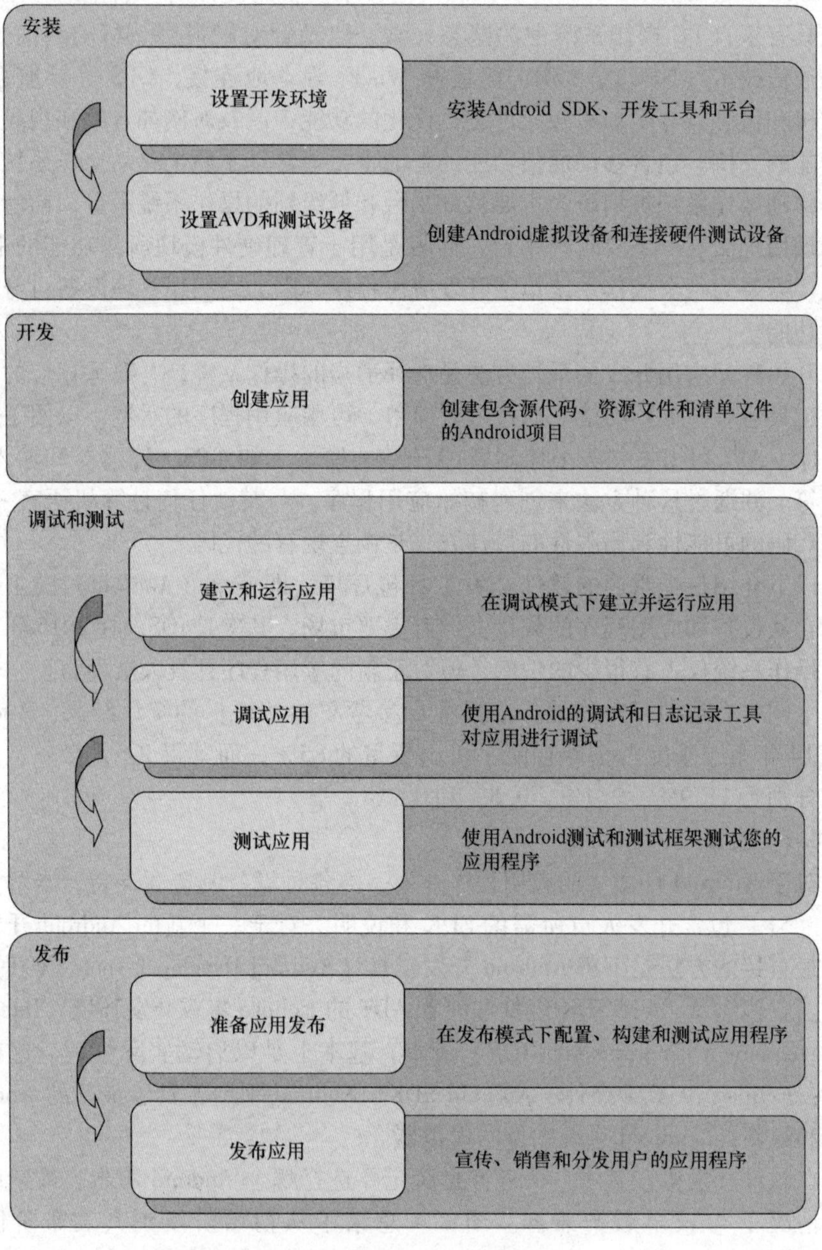

图 2.4 Android 应用程序的开发过程

Xcode 5能够分析代码，监控性能和测试应用程序。本章参考文献［53］包括苹果的移动环境及所需的软件和应用程序开发的说明。

2.2.4.3 其他系统

黑莓 BlackBerry 是一个开放平台，根据开发人员的技能水平提供各种开发语言和运行时间。BlackBerry 10 提供了通过 C/C++/Qt、JavaScript、CCS、HTML、ActionScript、AIR 和 Java Android 构建集成应用程序的可能。该开发可以通过本机 BlackBerry 10 SDK、HTML5 WebWorks、Android 应用程序运行时间、PlayBook 和 BlackBerry 操作系统来完成。有关 BlackBerry 环境中应用程序开发的更多信息，请参见本章参考文献［54］。

对于对 Windows 移动环境感兴趣的应用程序开发人员来说，一个逻辑策略将是选择最新的操作系统版本，以确保能跟上消费者群体。Windows 10 的演进版本包含更多的本机功能，这并非所有以前的硬件对应物都能够支持。本章参考文献［55］介绍了针对 Windows Phone 应用程序开发的软件和指令说明。

除了上述内容的变型外，与智能设备、平板电脑和其他移动设备相关的其他操作系统还包括 Firefox OS（Mozilla Foundation）、Mer（Linux Foundation）、Sailfish（Sailfish Alliance and Jolla）、Tizen（Linux Foundation、Tizen Association、三星和英特尔）和 Ubuntu Touch（Canonical Ltd.、Ubuntu 社区）。这些系统通常是基于免费和开放源代码许可的，而 iOS（Apple）、Windows Phone（Microsoft）和 BlackBerry OS（Blackberry Ltd.）则是有版权的解决方案。

2.2.5 开发者

对每一个移动开发平台，应用程序生态系统都包括一个基本元素——软件开发工具包（SDK）。SDK 提供对开发应用程序所需的工具和应用程序编程接口（API）的访问。此外，应用程序框架支持开发组件的再利用，从而可以在更快的时间内完成更丰富和有吸引力的应用程序。应用框架还提供了利用用户设备的硬件（包括支持的传感器）和访问用户的位置信息的可能性的手段。

应用程序的分发通过移动应用程序市场进行。典型的过程是相应的提供商对应用程序的正常功能、质量和安全性进行验证，并将通过认证的应用程序放置在用户要下载的位置。市场也可以作为用户提供意见和评估的论坛。市场通常由 OEM、服务提供商、移动应用平台供应商或者其他运营方提供。

基于用户设备和网络之间的密集信令的应用程序的数量正在增加。如本章参考文献［34］的结论，聊天类型的移动应用程序可能不断地轮询服务器进行更新，并要求提供永久在线的即时性，这被认为是提升用户体验。这种背景信令导致设备不断连接到移动通信网络，而移动通信网络又导致具有更多信令消息的连接尝试。在许多情况下，由于没有更新可用，从运营商的视点来看，这种背景信令仅仅是额外负载。

背景信令负载的水平以及对网络容量利用率的影响在很大程度上取决于应

用程序配置文件。视频流需要宽带宽，但信令量很少。另一方面，消息类型的应用和社交媒体利用功能通常具有最小的带宽要求，但是同时触发大量的相关信令，这反过来又可能导致用户数量的增加而对运营商带来的挑战。挑战越来越严峻，因为运营商需要不断优化有限的资源，这意味着产生这些背景信令的应用程序也需要优化，以最大限度地减少对其他用户造成服务质量等级的影响。

在引入智能设备之前，运营商对设备有很强的控制能力，在新的技术解决方案以及高度变化的商业环境中，应用程序是确保竞争力的关键因素，意味着这种控制正在降低。智能设备市场在全球各地快速增长。根据本章参考文献[35]，2011 年销售的手机中有 30% 是智能手机，而 2010 年的手机市场，其份额约为 20% 。在 2011 年，全球用户群中约有 10% 通过智能手机订购，图 2.1 显示智能设备利用率的增长是显著的。

随着硬件发展和内存存储的增加，用户可以下载和使用大量的应用程序。因此，必须为下载和应用程序信令确保足够的资源。作为一些应用程序的、可能非最佳消息传递的解决方案，可能需要针对应用程序开发人员进行指导，来使信令最小化。因此，这是一个以足够好的用户体验，可持续的应用业务，以及不受剥削的运营商的网络资源等方式来平衡的问题。

过度信令的关键要素是 3G 中的无线电网络控制器（RNC）和 LTE/LTE-A 中的移动管理实体（MME）。在最坏的情况下，繁重的背景信令可能导致时间过载，这对所有用户的网络资源可用性和 QoS 造成影响。因此，对网络运营商来说，背景信令优化是越来越重要的任务，这需要运营商、应用开发商和应用程序业务之间展开合作。

2.2.6 SIM/UICC 的作用

GSM 时代对当前和未来移动系统的重要创新是 SIM 卡，目前它仍然保持着自己的地位，为电信网络提供最佳的保护机制之一。SIM 卡，与其 3G 时代的变型——UICC，及其与不同移动网络的相应内部应用一起，是履行业务引擎（SE）作用的智能卡。建立在 ISO/IEC 7816 及无线支付扩展标准，以及 NFC 或 ISO 14443 标准的接入解决方案的基础之上。

SIM 提供高安全性作为通信的基础。除了保护功能之外，它还提供无线电网络通信，同时也是一个能够维护数据保护的防篡改的物理性硬件元件。其面临的安全威胁之一可能与通过准确复制卡片信息来实际复制 SIM 卡片有关，尽管这些数据不是以明文格式显示的加密数据。此外，如果在网络中使用这样的复制卡［因此使用了移动用户的 ISDN 号码（MSISDN）的副本］，则运营商的安全漏洞分析将发现这些可疑通信并阻止该呼叫。

嵌入式安全元件（embedded Security Element，eSE）的作用正在改变订阅管理的处理方式。一些例子是自动遥测或家用的公用设备可以通过远程管理来切换服务运营商或订户的配置文件。另一个例子是汽车行业目前正在将移动订购纳入到他们的车辆中。被连接的汽车的快速发展正在引发对新颖的保护机制的关注，基于硬件的安全元件（SE）是整体屏蔽中最强的组件之一[6]。这种订购的远程管理特别有利于优化物流，因为汽车可以从生产车间运输到各个国家，并且可以根据当前和将来的所有者的偏好，在车辆的使用寿命期间加载、激活、改变和删除本地订购。

消费市场当前的趋势之一，是增加了诸如智能手表甚至附加到衣物里的计算机等可穿戴设备的利用率[13]。由于它们可能相当小，与物理上可拆卸的 SIM/UICC 卡相比，它们可以从其永久安装的嵌入式安全元件（eSE）提供的最小的形状因子（规格）中获益。由于这些设备显然同样容易受到安全攻击，因此确保对订购的远程管理的正确屏蔽是非常重要的。目前，互操作和动态订阅管理的标准化工作正在进行中，本书后面将对此进行更详细的说明。

作为可移动或嵌入式变型的 SIM/UICC，是包括电信（认证、授权和安全无线电接口）以及诸如银行和物理访问的其他服务的组合功能的合适基础。此外，它可以用作用户信息的安全数据存储。随着工作和部署的新方法，像主机卡仿真（HCE）可以像基于一次性令牌和云存储一样，与物理 SIM/UICC 相关服务的组合可以提供一个良好的安全等级。

2.2.7　法律挑战

防范欺诈行为以及制裁与早期移动通信网络有关的恶意行为是具有挑战性的，因为与这些快速发展的技术的新方面相比，立法通常会跟不上步伐。例如，美国在 1996 年首次进行了对《电信法》的第一次大修。新法律的主要目标是通过在任何市场上公平竞争来解放通信业务。

第一种类型的欺诈行为之一（除了直接窃听无保护的无线电频道之外）是克隆移动设备凭据，从而克隆模拟系统的电话号码。这导致需要通过将克隆硬件和软件的使用、拥有、制造和销售定为犯罪来更新立法。由于数字移动通信系统已经对这种欺诈行为进行了更好的准备，根据经验教训，这种欺诈行为实际上已经消失了。

克隆的移动设备是指被重新编程并向网络发送复制或修改的硬件 ID 的设备。然而，硬件的克隆实际上仅与现在已经过时的高级移动电话系统（AMPS）和全接入通信系统（TACS）等 1G 网络，以及现有的“基础”码分多址（CDMA）这样的具有嵌入到硬件中的订阅 ID 的设备有关。如 GSM 和其他增强型 3GPP 系统的情况一样，订阅现在存储在可移动 SIM 卡中，这使得该设备的克隆无关紧要。为了提供针对移动设备克隆的额外的安全层，CDMA 设备硬件具有独特的电子序列号（ESN）和电话号码（PIN）[⊖]，而支持GSM、通用移动电信系统/高速分组接入（UMTS/HSPA）和LTE的3GPP设备配备了国际移动设备标识（International Mobile Equipment Identity，IMEI）代码。

目前不仅立法得到了更新，而且预防技术也已经取得重大进步，以保护用户和运营商。另一方面，随着移动通信向IP技术的发展，公共互联网中的相同类型的威胁也会出现在移动通信中。长期演进/系统架构演进（LTE/SAE）网络建立在完全IP的基础之上，这意味着相同的威胁在任何其他分组网络中都是存在的。对于安全过程，LTE/SAE运营商的主要目标是减少网络滥用的机会。

2.2.8 更新的标准

原始的ETSI规范（GSM 02.09和GSM 03.20）为GSM安全解决方案奠定了基础。自3GPP 3G系统早期以来，安全性已被确定为重要组成部分。从首次颁布的第99版规范开始，SA3工作组已经制定了许多全新的规范，包括TS 33.102（3G安全架构）中的主要定义。3GPP还考虑了移动网络向IP多媒体子系统（IMS）和全IP概念发展的IP原理，制定了高级安全规范。

3GPP SA3工作组已经根据TS 33.401（SAE的安全架构）和TS 33.402（具有非3GPP接入的SAE的安全性）为LTE/SAE保护制定了新规范。LTE系统为LTE-UE和移动管理实体（MME）之间的信令提供了机密性和完整性保护。机密性保护是指信令消息的加密，完整性保护又反过来确保信令消息内容在传输过程中不被改变。

通过使用分组数据汇聚协议（Packet Data Convergence Protocol，PDCP）来保护LTE无线电接口业务。在控制平面中，分组数据汇聚协议为在PDCP分组有效载荷内传送的无线电资源控制（Radio Resource Control，RRC）信令消息，提供加密和完整性等两方面的保护。在用户平面，PDCP对用户数据进行加密，而不进行完整性保护。应该注意的是，像S1这样的内部LTE/SAE接口的保护是可选的。

2.2.9 3GPP系统演进

图2.5显示了3GPP GSM EDGE无线电接入网（GSM EDGE Radio Access Network，GERAN）（GSM和GPRS）、通用地面无线电接入网（UTRAN）、核心网（CN）、增强型UTRAN（E-UTRAN）（LTE无线电网络）和LTE的增强分组核心EPC等网络的主要元素和接口。

由于数字化，ETSI定义的GSM网络的第一阶段包括基本的安全性，如授

⊖ 原书为MIN，有误，应为PIN。——译者注

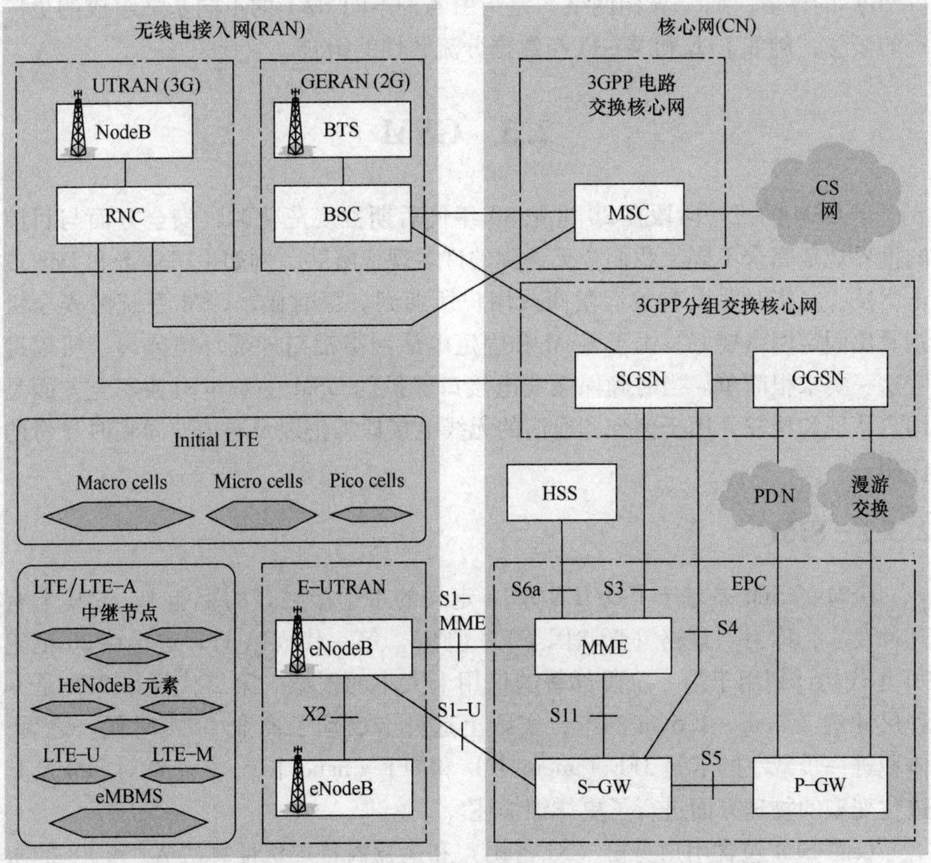

图 2.5 3GPP 网络的主要元素。LTE 的发展为例如 eMBMS 以及诸如中继节点和家庭 eNB 元素之类的小区扩展带来了新的元素，而 LTE 也扩展到未许可频带（LTE-U），并且针对 IoT/M2M 环境（LTE-M）进行了优化

权和无线电接口编码。作为先前的 1G 模拟系统的另一个区别，引入了 SIM 卡形式的智能卡的概念，以便在设备之间提供流畅的用户信息可移植性。随着 3G 系统的进一步发展，该基础与 GSM 网络架构保持了兼容性。自第一个 GSM 网络以来，3GPP 系统一直在发展。在 3G UMTS 和 LTE 版本 8/9 发布之后，运营商已经在全球范围内大量部署了版本 10 和更先进的 LTE 网络。版本 10 及以上版本引入了全新的概念，如家庭基站，从而将网络规划从具有已知基站位置的高度受控网络大大改变为高度分散和不可预测的配置，因为终端用户能够轻松购买家庭基站并自由部署和开关。

版本 10 也带来了无线安全的新面貌，因为家庭基站暴露在潜在的恶意环境中，因此，网络拓扑结构转换为不同类型的基站的混合。在本书中，术语"HetNet"是指相同的无线电接入技术（RAT）中具有许多不同演进节点

(eNB) 的环境，而“异构网络”是指由各种不同RAT的不同基站组成的更广泛的概念，例如LTE和Wi-Fi与数据分流属性的组合。

2.3 GSM

当GSM的第一阶段在20世纪80年代后期被规范化时，安全方面与目前的世界规范完全不同。我们今天遇到的许多现代威胁，例如手机病毒和DoS攻击尝试，在当时并没有被运营商或用户所遇到。那时候，GSM系统的安全级别要比固定网络要好。由于GSM和固定电话网络都与外部环境隔离，所以遵守这一要求很简单。当时确保无线电接口保护的GSM的基本附加安全方面是用户认证和授权，用于信令和通信的无线电接口加密以及通信期间临时身份的使用。

2.3.1 SIM

GSM的SIM是基于ISO/IEC 7816定义的基于接触式的智能卡。SIM卡有几种尺寸，称为“规格（形状因子）”（FF）。第一代规格1FF是指在20世纪90年代初计划用于第一阶段部署的信用卡大小的框架。第二代规格2FF是一种尺寸约2.5cm×1.5cm的卡，实际上这种卡启动了商业GSM时代。之后，体积进一步减小的卡是3FF（micro卡）和4FF（nano卡）。第4章对SIM及其进化变型的物理方面进行了更详细描述。

GSM SIM包含用户身份（Ki密钥）和运营商特定认证算法A3和A8的永久记录。相反，标准定义的A5算法存储在移动设备硬件中。目前有几种版本的无线电接口加密算法可以定义和使用：

1）A5/0，这是指没有加密算法的无保护连接。

2）A5/1，它在GSM的初始阶段提供了良好的保护，但由于处理器开发和增强的攻击技术而受到影响。可以通过彩虹表组合的暴力攻击找到Ki，该方法明显减少了探索的时间[18]。

3）A5/2，自部署以来受到的保护较少。通信可以被当局实时拦截[14]。

4）A5/3，这是一个进一步发展的变型，但可能遭受现代攻击技术的攻击[15]。

5）A5/4，这是目前提供最高GSM安全级别的最新更新算法。

A5算法也存储在GPRS服务的移动终端中。在这种情况下，使用了一种调整后的A5算法，即GPRS加密算法（GPRS Encryption Algorithm，GEA），这样同样的SIM卡为了同时使用GSM和GPRS两种服务就可以发挥作用。

除了移动网络运营商（MNO）的永久存储的信息之外，用户可以根据卡的存储器限制来存储动态数据，例如将与字母数字信息相关的电话号码和短消息存储到 SIM 卡上。原则上，用户可以使用带有 SIM 卡的任何 GSM 终端。因此，只要与有关运营商签署了漫游协议，欧洲 GSM 900 或 GSM 1800 网络的用户就可以使用他/她自己的 SIM 卡和合适的移动电话在美国使用 GSM 850 或 GSM 1900 网络。实际上，GSM 基带芯片默认包含这四个频段，并且通常还包含其他 GSM 频段扩展，因此相同的 GSM 设备硬件通常能够进行全球漫游。

SIM 卡的优点包括：安全功能，原理上与任何 GSM 电话和网络的互操作性，以及灵活的添加和删除服务。由于 SIM 卡基于常规智能卡，因此可以组合与 GSM 网络无关的功能，例如基于 NFC 的银行卡应用，使其成为需要高水平安全性的多种不同服务的多功能卡。

GSM 系统的 SIM 卡是接触式智能卡的一个例子，其他例子包括预付费电话卡、银行卡和门禁卡。这些智能卡已经在 ISO 7816 标准的接触卡和 ISO 系列 14443 中用于非接触式环境，其在移动通信系统中通过 NFC 完成。有关这些 SIM 卡变型的详细说明，请参见第 4 章和第 5 章。

用户可以激活并指定个人识别号码（PIN）代码，该 PIN 是终端在设备通电时发出请求所获得的。一个例外是欧洲紧急号码 112、美国紧急号码 911 和其他国家紧急号码，可以拨打这些电话而无需 PIN 码。默认情况下，即使没有 SIM 卡也可以拨打紧急电话号码。PIN 码由一组数字组成。如果 SIM 卡上的 PIN 码功能已被激活，并输入三次不正确的 PIN 码，SIM 卡将开始请求个人解锁密码（Personal Unblocking Key，PUK）码。如果输入的 PUK 码不正确 10 次，SIM 卡将被永久锁定。

物理卡的相同原理被用于更高级的 UICC，及其相应的电信应用形式 3G UMTS/LTE 和 4G LTE 先进设备，并且安全功能也被进一步开发，如图 2.6 所示。

2.3.2 认证和授权

GSM 系统可以检查用户使用的许可网络作为呼叫建立、位置区域更新和呼叫终止阶段的一部分，这在认证中心（AuC）的帮助下进行。即使 AuC 是单独的逻辑功能，它通常在物理上也集成到归属位置寄存器（HLR）中，因为它们依赖于联合通信链路。

为每个用户提供存储在用户 SIM 中以及在认证中心 AuC 中的用户专用密钥 Ki。这在新的订阅创建的供应阶段发生，用户配置文件在其家庭网络的归属位置寄存器中被激活。图 2.7 显示了呼叫建立阶段的安全过程。

认证中心（AuC）提前计算一个安全参数三元组，或一组安全参数。三元组参数值包含随机数 RAND（Random Number）、鉴权响应 SRES（Signed Re-

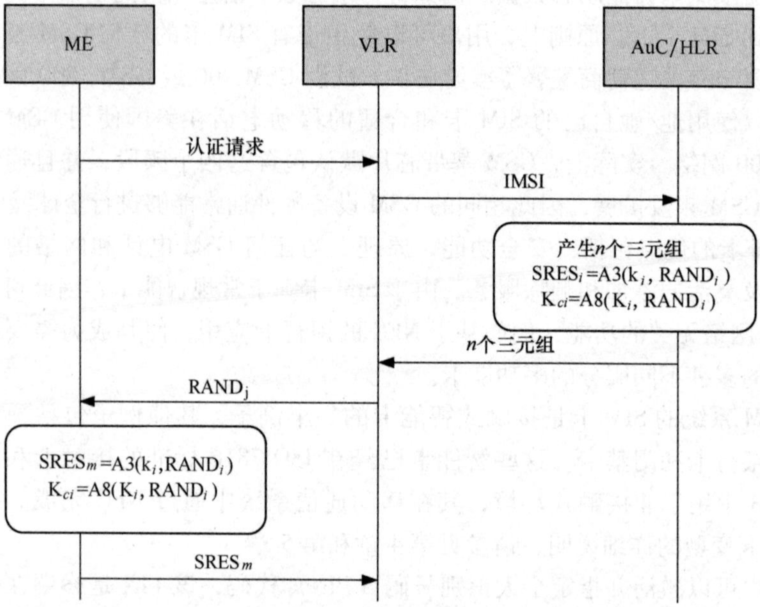

图 2.6 从认证中心/归属位置寄存器（AuC/HLR）向漫游位置寄存器（VLR）传送三元组的信令图表

注：ME：移动设备；VLR：漫游位置寄存器；AuC/HLR：认证中心/归属位置寄存器；IMSI：国际移动用户（身份）识别；$RAND_i$：随机数 i；$SRES_m$：鉴权响应 m

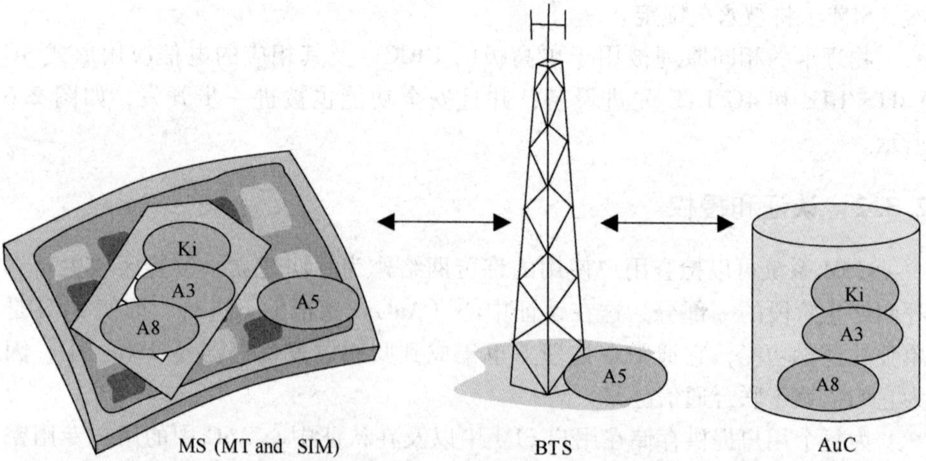

图 2.7 用户特定的 Ki，以及 A3 和 A8 算法存储在 SIM 和 AuC 中，用于认证、授权和会话密钥的创建。A5 算法存储在移动终端（MT）的硬件和基站收发站（BTS）设备中，用于保护无线电接口

sponse）和临时密钥 Kc（Temporal Key）。该三元组被传送并存储到用户当前订阅的 VLR 中，如图 2.8 所示。应该注意的是，用户特定的 Ki 密钥不会从 AuC 或 SIM 卡传送或暴露。

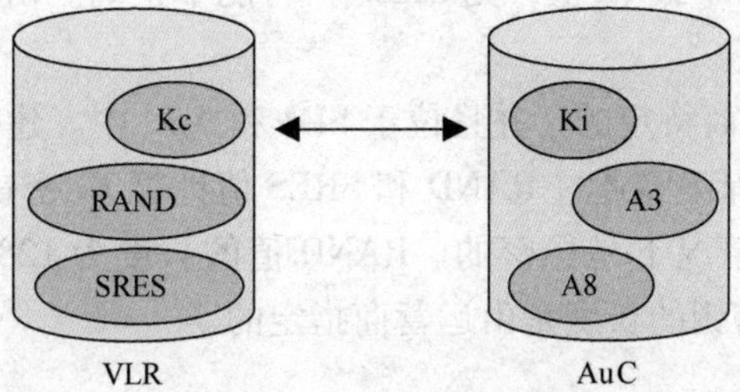

图 2.8　通过利用 Ki、A3 和 A8，AuC 计算三元组，即 Kc、随机数（RAND）和鉴权响应（SRES）的值，并将三元组存储在漫游位置寄存器（VLR）中

如图 2.9 所示，认证的发生方式是使认证中心（AuC）生成一个新的随机数（RAND）值，RAND 值范围为 $0.2^{128}\sim1$ 之间。该值通过独立专用控制信道（Stand Alone Dedicated Control Channel，SDCCH）的初始信令的一部分发送到 SIM。

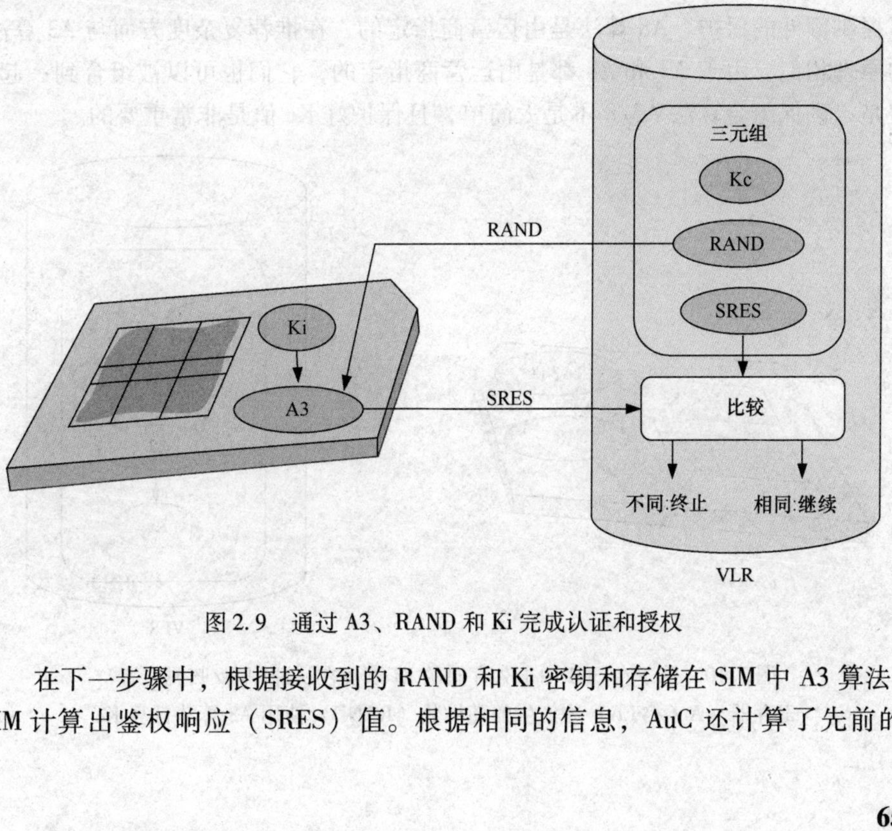

图 2.9　通过 A3、RAND 和 Ki 完成认证和授权

在下一步骤中，根据接收到的 RAND 和 Ki 密钥和存储在 SIM 中 A3 算法，SIM 计算出鉴权响应（SRES）值。根据相同的信息，AuC 还计算了先前的

SRES 值。现在，用户设备通过独立专用控制信道（SDCCH）将鉴权响应（SRES）值发送到对应的归属位置寄存器（VLR），然后 VLR 将其与从 SIM 和 AuC 接收到的 SRES 值进行比较。如果 SRES 值不同，则终止呼叫尝试。如果用户具有不正确的 A3 或 Ki 值，则 SRES 值可能不正确。由于网络原因，呼叫尝试不被授权。

A3 算法是运营商特定的，并且位于 SIM 和 AuC 中。建议使用足够安全且复杂的算法，以确保不能通过 RAND 和 SRES 值计算 Ki 密钥。A3 算法可能是公开的，但通常的情况下是保密的。RAND 值的长度为 128 位，SRES 值总是由 32 位组成。Ki 密钥的长度是由运营商指定的。

2.3.3 无线电接口的加密

一旦网络确定用户被授权，即 SRES 值被确认为正确，信令和所有通信将被加密。这发生在两个阶段：首先，生成临时密钥；其次，密钥用于实际的无线电接口加密。

SIM 和 AuC 都通过利用与前述相同的 RAND 值，和利用存储在 SIM 和 AuC 中的 A8 算法来计算连接专用密钥 Kc 值。图 2.10 说明了这一过程。Kc 值的长度总是 64 位。如果密钥值较短，则填充零位。为每个连接分别计算 Kc 值以提供额外的保护。A8 算法是由运营商指定的，在推荐复杂度方面与 A3 算法的原理相似。由于 A3 和 A8 都是由运营商指定的，它们也可以被组合到一起。但是，确保组合算法 A3/8 不是太简单，且保护好 Kc 值是非常重要的。

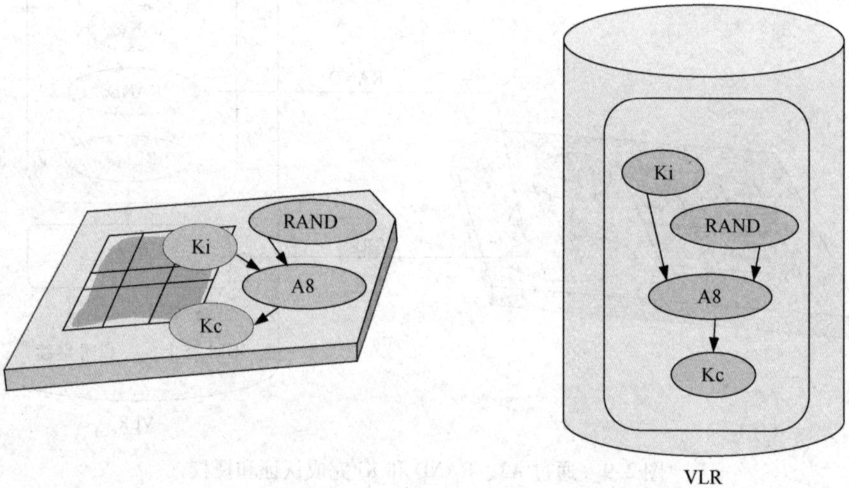

图 2.10　基于在 SIM 中永久存储的 Ki 以及在认证中心/归属位置寄存器（AuC/VLR）中产生的随机数（RAND）使用 A8 算法计算 Kc

计算 Kc 值后，无线电接口的实际加密如图 2.11 所示。从这一点起，UE 和 BTS 之间的所有通信均被加扰，包括诸如位置区域更新和切换、语音和数据呼叫以及短消息和多媒体消息传递的信令。

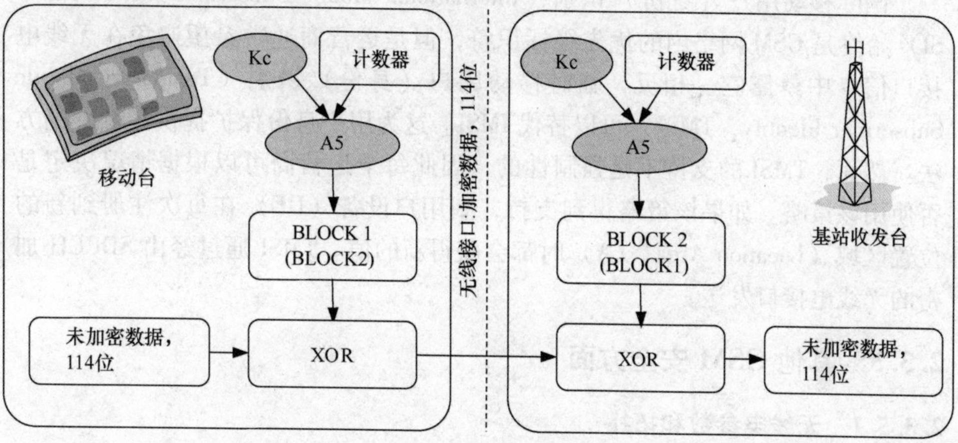

图 2.11　通过 A5 算法对 GSM 无线电接口进行加密

对于无线电接口加密，相同的连接特定的 Kc 和 A5 算法被使用。算法将 GSM 无线电接口时隙结构的 Kc 和超帧号 COUNT 作为输入，并将结果与 114bit 的单个突发信息一起馈送到逻辑异或（XOR）操作。

GSM 系统的超帧周期约为 3.5h，COUNT 的长度为 22 位。A5 产生的块称为 BLOCK1 或 BLOCK2。BLOCK1 用于加密，BLOCK2 用于解密，如图 2.11 所示。

因为 COUNT 对于每个块获得的值是不同的，所以每个突发的 114bit 的加扰与之前的不同。如果连接的时间比超帧的重复周期长，则 COUNT 值将相应地开始重复。每次建立新连接时，都会从零开始计算 Kc 和 RAND 的值。

正如每个运营商都有各自的描述一样，A5 算法的效率不依赖于非公开性。无论如何，GSM 协会已经决定保密，所以没有正式发布。根据 GSM 安全规范，可以有七种不同的 A5 算法。目前，已经生成了 A5/1、A5/2、A5/3 和 A5/4 这四种算法。最初的 A5/1 被设计为一种较强大的算法，A5/2 被设计为一种较轻量的算法，后者更容易被解密，例如被政府解密。对于不使用加密的情况，可以使用 A5/0。针对 128 位案例的最新和最佳保护的 A5/4 算法被定义为版本 9。

在连接开始时，用户设备（UE）通知网络有关 A5 算法的所需版本。如果认证中心（AuC）没有公共算法，并且网络不支持未加密的呼叫，则呼叫尝试不成功。如果网络支持非加密连接，则无需加密即可建立呼叫。在这种情况下，用户将注意到设备显示的相应信息，这些信息显示通信未被加密。如果存在通用算法，则网络决定哪个版本将用于该连接。

2.3.4 IMSI 加密

国际移动用户（身份）识别（International Mobile Subscriber Identity，IMSI）始终是 GSM 网络内的优先级标识符，但是运营商通常希望避免在无线电接口信令中暴露它。相反，临时移动用户（身份）识别（Temporary Mobile Subscriber Identity，TMSI）可以替代 IMSI。这为用户身份保护提供了额外的方法。然而，TMSI 的支持不是强制性的，因此每个运营商可以根据情况决定是否使用该策略。如果该策略得到支持，则用户设备（UE）在每次注册到新的位置区域（Location Area，LA）时都会获得新的值。TMSI 通过经由 SDCCH 加密的无线电接口发送。

2.3.5 其他 GSM 安全方面

2.3.5.1 无线电参数和拓扑

用于窃听的附加保护通过具有单个突发间隔的慢跳频来实现。增加系统用户特定窃听或获取位置信息挑战的另一个方面，是城市地区和移动环境中小型蜂窝小区的范围大小。此外，蜂窝小区通常是扇区化的，并且功率控制以及不连续传输导致对集中监控的额外挑战。

2.3.5.2 设备身份寄存器

每个移动电话（GSM 和新一代的设备）都被标记有身份号码，并被存储在设备标识寄存器（Equipment Identity Register，EIR）中。身份号码与用户号码无关，仅表示硬件设备。EIR 向移动业务交换中心（Mobile services Switching Centre，MSC）交换信号，以便网络可以根据需要检查设备信息。有关监控故障或被盗电话或手机的信息可以存储在 EIR 中。可以通过利用 EIR 存储国际移动设备标识（IMEI）代码，来保护移动电话的使用。

EIR 由白、灰和黑名单组成。白名单包含已批准并允许在网络中使用的所有设备类型。灰名单包含需要追踪或跟踪的设备，例如在类型认可过程中仅获得临时和条件验收的设备。黑名单包含非法设备，例如未经类型认可的被盗电话或设备。即使一部手机被列入黑名单，也可以将呼叫切换到紧急号码。

EIR 的国际版称为中央 EIR（Central EIR，CEIR），如本章参考文献［61］所示，目前由 GSMA 名下的一个名为 IMEI 的数据库进行协调。CEIR 汇编了有关通过国际分组网络传递的非法设备信息。当有关被盗或非法设备的信息被添加到一个运营商的黑名单中时，该信息也被传递给 CEIR 和连接到 CEIR 的所有运营商的 EIR 里。

2.4　UMTS/HSPA

2.4.1　3G 安全的原理

在提及通用移动通信系统（UMTS）时，利益相关者已经从 GSM 网络获得了体验，这有助于进一步开发保护机制。UMTS 保护的主要原理是它是基于 GSM 安全解决方案，它考虑到所提到的 GSM 弱点，并且为 3G 服务增加了进一步的安全性。

具体地说，UMTS 的信任原理被增强，这一增强还包括系统和用户之间的相互认证。这样可以避免被可能捕获用户通信的欺诈性基站的潜在利用。协议和算法也有增强，包括 3G WLAN 互通的 EAP-SIM[3]。在 3G 中，相关的术语是用户认证，而 GSM 使用的术语是用户认证。有关 GSM BTS 漏洞的更多信息，请参见本章参考文献［1，2，4，5，11，19-21］。

UMTS 还通过在终端和基站之间引入更长的密钥、可公开验证的算法和多个无线电接口来增强无线电接口加密。此外，在 3G 网络中称为通用 SIM（Universal SIM，USIM）的 SIM 的功能也得到了增强。进一步，与 GSM 定位于基站的解密功能相比，无线电接口的加密和解密功能被移动到更深的级别，现在驻留在 3G RNC。图 2.12 总结了 3G 安全架构，图 2.13 描述了 UMTS 接口在安全过程中的作用[17]。

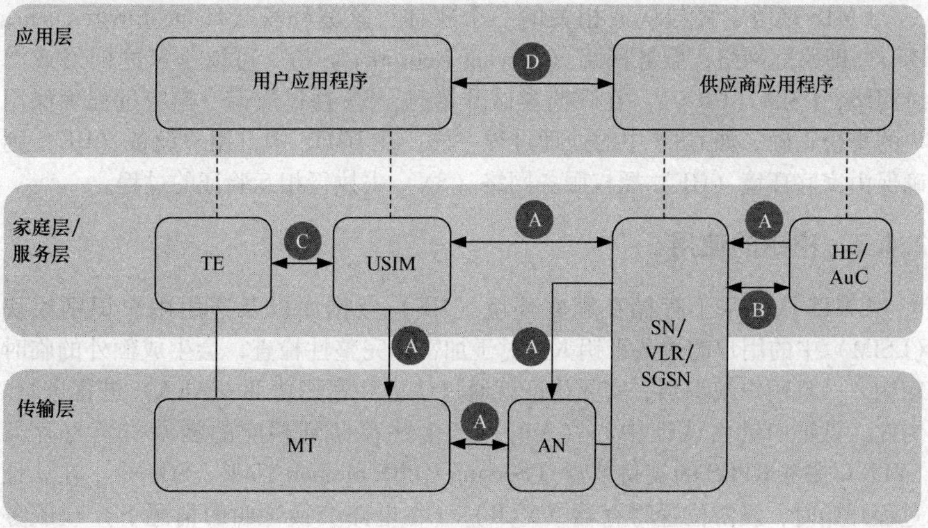

图 2.12　3GPP 安全架构

注：图中符号说明如下，A 为网络接入安全，B 为提供者域名安全，C 为用户域安全和 D 为应用安全

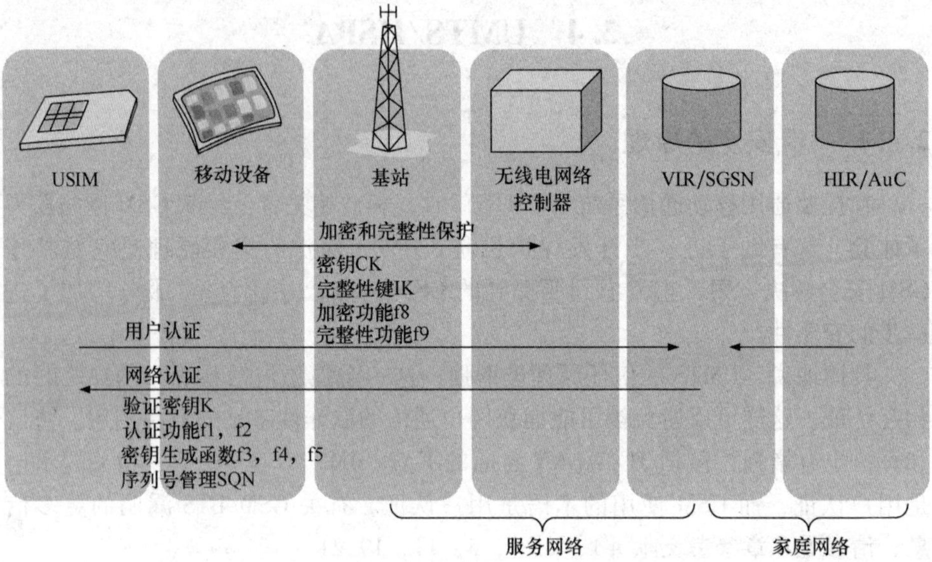

图 2.13　UMTS 接口在 3GPP 安全过程中的作用
（转载自本章参考文献［38］，由 ETSI 提供）

UMTS 认证和密钥协商（Authentication and Key Agreement，AKA）协议被应用在 UMTS 网络中。此外，3GPP 定义 EAP—AKA 用于通过 WLAN 连接的用户的认证，以及 EAP-AKA' 认证的用户，是可以通过可信的非 3GPP 接入网络连接到 LTE 核心，即增强型分组系统（EPS）的用户。

UMTS 规范定义与认证相关的三个实体：家庭环境（Home Environment，HE），即家庭网络；服务网络（Serving Network，SN），可以是家庭网络或漫游网络；USIM（UICC）。在呼叫尝试开始时，SN 通过质询—响应过程确保用户的身份正确，如 GSM 中的处理过程一样。在 UMTS 中，用户设备（UE）则确保由家庭环境（HE）授权服务网络（SN）去执行相互验证的过程。

2.4.2　密钥的使用

UMTS 认证基于存储在家庭环境（HE）数据库以及通用用户识别模块（USIM）中的用户的永久密钥 K，对于加密和完整性检查，会生成额外的临时密钥。一旦用户被识别，实际认证就通过认证和密钥协商（AKA）进程进行。为此，认证向量由认证中心（AuC）产生并存储到相应的漫游位置寄存器（VLR）/服务 GPRS 的支持节点（Serving GPRS Support Node，SGSN）。在认证过程开始时，漫游位置寄存器（VLR）（在电路交换呼叫的情况下）或服务 GPRS 的支持节点（SGSN）（用于分组交换呼叫）向用户设备发送用户认证请求，伴随着随机数（RAND）和认证令牌（Authentication Token，AUTN）等两个参数值。UICC 的 USIM 接收这些参数。USIM 已经具有永久的 UMTS 密钥 K，用于计算由认证中心先前准备的认证向量。这通过多种算法发生，如果认证中心（AuC）实际生成了认证令牌（AUTN），结果就是确定。现在，如果 AuC 被注明为正确，则响应（Response，RES）值被发送回 VLR/SGSN，而 VLR/SGSN 又将其与在 AuC 产生的预期响应（Expected Response，XRES）进行比较。如果 RES 和 XRES 相同，则认证阶段被通过，并且可以启动呼叫。

随着认证进行，用于无线电接入网络加密的临时 128 位密码密钥（Cipher Key，CK）和 128 位完整性密钥（Integrity Key，IK）值由 USIM 算出，并将其传送到移动设备进行实际加密。另一方面，密码密钥 CK 和完整性密钥 IK 被从认证中心 AuC 传送到 VLR/SGSN。随着加密和完整性过程的启动，这些值通过无线电接入网络应用协议（RAN Application Protocol，RANAP）消息安全模式命令传送到无线电网络控制器（RNC）。RNC 因此处理 UMTS 的实际加密，目的是确保用户和网络在前导处理中既不使用 CK 也不使用 IK。作为其基础，家庭环境（HE）和 USIM 中的认证管理字段具有认证密钥和算法标识符，并且在 USIM 触发新的认证和密钥协商（AKA）进程之前限制了密码密钥（CK）和完整性密钥（IK）的使用。UMTS 使用的 AKA 的先决条件是 AuC 和 USIM 共享用户专用密钥 K 以及消息认证功能（f1，f1 *，f2）和密钥生成功能（f3，f4，f5）。AuC 能够生成随机整数和序列号，而 USIM 能够验证这些序列号的新鲜度。

在加密之前，用户设备（UE）和无线电网络控制器（RNC）认可加密算法的版本。与 GSM 相比，该算法集被增强，并在 UMTS 中存在更多种类。加密在媒体访问控制（Medium Access Control，MAC）或无线电链路控制（Radio Link Control，RLC）层中执行。每个协议数据单元（Protocol Data Unit，PDU）增加一个相对较小的计数器。该计数器称为 MAC 层中的连接帧号（Connection Frame Number，CFN），在 RLC 层中叫 RLC 序列号 RLC-SN（RLC Sequence Number）。一个具有较大取值范围的超帧号（Hyper-frame Number，HFN）计数器也被用到。所有这些计数器的组合被称为 COUNT-C。

为了补充加密，需要一些额外的输入：BEARER（无线电承载身份）；DIRECTION，即上行链路（Uplink，UL）或下行链路（Downlink，DL）加密的指示；以及 LENGTH（要加密的数据的大小）。完整性保护机制也适用于具有 IK 的无线电资源控制（RRC）层。将 RRC 消息与 DIRECTION（1 位）、IK（128 位）、COUNT-1（32 位）和随机数 FRESH（32 位）一起馈送到单向函数 f9。

UMTS AKA 使用了表 2.1 中列出的变量和函数。基于这些变量，结果是一个名为 Quintet 的集合，它由随机数（RAND）、鉴权响应（XRES）、密码密钥

(CK)、完整性密钥(IK)和认证令牌(AUTN)变量的值组成。

表 2.1 AKA 在 UMTS 中使用的变量

变量/函数	描述	长度/bit
AK	匿名密钥 $f5_K$(RAND)。f5 是一个用于密钥生成的功能	48
AMF	认证管理域。提供从 HE 到 USIM 的安全通道，以便在认证过程期间定义运营商指定的选项	16
AUTN	网络认证令牌(隐藏 SQN 和 AK 可选) SQN ⊕ AK || AMF || MAC	128
CK	密码键 $f3_K$(RAND)。f3 是一个用于密钥生成的功能	128
IK	完整性密钥 $f4_K$(RAND)。设计用于信号完整性保护信息。f4 是一个用于密钥生成的功能	128
K	用户密钥	128
MAC	消息认证码(基于 RAND、SQN 和 AMF) $f1_K$(SQN || RAND || AMF)，f1 是一个用于密钥生成的功能	64
RAND	AuC 产生的随机质询	128
RES	基于 RAND、USIM 计算用户响应 $f2_K$(RAND)。f2 是一个消息认证功能(可能截断)	32-128
SQN	序列号	48
XRES	基于 RAND、AuC 计算预期用户响应 $f2_K$(RAND)	32-128

2.4.3 3G 安全程序

UMTS AKA 协议尽可能广泛地考虑了与以前 GSM 的兼容性，但是增加了针对 3G 系统的安全功能。用于对称质询—响应功能的 GSM 的原始架构在 UMTS 网络中仍然有效，而 3G 特定增强包括①向用户认证家庭环境(HE)；②用户与服务网络(SN)之间的完整性密钥(IK)协议；③SN 和用户之间相互保证商定的 CK 和 IK 的新鲜度；④用于提供全球 3G 漫游的 3GPP 和 3GPP2 之间的联合规范。

以下描述总结了3G 安全功能，从本章参考文献［64］中可以找到更完整的 UMTS 安全描述。在本章参考文献［25，26］中可以找到对 3G AKA 的功能的更彻底的分析，其中认证向量的 3GPP 方法的详细说明如表 2.1 所示。图 2.14描绘了相关的高级过程。作为3G AKA 的基础，在认证中心(AuC)以及用户的 USIM 中都有一个共享的用户特定密钥 K，AKA 还使用消息认证功能 f1 和 f2，以及密钥生成功能 f3、f4 和 f5。

3G AKA 有两个阶段，一是认证向量过程的生成，二是认证和密钥协商过

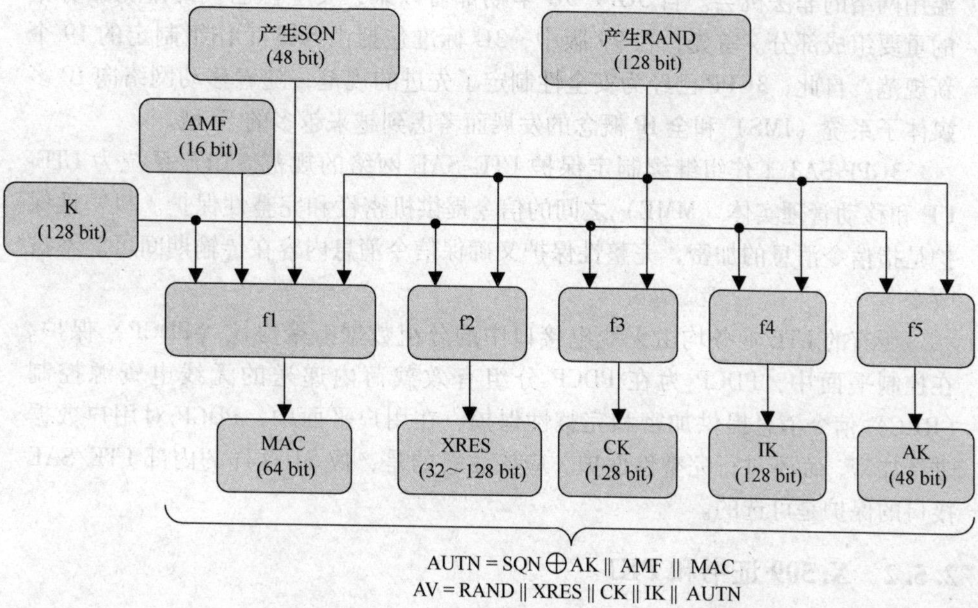

图 2. 14　3GPP TS 33. 102 中描述的 3G 认证向量生成的原理

程。第一阶段涉及认证向量的生成。在初始阶段，家庭环境/认证中心（HE/AuC）接收来自服务网络（SN）的认证数据请求，该请求触发在 HE/AuC 中创建一组认证向量（Authentication Vector，AV）阵列。这些向量的实际数量 n 可以为 5。每个 AV 阵列均由 RAND、XRES、CK、IK 和 AUTN 组成。HE/AuC 然后将这组 n 个 AV 阵列发送回给请求服务网络（SN）。

第二阶段是 AKA 程序。SN 通过 VLR 或 SGSN 从所接收的 n 个向量阵列组中选择一个 AV_i。它可以是来自 1…n 的任何一个。基于该信息，SN 向用户发送 RAND（i）和 AUTN（i）。现在，作为第一步，USIM 确保 AUTN（i）具有正确的 AUTN。如果一切顺利，则 USIM 计算相应的响应 RES（i）并将其返回到 SN。如在 GSM 认证过程中所做的那样，SN 现在执行对 RES（i）和 XRES（i）的比较。另外，如果结果相同，USIM 还可以计算 CK 和 IK，以进一步加密无线电接口的完整性保护。生成认证向量的过程如图 2. 14 所示。

2. 5　长 期 演 进

2. 5. 1　保护和安全原理

LTE/SAE 系统是基于 IP 技术的，这意味着它可能具有与任何其他分组网络相似的漏洞。因此，移动网络运营商（MNO）的一个重要目标是尽量减少滥用网络的非法机会。自3GPP 3G早期部署以来，安全性已被确定为服务集的重要组成部分。首先，在99版中，3G标准包括由SA3工作组制定的19个新规范。自此，3GPP已经为安全性制定了先进的规范，随着移动网络向IP多媒体子系统（IMS）和全IP概念的发展而考虑到越来越多的IP域。

3GPP SA3工作组继续制定保护LTE/SAE网络的规范。LTE系统为LTE-UE和移动管理实体（MME）之间的信令提供机密性和完整性保护。机密性保护是指信令消息的加密，完整性保护又确保信令消息内容在传输期间可能不被改变。

所有的LTE业务均由无线电接口中的分组数据汇聚协议（PDCP）保护。在控制平面中，PDCP为在PDCP分组有效载荷内递送的无线电资源控制（RRC）信令消息提供加密和完整性保护。在用户平面中，PDCP对用户数据进行加密，而不进行完整性保护。应该注意的是，像S1这样的内部LTE/SAE接口的保护是可选的。

2.5.2 X.509证书和PKI

数字证书用于认证通信对等双方并用于加密敏感数据。它们对于传输层安全（TLS）和IP安全（IP Security，IPSec）的支持至关重要。X.509证书包含受到公众信任方签名的公钥。通过该方法，只要信任方通过使用其数字签名，与作为证书的一部分来确认匹配的身份，则接收端信任公钥的正确性。信任方和证书的这一想法形成了信任链。

信任链的基本挑战是在安全性尚不存在的阶段将密钥交付到该地点。最安全的方法是将密钥物理地装在元件生产或安装的位置。该解决方案适合于少数站点，或在任何情况下都将被委托的新网络。然而，对于像LTE这样的大型网络，这是非常有挑战性的，因为证书的寿命有限，需要不时更换。

为了应对这一挑战，证书管理协议（Certificate Management Protocol，CMP）是行业在实践中应用的一个可行的选择。该标准化协议提供从中央服务器自动检索、更新和撤销证书的功能。初始认证（当运营商证书尚未到位时）根据运营商认证机构（Certification Authority，CA）信任的供应商证书（出厂时已安装）完成。因此，可以将eNB PKI公钥基础设施，Public Key Infrastructure，作为平面层次结构引入，在运营商的网络中具有一个根认证机构。

因此，演进节点（eNB）可以在工厂中向eNB安装供应商证书的安全设备标识。供应商证书用于识别认证机构中的eNB，并为eNB接收运营商证书。该功能也可以用作自组织网络LTE基站收发信台（SON LTE BTS）自动连接类型功能的一部分，并支持基站自动注册运营商证书。

图2.15给出了运营商和供应商之间交互的案例的概要。该过程从工厂开

始，其中公钥和私钥被配对产生，并且创建和签署供应商的证书。从工厂出货的设备证书被存储到演进节点（eNB），并且还将其传送到工厂认证机构和工厂注册机构（Registration Authority，RA），如图 2.15 的交付链（1）所示。接下来，由模块序列号和供应商的根 CA 证书组成的产品信息，被放置到供应商的订购和交付链上。此时，eNB 被运送到运营商。在此过程之后，供应商的设备序列号和供应商的根 CA 证书被交付给（3）运营商的身份管理（Identity Management，IDM）。接下来，IDM 创建运营商节点证书以确保演进结点（eNB）的真实性（4）。此时，运营商节点证书将替换以前的供应商的节点证书。现在可以通过观察序列号和供应商的设备认证来确保设备是真实的。

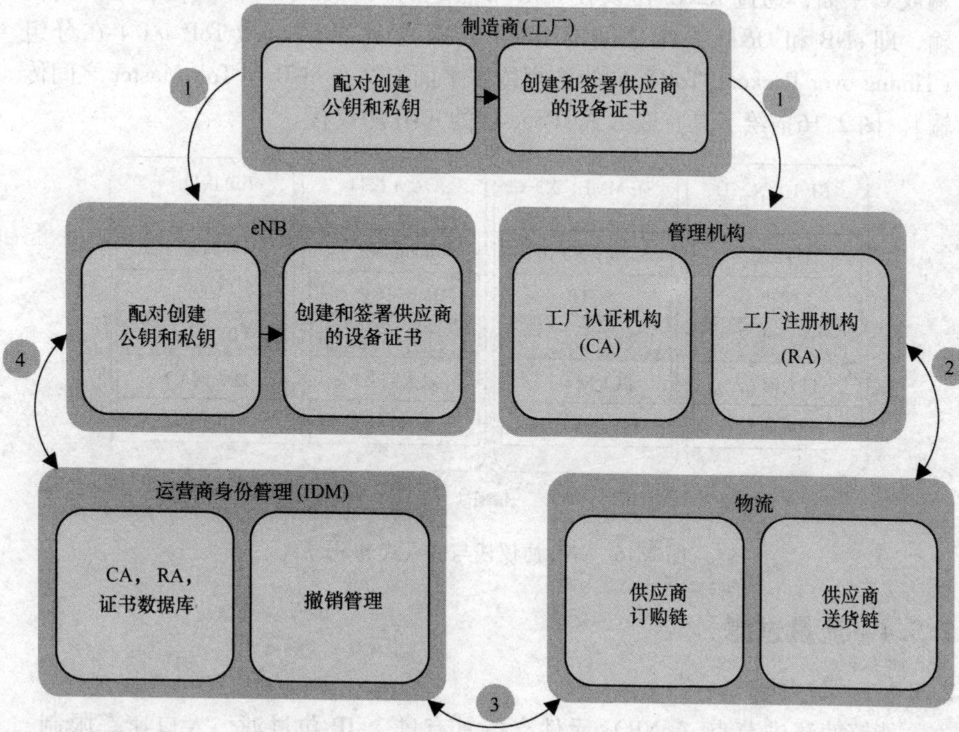

图 2.15　供应商认证过程的原理

2.5.3　用于 LTE 传输安全的 IP 安全和互联网密钥交换

演进节点（eNB）遵循由网络域安全（NDS）/IP 安全 IPSec（IP Security）（NDS/IPSec）架构建立的规则。3GPP 在安全域的边界引入了安全网关（Security Gateway，SEG），以处理 NDS/IPSec 流量。在进入或离开安全域之前，所有 NDS/IPsec 流量都通过 SEG。SEG 负责执行网络间互通的安全策略。在这个角色中，它们还提供了IP安全功能。

有可能在专用硬件（外部SEG）中实现SEG功能，或将其集成到现有节点（内部SEG）中。从eNB的角度来看，如果SEG在对等实体外部或集成的，即它们对于eNB是不可见的则是不相关的。在eNB一侧，IPSec功能集成到eNB中。因此，eNB代表自己的安全域，并可以作为SEG。

以下逻辑接口可以通过IPSec进行保护：S1_U i/f（用户数据传输或U平面，通过GTP-U隧道在eNB和S-GW之间），S1_MME i/f（信令传输或C平面，通过S1AP协议在eNB和MME之间），X2_U i/f（用户数据传输或U平面，在通过GTP-U隧道传输的切换期间的eNB节点之间），X2_C i/f（信令传输或C平面，通过X2AP协议在eNB节点之间），O&M i/f（运营和维护的传输，即eNB和O&M系统之间的O&M数据或M平面）和ToP i/f［在分组（Timing over Packet，ToP）同步数据或S平面上，在eNB和ToP Master之间传输］。图2.16描绘了具有嵌入式IPSec层的eNB协议栈。

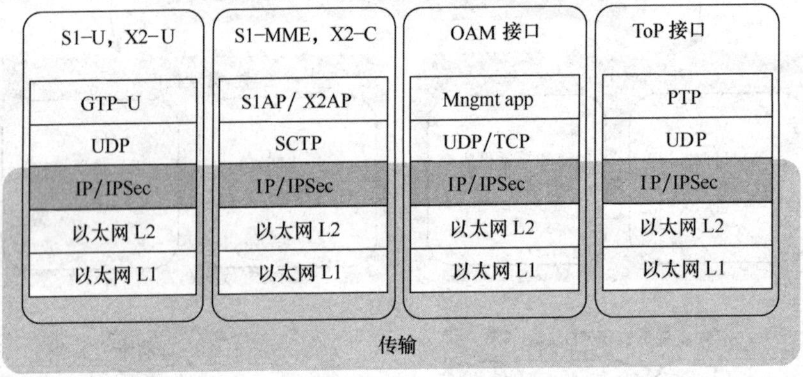

图2.16　eNB协议栈与嵌入式IPSec层

2.5.4　流量过滤

2.5.4.1　防火墙

能够使演进节点（eNB）元件支持具有进入IP包过滤、入口速率限制、出口速率限制，并且包含DoS对策等能力的防火墙功能。

2.5.4.2　现场支持设备的过滤

演进节点（eNB）可以通过附加的以太网接口提供对站点支持设备（例如，电池备份单元）的访问。通常，这种基于IP的设备类型不提供自己的IP数据包过滤器或防火墙。因此，如果在eNB侧没有数据包过滤器，则站点支持设备将被直接访问。而eNB提供IP数据包过滤服务，可以保护站点支持设备免受有害的网络流量的影响，并且还通过该接口保护网络免于意外流量的影响。

2.5.5　LTE 无线电接口安全

以下部分总结了密钥层次结构和密钥导出函数（Key Derivation Function，KDF）作为接入层（Access Stratum，AS）保护的一部分的信息。密钥导出与正常操作相关，例如：呼叫建立且在切换的情况下（如，eNB 间切换）。本章参考文献［65］中可以找到 LTE 安全性的更详细的描述。

2.5.5.1　密钥层次

图 2.17 描绘了 LTE 密钥层次结构。它呈现了在不发生切换时，对于稳态有效地增强分组系统（EPS）密钥层次。大框表示节点，文本框表示密钥。箭头代表 KDF。如果在一个节点导出密钥并发送给另一个节点，则其相应的文本框位于对应于所涉及的节点的大框的边界上。

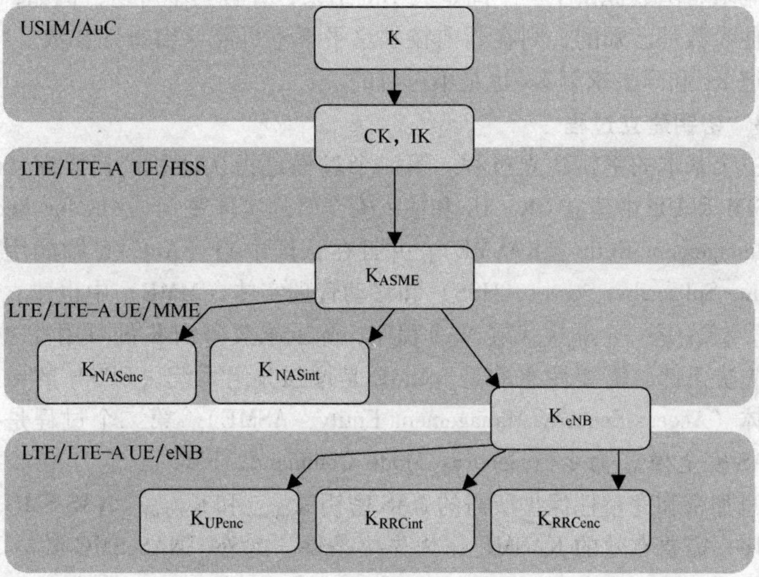

图 2.17　LTE 密钥层次概念

eNB 已知的密钥层次的部分称为 eNB 密钥层次。它包括所有 AS 密钥，如 AS 基密钥 K_{eNB}，以及用于 UP 加密的 K_{UPenc}、用于无线电资源控制（RRC）完整性保护的 K_{RRCint} 和用于 RRC 加密的 K_{RRCenc} 等三个 AS 派生密钥（或称导出密钥）。

K 是 LTE 网络中唯一的永久密钥。所有其他密钥都是通过 KDF 导出的，KDF 由密钥导出过程控制。密钥的存在取决于以下方式的状态：①K 总是存在；②非接入层 NAS（Non- Access Stratum）密钥 CK、IK、K_{ASME}、K_{NASenc} 和 K_{NASint} 存在于 EMM 注册阶段；③在 RRC 连接阶段存在 AS 密钥 K_{eNB}、K_{UPenc}、K_{RRCint} 和 K_{RRCenc}。

2.5.5.2 密钥导出函数

密钥导出与密钥导出函数（KDF）一起使用，这对于增强分组系统（EPS）是一个含有 Ky 的加密哈希函数，而 Ky 作为一个 Kx 和 S 的函数，由 KDF 导出。Ky 使用密钥 Kx 从字符串 S 计算出一个哈希值。这个哈希值成为导出的密钥 Ky。在这种前后关系下，Kx 是位于层次结构内的更高级别的优越密钥（除了允许相同级别的切换情况之外）。此外，Ky 是派生的下级密钥，而 S 是几个子串的级联，并且可以分类如下：①绑定，是指将 Ky 绑定到参数的字符串表示。通常，这些参数描述环境的一部分，例如单元标识符，而 Ky 只有在这些参数不改变时才有效。②新鲜度指的是参数的字符串表示，其将确保不同的“新鲜度”Ky，如果所有其他参数不变。通常，这些参数对于每个计算实例都是唯一的，例如随机数的情况。

密码哈希函数提供了一个固定大小的结果，并且其不可逆，例如，如果结果和其他参数是已知的，则在当前技术水平下不可能导出未知参数。特别地，即使知道 Ky 和 S 去求解 Kx 也是不可行的。

2.5.5.3 密钥建立过程

有三个基本的密钥建立过程。第一个过程是指认证和密钥协商（AKA），其在 USIM 和 UE 中建立 CK、IK 和接入安全管理实体密钥（Key for Access Security Management Entity，KASME），并且在认证中心（AuC）、归属用户服务器（Home Subscriber Server，HSS）和移动管理实体（MME）中也建立了相同的集合。AKA 是一个非接入层 NAS 程序，除了永久密钥 K 的可用性之外，没有任何先决条件。需要注意的是，MME 是增强分组系统（EPS）的接入安全管理实体（Access Security Management Entity，ASME）。第二个过程是指非接入层 NAS 安全模式命令（Security Mode Command，SMC），它建立非接入层 NAS 消息加密和完整性保护所需的 NAS 密钥 K_{NASenc} 和 K_{NASint}。NAS SMC 是一个 NAS 程序，需要有效的 KASME 作为先决条件。此外，NAS SMC 激活 NAS 安全性。第三个过程是指接入层 AS 安全模式命令（SMC），其建立 UP 加密，RRC 完整性保护和 RRC 加密所需的 AS 密钥 K_{UPenc}、K_{RRCint} 和 K_{RRCenc}。AS SMC 是一个 AS 过程，需要一个有效的 K_{eNB} 作为前提条件。此外，AS SMC 激活 AS 安全性。

K_{eNB} 的建立过程取决于案例本身。第一种情况下，在更改为 RCC 连接时，K_{eNB} 将在 MME 中导出，并通过 S1AP 初始上下文设置请求（Initial Context Setup Request）消息发送到 eNB。在第二种情况下，在活跃的 LTE 内移动性中，K_{eNB} 将由源 eNB 和目标 eNB 共享的过程导出。

在 LTE 内切换的情况下，因为目标 eNB 的 K_{eNB} 将被从源 eNB 的 K_{eNB} 导出，所以密钥层级暂不相同。

2.5.5.4 切换过程中的密钥处理

图 2.18 描述了切换过程中的密钥处理。文本框表示密钥，箭头表示 KDF。从初始的 K_{eNB} 或下一跳（Next Hop，NH）参数开始，同一行的所有密钥都是在单个 KDF 链中导出的。这些链称为前向链。

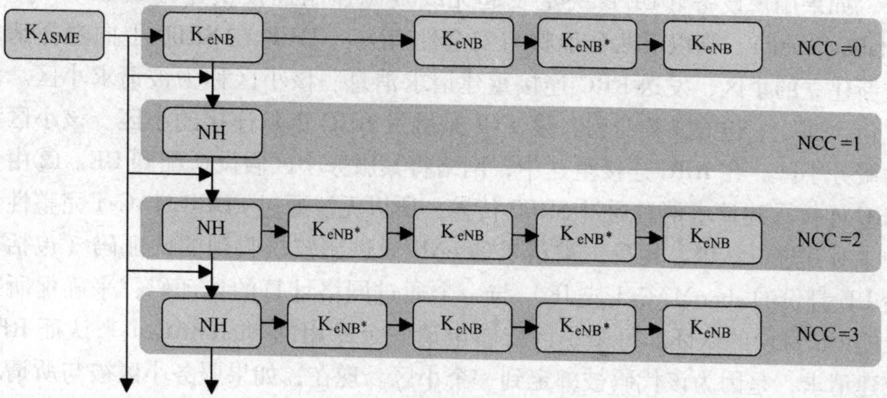

图 2.18　切换中的密钥处理程序

在前后关系建立开始，从 MME 的 K_{ASME} 导出初始的 K_{eNB} 密钥。这将触发第一个前向链［称为 NH 链接计数器（NH Chaining Counter)，或 NCC，设置为 0］。初始的 K_{eNB} 密钥被发送到 eNB 并成为其 K_{eNB}。

在切换的实例中，将导出传输密钥 K_{eNB^*}，最后导出新的目标 K_{eNB}。因为推导使用密码哈希函数，所以从新的目标 K_{eNB} 导出源 K_{eNB} 是不可行的。因此，目标 eNB 不能暴露源 eNB 的安全性。这被称为完美的向后安全。

然而，如果推导发生在一个前向链上，例如，如果 K_{eNB^*} 从源 K_{eNB} 导出，则目标 eNB 密钥对于源 eNB 不是秘密的，因为它们的推导现在是已知的。这是递归的方式。因此，位于任何 K_{eNB} 右侧的同一前向链路的所有密钥，对该密钥的所有者来说都不是秘密的。换句话说，在这些情况下，没有前向安全。

为了获得前向安全，目前的前向链路必须被终止，并开始一条新的链路。这通过从 K_{ASME} 导出的下一跳参数，并由 NH 参数导出 K_{eNB^*}，而不只是从源 K_{eNB} 来完成。在 S1 切换的情况下，下一跳参数通过 S1AP 切换请求消息被传送，并且适用于该特定切换实例。因此，在该切换中达成了前向安全，并且在一跳之后被称为前向安全（也可以被称为完美前向安全）。在 X2 切换的情况下，通过 S1AP 路径切换确认（Path Switch Acknowledgment）来传送下一跳参数，这一操作只能下一次使用，但不能用于该特定切换，因为在该时间点新的密钥已经被确定。因此，在下一次切换时可达到前向安全。这被称为两次跳转后的前向安全。

如果 NCC 达到其最大值 7，它将反复循环并在下一个增量开始重复。请注意，3GPP 规定，在初始前后关系设置之后，第一个前向链路在第一次 NCC 循环中被跳过。

2.5.5.5 RRC 连接重建的安全处理

如果用户设备（UE）决定发起无线资源控制连接重建（Connection Re-establishment），则以下两个步骤与安全性有关：①UE 在 SRB0 上向选择请求重新建立的小区，发送 RRC 连接重建请求消息。该小区称为被请求小区。消息包含通知 eNB 的 UE 身份，该 eNB 是触发 RRC 重新连接的小区。该小区称为服务小区。在 RRC 连接重建中，网络将其服务小区假设适配到 UE。②由于 RRC 连接重建请求消息通过 SRB0 传输，所以无法通过 PDCP MAC-I 完整性保护来对其进行认证。相反，被请求的 eNB 通过比较接收到的认证码（包括初始 UE 身份的 shortMAC-I 或 IE）与一个通过网络计算的认证码，来确保所接收的 UE 身份的认证。每个小区能够申请一个专用的 shortMAC-I 来认证 RRC 重建请求，是因为该代码被绑定到一个小区。现在，如果服务小区被与所请求的小区相同的 eNB 控制，则网络侧的认证是所请求的 eNB 的内部事务，并且可以根据需要发生。如果不是这种情况，例如服务小区由与所请求的小区不同的 eNB 所控制，则网络侧的认证在两个 eNB 之间进行处理，并且在服务 eNB 上进行网络认证码的计算，因为它需要服务小区的 RRC 完整性保护密钥（K_{RRCint}）。认证码的比较发生在被请求的 eNB 上，因为它从 UE 接收到 shortMAC-I，同时，在切换准备过程中发生一组 shortMAC-I 的计算和到另一个 eNB 的传送等操作。

如果 UE 标识与被请求的 eNB 相关，例如，如果由所述 UE 标识报告的物理小区标识属于被请求的 eNB，则被请求的小区由与服务小区相同的 eNB 控制。如果 RRC 连接重建请求被接受，则 UE 和 eNB 以与从服务小区到被请求小区的切换过程中，发生的相同的方式来刷新它们的 AS 密钥层次，尽管总是与服务小区的安全算法一起使用。这是一个与认证过程相似的情况，作为第一选择，如果服务小区由与被请求小区相同的 eNB 控制，则重建过程是网络侧的 eNB 内部事务。在这种情况下，对于内部 eNB 切换（HO），或者如果被请求的小区与服务小区相同，则通过小区内的 AS 安全维护来进行密钥刷新。作为第二选择，如果服务小区由与被请求的小区由不同的 eNB 所控制，则重建过程是网络侧的两个 eNB 之间的问题。现在，根据由目标小区准备的切换类型进行与 eNB 和切换相关的密钥刷新。在 X2 切换（HO）的情况下，源 eNB 需要计算用于支持重新建立的每个小区的专用 K_{eNB*}，并在切换准备过程中向目标 eNB 发信号。这与上述的 shortMAC-I 规定相似。在 S1 切换（HO）的情况下，目标 eNB 在从 MME 接收到的 NH 参数中导出新的 K_{eNB}。因为 NH 独立于小区，不需要额外的重新配置支持。

UE 需要知道用于密钥刷新的 NCC 参数。因此由 RRC 连接重建消息发出信号。该消息不受保护，因为它在 SRB0 之间传输。如果 X2 接口不受 IPSec 保护，则包含密钥的 X2AP 消息将以明文形式传输。SRB1 和所有后续 RRC 连接重配置程序承载器将立即应用新密钥。

2.5.6 认证和授权

在认证和密钥协商过程中，归属用户服务器（HSS）产生认证数据并提供给移动管理实体（MME）元件处理。在 MME 元件和 LTE-UE 之间有一个质询—响应认证和密钥协商过程被应用。

信令的机密性和完整性是通过 LTE-UE 和 LTE（E-UTRAN）之间的无线电资源控制（RRC）信令来确保的。另一方面，在 LTE-UE 与 MME 之间存在 NAS 信令。应该注意的是，在 S1 接口信令中，保护不是由 LTE-UE 特定的，并且在 S1 中实现保护是可选项。

对于用户平面机密性，S1-U 保护不是由 LTE-UE 特定的。作为一个保护选项，基于 IPSec 的增强型网络域安全机制被应用在这里。同时，在 S1-U 中完整性不受保护。

图 2.19 描述了认证过程的信令流的示例。在认证的初始阶段，MME 元件通过向用户（2）的归属网络的归属用户服务器（HSS），发送国际移动用户识别（IMSI）以及服务网络的身份（Serving Network's Identity，SNID）来唤起该过程。如果 MME 在此阶段没有关于 IMSI 代码的信息，则首先从 LTE-UE（1）请求 MME。IMSI 通过无线电接口以文本格式传送，这意味着只有在没有其他选项可用的情况下才应使用此过程。

在 MME 用户对 HSS 的认证请求之后，HSS 以一个包含 RAND、AUTN、XRES 和 ASME 密钥（3）的 EPS 认证向量进行响应。当 MME 接收到该信息，它将 RAND 和 AUTN 发送给 LTE-UE（4）。现在，LTE-UE 处理该信息并且根据相互认证概念来认证网络。基于接收到的信息及其密钥，LTE-UE 还计算一个 RES，并将其发送回 MME（5）。

LTE-UE 和 HSS 均存储用于使用相同输入响应计算的相同算法。MME 现在比较 LTE-UE 的响应 RES 和先前由归属用户服务器（HSS）计算的鉴权响应（XRES）。如果它们匹配，则 LTE-UE 被正确认证，并且 NAS 信令将被保护。eNB 的密钥 K_{eNB} 被算出，并被传送到 eNB，以便为所有进一步的信令和数据传输（6）加密无线电接口。

在 LTE/SAE 环境中，也采用在 2G 和 3G 环境中使用的，诸如客户订阅数据、计费记录数据和其他机密信息的物理保护用的通常程序。上一代应用的防

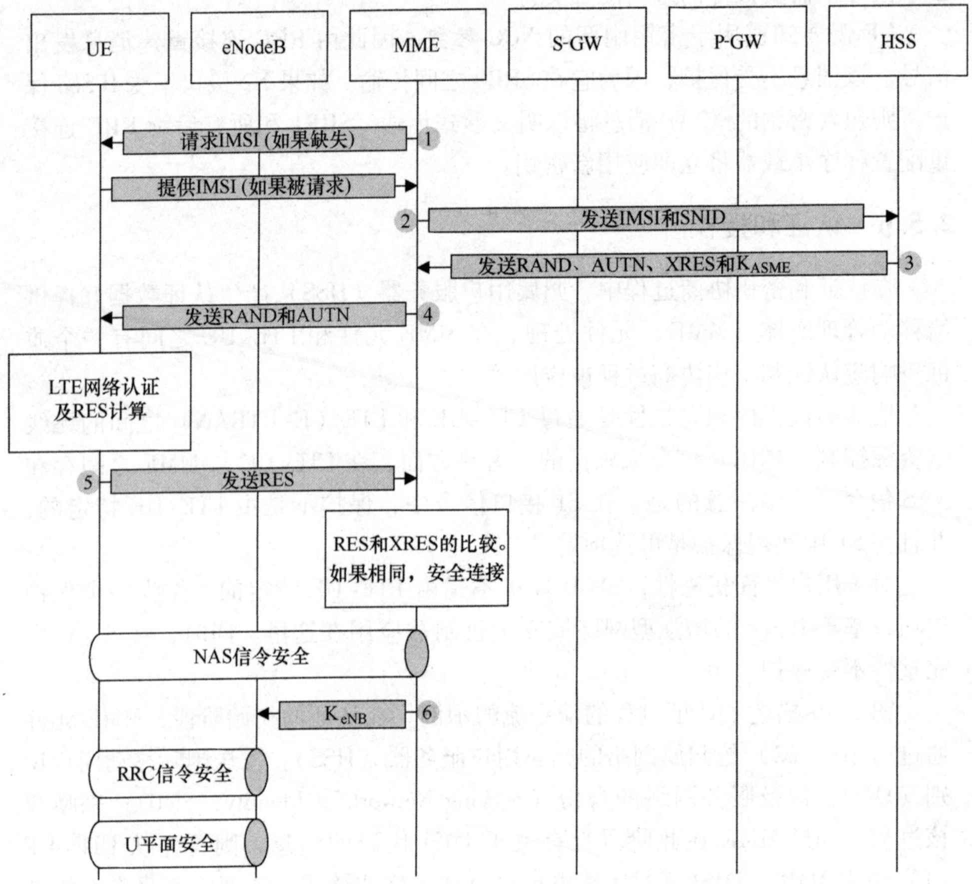

图 2.19　LTE 的相互认证过程

欺诈和监控等技术也被用于 LTE/SAE。

2.5.7　LTE/SAE 服务安全——案例

LTE/SAE 正在将移动通信的概念清楚地转变为全 IP 环境中。除了它带来的好处外，它也可能引来潜在的安全漏洞。利用系统脆弱性的这种非法活动的动机，包括财务、破坏性和政治性的原因，也可能只是为了展现黑客的技能。

作为一个示例，基站设备受到传统的 2G 和 3G 网络的良好保护，因为它已经被物理地置于站点内，仅限于有限的访问。与家庭基站 eNB 的概念一起，这些设备可被放置在公开区域和家庭中，这些公开区域或家庭将硬件暴露给潜在的恶意意图。同时，攻击方法越来越复杂，而且通过互联网可以广泛使用先进的黑客工具。以下部分将介绍在这种新环境中的保护机制的案例。

2.5.7.1 IP 安全

IP 安全（IPSec）与公钥基础设施（PKI）一起被用作标准的 LTE 安全解决方案。PKI 被用于认证网元，授权网络访问，IPSec 则为控制和用户平面的传输路由提供完整性和保密性服务。IPSec 概念建立在作为运营商基础架构内的注册机构的证书服务器之上。它通过迁移安全网关（SecGW）负责在元件间提供 IPSec 路由证书，如图 2.20 所示。

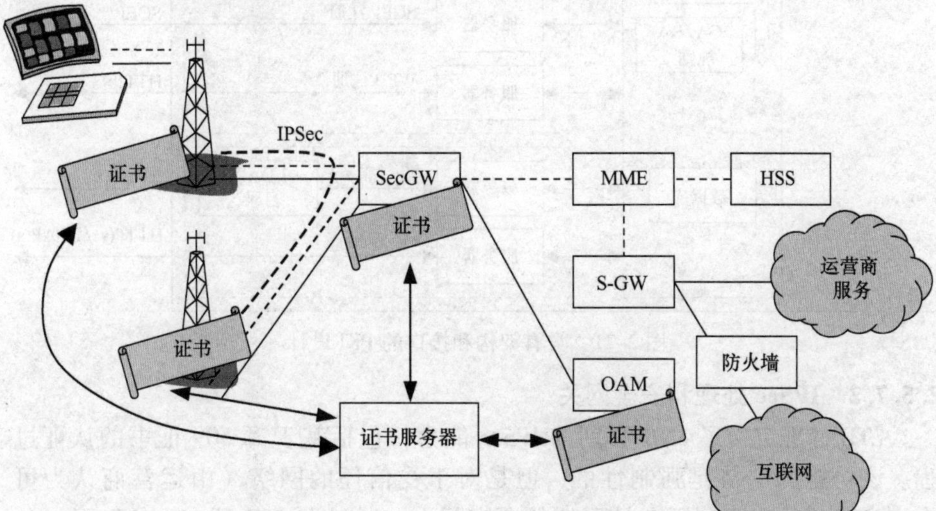

图 2.20 组合 IPSec 和 PKI 的体系结构

注：虚线表示信令，实线表示用户平面数据流。粗虚线表示 IPSec 隧道。SecGW 之间的通信以及操作管理和维护（OAM）可以通过传输层安全（TLS）或安全 HTTP（HTTPS）来实现。

具有高可用性的安全网关（如 Juniper 或 Cisco）是可扩展平台的示例，可终止来自 eNB 的 IPSec 流量，预计其业绩在未来几年会出现快速增长。Insta Certifier 是用于发布和管理用户和计算机的数字证书的 PKI 平台。它提供认证机构（CA）和注册机构（RA）功能，这是一个可管理的、非常大的 PKI 环境，它通过引入对可认证密钥的集中管理，来支持可扩展的密钥撤销和更新。

LTE/SAE 网元具有身份认证能力。安全解决方案有两种类型。第一个是供应商注册机构（Factory Registration Authority），它要求供应商证书，集中供应商范围的 CA 问题，并将证书保存在数据库中。第二个是运营商认证机构（Operator's Certificate Authority），其认可供应商的证书并授权请求。该机构发布和管理网元的运营商证书。图 2.21 总结了基于 PKI 解决方案的软件架构和接口。

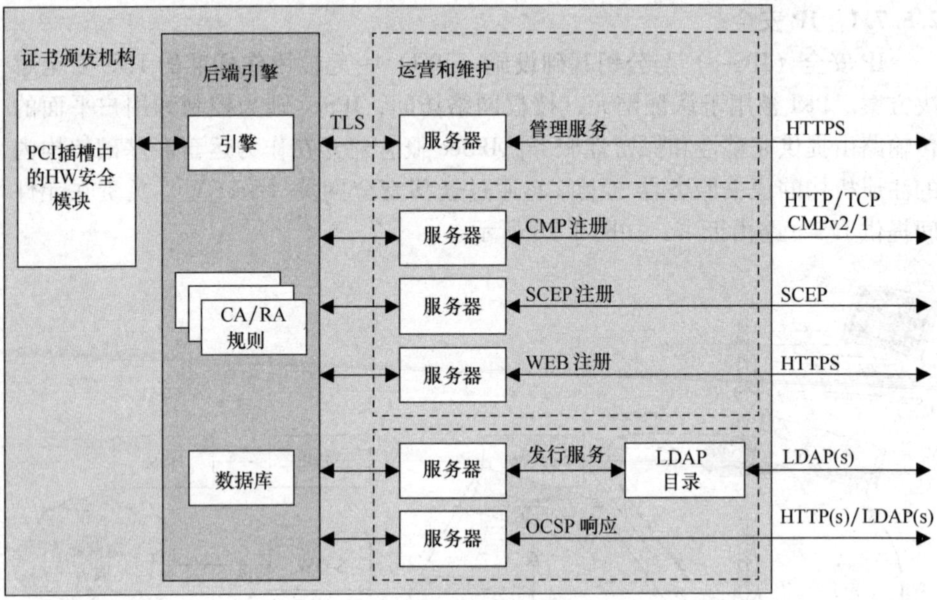

图 2.21　具有架构和接口的 PKI 设计

2.5.7.2　IPSec 处理和安全网关

LTE 标准定义了 eNB 级别的 IPSec 能力，包括基于 X.509 证书的认证过程。该功能的支持是强制性的，但是对于受信任的网络（由运营商认为可靠），IPSec 的实际利用率是可选的。实际上，通过 X.509 证书，eNB 可以包括 IPSec 和防火墙两者，以及认证程序。IPSec 和防火墙的组合，提供了将相应的防火墙规则与只需最少手动配置的其他网络管理整合到一起的可能性。

在以下场景下，安全网关（SecGW）是与聚合路由器（Aggregation Router，AR）一起配置的互补解决方案，其中入站和出站接口都连接到 AR。这种情况的优点是只需要对现有网络进行少量更改即可。此外，该场景允许将 AR 和 SecGW 之间的所有接口聚合成一个逻辑链路。一旦聚合，便可以通过在 SecGW 上定义相应的虚拟局域网（Virtual Local Area Network，VLAN）接口，在第 2 层上分离各种类型的流量。此设置为单链路中断提供更好的灵活性和弹性。图 2.22 描绘了一个综合示例。

安全网关（SecGW）可以提供多种选择来实现流量分离。第一种解决方案是使用虚拟路由器，允许将路由域分为逻辑实体和分离的路由表。每个虚拟路由实体处理其直接连接的网络和静态或动态路由。第二种是基于用在物理链路中分离流量的虚拟局域网（VLAN）。所有安全概念都与物理和逻辑子接口配合使用。第三种选项是专用安全区域的定义，如图 2.23 所示。这些区域用于逻辑上分离网络区域，并通过定义访问控制和过滤策略来提供更细粒度的流量过滤和流量控制。

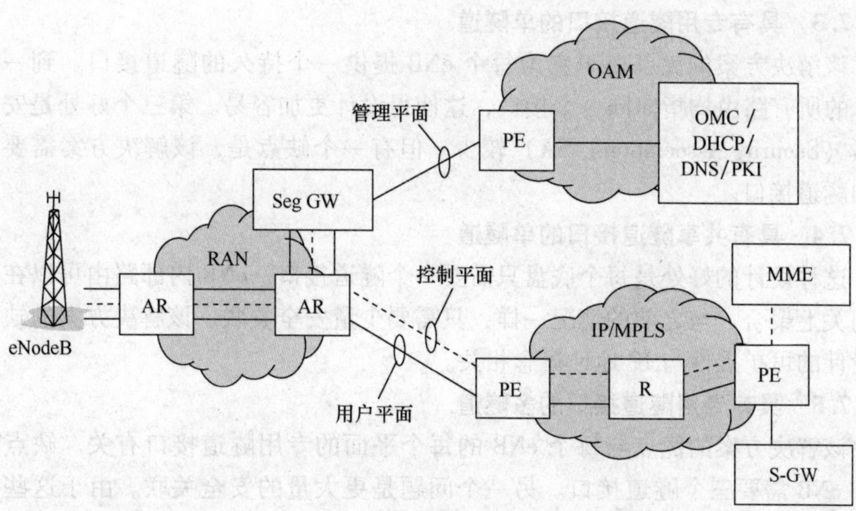

图 2.22 连接到接入路由器的网关的综合示例

安全网关（SegGW）的虚拟专用网（Virtual Private Network，VPN）设计可以基于单个隧道建立，也可以基于多个隧道建立。对于单个隧道建立的情况，所有平面的流量都使用相同的加密集加密，例如单个互联网密钥交换（Internet Key Exchange，IKE）安全关联（SA）或单个 IPSec SA。该设置可以基于每个 eNB 的专用隧道接口，这意味着每个 eNB 在 SecGW 上都有自己的隧道接口。该设置也可以基于共享隧道接口，这意味着所有的 eNB 都在 SecGW 上共享一个隧道接口。

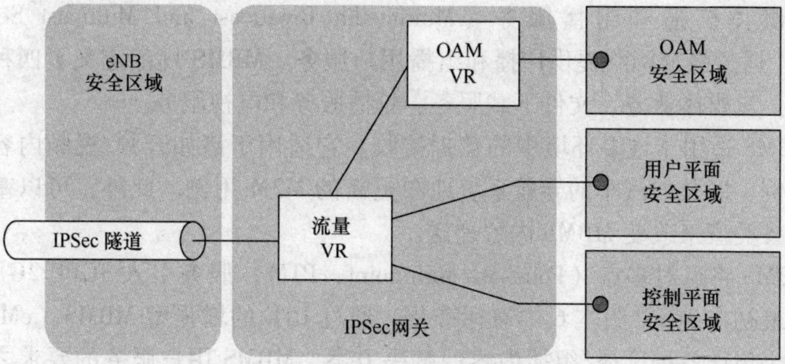

图 2.23 安全区域原理

对于多个隧道的建立，每个平面的流量用不同的加密集（1 个 IKE-SA/3 IPSec SA）加密。多个隧道的建立可以建立在每个 eNB 的专用隧道接口上，或者建立在共享隧道接口上。

2.5.7.3 具有专用隧道接口的单隧道

该解决方案的优点在于它为每个 eNB 提供一个持久的隧道接口。到一个 eNB 的所有路由均指向同一个接口，这使得设计更加容易。第三个好处是安全关联（Security Associations, SA）较少。但有一个缺点是，该解决方案需要大量的隧道接口。

2.5.7.4 具有共享隧道接口的单隧道

这种设计的好处是每个底盘只需要一个隧道接口。eNB 内部路由可以在安全网关上聚合。与之前的情况一样，只需要少量安全关联。该解决方案的缺点是设计的可扩展性与 IP 地址概念相关。

2.5.7.5 具有专用隧道接口的多隧道

该解决方案的优点与每个 eNB 的每个平面的专用隧道接口有关。缺点是每个 eNB 需要三个隧道接口。另一个问题是更大量的安全关联。由于这些缺点，这是实践最不可行的解决方案。

2.5.7.6 具有共享隧道接口的多隧道

这个解决方案的好处是每个底盘的每个平面只需要一个隧道接口。另外，eNB 内部路由可以在 SecGW 上聚合。缺点是需要更大量的安全关联。而且，如果 eNB 内部路由不能按每个平面聚合，则需要用 VPN 下一跳表的附加 IP 网络。此外，可扩展性受 IP 地址概念的限制。

2.5.8 MBMS 及 eMBMS

2.5.8.1 概述

多媒体广播和组播服务（Multimedia Broadcast and Multicast Service, MBMS）通过蜂窝网络提供广播和组播用户服务。MBMS 规范定义了四种类型的服务：流媒体业务、文件下载服务、轮播服务和电视服务。

MBMS 适用于许多环境中的数据接收。它适用于诸如音频/视频内容流的消费用例，以及如汽车的导航系统地图更新的 M2M 用例。此外，可以基于位置和设备类型来改变 MBMS 内容递送。

MBMS 将点对多点（Point-to-Multipoint, PTM）服务引入 3GPP 2G 和 3G 系统。最初在 3GPP 版本 6 中被标准化，通过 LTE 的增强型 MBMS（eMBMS）提供用于传送各种广播/组播内容的解决方案。MBMS 用户服务的要求之一是能够将数据安全地传送给给定的一组用户。为了实现这一点，在 3GPP TS 33.246（版本 12）中，为定义一个 MBMS 用户服务定义了一个认证、密钥分发和数据保护的方法。这意味着 MBMS 安全性被规定用于保护 MBMS 用户服务，并且与是否使用组播或广播模式无关。在这里，安全性是指受保护的内容的传递和使用，例如通过限制授权用户组（付费频道，特殊组）对封闭频道的访问。在更广泛的背景下，安全性也可以指内容交付的保证。由于MBMS基于下行链路数据，所以不需要单独的返回信道，所以所有内容都被广播/组播，而不确认接收的成功（这是MBMS的好处，因为它不为每个用户预留额外的资源）。MBMS包括前向纠错（Forward Error Correction，FEC）机制和文件修复功能。这些功能的级别是参数化的，值的可选择性是MNO的优化任务之一。

与点对点（Point-to-Point，PTP）服务的安全性相比，MBMS的传送方法导致了保护连接和内容的不同挑战，例如在广泛的服务区域上窃听非公开内容，或者有效的用户可以规避安全解决方案，例如，通过发布解密密钥使非订阅用户能够使用广播内容。

MBMS包含广播模式和组播模式两种数据传输模式。MBMS广播服务的主要原理是它是单向PTM业务。该服务将来自网络的数据流传送到相应广播服务区内的所有有能力的3GPP用户设备（UE）。以这种方式，如果广播服务已经在其UE中激活了MBMS的接收，则广播服务可以被在服务区域内的所有用户接收。

MBMS通过公共无线电信道发送数据，以最佳方式利用无线电和核心网资源，能够灵活应对数据传输速率。因此，该传输能适应可变的无线电接入网络能力，以及资源可用性的变化。这种适用性可通过相应地调整MBMS流比特率来进行。由于没有用于广播模式的错误恢复目的的返回信道，所以不能保证MBMS的正确接收。然而，随着FEC功能被并入，接收机能够识别数据丢失并且尝试根据FEC原理恢复数据。

除广播模式外，MBMS还包含组播模式。在这种情况下，数据通过单向点对多点（PTM）连接从服务器发送到组播服务区域中存在的多个用户。与广播模式相比，组播业务只能由已经订阅某个组播业务并加入与特定业务相关的组播组的用户接收。基本原理是默认情况下广播模式是打开的，而组播模式通常需要在用户加入组播组之前对组播组进行订阅。

MBMS用户服务可以被分为下载传送、流传输和轮播服务三类。下载传送服务通过MBMS承载传送文件（二进制数据）。用户设备（即MBMS客户端）激活相关应用并消费接收到的数据。在此解决方案中，重要的是以可靠的方式接收数据，这使前向纠错（FEC）方法至关重要。

流传输服务提供例如音频和视频的连续流。在这项服务中，通过文本或静止图像的补充信息也很重要。这提供了使用附加服务的互动方式。作为示例，所接收的文本可以包括与内容相关的附加信息的网络链接。在这种情况下，通过广播传送接收的链接，用户可以通过单击链接访问附加内容，并通过任何可用的访问方法创建专用点对点（PTP）。

轮播服务能够以这样的方式重复广播传输，例如文件或文件集合的方式，使得客户可以不时地接收相同的内容。这可以是例如对基于位置服务的地图数据的更新。轮播服务结合了下载和流媒体服务的各个方面。

为了提供 MBMS 承载业务，诸如 GGSN、SGSN、RNC 或基站控制器（Base Station Controller，BSC）的蜂窝网络元件参与各种 MBMS 相关功能。MBMS 的参考架构如图 2.24 所示。

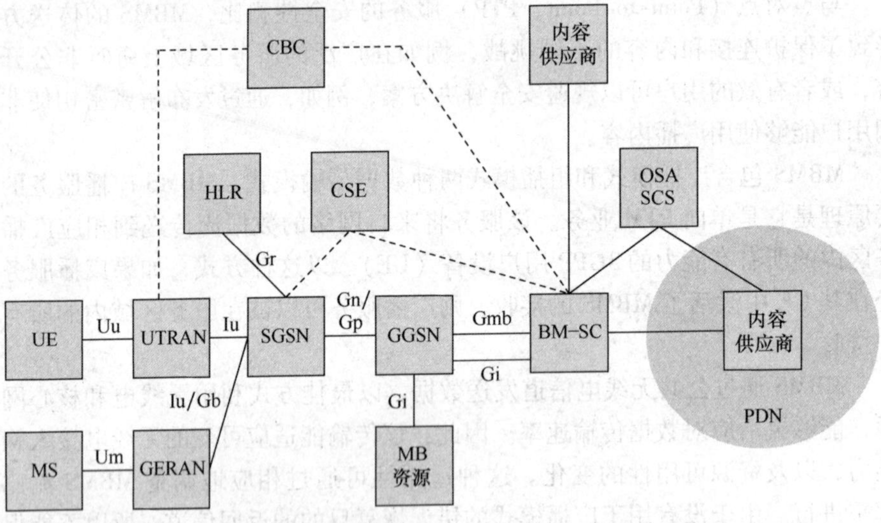

图 2.24　MBMS 参考架构（转载自本章参考文献［38］，由 ETSI 提供）

实际上，基本的 MBMS 业务还没有在商业上取得成功。针对 3GPP 版本 9 及其以上定义的 LTE 网络的升级 eMBMS 体系结构如图 2.25 所示。在该解决方案中，广播组播服务中心（Broadcast Multicast Service Center，BM-SC）连接到 MBMS 网关，该 MBMS 网关又通过 MME 初始化 PTP 信令，直接连接到用于用户平面内容传送的 eNB 元件。

BM-SC 为 MBMS 用户（MBMS 和 eMBMS）提供服务供应和传送功能。它可以用作内容提供商 MBMS 传输的入口点，用于在公用陆地移动通信网（PLMN）内授权和发起 MBMS 承载业务，并且可以用于调度和传递 MBMS 播送。广播组播业务中心（BM-SC）能够为内容提供商发送数据生成收费记录，并向 GPRS 网关支持节点（GGSN）提供诸如 QoS 和 MBMS 服务区域之类的传输相关参数，以发起和终止 MBMS 承载资源，用于随后的 MBMS 数据的传输。BM-SC 还需要接受来自外部源的内容并使用错误恢复方案进行传输，调度 MBMS 会话重传，并且将 MBMS 会话标识到 MBMS 会话标识符，以允许用户设备区分 MBMS 会话重传。此外，BM-SC 提供组播和广播 MBMS 用户业务的业务通告，并且在通常具有不同 QoS 的 2G 或 3G 覆盖的单独的 MBMS 承载业务上传送数据。

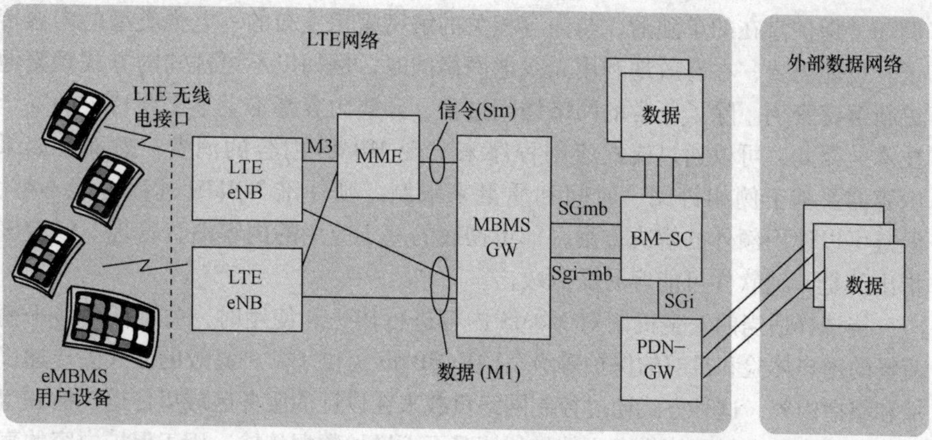

图 2.25　eMBMS 参考架构（转载自本章参考文献［38］，由 ETSI 提供）

用户设备（UE）支持适用于 MBMS 的 MBMS 承载业务和安全功能的激活和去激活功能。UE 应该能够接收 MBMS 用户服务通告、寻呼信息（非 MBMS 特定）或支持同步服务。MBMS 会话标识符包含向 UE 的通知，将能够使 UE 决定是否忽略即将发送的 MBMS 会话。

UTRAN/GERAN 负责将 MBMS 数据有效地传送到指定的 MBMS 服务区域。在组播模式下高效传送 MBMS 数据可能需要 UTRAN/GERAN 中的特定机制。应支持无线控制器/基站控制器（RNC/BSC）内部，RNC/BSC 之间的 MBMS 接收机的移动性。UTRAN/GERAN 能够发送 MBMS 用户服务通告、寻呼信息，并支持与 MBMS 并行的其他业务。

MBMS 架构内的 SGSN 执行用户单独的 MBMS 承载业务控制功能，以及向 UTRAN/GERAN 提供 MBMS 传输。SGSN 提供对 SGSN 内和 SGSN 间的移动过程的支持。SGSN 为每个用户的每个组播 MBMS 承载业务，生成收费数据。当数据传送给用户时，SGSN 还能够根据需要建立各种用户按需共享的 Iu 承载（SGSN-UTRAN 信令）和 Gn 承载（SGSN-GGSN 信令）。这将在 GGSN 通知后进行。

基本 MBMS 架构内的 GGSN，作为 MBMS 数据 IP 组播流量的入口。在从 BM-SC 通知时，GGSN 能够请求建立用于广播或组播 MBMS 传输的承载平面。此外，在 BM-SC 通知中，GGSN 应能够拆除建立的承载平面。为组播服务建立的承载平面的实施，是针对那些为特定的组播 MBMS 承载服务的接收传输请求的 SGSN 而执行。GGSN 能够从 BM-SC 接收 IP 组播业务，并将该数据作为 MBMS 承载服务一部分，路由到适当的 GPRS 隧道协议（GPRS Tunnelling Protocol，GTP）隧道。GGSN 还可以从 BM-SC 以外的其他来源接收 IP 组播业务。然而，MBMS 承载不用于从非 BM-SC 源转发该业务。GGSN 应收集收费数据。

2.5.8.2　MBMS 安全的解决方案

LTE 网络连接/上下文激活过程，限制了非 LTE 用户误用内容的可能性。

例如，保护潜在的单独的、与内容相关的解密密钥发布的、电视类型的内容传送，可能需要，在有效地利用无线电网络同时，例如以不可预知的方式频繁地更新解密密钥。除了正常的网络访问过程，开放内容基本上不需要特定的安全技术。因此，可以通过流式应用程序来实现 MBMS 内容的消费。然而，如果内容需要基于例如订阅、时间和质量来限制，则标准 MBMS 过程可能不够，但是可以使用额外的解决方案，如更彻底的基于应用的内容消费管理。但应该指出的是，纯软件可能容易受到攻击。

当选择适当的安全机制对 MBMS 内容进行传送和使用时，关键任务是平衡流畅的用户体验和足够的保护等级。LTE MBMS 提供了一种高效的方式去传递广播和组播内容，这种方式通过控制网络负载来在设计的服务区域里传送广播和组播内容，能够在保证接收客户数量的情况下不增加数据传输。用于保护内容的直接解决方案是基于内容的应用级接收，因为客户可以通过移动网络的程序认证并授权订阅。然而，对于每个客户的内容的额外和更精确的保护（例如，在特定时间/场合，诸如足球赛事的付费电视）可能会受益于诸如 TEE 之类的更复杂的方法。以下部分总结了一些针对 MBMS 的最合乎逻辑的安全解决方案。

2.5.8.3 安全原则

根据 3GPP TS 22.146，版本 12，MBMS 的第 1 阶段要求包括诸如以下的安全方面。只有有权接收特定 MBMS 的那些用户可以这样做。应该可以选择是否在给定的 MBMS 网络传送中提供或不提供组安全性保证。如果终端支持 MBMS，则应支持基于 UICC 的密钥管理及其所需的所有功能和接口。此外，还应支持移动设备（ME）密钥管理。如果 UICC 能够进行 MBMS 密钥管理，则不应激活 ME 密钥管理；否则，应用基于移动设备（ME）的密钥管理。

根据 3GPP TS 22.246（版本 12），第 2 阶段的要求包括，规定只有被认证的用户可以修改任何用户可修改的 MBMS 数据（例如，UE 中的传送的存储，数据类型和格式特定行为）。阶段 3，在 3GPP TS 33.246（版本 12）第 4 节中进一步详细描述了 MBMS 安全性。据此，MBMS 用户服务必须使用认证、密钥分发和数据保护的方法，来安全地向给定的一组用户传输数据。这意味着 MBMS 安全性是指定 MBMS 用户服务来保护的，与使用组播或广播模式无关。

除了基于 3GPP 规范的，基于移动设备（ME）和基于 UICC 的密钥管理之外，eMBMS 还可以与提供附加层安全性的其他解决方案，例如可信执行环境（TEE）或开放移动联盟数字版权管理（Open Mobile Alliance Digital Rights Management，OMA DRM）组合使用。

2.5.8.4 基于移动设备的安全性

3GPP TS 33.246 中描述的移动设备（ME）过程建立在 LTE 基础设施安全的基础之上，如图 2.26 所示。

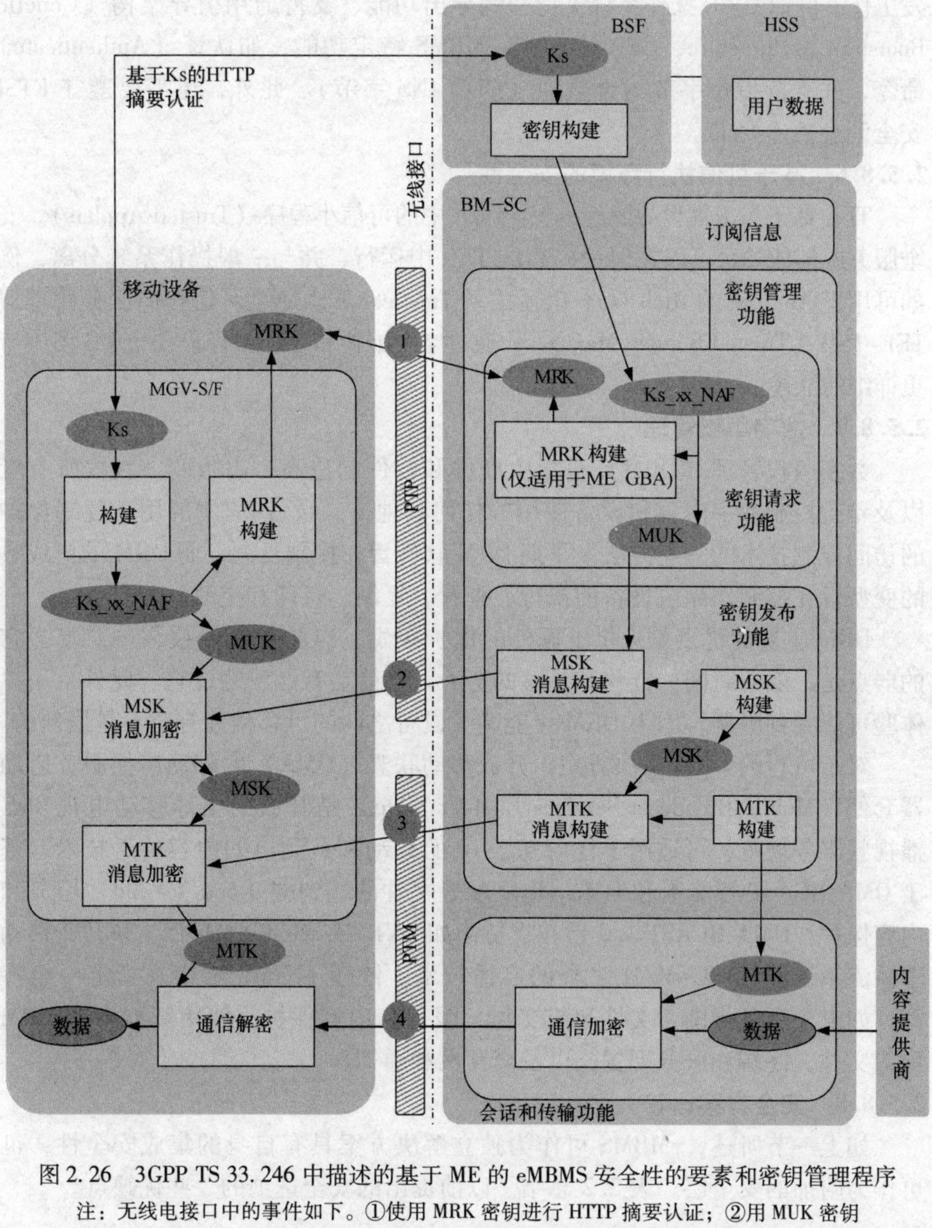

图 2.26　3GPP TS 33.246 中描述的基于 ME 的 eMBMS 安全性的要素和密钥管理程序

注：无线电接口中的事件如下。①使用 MRK 密钥进行 HTTP 摘要认证；②用 MUK 密钥保护的 MIKEY MSK 密钥分发；③由 MSK 密钥保护的 MIKEY MTK 密钥分发；④通过 MTK 密钥保护的用户数据。（转载自本章参考文献［38］，由 ETSI 提供）

2.5.8.5　基于 UICC 的安全性

UICC 的功能用于建立 LTE 连接，进而为任何其他 LTE 服务提供 eMBMS 利用。当通过 UICC 完成更详细的 eMBMS 内容安全程序时，可能需要额外的开发工作，例如UICC操作系统支持密钥导出功能、支持通用引导架构（Generic Bootstrap Architecture，GBA）、支持eMBMS特定功能，如认证（Authenticate）命令，并支持指令字节的奇数值（ODD INS字节）。此外，还需要遵守ETSI安全消息传递要求。

2.5.8.6　基于可信执行环境的安全性

TEE基于与正常世界隔绝的安全模式中的可信小程序（Trusted Applets）。安全服务或信任关系可以在保护内容的TEE中运行，并与一般操作系统分离，例如可用于Android的Rich OS。信任关系Trastlets可以通过可信赖的服务管理器TEE-TSM（Trusted Service Manager）通过空中配置和管理。TEE在6.3.3节中有更详细的描述。

2.5.8.7　数字版权管理

数字版权管理（DRM）是指由硬件和软件制造商、出版商、版权所有者以及希望控制数字内容和设备使用的任何其他方，设计/应用的用于复制保护的访问控制技术的一组方法。早期DRM软件旨在控制复制，而DRM的更成熟的变型旨在控制作品或设备的执行、查看、复制、打印和更改。

DRM主要的优点是提供了额外的保护级别，以防止未经授权的共享。它的弱点是，随着时间的推移和足够的努力，可能会有办法绕过它。此外，用户体验可能受到限制，因为DRM可能购买设备之间的可移植性有时不是最佳的。

对于可行的DRM解决方案，开放移动联盟（OMA）的移动广播服务启动器套件（Mobile Broadcast Services Enabler Suite）是开放的全球移动电视和点播视频服务规范，可适用于任何基于IP的移动和点到点的内容传送技术，基于OMA BCAST智能卡和OMA DRM配置文件的端到端（end-to-end）服务和内容保护。OMA BCAST 1.0旨在支持诸如DVB-H、3GPP MBMS、3GPP2移动单播流系统和ATSC-M/H之类的广播技术，依赖于XML结构来指定一组特征，如电子服务指南，文件和流交付，服务和内容保护，使用智能卡或DRM配置文件，终端和服务配置，以及交互性和通知。

2.5.8.8　安全方案比较

如上一节所述，eMBMS可作为独立解决方案具有自身的集成安全性，也可作为附加的安全层。表2.2总结了以前提出的安全选项的一些优缺点。

表2.2　MBMS安全解决方案的比较

	基于应用	TEE	DRM	基于终端	基于UICC
原理	通过预先安装或下载的软件进行流式传输和内容选择	TEE基于TSM的安全世界中的受信任的小应用程序	DRM通过各种方法	设备内部嵌入功能	嵌入UICC或嵌入安全元素软件

（续）

	基于应用	TEE	DRM	基于终端	基于 UICC
优点	直接开发和部署	对流媒体和显示的良好保护	一套已建立的方法	移动设备硬件的标准解决方案	通过防篡改元件提供最高的安全等级
缺点	安全级别和功能可能受到限制（例如，仅用于初始访问）	有限的终端可用性和对 TEE/TSM 的网络支持	可能限制最终用户体验	支持 eMBMS 的终端/芯片组可用性	可能需要操作系统增强和支持关键派生、GBA 和 eMBMS 认证命令

2.5.8.9 MBMS 纠错

单向传输的文件传输（File Transport over Unidirectional Transport，FLUTE）是一种传输协议，旨在通过单向系统将文件从一组发送者传递到一组接收者。FLUTE 由互联网工程任务组（IETF）开发，用于通过无线和点对多点系统（如 eMBMS）进行文件传输。FLUTE 被指定在分层编码传输（Layered Coding Transport，LCT）构建的异步分层编码（Asynchronous Layered Coding，ALC）协议的实例化之上。FLUTE 使用 UDP/IP 层，并通过相应的数据包传输。因此它独立于 IP 版本和底层链路层。FLUTE 使用文件传送表（File Delivery Table，FDT）来提供文件的动态索引。可选的前向纠错（FEC）可用于提高下行链路数据传输的可靠性。也可以选择拥塞控制（Congestion Control，CC），以便实现互联网友好的带宽使用。如图 2.27 所示。

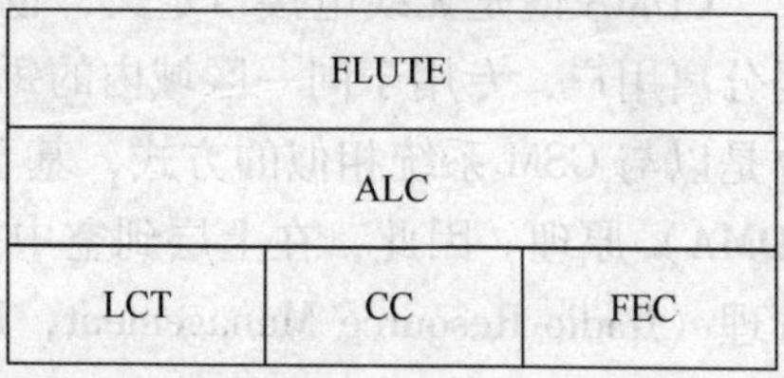

图 2.27　FLUTE 的协议层

2.5.8.10 MBMS 收费

根据 3GPP TS22.146（版本 12）中所述的收费、广播和组播模式的规范，可以收集用于广播服务传输的计费信息，以便广播服务提供商计费，例如计费第三方广告。因此，收费信息需要安全，以确保计费正确。收费信息类型的一些示例是，广播使用持续时间内广播的内容量，组播会话持续时间和加入和离开组播订阅组的时间。此外，计费信息可以捕获到组播订阅组的成员资格的持续时间，以及组播会话的内容量。还可以在家庭网络中收集用户的计费信息，并且当基于用于密钥管理的安全程序进行漫游时，以对每个广播服务基于广播数据的接收来收费。此外，MBMS 用户服务应该支持如 3GPP TS 22.246（版本 12）中所述的计费机制，其描述了基于订阅的计费以及允许用户访问数据的密钥的计费。

2.6 其他网络的安全方面

2.6.1 CDMA（IS-95）

临时标准95（IS-95）是美国推动的数字CDMA蜂窝系统，也称为CDMA One或TIA-EIA-95。IS-95属于2G蜂窝系统。基于IS-95的网络在北美广泛使用，并在美国以外的各个地区也得到了支持。该系统的第一个规范集称为IS-95A，后来发布了增强型规格IS-95B。该系统适用于语音和数据服务。IS-95A的数据传输速率高达14.4kbit/s，IS-95B的数据传输速率高达115kbit/s。

IS-95基于直接序列扩频（Direct Sequence Spread Spectrum，DSSS）技术，它有效地将无线电频谱中的信号隐藏在热噪声电平以下，这使得信号的检测和干扰具有挑战性；事实上，由于这个原因，这项技术在商业阶段之前就先在军事环境中得到了利用。

基本的CDMA系统（即IS-95A和IS-95B），随后向3G系统演进，所得到的3G系统被称为CDMA2000。该系统包括CDMA2000 1x和CDMA2000 1x EV-DO（仅用于演进数据/数据优化）。还有一个称为CDMA2000 1x EV-DV（演进数据和语音）的理论变型。

CDMA既是无线电接口定义，也是蜂窝系统的接入方法。它是基于不同代码分离用户，专用于同一区域内的每个用户。为了补充整个网络系统，核心部分是以与GSM系统相似的方式，基于时分多址（Time Division Multiple Access，TDMA）原理。因此，在上层到空中接口的实际解决方案中，包括无线电资源管理（Radio Resource Management，RRM）和移动管理（MM）具有相当的相似之处。

直接序列扩频（DSSS）的原理是将数据流与另一个使用相当高数据传输速率的数据流相乘。该扩展码扩大了实际数据传输的频率带宽。当在数据的重建中应用相同的扩展码时，可以检测到原始数据流。由于某个用户的扩展码和数据流被视为其他人员的背景噪声，因此可以为多个用户使用相同的宽频带使得不受其他用户干扰。这种现象可以与参加者使用不同语言（与扰码相当）的鸡尾酒会进行比较。参与者将未知语言解释为背景噪声，即使噪声水平升高，理解共同语言的人也可以从远处解读相应的内容。因此，用于加扰和解扰的代码的相关性，提供了在系统中应用多个访问条目的可能性。

通过像DSSS这样的扩频技术，CDMA利用相同的较宽的频带来共享位于该区域的所有用户共享数据传输。使CDMA系统工作的基本部分是发射功率控制和纠错码。还有其他提高系统性能的功能，例如用于组合相同信号的多径传播信号分量的RAKE接收机，用于数据传输和语音服务的可变数据传输速率，以及软切换机制。不同功能的完整集合，提供了降低载波干扰比（C/I）电平的要求的可能性，进而提高了频谱效率。

每个IS-95载波都包含逻辑信道。由于所有信号都在载波的相同频带内发送和接收，所以这些信道通过各种扩展码彼此分离。当信号被处理时，它经历了几个步骤，包括编码本身和交织，这导致信号在无线电接口被发送。为了做到这一点，符号用沃尔什码进行调制。

IS-95无线电接口的安全性是基于CDMA信号本身（低于噪声电平）以及蜂窝认证和语音加密（Cellular Authentication and Voice Encryption，CAVE）算法[56]。CAVE基于64位A密钥，与电子序列号（ESN）和随机数一起使用，以生成128位长的共享保密数据（Shared Secret Data，SSD）。此外，SSD被分成两个64位块，块A用于认证，块B用于加密。该原理使用挑战—响应技术来进行认证订阅，而随机数用来创建用于语音和数据业务加密的会话密钥。本章参考文献［57］声称，在IS-95 CDMA系统中的明文上存在固有的信号特征，并且能够证明使用加密文本单独攻击方法，窃听密钥序列的初始阶段，来解决20ms密文帧。所描述的攻击方法，是利用密钥序列与长码发生器的状态间的线性关系，推导出了对私有掩码进行解码的算法，这表明对于加密文本单独攻击方法来说，IS-95系统的语音加密是不安全的。

2.6.2 CDMA2000

CDMA2000也被称为国际移动电信多载波（International Mobile Telecommunications-Multi Carrier，IMT-MC），与UMTS同属于3G蜂窝系统。CDMA2000标准包括CDMA2000 1x、CDMA2000 EV-DO Rev. 0、CDMA2000 EV-DO Rev. A和CDMA2000 EV-DO Rev. B。这些变型符合ITU IMT-2000要求，此外，CDMA2000向后兼容北美2G系统，IS-95。在美国，CDMA2000是（北美）电信工业协会（Telecommunications Industry Association，TIA）的注册商标。CDMA2000的安全风险与UMTS所描述的相当。

通常缩写为EV-DO或EV的CDMA2000 1x EV-DO，是通过无线电信号无线传输数据的通信标准，通常用于宽带上网。它使用包括CDMA和TDMA的复用技术来最大限度地提高单个用户的吞吐量和整体系统吞吐量。将其3GPP2标准化为CDMA2000系列标准的一部分，并被世界各地的许多移动电话服务提供商采用，特别是以前的CDMA网络。它也用于全球星卫星电话网络。

CDMA2000系统的无线电接口与UMTS中使用的无线电接口不同。然而，核心网络在这些系统与其他系统之间具有协同效应。例如，TIA分组核心网络由TIA TR45.6指定，其工作强烈依赖于IETF解决方案[7]。

CDMA2000 属于国际电联 IMT-2000，符合 ITU 定义的 3G 标准。CDMA2000 是基于提供演进路径的 CDMA IS-95 系统。另一指定 CDMA2000 的实体是 3GPP2，其确保核心解决方案与 3GPP 系统兼容。

本章参考文献［58］总结了 CDMA2000 的原理，即用于保护系统资源免受未经授权的使用。系统的安全性是基于终端认证，需要防止网络的欺诈性使用。因此，存在订阅身份使用证明、发件人身份和消息完整性的证明。此外，CDMA2000 包括与 UMTS 相互认证原理相当的网络认证，用于防止虚假基站对用户信息的攻击。成功认证是授权的先决条件，其后从归属系统传递服务访问权限订阅数据，例如从归属位置寄存器（HLR）或认证、授权和计费（Authentication，Authorization and Accounting，AAA）到服务系统。

IS-2000/C. S0001-0005 是基于对称密钥的加密。系统依赖于 root 用于安全关联的身份验证密钥，会话密钥是在身份验证过程中从根密钥导出的。反过来，而IS-856/C. S0024 是基于建立空中链路会话密钥的公钥协议。它使用对称密钥进行 RADIUS 身份验证。

本章参考文献［58］进一步总结了基于挑战—响应原则的 IS-2000 认证程序。对于版本 B 和更早的版本，鉴于传统原因，认证基于 IS-95，而对于版本 C 和更高版本，认证与密钥协议（AKA）原则用于与在 UMTS 中部署的类似方式的认证。另外，后面的版本可以选择使用用户身份模块（UIM）认证程序来证明存在有效的 UIM，从而防止流氓外壳攻击。CDMA2000 还包括基于消息内容的密钥 SHA-1 哈希来检查消息完整性。此外，还有一个基于时间和其他数据的密码同步定义，以防止重放攻击。

e IS-2000 还通过 TMSI 包含身份隐私。对于用户数据隐私，IS-2000-B 及更高版本依赖于 128 位 Rijndael 算法（AES）。IS-2000 加密使用传统认证中的 64 位密钥和来自 AKA 的 128 位密钥。

本章参考文献［59］得出结论，CDMA2000 的安全机制是对 2G 机制的重大改进。该系统提供了一种高效的一次通过的挑战—响应机制，包括相互认证，以解决虚假基站攻击的威胁。此外，CDMA2000 的保密算法被认为比 2G 系统中使用的保密算法更强，本章参考文献［59］还声称，它比在 3GPP UMTS 中的使用效率更高。

2.6.3 广播系统

广播系统通常用于向公众传送广播和电视节目。系统的安全性与封闭渠道交付中的保密性有关。它可以与例如在消费之前需要购买的付费电视内容有关。

数字电视部署的全球分布主要基于以下主要标准：数字视频广播（Digital

Video Broadcasting，DVB）（欧洲、非洲、亚洲和澳大利亚），高级电视系统委员会（Advanced Television Systems Committee，ATSC）（北美），地面综合业务数字广播（Terrestrial Integrated Services Digital Broadcasting，ISDB-T）（南美洲、日本）和数字地面多媒体广播（Digital Terrestrial Multimedia Broadcast，DTMB）（中国）。数字版权管理（DRM）和条件访问（Conditional Access，CA）作为受控程序交付，为地面电视和无线电广播网络提供安全性的基础。

除了可用于移动通信环境中的音频和视频流接收的 PTP 链路之外，移动网络还可以包含用于提供广播类型的服务的内置功能。这种服务的示例是小区广播（Cell Broadcast，CB）和 MBMS。此外，CB 和 MBMS（包括演进版本 eMBMS）可以用于正常的信息传递以及警告系统的基础。

2.6.4　卫星系统

如本章参考文献［16］的介绍，关于现代卫星通信（Satellite Communications，SATCOM），卫星系统对隐私和安全的适当保护越来越重要，特别是在于诸如军事应用等特殊环境中。然而，目前通常只能通过上层协议确保安全性，这可以从本章参考文献［22，23］中得到解释。本章参考文献［16］进一步得出结论，可能存在多波束安全卫星通信的替代方案，例如通过物理层安全技术的方法，即联合功率控制和波束成形方案，以及相关的个人保密速率限制。

2.6.5　地面集群无线电

地面集群无线电（Terrestrial Trunked Radio，TETRA）是专门针对全球使用的无线电系统，针对警察、消防队、国防部队、救援部门和其他需要安全和封闭的应急通信的实体[7]。TETRA 是由 ETSI 开发的开放标准。TETRA 标准的主要目的是确定一系列开放式接口以及服务和设施，以便独立制造商能够开发完全互操作的基础设施和终端产品，并满足传统的专用移动无线电（Private Mobile Radio，PMR）用户组织的需求。TETRA 已经在欧洲和欧洲以外的许多地区和国家[7]部署。

专用移动无线电（PMR）网络是非常需要的，因为公共网络在紧急情况下不能充分保证所需的 RF 覆盖或服务等级（Grade of Service，GoS）。除了基本通信之外，公共网络通常不能提供专门的语音服务，例如快速呼叫建立、直通模式操作（Direct Mode Operation，DMO）和高级别的语音和数据安全加密。

原始的 TETRA 标准 TETRA I 被称为 TETRA 语音加数据（V + D）标准。除了一组特定于 TETRA 的功能以及公共移动通信所熟悉的功能之外，还有许多安全性增强功能可为高级和快速的群组呼叫服务，个人呼叫、短数据服务（Short Data Services，SDS）提供清晰和加密的选项和分组数据服务（Packet Data Services，PDS）。演进版本被称为 TETRA II，并且它包含附加功能，例如集群模式操作（Trunked Mode Operation，TMO）、范围扩展、增强语音编解码器和 TETRA 增强型数据服务（TETRA Enhanced Data Service，TEDS）。

TETRA 的安全性是广泛的，因为它需要提供不同的等级，从与商业网络相当的基本级别到符合国家公共安全网络要求的级别。安全机制覆盖了认证、空中接口加密（Air Interface Encryption，AIE）和端到端加密来覆盖，为防范攻击提供机密性、真实性、完整性、可用性和问责制的屏蔽机制。标准化服务由协会安全和防欺诈小组（Security and Fraud Prevention Group，SFPG）进一步扩大。TETRA 的使用和 TETRA 用户识别模块（TETRA Subscriber Identity Module，TSIM）由本章参考文献［19］定义。

类似地，与在 UMTS 网络中一样，TETRA 的相互认证过程确保了网络可以控制对其的访问，当无线电终端可以信任网络是可信的，作为语音和数据连接的基础。在 TETRA 中，与大多数其他安全系统一样，认证是整个网络安全的基础，也可以用于确保在公共接入系统中的正确计费。它还为敏感信息传递的安全分发渠道（如加密密钥）提供了基础。

该标准定义了 TETRA 加密算法 TEA1、TEA2、TEA3 和 TEA4。包含这些算法的设备的预期用途和出口能力存在差异。例如，TEA2 仅适用于申根国家和相关欧洲国家的公共安全用户，其他应用范围从一般商业用途到不使用 TEA2 的地区的公共安全使用。加密与 TETRA 信令协议密切相关。这些算法可以被用到无线电终端和基站设备内的软件中，而不是用于提供成本优化的硬件加密模块。

TETRA 标准还支持国家安全机构认为必要的基于各种加密算法的端到端加密。TETRA 协会安全和防欺诈组织一直致力于端到端加密的总体框架。其演进版还包括国际数据加密算法（International Data Encryption Algorithm，IDEA）和较新的高级加密标准（AES）算法，从较大的加密算法块中获益。自定义和本地算法也可以使用端到端加密，因为它们需要集成信令协议和标准兼容终端，所以不推荐用于无线电接口加密。

除了这些核心安全功能，TETRA 还支持各种安全管理功能，例如用于控制、管理和操作网络中各个安全机制的功能。其中最重要的是完全集成到 TETRA 标准功能中的加密密钥管理。即使安全功能集成在网络中，也并不意味着网络完全安全的。然而，安全风险集中在网络中的特定元素，这可以被充分控制。

还应该指出，集群系统的特性提供了更强的安全性。例如，频道的动态和随机分配使得随机窃听者更难以监控对话。此外，随着所有无线电用户的身份和消息的产生时间和持续时间已知，因此可以将滥用的可能性降到最低。

2.6.6 无线局域网

随着保护技术的发展，恶意攻击变得越来越复杂，原有的方法不足以保护 Wi-Fi 接入的（从而保护接入点后面的内容和系统）。目前，使用 Wi-Fi 保护访问（WPA2）协议的 Wi-Fi 网络提供了最新的功能，用于提供对访问意图的控制和保护来自其他人的传输的隐私的安全性[10]。为获得最新的安全性，建议在网络中只允许符合最新保护技术的设备可用。目前 Wi-Fi 认证的设备可实现 WPA2。

除了实际的 Wi-Fi 标准外，在设备和应用层面也存在各种解决方案。表 2.3总结了目前可用的 Wi-Fi 保护机制，这些机制将在下面章节进一步详细介绍。

表 2.3 目前 Wi-Fi/WLAN 连接的安全解决方案

方法	术语	描述	标准
WEP	Wired（有线）Equivalent（等效）Privacy（保密）	目前，WEP 被认为是一个薄弱的安全标准。它的密码通常可以通过使用标准的笔记本电脑和互联网提供的软件工具在几分钟内破解。是基于手动密钥处理的	IEEE802.11，1999
WPA	Wi-Fi 保护访问	WPA 一直是提高 WEP 安全性的临时解决方案。它基于动态生成的密钥，并在小型网络环境中提供健壮的安全保障	IEEE802.11，2003
WPA2	增强的 Wi-Fi 保护访问	目前最新的标准是 WPA 的演进变型 WPA2。某些硬件可能需要固件升级或替换才能支持 WPA2。它基于更长的 256 位加密密钥，可以提高 WEP 的安全性。它基于手动处理预共享密钥，并在小型网络环境中提供健壮的安全保障	IEEE802.11i，2004
802.1X	基于端口的网络访问控制（PNAC）	为连接到局域网和 WLAN 的设备提供认证机制，涉及本地机器（请求方）、认证方和认证服务器。基于 RADIUS 或 Diameter 服务器和动态生成的密钥	IEEE 802.1 网络协议部分
WISPr	无线互联网服务提供商漫游	旨在自动化认证过程。允许用户以类似于在 MNO 之间漫游的手机用户的方式在无线互联网服务提供商之间漫游。RADIUS 服务器用于验证用户的凭据	Wi-Fi Alliance（WFA）

（续）

方法	术语	描述	标准
EAP	扩展认证协议	认证框架包括 EAPSIM、EAP-AKA、EAP-AKA'、EAP-TLS、EAP-TTLS 和 EAP-LEAP	IETF RFC 4017，4372，3579，3580，5216，5281

应该注意的是，Wi-Fi 设备的主要部分默认情况下是安全禁用的，这是为了能轻松地安装 Wi-Fi 网络。此外，接入点、路由器和网关通常具有默认的服务集标识符（SSID）以及管理凭据，例如为了保证流畅的用户体验，在配置连接时使用的用户名和密码。因此，在设置网络时尽早更改默认设置非常重要[10]。

在所有情况下，无论是通过公共 Wi-Fi 热点、移动网络还是固定互联网访问提供的接入点，都可以通过部署 VPN 以及其他工具（如防火墙和 HTTPS），来提高网络和应用程序的安全级别，以提供 PTP 保护。通过这种方式，不可能通过连接到同一接入点的并行设备来监视通信。

2.6.6.1 Wi-Fi 认证和计费

在用户可以被认证并访问互联网之前，设备必须扫描可用的 Wi-Fi 网络并选择所需的接入点来与 Wi-Fi 网络进行关联。另一种方式是将所需的服务集标识符（SSID）存储到设备，在找到该连接后，该设备被自动连接。还有一些设备可在事先没有调整情况下连接到可用的 Wi-Fi 网络。

Wi-Fi 网络可以配置为不同的安全级别。网络可能对所有设备都是开放的，或者它们可以被配置为在连接之前请求认证过程。特别是在家庭环境中，用户有时可能会公开将服务集标识符（SSID）网络打开。然而，不建议放任网络公开而不进行身份验证，以避免可能的滥用。一些安全漏洞包括外部人员监控数据和劫持连接的可能性。因此，为了避免安全问题，建议用户根据预先设置共享密钥来设置 Wi-Fi 接入点，用于访问和加密接入点和设备的无线电接口数据传输。密钥可以手动输入到访问设备，或者通过诸如 Wi-Fi 保护设置（Wi-Fi Protected Setup，WPS）的自动化方法。然而，WPS 不被推荐，因为它包含较大的安全漏洞。

第一个 Wi-Fi 加密方法基于有线等效保密（WEP）。很明显，它的保护级别很弱，从而引发了一个进化的替代物，Wi-Fi 保护访问（WPA），它基于时间密钥完整性协议（Temporal Key Integrity Protocol，TKIP）和 RC4 加密，TKIP 为每个数据包动态生成一个新的 128 位密钥，以防止威胁到 WEP 的攻击类型。WPA 还可选择支持高级加密标准 AES 加密。

如今，WPA2 安全协议已经取代了前面提到的协议。它基于 IEEE 802.11i，并且包括作为基于 AES 的强加密方法的计数器模式密码块链接消息认证码协议（Counter-mode Cipher block chaining Message authentication code Protocol，CCMP）（链接消息认证码协议或计数器模式 CBC-MAC 协议）。目前，还没有发现针对 AES 的成功攻击。

Wi-Fi 路由器也可以配置为隐藏广播的服务集标识符（SSID）。这样在正常情况下，可防止接入点名称出现在消费者面前，从而可能增加安全感。但是监视数据流量的方法，可以相对轻松地显示隐藏的 SSID。作为另一个替代方案，应用消息认证码（Message Authentication Code，MAC）过滤可提高安全级别，但它在家庭环境中需要较高的 Wi-Fi 使用技能。

RADIUS 协议还能够传送计费数据，包括连接时间、数据使用和位置。Wi-Fi 服务提供商可能会将此信息用于计费。服务提供商可以具有基于统一速率、数据使用、时间以及漫游等的各种不同的数据模型。

在 Wi-Fi 热点时代的开始，计费通常基于每兆字节的数据利用率，因为这与移动网络运营商使用的模式类似。又如，酒店的 Wi-Fi 热点提供了时间受限的可支付连接。然而，随着蜂窝数据订阅的数据利用成本的降低，Wi-Fi 固定费率的订阅也越来越受欢迎。目前，先进的移动运营商往往将 Wi-Fi 应用包含在提供的移动数据包中，使无线电接入技术对最终用户是透明的[7]。

2.6.6.2 Web 认证中的用户名和密码

公共 Wi-Fi 服务运营商通常将其服务基于第 3 层浏览器和用户名/密码登录。在此模式下，用户的设备连接到 Wi-Fi 接入点以接收 IP 地址。一旦 Web 浏览器打开（并且输入任何网页），用户便被重定向到用于请求凭证的网页登录页面，即用户名和密码的输入页面。在漫游用例中，通常需要从下拉菜单中选择归属运营商。虽然安全登录后数据不受保护，但由于在无线电接口上缺少加密而被任何外部人员打开以进行监视，所以通常将登录过程设置在 HTTPS 连接上。另一个问题是设备一旦连接到网络就会分配固定 IP 地址，提供地址给运营商的非客户设备，从而浪费 IP 地址资源，并且可能永远不会向网络进行身份验证。

WFA 已经指定了 WISPr 属性来简化和自动化身份验证过程，尽管它实现起来并不简单。各种移动网络运营商已经开发了运营商品牌的连接管理器，通过将蜂窝连接功能包括在同一软件中来简化 Wi-Fi 认证过程。目前 Web 认证被广泛使用，因为它可以在笔记本电脑和平板电脑中使用。然而，它在智能手机中的使用仍是具有挑战性的，因为它需要用户打开浏览器并输入用户名和密码。因此，在以下部分总结的是智能手机环境中需要一种更先进的方法。

2.6.6.3 802.1X

增强的 Wi-Fi 认证解决方案建立在标准化的 IEEE 802.1X（一种基于端口的访问控制协议）基础之上，可用于无线或有线环境。它在移动终端（Mobile

Terminal，MT）和 Wi-Fi 接入点（Access Point，AP）之间执行，以验证用户。接入点还具有 RADIUS 客户端功能，可以在家庭 Wi-Fi 网络的 RADIUS 服务器之间启动 RADIUS 协议。IEEE 802.1X 将一些蜂窝网络功能（如加密）带入 Wi-Fi 网络。

IEEE 802.1X 提供了通过端口控制流量和访问网络资源的授权框架。它增强了认证，使得在成功认证之前，只有一个端口打开，EAP 数据包才能对用户进行身份验证，而所有剩余的流量都被阻塞，直到认证成功完成，这触发了向用户分配 IP 地址及 Wi-Fi 网络的访问权限。然后，成功认证会触发 AP 向 RADIUS服务器发送 RADIUS 计费开始消息。这种机制的好处是减少了 IP 地址的预留。

IEEE 802.1X 框架包含三个关键元素，即“请求者”（Supplicant）、“认证者”（Authenticator）和“认证服务器”（Authentication Server）（见图 2.28）。请求者是请求身份验证和访问网络的主机软件。实际上，它通常是安装在终端中的客户端。认证者是控制流量通过端口的设备。有两种端口类型，一个不受控制的端口和一个受控端口。不受控制的端口允许 EAP 认证流量通过，而受控端口阻塞所有其他流量，直到请求方已通过身份验证。通常这是 WLAN 接入点或接入控制器，具体取决于网络架构。认证服务器（AS）验证请求者的凭据，并通知认证方关于请求方的授权。AS 可以包含数据库，或者它可以将认证请求代理到适当的数据库，例如在 EAP-SIM 的情况下向归属位置寄存器（HLR）代理认证请求。AS 通常是 RADIUS 服务器，但 Diameter 服务器在市场上也是可用的。

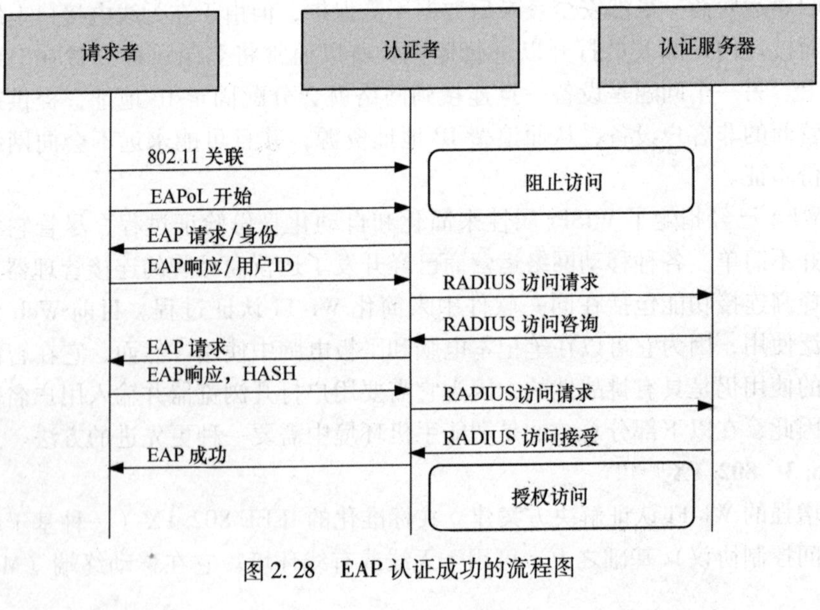

图 2.28　EAP 认证成功的流程图

局域网上的可扩展认证协议（Extensible Authentication Protocol over Local Area Network，EAPoL）用于请求者和认证者之间的无线电接口。它包括通过 RADIUS 协议传输的扩展认证协议（EAP）。认证者将 EAPoL 的 EAP 部分划分，并将其设置为通过 RADIUS 与 AS 进行通信。Diameter 协议也可以在此接口中使用。

RADIUS 和 Diameter 协议都支持 EAP 框架。应当注意，EAP 是认证框架，而不是认证机制。它提供了被称为 EAP 方法的通用功能和认证过程的协商功能。能够在无线网络中运行的常用现代方法包括 EAP-SIM、EAP-AKA、EAP-TLS、EAP-TTLS 和可扩展认证协议—轻量级可扩展认证协议（EAP-LEAP）。本章参考文献［44］中描述了 WLAN 认证中应用的 EAP 方法的更多具体要求。

IEEE 802.1X 还引入了为数据加密的密钥交换。如前所述，有线等效保密（WEP）加密被认为非常脆弱。基于旨在动态提供加密密钥的 IEEE 802.1X 功能，可以利用 WPA 和 WPA2 的增强安全性。

移动网络运营商（MNO）环境中的现代 Wi-Fi 网络通常支持 IEEE 802.1X，它提供增强的安全性，提供增强的身份验证方法的使用以及 Wi-Fi 网络中新发现的功能[7]。

2.6.6.4　EAP-SIM，EAP-AKA and EAP-AKA'

随着智能手机的成功普及，流量不断增加，数据分流的需求也日益增加。从用户的角度来看，公共 Wi-Fi 服务的最重要的成功因素，可能是认证的透明度和加入 Wi-Fi 网络的方法。在主要基于智能手机的 MNO 环境中，EAP-SIM[46]、EAP-AKA[47] 和 EAP-AKA'[45] 认证方法被认为是非常实用和有用的。这些方法建立在基于 SIM 或 USIM 的基础上进行用户认证。在网络侧，它使用驻留在归属位置寄存器（HLR）或归属用户服务器（HSS）中的移动网络用户信息。它虽然依赖于 2G/3G/4G 网络认证的相同数据，但方式得以增强。

智能手机中的 EAP-SIM 的主要优点是，它包括 SIM 卡以及现有用户数据库（HLR/HSS）的使用。因此，移动网络运营商（MNO）可以再利用现有的基础架构，来提供对 Wi-Fi 网络的透明认证，在此情况下最终用户不需要在客户端设置任何单独的用户名和密码。此外，Wi-Fi 计费可以基于蜂窝数据，从而可以通过数据利用的单个账单对用户进行计费。

EAP-SIM 与较旧的 SIM 卡一起使用，并且基于 GSM 认证。较新的 EAP-AKA 和 EAP-AKA 需要 3G USIM 卡才能运行，并且以增强的方式依靠 3G 网络 AKA 认证来验证 Wi-Fi 用户。EAP-SIM 认证使用 IMSI 作为移动身份标识，并且较新的认证是基于临时 IMSI（TMSI），以增加安全性[7]。

2.6.6.5　EAP-TLS

EAP 传输层安全（EAP-Transport Layer Security，EAP-TLS）在本章参考文

献［48］中被定义。它提供强大的安全性，并使用证书和密码进行用户身份验证。它在多个操作系统中被支持，包括 Windows、Windows Mobile、Mac OS 和 iOS。大多数 EAP-TLS 实施需要一个独特的客户端证书，从而限制了 EAP-TLS 在更广泛的市场上的利用。因此，它通常用于笔记本电脑的企业环境中。在正常情况下，通过将智能卡插入笔记本电脑的智能卡读卡器，或在交付之前将证书安装到笔记本电脑上的方式进行支付。

典型的用例是基于 IEEE 802.1X 和 EAP-TLS 的企业 Wi-Fi 网络。一旦笔记本电脑配备了个人证书（智能卡或预先插入的证书），并且连接到办公室的 Wi-Fi 网络，就可以自动向公司的认证服务器进行认证。可以单独给出密码，或者可以使用操作系统的单点登录功能。用户被认证后，空中接口的数据被加密，用户可以通过单一进程访问内网，这对员工和用人单位都有利[7]。

2.6.6.6 EAP-TTLS

EAP 隧道传输层安全（Extensible Authentication Protocol-Tunneled Transport Layer Security，EAP-TTLS）是一种扩展 TLS 的 EAP，如本章参考文献［49］中所定义。与 EAP-TLS 的区别在于，对服务器进行身份验证时，EAP-TTLS 不需要单独的客户端证书。在认证过程中，服务器首先被安全地认证到客户端（并且可选地，客户端也被认证到服务器）。然后，服务器可以建立一个安全的隧道连接来验证客户端。证书（用户名和密码）被传输到该安全隧道上的身份认证数据库。隧道提供针对窃听防范和中间人（Man in the Middle，MITM）攻击的保护。

有两个版本的 EAP-TTLS，分别是本章参考文献［49］中所述的原始 EAP-TTLS（EAP-TTLS v0）和 EAP-TTLS v1。EAP-SIM、EAP-AKA 和 EAP-TTLS 都是 Wi-Fi 服务提供商的可行和实用的认证方法，因为它们不需要设备的唯一证书，而 EAP-TLS 则在管理型企业环境中的 Wi-Fi 网络中，为用户提供友好的认证方法[7]。

2.7 互操作性

本节介绍 3GPP 和非 3GPP 网络、Wi-Fi 分流、同步语音和 LTE（Simultaneous Voice and LTE，SVLTE）在位置更新期间的信令，以及典型漫游场景中的互操作性的重要方面。本节还提供了示例，并确定了互操作性过程中的潜在安全问题。在 LTE/LTE-A 部署的开始，其他 RAT 均已经由运营商提供。由于 LTE/LTE-A 覆盖区域通常在不断发展，并且通过第一次网络发射，服务区域可能小于所提供的 2G 和/或 3G 服务范围，因此与 LTE/LTE-A 和运营商自己的无线接入技术（RAT）的互通，对于确保语音和数据呼叫的流畅连续性是至关重要的[7]。

2.7.1　同时支持 LTE/SAE 和 2G/3G

运营商要考虑的一个重要问题是与现有的 2G 和 3G 网络的 LTE/SAE 交互。这取决于网络支持以及设备功能。默认情况下，2G/3G 的支持内置在 LTE/SAE 设备中，以便在 LTE/SAE 不可用时能够切换到 2G/3G。然而，构建需要同时连接到 LTE/SAE 和 2G/3G 网络的设备并不简单。这将需要两个独立的无线电功能同时运行，两者都连接到核心网络，也可能需要两张 SIM 卡。

拥有这种设备将解决与 LTE/SAE 和 2G/3G 之间的切换问题相关的许多问题。例如，由于 LTE/SAE 设备将始终连接到 2G/3G 网络，所以不需要诸如电路交换回退（CSFB）或单无线电语音通话连续性（Single Radio Voice Call Continuity，SRVCC）等语音相关功能，这意味着 2G/3G 的本地 CS 语音服务将可用而无需切换。然而，由于电话设计的复杂性，例如由两个同时使用的无线电设备引起的大小、成本、电池消耗和系统间干扰，所以不可能（至少在网络的初始阶段）部署这样的设备。

3GPP 规范定义了 LTE-UE 的状态和状态转换，包括 RAT 间的过程。这些状态已被划分为 RRC_CONNECTED 状态（当 RRC 连接已建立时）和 RRC_IDLE 状态（当没有 RRC 连接建立时）。LTE-UE 的无线电资源控制（RRC）状态表征如下。

2.7.1.1　RRC 空闲状态

RRC 空闲状态意味着 LTE-UE 控制着移动性，并且负责监控寻呼信道，以便在有来电呼叫等待时做出响应动作。在这种状态下，LTE-UE 负责对系统信息交换的监视。此外，对于支持地震和海啸预警系统（Earthquake and Tsunami Warning System，ETWS）的 LTE 终端机型，终端监控可通过寻呼信道传送各个通知。除了寻呼信道监控之外，LTE-UE 还执行相邻小区测量、小区选择和小区重选过程，并且通常能够从 LTE/SAE 网络获取系统信息。

2.7.1.2　RRC 连接状态

LTE-UE 能够以 RRC 连接状态在下行链路和上行链路中传送单播数据。移动性由 LTE/SAE 网络控制，这意味着网络可能需要对 2G 无线电接入网络（GERAN）的网络（网络辅助呼叫控制，Network Assisted Call Control，NACC）的额外支持，来处理切换和小区改变过程的顺序。在这种状态下，LTE-UE 仍然监视寻呼信道和/或系统信息块类型 1 的内容，以便检测系统信息的改变。如在空闲状态中，如果终端能够支持系统，则 LTE-UE 还监视地震和海啸预警系统（ETWS）通知。此外，LTE-UE 监视与共享数据信道相关联的控制信道，以确定是否为其调度数据。

2.7.1.3 移动支持

在 LTE 和 2G 之间的 LTE-UE 的移动性如图 2.29 所示，同样的想法如图 2.30 和图 2.31 中的 3G 和 CDMA2000。在后一种情况下，HRPD 是指高速率分组数据。

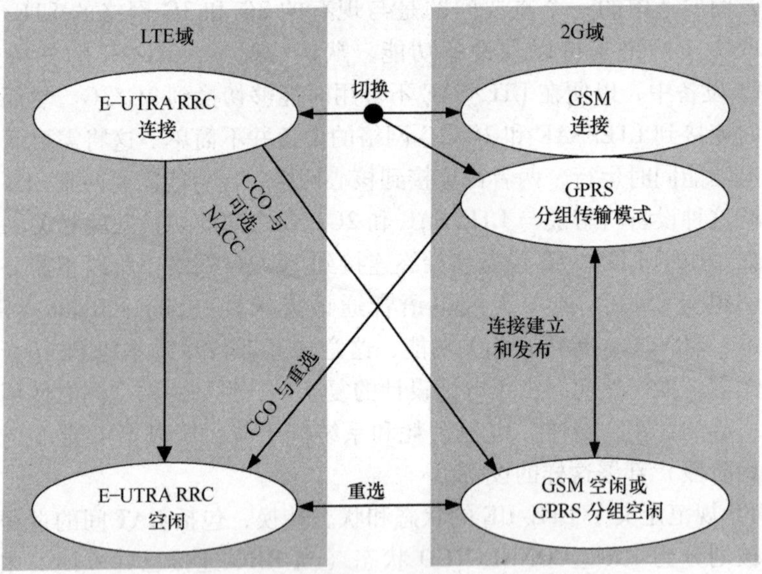

图 2.29 LTE-UE 状态和 GSM 网络的 RAT 间移动过程
（来自本章参考文献［38］，由 ETSI 提供）

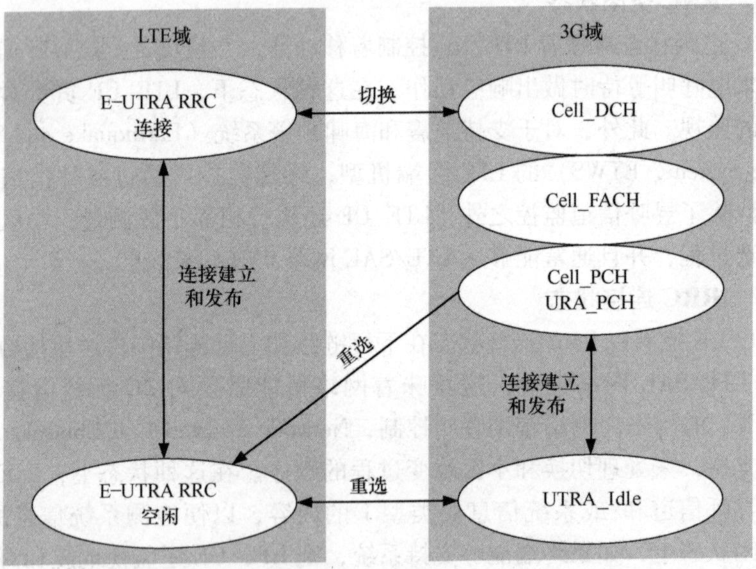

图 2.30 LTE-UE 状态和 UMTS 网络的 RAT 间移动过程
（来自本章参考文献［38］，由 ETSI 提供）

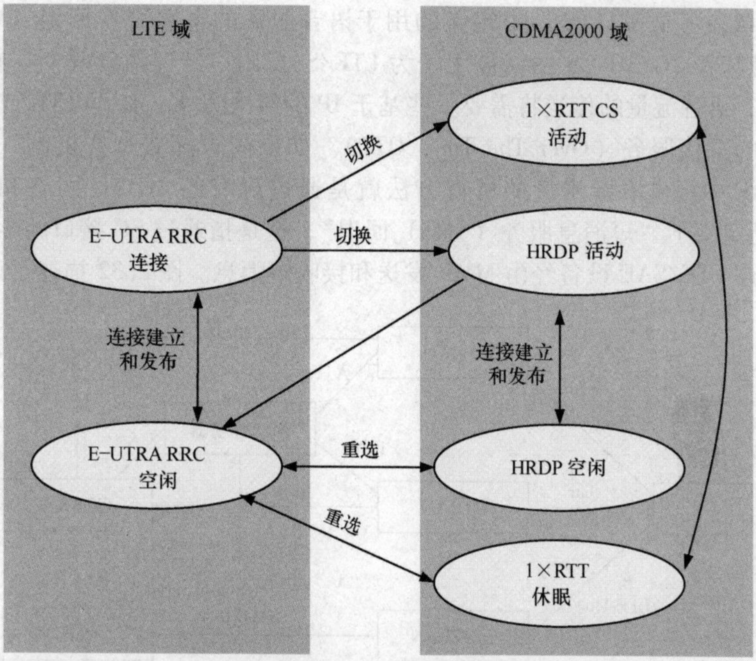

图 2.31　E-UTRA 与 CDMA2000 之间的移动过程
（来自本章参考文献［38］，由 ETSI 提供）

2.7.2　VoLTE

网络开发通常遵循设备演进。第一个 LTE/LTE-A 网络仅用作通过数据加密狗为客户提供更好带宽的大型数据通道。在进一步提高的阶段，LTE/LTE-A 运营商需要部署额外的核心网元，并升级 CS 核心，以提供诸如 CSFB、VoLTE 和 SRVCC 等功能。如 GSMA 和下一代移动网络（Next Generation Mobile Network，NGMN）所示，CSFB 被认为是 LTE/SAE 网络中语音业务的通用临时解决方案。

由于 LTE 语音（VoLTE）是一个长期目标，因此在商业环境中将不会被广泛使用。这是由于 IMS 核心系统的复杂性，基于 IMS 的 IP 语音部署需要实施大量工作，这关系到应用服务器、单无线电语音通话连续性（SRVCC）支持、LTE/SAE RAN 的 QoS 支持，以及策略和计费控制（Policy and Charging Control，PCC）架构，这些部分都可能需要实际的电路交换（Circuit Switched，CS）语音更换服务。一个相关的问题是对入境漫游者的电路交换回退（Circuit Switched FallBack，CSFB）和/或 VoLTE 的支持。

2.7.3　回退到电路交换

即使 LTE/SAE 是全 IP 网络，它也还包含与传统网络的接口。其中一个例子是本章参考文献［62］中定义的用于语音服务的电路交换回退（CSFB）。CSFB 意味着 2G/3G CS 网络被用于为 LTE/SAE 用户传递语音呼叫。在 LTE/SAE 中，语音流量的传送将需要一些基于 IP 的解决方案，如 VoLTE 或不经过运营商的直接服务（Over The Top，OTT）。如果尚未部署这些机制，那么在 LTE/SAE 中提供语音流量的可行方法就是通过现有的 2G/3G 网络和 CSFB。3GPP 还定义了“短消息服务（SMS）回退”，这是指通过 SG 接口的 SMS。该定义允许 LTE/SAE 设备经由 MME 发送和接收短消息。图 2.32 描述了该过程。

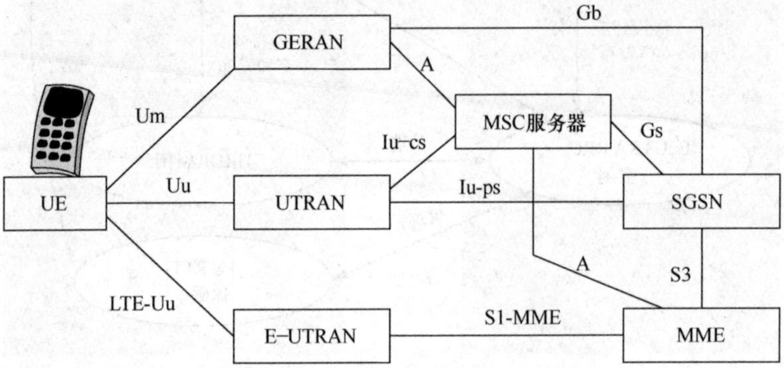

图 2.32　用于 CSFB 的增强分组系统（EPS）架构和通过 SG 接口的 SMS

此外，GSM 协会和下一代移动网络（NGMN）的运营商社区正在将 CS 回退解释为实现 VoLTE 目标解决方案的通用中间步骤，因此它可能是多个供应商路线图的一部分[63]。

2.7.4　运营商间的安全方面

在 LTE/SAE 环境中，重要的是考虑运营商间的关系，即漫游和互连。GSMA 文件 IR.77 描述了 GPRS 漫游交换/IP 交换（GPRS Roaming Exchange/IP Exchange，GRX/IPX）网络的一般准则，如在 LTE/SAE 漫游时，无论使用的服务/应用如何，这些部署都应是有效的。

主要问题与 GRX/IPX 网络是一个完全分离的网络有关，实际上它是不可见的，或不可从互联网访问的。这需要核心网络节点能够同时访问 GRX/IPX 和互联网。它们需要支持多宿主或能够拥有两个完全分离的接口：一个用于互联网，另一个用于 GRX/IPX。用于这些接口的 IP 地址需要分开，因为不能在互联网中已经使用的 GRX/IPX 中重复使用相同 IP 地址。

另外还需要额外的指导，特别是如果使用其他网络（如互联网）用于访问其他运营商。这特别涉及网络提供的本机安全级别；GRX/IPX 可以被认为是安全的，因为只有作为受信任方的运营商才能访问 GRX/IPX，而互联网对所有人都是开放的。因此，互联网连接需要额外的与安全相关的功能，例如会话边界控制器（Session Border Controller，SBC），以防止传入访问和 IPSec 隧道来保护流量。作为互操作环境的关键部分，安全解决方案还需要简单易管理，以提供有效的故障，误用和欺诈发现。

2.7.5　Wi-Fi 网络和分流

大多数具有蜂窝数据功能的移动设备还包括集成的 Wi-Fi 功能。Wi-Fi 热点的重要性日益增加，特别是在诸如机场、酒店和市中心这样的互联网使用场所。因此，运营商在融合的 Wi-Fi 和蜂窝网络中面临着挑战，以确保系统之间的安全和无缝切换，从而使得用户体验尽可能流畅。

Wi-Fi 分流为这一挑战提供了解决方案。本章参考文献［24］提到，标准化的重点是移动通信网络和 Wi-Fi 接入之间的紧耦合和松耦合这取决于论坛。3GPP 的一种方法是增强型通用接入网络（Enhanced Generic Access Network，EGAN）架构，该架构建立在通过 Wi-Fi 接入网络，重新路由蜂窝网络信令的紧耦合的基础之上。这使 Wi-Fi 成为 3GPP 无线电接入网络之一。Wi-Fi 分流架构如图 2.33 所示。

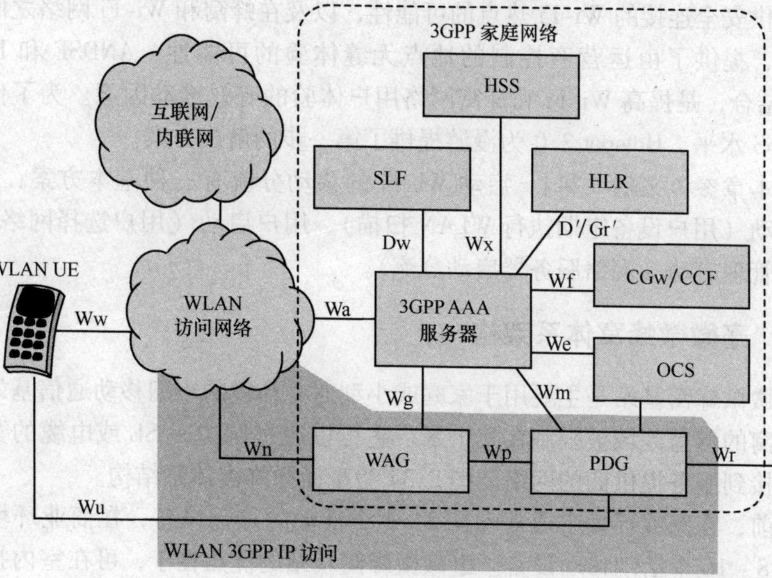

图 2.33　Wi-Fi 分流架构

3GPP 还通过互通无线局域网（Interworking Wireless Local Area Network，IWLAN）架构实现了 Wi-Fi 的松耦合方式。在此选项中，IP 数据可以通过 Wi-Fi 访问在移动设备和运营商的核心网络之间传送。这里移动通信网络和 Wi-Fi

以分离的方式处理，客户端应用程序决定网络选择。IWLAN 架构基于用户设备和驻留在运营商核心网络中的专用 IWLAN 服务器之间的虚拟专网（VPN）或 IPSec 隧道。因此，用户可以访问提供到互联网的连接的运营商的内部服务或网关。

只有少数用户设备支持本地 IPSec 连接。这样的用户设备需要额外的客户端。本章参考文献［24］指出，安装额外的客户端及其行为的影响是新的问题。将数据导向 Wi-Fi 网络的最简单的分流方法是通过基于非耦合选项的公共互联网连接。在这种情况下，不需要互通标准化。

3GPP 的接入网发现和选择功能（Access Network Discovery and Selection Function，ANDSF）为 3GPP 和非 3GPP 接入网络（如 Wi-Fi 热点）之间的分流控制提供了先进的解决方案。ANDSF 的设计旨在为发现接入网络提供帮助，为连接的优先级排序和管理提供策略。

ANDSF 的重点是向用户设备（UE）提供帮助，以便发现除了 3GPP 接入网络之外的，适合于所述位置处的数据通信的非 3GPP 接入网络。例如 Wi-Fi 和 WiMAX。此外，ANDSF 旨在为 UE 提供管理与这些网络连接的规则。运营商可以列出首选网络，并通过 ANDSF 自动提供相关策略。因此，ANDSF 为运营商提供安全连接的 Wi-Fi 热点的可能性，以及在蜂窝和 Wi-Fi 网络之间的漫游方面，提供了由运营商控制的地点无缝体验的可能性。ANDSF 和 Hotspot 2.0 的结合，是提高 Wi-Fi 和蜂窝网络用户体验的有效推动因素。为了保持足够的 QoS 水平，Hotspot 2.0 为漫游提供了第一步的解决方案。

如本章参考文献［24］，启动 Wi-Fi 的移动分流有三种基本方案：WLAN 扫描启动（用户设备定期执行 WLAN 扫描）、用户启动（用户选择网络技术）和远程管理启动（网络服务器启动分流）。

2.7.6 毫微微蜂窝体系架构

毫微微蜂窝基站是主要用于家庭或小型商业环境的小型移动通信基站。毫微微蜂窝的覆盖区域被限制在几十米。它可以通过例如 xDSL 或电缆的宽带连接，连接到服务提供商的网络。图 2.34 为毫微微蜂窝体系结构。

目前，在家庭环境中通常支持 2 ~ 4 个活动的移动设备，在商业环境中通常支持 8 ~ 16 个活动移动设备。毫微微蜂窝基站的优点在于，可在室内扩展无线电覆盖范围，确保可以覆盖可能的中断区域。在较小规模的情况下，增强的覆盖范围对用户设备的输出功率水平也较低，因此对电池持续工作时间产生积极影响。毫微微蜂窝还提供容量增强和增强的 QoS，例如用于语音呼叫。毫微微蜂窝概念主要针对宽带码分多址（Wideband Code Division Multiple Access，WCDMA）而设计的，但对于其他移动通信标准，如 GSM、CDMA2000、TD-SCDMA、

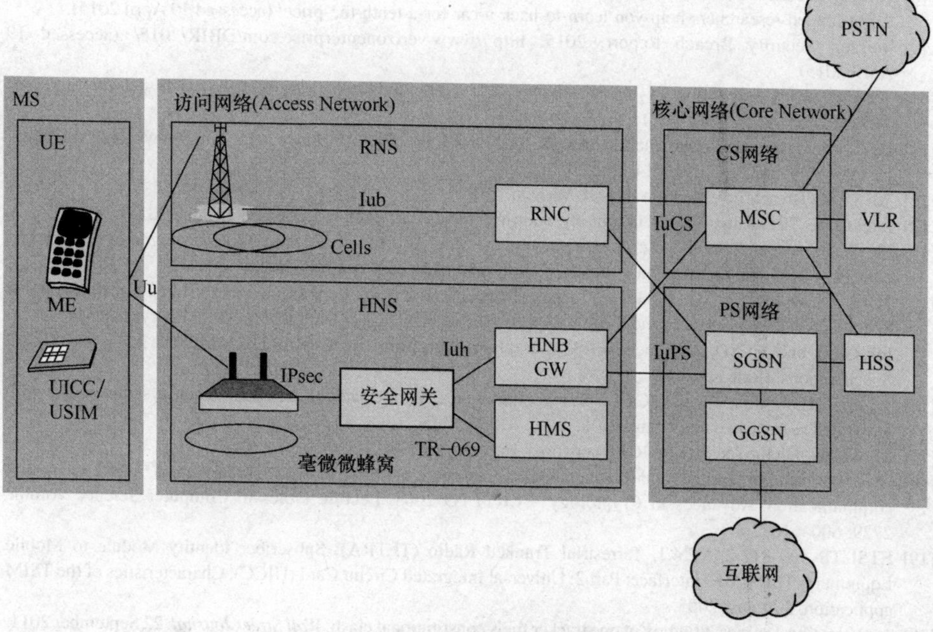

图 2.34 毫微微蜂窝体系架构

WiMAX[37]和 LTE 都是有效的。此外，该概念允许运营商设计附加的定价策略，例如，消费者可以从使用毫微微蜂窝的覆盖区域中受益。

在毫微微蜂窝部署中，值得注意的是，随着设备在许可频谱中的运行，该概念与市场上现有的手机可配合使用。家庭节点（HNB）是指 3GPP 系统的 WCDMA 毫微微蜂窝，而 HeNB 是指部署在 LTE/LTE-Advanced 网络中的毫微微蜂窝。

参考文献

[1] I. Androulidakis, D. Pylarinos and G. Kandus. Ciphering indicator approaches and user awareness. *Maejo International Journal of Science and Technology*, **6**(3):514–527, 2012.

[2] Aftenposten. The spoof GSM base stations revealed in Oslo, 16 December 2014. http://www.aftenposten.no/nyheter/iriks/Secret-surveillance-of-Norways-leaders-detected-7825278.html (accessed 4 July 2015).

[3] 3GPP TSG SA WG3 Security – SA3#25 S3-020557, 8–11 October 2002. http://www.3gpp.org/ftp/tsg_sa/wg3_security/tsgs3_25_munich/docs/pdf/S3-020557.pdf (accessed 4 July 2015).

[4] *Wired*. GSM spoof BTS demo, 31 July 2010. http://www.wired.com/2010/07/intercepting-cell-phone-calls (accessed 4 July 2015).

[5] *Forbes*. GPRS relay, 19 January 2011. http://www.forbes.com/sites/andygreenberg/2011/01/19/smartphone-data-vulnerable-to-base-station-spoof-trick/ (accessed 4 July 2015).

[6] *Forbes*. Information security of automotives, 8 April 2014. http://www.forbes.com/sites/andygreenberg/2014/04/08/darpa-funded-researchers-help-you-learn-to-hack-a-car-for-a-tenth-the-price (accessed 4 July 2015).

[7] J. Penttinen. *The Telecommunications Handbook*. John Wiley & Sons, Inc., Hoboken, NJ, 2015.

[8] *Forbes*. Security breach of vehicles. 8 April 2014. http://www.forbes.com/sites/andygreenberg/2014/04/08/darpa-funded-researchers-help-you-learn-to-hack-a-car-for-a-tenth-the-price/ (accessed 19 April 2015).

[9] Verizon Security Breach Report, 2015. http://www.verizonenterprise.com/DBIR/2015/ (accessed 19 April 2015).

[10] Wi-Fi security description by Wi-Fi Alliance, 2015. http://www.wi-fi.org/discover-wi-fi/security (accessed 13 June 2015).

[11] BBC. Mass snooping fake mobile towers 'uncovered in UK', 10 June 2015. http://www.bbc.com/news/business-33076527 (accessed 14 June 2015).

[12] 2016 Data Breach Investigation Report. Verizon, 2016.

[13] Intel Curie, 2015. https://iq.intel.com/tiny-brain-wearables-cute-button/ (accessed 15 June 2015).

[14] M. Green. A few thoughts on cryptographic engineering, 14 May 2013. http://blog.cryptographyengineering.com/2013/05/a-few-thoughts-on-cellular-encryption.html (accessed 4 July 2015).

[15] 3GPP TS 55.216 V6.2.0 (2003-09). Technical Specification, 3rd Generation Partnership Project; Technical Specification Group Services and System Aspects; 3G Security; Specification of the A5/3 Encryption Algorithms for GSM and ECSD, and the GEA3 Encryption Algorithm for GPRS; Document 1: A5/3 and GEA3 Specifications. (Release 6).

[16] J. Lei, Z. Han, M.A. Vazquez-Castro and A. Hjørungnes. Secure satellite communication systems design with individual secrecy rate constraints, 2011.

[17] M. Walker. On the security of 3GPP networks. Eurocrypt 2000.

[18] Elad Barkan, Eli Biham and Nathan Keller. Instant ciphertext-only cryptanalysis of GSM encrypted communication. Advances in Cryptology – CRYPTO 2003. Lecture Notes in Computer Science Volume 2729: 600–616, 2003.

[19] ETSI TS 100 812-2, V2.4.1. Terrestrial Trunked Radio (TETRA); Subscriber Identity Module to Mobile Equipment (TSIM-ME) interface; Part 2: Universal Integrated Circuit Card (UICC); Characteristics of the TSIM application, 3 August 2005.

[20] Jen Valentino-Devries. Stingray phone tracker fuels constitutional clash. *Wall Street Journal*, 22 September 2011.

[21] WPG Harris. Harris Wireless Products Group catalog, page 4. 25 August 2008. https://www.documentcloud.org/documents/1282631-08-08-25-2008-harris-wireless-products-group.html (accessed 4 August 2015).

[22] L. Liang, S. Iyengar, H. Cruickshank and Z. Sun. Security for the flute over satellite networks. Proceedings, International Conference on Communications and Mobile Computing, Kunming, China, January 2009. Pp 485–491.

[23] M. Mahmoud, N. Larrieu and A. Pirovano. An aeronautical data link security overview. Proceedings, IEEE/IAII Digital Avionics Systems Conference, Orlando, USA, October 2009. Pp 4.A.4-1–4.A.4-14.

[24] 4G mobile broadband evolution. Release 10, Release 11 and beyond, HSPA+, SAE/LTE and LTE-Advanced. 4G Americas. October 2012.

[25] 3GPP TR 33.902. V3.1.0. January 2000. 3rd Generation Partnership Project; Technical Specification Group Services and System Aspects; 3G Security; Formal Analysis of the 3G Authentication Protocol (3G TR 33.902 version 3.1.0 Release 1999).

[26] 3GPP TS 33.102. 3G security; Security architecture. V. 12.2.0, December 22, 2014.

[27] C. Gabriel. Managing the new mobile data network. The challenge of deploying mobile broadband systems for profit. 2012. Rethink Technology Research.

[28] Broadband technology overview. Corning, white paper, 2005.

[29] Realistic LTE performance. From peak rate to subscriber experience. Motorola, white paper, 2009p.

[30] J. Markendahl and Ö. Mäkitalo. Analysis of business opportunities of secondary use of spectrum. The case of TV white space for mobile broadband access. 22nd European Regional ITS Conference. Budapest, 18–21 September 2011.

[31] P. Croy. LTE backhaul requirements. A reality check. Aviat Networks, white paper, 2011.

[32] Realistic LTE performance. From peak rate to subscriber experience. Motorola, white paper, 2009.

[33] New wireless broadband devices. Understanding the impact on networks. 4G Americas, May 2012p. http://www.4gamericas.org/UserFiles/file/White%20Papers/4G%20Americas%20White%20Paper%20New_Wireless_Broadband_Applications_and_Devices%20May%202012.pdf (accessed 28 February 2014).

[34] Signaling considerations of apps. http://www.seven.com/mobile-signaling-storm.php (accessed 9 March 2014).

[35] Traffic and market data report. Interim update. Ericsson, February 2012.

[36] Launch of the 2014 Manual for Measuring ICT Access and Use by Households and Individuals. 11th World

Telecommunication/ICT Indicators Symposium (WTIS-13). ITU Document C/23-E. Mexico City, México, 4–6 December 2013.
[37] IEEE 802.16m technology introduction. White paper, Rohde&Schwarz, 2010.
[38] 3GPP TS 36.331.
[39] Limits of human exposure to radiofrequency electromagnetic fields in the frequency range from 3 kHz to 399 GHz. Safety Code 6. Environmental Health Directorate, Health Protection Branch. Publication 99-EHD-237. Minister of Public Works and Government Services, Canada, 1999.
[40] J. Penttinen. *The Telecommunications Handbook*. John Wiley & Sons, Inc., Hoboken, NJ, 2015.
[41] www.icnirp.de (accessed 14 September 2013).
[42] J. Penttinen. The DVB-H radio network planning and optimisation. Doctoral thesis, Aalto University, School of Electrical Engineering, 2011.
[43] K. Zhao. Interaction between the radiation of LTE MIMO antennas in a mobile handset and the user's body. Masters' Degree Project, Kungliska Teknska Hogskolan, Stockholm, Sweden, June 2012.
[44] IETF RFC 4017. Extensible Authentication Protocol (EAP) method requirements for wireless LANs. March 2005.
[45] IETF RFC 4372. Chargeable user identity. January 2006.
[46] IETF RFC 3579. RADIUS (Remote Authentication Dial In User Service) Support for Extensible Authentication Protocol (EAP). September 2003.
[47] IETF RFC 3580. IEEE 802.1X Remote Authentication Dial In User Service (RADIUS) Usage Guidelines. September 2003.
[48] IETF RFC 5216. The EAP-TLS Authentication Protocol. March 2008.
[49] IETF RFC 5281. Extensible Authentication Protocol Tunneled Transport Layer Security Authenticated Protocol Version 0 (EAP-TTLSv0). August 2008.
[50] Will Wi-Fi relieve congestion on cellular networks? GSMA, 5 May 2014.
[51] The Android SDK. http://developer.android.com/sdk/index.html (accessed 2 March 2014).
[52] Android OS statistics. http://blogs.strategyanalytics.com/WSS/post/2014/07/30/Android-Captured-Record-85-Percent-Share-of-Global-Smartphone-Shipments-in-Q2-2014.aspx (accessed 16 November 2014).
[53] The iOS SDK. https://developer.apple.com/devcenter/ios/index.action (accessed 2 March 2014).
[54] The BlackBerry app development. http://developer.blackberry.com (accessed 8 June 2014).
[55] The Windows Phone SDK. http://www.microsoft.com/en-us/download/details.aspx?id=35471 (accessed 2 March 2014).
[56] D. Tipper. IS-95. Graduate Telecommunications and Networking Program, University of Pittsburgh. http://www.sis.pitt.edu/~dtipper/2720.html (accessed 31 December 2015).
[57] D. Chen, M. Liu and X. Liu. Attacks and enhancement on security architecture of IS-95. 14th International Conference on Communication Technology (ICCT). IEEE, Chengdu, China, 2012. Pp. 1143–1148.
[58] F. Quick. Security in CDMA2000. ITU-T workshop on Security, Seoul, Korea, 13–14 May, 2002.
[59] L. Ertaul, S. Natte and G. Saldamli. Security evaluation of CDMA2000.
[60] ITU statistics. Mobile phone penetration, 3 January 2016. http://www.itu.int/en/ITU-D/Statistics/Pages/stat/default.aspx (accessed 3 January 2016).
[61] IMEI Database of the GSMA, 3 January 2016. https://imeidb.gsma.com/imei/login.jsp (accessed 3 January 2016).
[62] 3GPP TS 23.272.
[63] CSFallback.www.ngmn.org/news/ngmnnews/newssingle2/article/ngmn-alliance-delivers-operatorss-agreement-to-ensure-roaming-for-voice-over-lte-357.html (accessed 3 January 2016).
[64] V. Niemi and K. Nyberg. *UMTS Security*. John Wiley & Sons, Ltd, Chichester, 2003.
[65] D. Forsberg, G. Horn, W.-D. Moeller and V. Niemi. *LTE Security*, 2nd Edition. John Wiley & Sons, Ltd, Chichester, 2012.

第3章 物联网

3.1 概述

物联网（IoT）环境就如“物体”这个词一样无处不在。物联网设备基本上代表了连接到互联网的各种各样的设备，包括远程监控的摄像机、冰箱、打印机、自动驾驶汽车，以及能够进行通信与处理的信息盒。值得注意的是，物联网也指尚未被研发出来的设备，这些设备具有未知特性，因此我们无法预测物联网的未来趋势与走向。物联网的关键思想是通过随时随地的“always-on”的连接特性来促进有效功能的实现，提供流畅和无缝的用户体验，从而使我们将来的生活更容易从信息社会向真正的互联社会过渡。

本章通过解释物联网的典型定义并且分析其在不同环境中的适用性来讨论物联网的原理。通过调查研究 M2M（物对物连接）解决方案的演化、移动连接、联网生活概念、其他相关行业论坛、联盟和标准制定来说明物联网的总体发展。本章还介绍了物联网近年来的一些关键案例，例如遥测、自动化和 e 健康等。其目的是探讨物联网的新趋势和发展，为可穿戴设备、家用电器、行业解决方案、机器人、自动驾驶汽车等新问题提供解决方案，以此来了解它们的用途以及与物联网相结合的方法。

从全局出发，本章还讨论了公用事业的贡献作用和技术，例如：它们依赖无线技术的方式及在电气领域的重要性，包括发电、输电、配电和区域网络、移动性和智能电网应用程序。

3.2 基本概念

3.2.1 定义

物联网已经是人尽皆知的术语。甚至在出现“物联网”术语之前，它作为一个想法就已经存在了很长时间，这可以从 20 世纪 90 年代初的图形万维网

(WWW) 采用之前的1G和2G移动通信环境中的设备连接得到说明。由于互联网的局限性且以文本传输为主，像对北欧移动电话（NMT）和全球移动通信系统（GSM）的短信服务（SMS）这些模拟系统的（经常被外部利用）数据连接进行测试的想法，这种方式与现在的物联网想法非常相似。早期的移动设备被作为各种远程管理工具，例如，可以通过触发传感器实现自动慢扫描监视视频内容[15]，打开车库门，甚至预热桑拿浴室。公共互联网、具有图形用户界面的万维网以及更先进的移动通信服务，作为重要的促进者，最终为无线和有线连接的各种通信提供合适的友好的用户基础。

一般来说，术语“物联网”本身代表了环境的模糊性，在可深入解释的“事物”一词之下概括了连接设备和服务的存在以及利用。这种环境的具体示例如M2M通信，其不需要人的干预，并且可以被解释为属于物联网的一部分或在许多情况下甚至是物联网的同义词。事实上，尽管M2M是物联网的子集，但物联网和M2M通常被理解为代表着相同的环境。这是由于物联网的性质，除了纯粹的机器通信之外，还包括机器和人工操作设备之间的通信[27]。

GlobalPlatform（GP）将物联网定义为唯一可识别的对象及在类似于互联网的结构中的虚拟表示[1,2]。因此，物联网可以指连接到互联网的越来越多的设备，特别是以无线方式连接的。在汽车、医疗、家庭和公共设备的实例中，增强了用户体验和自动化功能，明显地包含了物联网的功能，这是一个明显的趋势。

进一步探究GlobalPlatform的定义，物联网设备需要进行物理特性的测量，并且经由传感器收集信息，通过执行器改变测量值来影响或修改它们的环境。此外，物联网还可以包括处理由传感器获得数据的设备，在完成测量数据的相关性和信息的分析任务时，可能会被进一步推送给用于后续处理的实体。在实践中，单个设备可以执行一个或多个上述提及的任务。此外，物联网设备需要能够通过本地无线连接与外部世界通信，例如使用接近或邻近技术（NFC、RFID、蓝牙LE等）、Wi-Fi、类似蜂窝网络的宽范围系统或诸如非对称数字用户线（Asymmetric Digital Subscriber Line，ADSL）的固定网络。连接可以通过任何已知的标准化或专有技术来完成，并且经由许可的或未许可的RF频带，只要物联网设备能够将其消息提供给对方，对方可以是执行功能或中继消息的系统或其他设备。图3.1概括了物联网原理。

物联网的定义有很多，本章参考文献［6］概括如下：物联网是一种计算概念，它描述了一种未来情况，日常生活中的物理设备将会连接到互联网并且能够识别不同于其他设备的身份。作为通信方法，该术语与射频识别（RFID）密切相关，尽管它也可能包括其他传感器技术、无线技术或QR码。

另外，本章参考文献［6］还强调了物联网作为一个对象的重要性，它不仅可以数字化地表达自己，也可以通过数据训练不断优化，换句话说，物体对

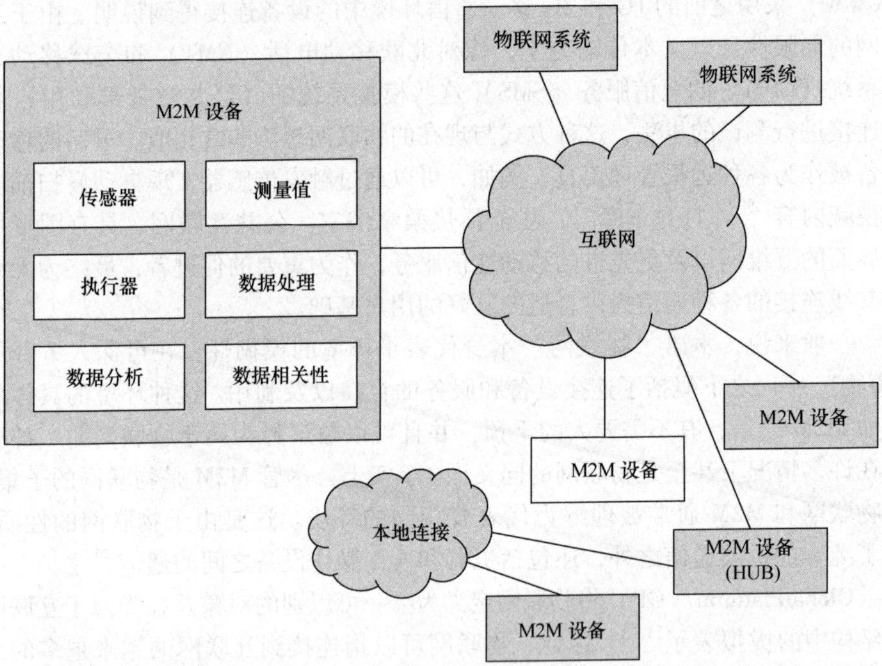

图 3.1　物联网包括能够执行测量和数据处理功能的设备，如本章参考文献［1，2］所述。连接可以基于所有已知的数据传输技术，包括移动通信网络，本地无线和有线网络，甚至直接连接。物联网可以与其他用户设备进行通信，此外，部分设备还可以充当集线器连接本地设备上网

象将会连接到周围的对象和数据库，成为整个环境的一部分。这是吸引人的，因为一旦大量的对象一致行动，它们就会被认为具有了环境智能。

RFID 已经在各种早期的与物联网有关的资料中被提到。然而，随着通信技术与现代物联网环境相适应，固定和无线技术的连接可能已经是众所周知的方法。最典型的情况是，无线电接入技术在网络连接中提供了最广泛的服务区域，而 Wi-Fi 是本地解决方法的典型代表。许多其他的短距离技术也被使用，例如，在有限覆盖范围起作用的低能耗的蓝牙技术和基于光的通信技术（Li-Fi）。

3.2.2　物联网的安全考虑

物联网为无需人为干预的或在需要时考虑人为因素影响的管理、协调、自动化和 M2M 通信等提供了新的极大的可能性。同时，新型设备将会被作为创新服务引进市场。机会大量出现的同时，也带来了可能威胁用户身份和信息保密性的全新的安全威胁，而这有可能威胁到经济安全，而且在最坏的情况下，例如在受损的医疗或交通控制系统中，甚至会威胁到人员的身体健康。目前严

重威胁生命安全的活动之一是可以远程驱动和控制自动驾驶车辆[7,8]。

为了确保对已知的和未来的安全漏洞进行防范，物联网需要考虑一些新的技术机制。如：由 GlobalPlatform 提出的一些安全措施[2]：

1）安全元件（SE）具有 SIM/UICC，嵌入式 SIM 卡或外部卡片等构成形式，并被安全保护，以抗击来自物理和逻辑的安全攻击。因此，它为多个利益相关者的应用提供了一种合适的方式。

2）安全域（SD）用于存储安全元件（SE）上每个利益相关者的加密内容。它还提供了内容和外部实体之间的安全通信以及管理内容的方法。

3）可信服务管理（TSM）是一个能够在利益相关者之间建立业务协议和技术关系的服务中介。

4）控制机构（Controlling Authority，CA）管理新的利益相关者在安全元件（SE）上的保密发行。

5）可信执行环境（TEE）是移动设备硬件（HW）上的一个安全可靠的区域，用于通过将敏感数据与“正常”数据隔离开来，对敏感数据进行安全存储和处理。

上述技术与其他有关物联网的相关基础将在本书进行描述和分析。

3.2.3 物联网的作用

固定的和无线通信的作用不断增加，在个人与商业环境及政府服务中，为日常生活的基本功能提供了平台。通过数据网络流动的信息量令人惊叹，互联网的使用率正在稳步增长，如图 3.2[16] 所示。

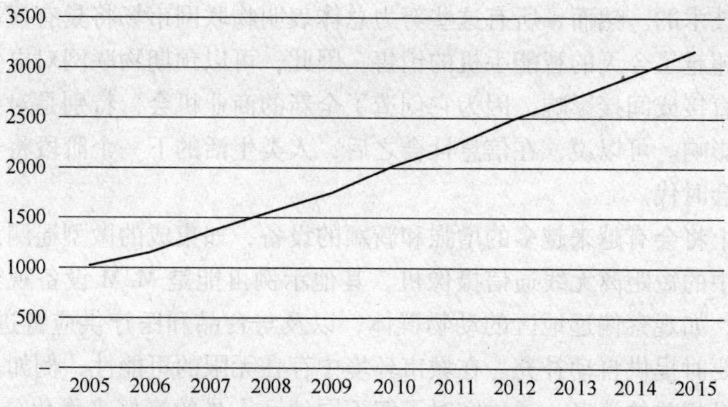

图 3.2 使用网络的人数（单位：百万）[16]

事实上，随着物联网的增强，随着更有效的通信技术解决方案的不断发展，信息社会将世界转变为一个庞大的综合信息系统[3]。随着这个突破性的转变，那些关于电信网络是世界上最大的机器的老话可能需要重新审视，因为互联网现在作为这些大量服务的保护伞，电信实际上只是其中一个子系统和设备的一部分。因此，说互联网现在是世界上最大的机器是合理的。

基于人力的通信仍然占据了信息流量的很大一部分，但是全面自动化的M2M通信正在实现巨大的跨越。嵌入传感器和执行器的物理对象构建的物联网正在为我们准备一个全新的社会、技术、经济、生态系统的时代，其中旧的商业规则和盈利模式每天都在更新。通过M2M设备增强当前服务，通过有线和无线、现在和未来网络的全新的创新投入使用，特别是连接无数的机器到互联网的IP，这些都存在着充足的提升空间。

随着M2M设备数量的增加，数据传输量也不断增加，需要注意的是：MNO可以部署新的网络来增加现有的网络容量，从而保持或提高后台数据交换所需解决方案的质量水平，特别是延迟敏感的实时解决方案。对M2M的增长的估计以及彼此带来的数据利用率的提高是一项非常艰巨的任务，下面总结了一些公开的预测。本章参考文献［4］指出，根据业内专家的观点，2015年物联网将包括超过150亿台的设备相连，预计到2020年估计将达500亿。这里提到的设备不只是传统的计算机或智能手机，而且包括小型、经济、互联和部分自主通信的设备，如家庭电器、安全系统、智能恒温器、智能电表、便携式医疗设备，健康和健身跟踪器以及智能手表等。本章参考文献［4］预计到2020年将要安装的物联网装置达到260亿，这还不计个人计算机、平板电脑或智能手机；而ABI研究估计，到2020年，物联网连接设备总数将达到至少400亿个[19]。

在这样一个动态发展的环境中，精确预测物联网设备的数量是最具有挑战性的，也许没有必要或没有可能形成这样的统计数据，因为设备是基于各种系统和通信技术的。然而，所有这些努力总体表明物联网市场将具有极高的关注度，甚至超越了今天的智能手机的销售。因此，可以预期物联网对电信设备产生很大的直接或间接影响，因为它创造了全新的商业机会，特别是对我们的生活方式的影响。可以说，在信息社会之后，人类生活的下一个阶段将会是全新的互联社会时代。

市场上将会有越来越多的增强和新颖的设备，如集成的微型遥测设备和嵌入到药片中的短距离无线通信摄像机。其他示例可能是M2M设备观察过程的一种情况，如观察偏远地区的动物群体，以及与食品和医疗供应链进行通信，以便在需要时提供自动补充。在城市环境中存在无限的可能性，例如基于用户偏好显示最相关的消息，通过实时了解不同地区人员的喜好来优化公告。在高速发展的环境中出现的问题可能是事情是否会发生得太快。想象一下在公共环境中一个个性化公告的例子，系统能够确切地了解用户的偏好，并在用户走过街道时，在屏幕上显示其相关信息。

因此，物联网时代最吸引人的地方是数据挖掘的可能性比以前更大，同时，还需要至少保持一定程度的个人隐私，或为用户提供选择退出个性化的方法。根本问题是谁有权收集和存储个人的信息数据，谁有保护数据的权利，一般来说，谁可以保护谁，以及保护隐私的成本。这个任务在现代环境中更具挑战性，面对网络攻击水平的不断提高，需要不断增加网络的监控，其中不仅是个人，而且还包括政府以及银行、生产线、武装力量及教育机构等整个生态系统。因此，物联网也可以被解释为网络世界的一个基本组成部分。

3.2.4 物联网环境

由于全球范围的广泛使用，人们可能会想知道“物联网”一词的起源是什么。本章参考文献［5］总结了物联网的关键步骤，并讨论谁应该被认定为“发明”了物联网。事实上，对于术语来说，物联网确实听起来很普遍，通过以这种紧凑而直观的方式模糊技术，来表达它对社会造成的巨大影响。然而，无论物联网这个术语如何普及，物联网的意义仅在于它是一系列理论和技术相关的创新成果，包括电力、通信方法、晶体管、微处理器、调制和编码方案、通信设备、协议栈、信号方法、计算机、编程、音频和视频技术、有线和无线系统、测量和天线技术等，当然，还有早期 ARPANET 和 TCP/IP 就出现了互联网。这些领域只代表整个模块中的小部分，在物联网、M2M 通信、万物互联、互联社会、智能家居或其他任何我们想表达的物联网领域的术语的形成中，它们为自动化功能的连接设备铺平了道路。

可以认为，如果没有所有发明者、技术人员、商业人员和其他贡献者为标准化、开发、通信技术的部署和营销所做的一切努力，物联网的环境将不会存在。至于物联网这个术语本身，根据本章参考文献［5，9］，在 1999 年，传感器研究者 Kevin Ashton 关于预测互联网早期发展的演讲中使用了这种表达形式。该术语自从被广泛采用以来，似乎被认为是电信技术无数缩写的一部分。有关物联网术语的发展背景可以在本章参考文献［5］中找到。

基于公开可获得的信息，早期的物联网环境的推动者是 RFID，它提供了从短距离读取基本信息的可能性。RFID 的一些早期例子，如库存管理中通过无线方式阅读预先嵌入物品的标签，或超市中 RFID 读取器以即时无线的方式扫描顾客购买的物品。这种包含 RFID 标签的物体的自动化识别和跟踪表示了被动对象之间的单向无线通信，事实上可以被认为是通向更全面的物联网的最初的技术步骤之一。

然而，物体和 RFID 阅读器之间相对简单的数据传输代表了一种相当有限的方法，并不完全符合现代的物联网环境。现代的物联网不仅是被动的物体，可以被理解为一组被动和主动的物理对象，它们以流畅和无缝的方式成为信息网络的一部分，通过参与整个系统的功能并促成日常生活的各个领域，如学习、医疗保健、远程处理信息和业务。事实上，物联网正在为一个完整的新兴社会铺平道路，这个社会整合了前人的研究成果、数字世界和虚拟的网络世界，如图 3.3 所示[5]。

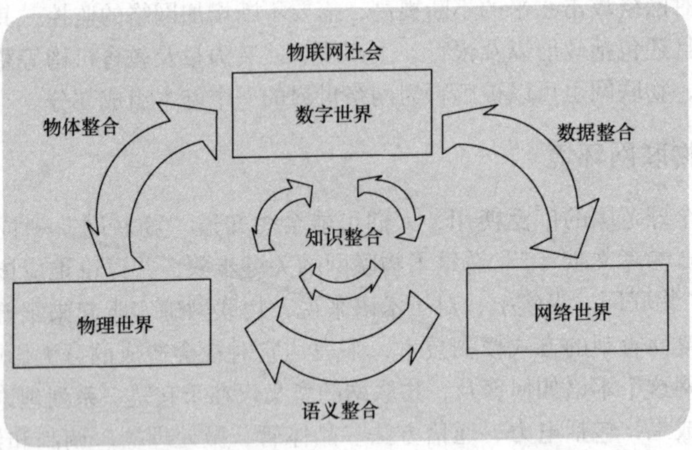

图 3.3 物联网主要组成

在许多方面，物联网的发展呈波浪状，每一个浪潮都包含以时间为函数的更多高效的物联网解决方案。RFID 通常被视为物联网的早期触发器，特别是作为供应链的自动化基础，来进行更有效的库存管理和优化交付[4]。这个阶段可以归纳为属于第一个物联网波。第二个浪潮包括更多的通用的通信手段，并且已经成为诸如医疗保健、运输和安全等许多垂直应用市场的基础。下一个即将到来的第三波浪潮包括用于开发定位对象和用户服务的更先进的方法。其他浪潮可能包括例如通过在 WWW 上的管理来监视和控制远程对象的手段。伴随着所有的物联网浪潮，相应的技术领域都将有所发展，从而促进 M2M 和消费者解决方案的进一步增强。事实上，这个过程可以被理解为一个迭代的过程，因此新技术将激发产生新的物联网解决方案和手段，并再次推动技术领域的进一步发展，如图 3.4 所示。

可以说，物联网是整个技术发展以及许多其他领域的一个组成部分（如先进的电信网络、传感器、移动应用）和相关的安全解决方案（如生物识别、基于云的解决方案、手势识别和 NFC 支付）。因此，对于强调包含和参与多种实体之间的交流，物联网是一个相当合适的术语，通过这个始终感知并始终连接的环境，积极参与对整体“智能”的贡献。某些物联网设备包括可以预处理数据以简化实际预测的气象监测工具，用于监测能源消耗的智能电表，用于燃气和水消耗的公用设施控制和监测系统，测量物理、技术和化学值的工业设备，可以控制生活环境的家庭和办公自动化系统，可以通过相关的传感器、交

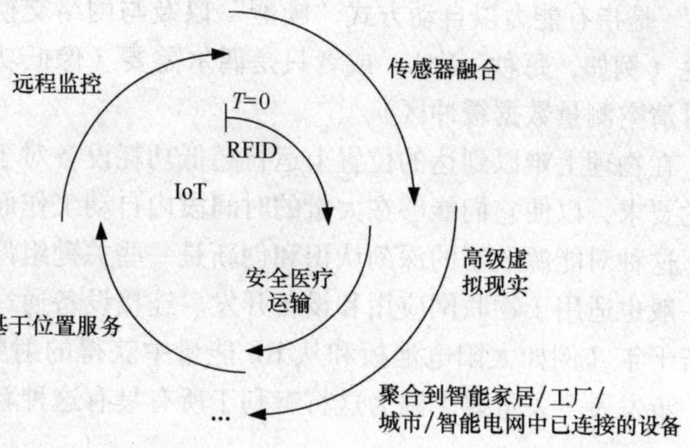

图 3.4 物联网环境与科技一起发展，每个阶段或波动影响都会以迭代的方式推动进步

通、运输跟踪和医疗解决方案的输入以及利用便于远程诊断的传感器来控制居住环境。随着新的创新设备被引入商业市场，未来的发展将无限扩大，从而使我们的生活更轻松、更顺畅。对物联网环境依赖的高度相关的领域之一是汽车，包括先进的自驾车辆。

总结物联网的各层次，可以分为个人、社区和社会层次，如本章参考文献[35]所示。个人层次的物联网设备如用于个人健康和货币交易的智能手机以及可穿戴产品；而一些社区物联网设备包括连接的卡、健康设备和智能家居；社会层面的物联网设备包括智慧城市和智能电网。

3.2.5 物联网市场

先进的消费设备市场表明，随着计算的进化，物联网的重要性很快就会高很多[4]。作为参考，个人计算机每年产生约 1 亿个单位的商业市场，消费市场上有大约十亿台 PC 和相关设备。此外，除了先进功能的手机之外，移动通信市场还引入了功能强大的手持设备，如智能手机和平板电脑，这代表着每年约十亿个单位的业务规模。目前，预测表明，物联网每年可达到约 100 亿台设备的计算市场[4]。这是 IT 发展的逻辑和数学的完美结合，因为它刚好迎合了 20 世纪60 年代超过一百万台大型计算机的重要阶段，以及 70 年代超过 1000 万台微型计算机，紧随其后的是 20 世纪 80 年代末到 2000 年之间的数亿台个人计算机和桌面网络设备，所有这些都导致了数十亿移动互联网设备的现状。下一个重大时期是未来十年内物联网设备市场以数百亿个单位爆炸性增长。事实上，这是部署 IPv6 大量地址库的最实际的理由之一。

物联网涉及大量的利益相关者和企业，以及使永久性连接的设备成为可能的许多连接技术。虽然设备可能没有被启动并且永久地保留通信通道，但术语

"永久性连接"是指有能力以自动方式"唤醒"以及与网络交换信息，无论其是否频繁发生（例如，每秒一次），或者只是偶尔需要（像低功耗远程信息处理设备，每月清空测量数据缓冲区）。

事实上，在物理上难以到达的位置上运行超低功耗设备对于功耗和能源具有非常特殊的要求，以便它们能够在大量的时间段内自动工作而无需人为干预或物理维护。这种对能源效率的深刻认识和创新是一些关键组件，不仅适用于远程设备，一般也适用于物联网应用和设备开发。连接设备通过现代节能技术已经工作了若干年（例如太阳电池板和从 RF 能量中获得的射频能量）。这一领域对于进一步发展至关重要，因为这将有利于所有具有这种新型节能功能的物联网设备。

同时，硬件和软件开发人员需要确保其产品的质量，这样就可以最小化维护的需求，进一步优化了昂贵的现场考察成本和维修工作。这完全是一个平衡问题，需要平衡处理芯片、存储器类型、单个设备和整个系统开销、质量和性能、互操作性、安全性和用户体验，以及形成完整的物联网环境等方面问题。

在组件级别，关键的开发领域之一是关于处理器的电源效率，以确保连接的设备更加可行。另一方面，在协议层顶端，应用程序开发人员需要考虑创建高能效功能的最佳实践。一个例子是基于周期性"心跳信号"的永远在线通信，它迫使用户设备在没有网络的情况下仍然处于活跃状态，这可能会对设备能量和网络容量利用率产生巨大影响。这种类型的"心跳信号"可能使得设备在需要时响应更快，因为数据包数据协议上下文激活不需要初始连接设置信号，但保留信号容量可以防止其他用户进入网络。因此，应用程序开发人员需要与网络基础设施运营商完美合作，以平衡这些解决方案的优点和缺点。

除了设备的功耗外，改进的电池技术还可以进一步优化环境。本章参考文献［13］通过将低能量处理器与多协议无线收发器和传感器接口集成到单芯片集成电路中，说明了与片上系统（System on Chip，SoC）相关的近期解决方案的潜力。这种集成解决方案的优点在于降低了物联网应用的成本、复杂性功耗。

3.2.6 连接

物联网设备依赖于各种连接技术，因为单一技术无法最佳地适应所有可想象到的环境。这个主题的挑战是实现物联网设备的成本与技术支持之间的最佳平衡，例如，并非所有经济型物联网设备都可以配备 LTE 连接。相反，其他一些短距离解决方案可以更好地进行服务，结合一个网关设备管理本地物联网，并通过诸如 Wi-Fi 或蜂窝网络接入连接到外部世界。

因为各自的 IP 默认情况下都是匹配的，Wi-Fi 是一种将设备连接到互联网的合适方法。然而，一个小型的电池供电的物联网设备可能无法为长期 Wi-Fi 连接提供足够的电力，因此，选择适当的连接技术是设备制造商和其他物联网利益相关者的许多优化任务之一。一些指导手册可能表明，对于需要高数据传输速率和广泛覆盖区域的应用，LTE/LTE-A 或以前的蜂窝系统可能是最佳的，而本地高数据传输速率应用可以通过 Wi-Fi 提供服务。实际上，在 3GPP 标准化项目中可以看到增加 LTE 作为物联网基础的最佳证据：用于无许可证操作的 LTE-U 和用于 M2M 环境的 LTE-M，标准化并作为其他 LTE 变型的一部分进行添加。

对于有限区域的较低数据传输速率解决方案，低能量蓝牙可以为少量的物联网设备提供服务，而 ZigBee 可以通过网状网络来管理更多设备，与 Wi-Fi 或蜂窝连接相比，这两种解决方案能量效率更高。高能效通常是用电池供电连接的物联网设备的需求，其可以远程监视和控制，例如安全系统。这些设备可以基于可编程微控制器、嵌入式传感器和执行器，监控和响应一些环境现象，例如开门，关闭窗户，调节温度、湿度和照明。特别是在数据监控和传输、有潜在危及生命的控制和报警情况等关键环境中，能源和连接的保证至关重要。即使在不太关键的环境，例如控制温度或照明的家用传感器也可以从可靠的能量和连接解决方案中获益。管理这种环境的一个解决方案是基于具有互连设备的物联网的分布式智能，实时优化传感器数据的监控和传送，并结合云计算资源进行数据后处理和分析。用户也可以通过智能设备或其他远程方法控制相应的物联网设备。

智能传感器解决方案的发展是物联网的关键领域之一，可以提供智能家居的控制和管理数据（基于用户的实际存在和基于用户的配置文件等改变温度、湿度和照明），并且提供安全防范的信息，包括与故障相关的家用电器的健康检查和报警（在事故发生前采取行动）。现在的和新的利益相关者存在着无数的机会，物联网环境为此提供了有利于合作和协作的有趣商机。

物联网通过始终连接的设备（如智能传感器）处理来自现场的大量实时数据，形成“大数据”环境的一部分。物联网设备本身和相应的系统分析数据并提供处理结果作为决策的基础。因此，物联网适合于以高度自动化的方式而不需要人为干预地进行管理、控制和连接，例如家用电器、汽车、企业和完整城市的设备。数据收集和处理方面占据了重要的一部分，相应的安全性正在成为这种具有高集成度的环境中最重要的部分之一。这样就有机会以创新的方式结合当前的安全解决方案，以确保用户的安全，以及提供全新的安全解决方案。

物联网环境对于物理无线电（或固定的）连接是透明的，而来自诸如传感器的物联网设备的消息被传送或中继到目的地，反之亦然（对于双向系统）。因此，无线物联网的连接可以基于许可或未授权的频段，诸如移动通信系统、无线局域网、低范围系统的蓝牙和 ZigBee 等。按业务范围划分的网络的典型分类为：个人区域网（Personal Area Network，PAN）、局域网（Local Area Network，LAN）、相邻区域网（Neighborhood Area Network，NAN）和广域网（Wide Area Network，WAN），后者就是覆盖全球的互联网[14]。

如术语所述，物联网是指以各种方式将各种设备连接到互联网。直接连接到物联网的设备是基于 IP 协议组，默认情况下，它可以在所有其他互联网连接的设备之间实现互操作的功能和数据传输。另一个常变化的连接技术的挑战之一是互操作性，或者更好地说，是缺乏互操作性。事实上，在许多情况下，内部物联网系统可能是通过利用非 IP 甚至专有的连接技术来设计的，以简化 TCP/IP 结构——这在许多情况下确实是不必要的。因此，本地网络设备可以使用与内部通信中的标准 IP 偏离的协议，同时可以通过网关支持与外部世界通信的 IP 连接，以及内部网络中的非 IP 连接，还可以通过这些网关连接到这些设备的互联网上[14]。这些网关或集线器的物理连接可能是任何能够通过 IP（如移动网络）进行通信的网络。

3.2.7 法规

物联网尚未制定专门的法规。然而，在未来的几年内，从数十亿的物联网设备的部署中可以预见到如此巨大的影响，因此显然需要审查现行法规，特别是要讨论存储数据和保护用户隐私的原则。

正如本章参考文献［35］所述，物联网可能会对许可证、频谱管理、标准、竞争、安全和隐私产生影响。现行法规中已经有相似的地方与即将到来的物联网相匹配，并且已经在以前的系统中进行了管理。尤其是在涉及与竞争、隐私和数据保护有关的各个方面的电信、信息和通信技术条例中。此外，监管的结果有时是非常合乎逻辑的，因为需要非常大的地址空间才能识别数十亿个连接的对象，其中一个明显的解决方案是采用 IPv6 对地址进行合适的管理。本章参考文献［35］也强调了原来不一定明显的含义。联邦通信委员会（FCC）正在积极调查一种现象，即物联网对 Wi-Fi 和移动网络等当前服务带来的额外负担，但预计新的频谱将不会被明确地分配给日益增加的物联网通信。例如，欧盟委员会资助的调查表明，免许可证模式可以通过在设备制造和使用之前避免合同谈判来支持物联网的发展，从而促进大规模生产更经济的设备。然而，需要跟踪进展情况，监测市场主导地位如何与物联网设备和服务一起发展，以确保竞争市场与创新的平衡，这属于竞争监管的角色。

至少还有间接涉及物联网连接的规则，特别是与全球和区域层面的高频率战略有关。以频率调节为例，LTE/LTE-A 频带的附加定义是 3GPP、3GPP2、工业和监管机构的共同努力的结果，并且显然考虑到 M2M 和物联网业务，例如将 LTE-M 作为规范的一部分。这些机构还共同讨论了适用于 M2M 通信的频率的识别，并且释放先前使用的频带从而能减轻任务。频率调节的一般原则是积极地识别频带利用的新可能性，使得宽带频谱更加灵活。2012 年和 2015 年，国际电联和世界无线电大会（World Radio Conference，WRC）的活动将数字红利（Digital Dividend，DD）作为与跨界协调相适应的优先任务之一加以澄清。

作为适用于 M2M 业务的许多选项之一的 DD 频谱已被分配到 790 ~ 862MHz。该频段于 2010 年在美国和德国用于商业 LTE 部署。在美国，DD 频谱在 2008 年被拍卖，具体的 LTE 部署正在通过 Verizon Wireless 推出，该解决方案最终在商业上开启了 700 MHz LTE 网络 。除了已经确定的 DD 频谱之外，将欧洲的使用频段扩展到现有的频段下的兴趣越来越大。扩展最有力的证据是先前的模拟电视波段，到 2011 年底之前，在大多数欧洲国家的比例已经下降。

3.2.8 安全风险

3.2.8.1 总体问题

物联网环境中的基本问题是如何可靠地识别物联网设备，并保证设备和系统之间的安全通信。互联网连接设备的早期原则之一是提供一个明确标识设备的 MAC 地址。基本上所有的 IP 连接设备都是如此（如打印机、Wi-Fi 网卡等)。因此，MAC 地址似乎是区分物联网设备的最合乎逻辑的方式。但 MAC 地址的问题是，即使它被硬编码到每个设备中以确保唯一性，也可以通过适当的软件直接 IP 通信。因此，物联网系统无法确定所连接设备是否真正构成合法设备的一部分，或者是否有一些连接到系统中的克隆设备，可能旨在捕获秘密的通信。

识别物联网设备的比较安全的方式是基于公共密钥结构，或者通过将一些合适的基于硬件的存储器包括在难以篡改的设备中，诸如 SIM 卡、嵌入式 SE 或 TEE。这些解决方案的问题是成本，因为最经济设备的商业模式不会容忍这样的额外费用。另外，用于部署和用户实践的更有效的方法可能与标记化有关，尽管关于如何识别正确的物联网设备以及如何将标记安全地传输和存储到设备中的基本问题仍然存在。

随着 SIM 卡和基于交互的远程订阅管理的发展，目前正在由各组织进行标准化，这些项目提出了新的方法，例如基于 PKI 的密钥分配和访问 SE 内容的安全通道，代表着 SCP 变型的发展。

3.2.8.2 网络元素注意事项

本章参考文献［11］指出在日益增长的物联网环境中发现了高度相关的安全问题，这与嵌入式系统有关。这些嵌入的漏洞是多年部署的结果，导致许多设备仍然构成互联网无数基础设施的一部分，如路由器和网桥。这些网络设备的问题可能是这样的，通常情况下是像笔记本和智能设备这样的消费设备安全漏洞不会自动修补。相反，安全漏洞可能会对恶意加载元素的意图是不监督的和开放的，导致其进一步访问网络，以及扫描并修改各个核心网络内的通信。正确的方法显然不是设备制造商和运营实体所隐藏的问题，因为一旦暴露出来，有关这些安全漏洞的内容将在有关各方之间迅速传播。

潜在的中间件漏洞这个领域面临的挑战是难以提供和管理软件安全漏洞的更新。本章参考文献［11］指出这种影响可能相当大，其中提到 Def Con 事件，一名研究人员调查了一系列商用家用路由器，并设法攻破了一半，其中包括一些最常见的品牌。这些问题的根本原因之一是相应的系统配备了通常非常经济的计算机芯片。由于竞争激烈的环境，芯片制造商对功能和带宽的区分方式有限。这些芯片通常包含基于 Linux 的操作系统和开源软件组件。这种情况没有鼓励公司进一步加强芯片的安全性，因为它可能需要保留非常严格的资源以进一步生产下一代的芯片。

路由器、网桥和其他 IP 核心元件通常由原始设备制造商（OEM）代理生产，在最终产品中无法看到制造商名称，因此无法激励制造商生产质量更高的芯片。与此同时，代理该品牌的公司也对最终产品安全性能的提升兴味索然。因为维护旧的芯片和产品的优先级低，一旦设备进行商业化部署，与芯片有关的安全更新的问题将面临挑战。

另外，本章参考文献［11］强调，现有的软件功能针对新的设备而言也有可能略显落后。除了为芯片开发新的安全补丁的可能性低外，随着系统的老化，某些组件也有可能因缺少补丁从而导致安全漏洞的出现，造成这种情况发生的原因之一是完整源代码的缺失。如果有补丁发布，用户通常需要主动下载并安装。然而，问题在于这些补丁很少有更新警告。如果互联网服务提供商没有提供远程安装升级的流程，用户可能缺乏足够的经验为路由器、调制解调器等升级。本章参考文献［11］总结了互联网中可能存在大量没有打补丁和不安全的设备，导致潜在的安全漏洞的出现。比如，通过恶意改变 DNS 类型，对家庭路由器和计算机进行攻击。另外该文献还提到一种专门攻击路由器、相机和其他嵌入式设备的 Linux 蠕虫攻击案例。

随着物联网设备数量呈指数级增长，这些设备可能因软件补丁维护水平低而引发相同的问题，除非设备制造商在早期已解决这些问题。显而易见的是，当前和即将出现的路由器和调制解调器的一些变型会遇到特殊的风险，因为它们位于用户和互联网之间的接口中。这使得几乎不可能在安全漏洞事件发生时简单地关闭这些易受攻击的设备。物联网设备处理性能和嵌入功能的日益强大，使其足以与电脑相媲美，但由于这些设备始终处于连接状态，导致它们受到恶意攻击的可能性也越来越大。

3.2.8.3 GlobalPlatform 定义的物联网安全

本章参考文献［2］中 GlobalPlatform 已经确定了物联网中的几个安全问

题。一个相关度很高的观察结果表示，目前及预期的物联网设备通常应用在一些环境中，其中包括诸如交通和医疗设备的重要的基础设施和系统，这一领域中潜在的安全问题均与设备的整体安全性以及用户隐私相关。由于物联网技术与物理世界的交互而产生用户隐私，这可能会暴露出危及私有数据的安全漏洞。GlobalPlatform 强调了对无人值守设备保护的重要性，例如电表在没有注意的情况下对敏感数据的广播，因此这类设备需要预防潜在的攻击。不仅仅是 M2M（端到端）通信，所有利益相关方都要确保物联网安全，包括消费者、网元和移动设备制造商、网络运营商、服务提供商和应用开发商。俗话说"一条铁链的强弱取决于最弱的连接点"恰如其分地说明了这一点。

为了使物联网市场更好的发展，并确保开发时考虑到安全方面，GlobalPlatform 已经制定了一些重要原则。这些原则包括物联网设备需要支持多方参与的环境，以促进不同参与方的安全性和访问设置的变化。此外，服务提供商需要通过各自独立的手段去远程管理其设备的安全参数。在设备部署到现场后，能够将服务和服务提供商添加到设备中也很重要。在设备的预期使用寿命内，服务的使用者必须能够根据用例和环境改变服务提供商，例如汽车是设备长期使用的一个代表。所有这一切基本上指的是一种演进的订阅管理理念，GlobalPlatform 以及其他各种组织正在积极推进该管理的标准化。关于可交互的订阅管理（Subscription Management，SubMan）概念的更多细节将在本书的后续章节中进行介绍。

在众多移动通信开发项目中，GlobalPlatform 起着物联网标准化的作用，并提供了有关设备交互操作和安全性的开放技术规范。GlobalPlatform 的规范旨在增强隐私性和安全性，例如作为独立芯片的 SE（Secure Element，安全元件），可以强有力地抵抗物理和逻辑攻击，并为各种利益相关者安全地托管应用程序。GlobalPlatform 还适用于存储利益相关者加密内容的安全域 SD 上工作，提供相应的机制用来管理此类内容，并与外部实体建立安全通信。GlobalPlatform 还有一种被信任的可信服务管理（TSM），它是在服务交付过程中建立不同利益相关者的业务协议和技术关系的第三方代理者，本章参考文献［2］中指出，允许机密发布后在 SE 上引入新的利益相关者，TEE 是位于移动设备上的安全区域，确保敏感数据在该设备的可信环境中被安全地存储、处理、保护。

GlobalPlatform 已经确定了各种各样的用例用来强调 M2M 安全性的需求，包括医疗保健、汽车、可穿戴设备和能源。本章参考文献［2］详细介绍了 GlobalPlatform 规范如何通过依靠嵌入式技术来解决物联网和 M2M 设备部署过程中新的安全通信和数据传输中的隐私和安全问题。本章参考文献［2］还介绍了使用案例，并详细介绍了物联网设备修复安全和隐私漏洞的功能。

3.2.8.4 威胁和保护

本章参考文献［18］指出了物联网环境中的一些具体的关键威胁，以及与连接设备的安全性和隐私相关的潜在风险。与目前典型的针对公司的黑客攻击相比，物联网黑客将是非常个性化的。事实上，由于我们的家庭可能包含各种物联网设备，因此在我们无意识的情况下，这些设备的安全漏洞会让某些黑客侵入，例如：客厅、婴儿监视器、智能电视以及其他的连接设备。

根据本章参考文献［18］，物联网设备是最小可行产品（Minimum Viable Product，MVP）的典型代表。MVP是一个需要快速研发和发布的产品，并根据客户的反馈进行优化，这有助于得到更好的产品。就物联网设备的情况而言，这意味着没有时间或资源来确保设备的安全和隐私，特别是最经济的设备。此外，对于简单的设备，额外的安全性能可能会降低用户体验。因此，在开箱即用的阶段，强密码对于建立一个新的、高经济效益的物联网设备可能并不具有吸引力。

本章参考文献［20］对当前物联网存在大量安全漏洞的原因进行了总结。这种现象的根本原因是因为数字连接设备在我们日常生活中所占的比重越来越大，涉及我们的家庭、办公室、汽车甚至更接近我们身体的地方。随着IPv6以及Wi-Fi网络部署的发展，物联网环境正在迅速形成，同时也存在大量的潜在安全漏洞。物联网的优势是存在一个全新的平台，一个使我们能够实现一些新想法的平台。但是，其缺点是随着连接设备数量的增加，物联网出现了更多漏洞，受到网络犯罪分子的关注度也越来越高。

一些存在漏洞风险的物联网设备已经公开报道，包括物联网婴儿监视器，通过改变摄像机设置，授权外部用户远程查看和控制监视器，为犯罪分子提供了入侵渠道。另一个广泛报道的案例和与互联网连接的汽车有关，在此案例中指出了一些潜在的风险，例如罪犯可以控制娱乐系统、打开车门，甚至使汽车熄火。本章参考文献［20］进一步强调了可穿戴设备越来越重要的作用，也可能成为安全威胁的来源，例如，黑客可能针对嵌入在智能手表中的运动传感器来解读内容或从健康设备中窃取个人传感器数据。

除个人资料泄露外，更严重的安全漏洞可能影响个人的身体安全。诸如起搏器之类的生命体医疗设备的监测和维护，如果发生任何干扰，例如心率功能的改变，其结果可能导致不可修复的损伤甚至死亡。

作为行业论坛的一个例子，物联网安全基金会是一个非营利性的行业机构，负责审查互联网连接设备的漏洞，并向技术提供商、系统采用者和最终用户提供安全协助。该基金会目标是通过跨公司合作增强意识，并鼓励制造商去考虑硬件级别连接设备的安全性[31]。许多公司还努力建立能够使大型物联网设备彼此识别和认证的平台，以提供更高的安全级别，防止数据泄露。一些研究成果展示了通过设备和智能手机的连接可以增强物联网的安全性。

一般在物联网设备部署的初始阶段，一些简单的指导通常就足够了。从消费者的角度出发，在安装新的物联网设备时，如与互联网连接的烤面包机、婴儿监视器或任何需要长久连接的设备，经验表明使用这些设备之前需要立即更改默认密码。对于制造商来说，即使有密码保护，在开放式的互联网中完全隔离与个人信息相关的功能也是不容易实现的。此外，对于制造商和消费者来说，数据受保护（如：云、设备、驱动器加密）是合理的，因为如果数据内容可以被非授权人员访问，那么这些数据（如：文本、图像）都是高风险的。对于设备制造商来说，通过使用基于硬件的安全元件可以使存储的数据在合理的成本内达到最高的保护级别。此外，仅仅基于软件保护方法的数据，安全性通常比 micro-SD、嵌入式安全元件（SE）、可移动 UICC（通用集成电路卡）或基于 TEE（可信运行环境）的方法更差。

对于安全性的检查，通常建议检查端到端中最薄弱的环节。即使物联网设备看起来相对安全，家庭环境得到了很好的保护，但是一个连接到家庭网络的未受保护的冰箱都可能为罪犯打开一个非常容易的安全突破口。另外，实时关注安全新闻也是一个好主意，例如相关设备的域名系统保护以及防火墙和病毒防护软件的最新进展。

3.2.9 云

因为云对许多消费者和 M2M 环境的实用性，使得它即使没有贯穿物联网的全部也被认为是物联网的一个重要的组成部分。云计算基于资源共享，目的是获得容量增益、分配处理资源，实现规模经济。专用数据传输网络的缺点是由于偶尔的负载峰值需要相当大的容量，导致它们通常的负载只是该网络最大容量的一小部分。整个传输基础设施可能集中在一个单一的大型 IP 云中，而不是为了服务这些容量峰值而让所有运营商管理这种大型网络。根据统计概率特征，不同运营商或单个运营商的区域容量峰值通常不会在完全相同的时间发生，因此云的总容量比单个网络的总和要低得多。

这种将容量集中到云中（的做法）是云计算进行远程通信的优势之一[10]。此外，通过 LTE/LTE-A 的高数据传输速率和低延迟，使得在移动环境中云数据的上传和下载特别流畅。考虑到通过移动网络时数据传输的费用，典型的解决方案之一是将 Wi-Fi 分流和 LTE/LTE-A 无线电接入同时使用。云计算可以实现对一组可配置的共享计算资源的按需网络访问。最初，大公司的需求驱动了云网络和相关服务的发展，但是可以断定云计算正在成为小公司和终端用户越来越重要的日常工具。

云概念是相对较新的概念，由于功能和内容分布在比以前高度本地化、更独立和更易于管理的环境之外，可能需要关注其连接控制、安全性、隐私性方面的问题。所以，网络服务提供商的重要任务是关注这些问题并采取相应措施，从而尽可能减少潜在的安全隐患。用户账户的正确加密及保护是服务提供商的首要任务。

云计算的一个重要需求是将 IT 任务外包给由互联网提供的云服务。这种演进的好处在于可以通过单个点管理越来越多的资源，并根据需要使用应用程序和服务。当然，云服务的大规模支持可能需要数年时间。服务器虚拟化是创建内部和外部云网络和服务的方式之一。还有其他领域需要像元操作系统一样开始和发展，这样可以将分布式资源的管理简化为单个计算池。元操作系统是应用程序和分布式计算资源之间的虚拟层，它利用分布式计算资源来管理和控制应用程序和相关任务（如：错误控制）。此外，还需要一个服务总监来决定应用程序计算资源的最终分配和优先级。

云计算提供动态的网络结构。例如：一个基于软件的网络作为云计算中的一部分，通过云用户的低成本和灵活的调整进行访问。此外，云网络还提供 IP 路由、地址管理、网络地址转换（Network Address Translation，NAT）以及身份认证、QoS 等确保网络基本功能的安全特性。

通过基于软件的云计算网络，客户的网络架构无论位置在哪都可以复制。复制包括对拓扑和策略的更改，使云网络成为一种可以对受损进行恢复且具有经济效益的动态逻辑平台。

特别针对物联网环境，在不接触外部用户的情况下，利用云进行安全通信和存储是至关重要的。一些与云相关的实例如下：基于 HCE 的安全支付、用于物联网远程信息处理和流量分析服务的云存储。云概念非常有用，因为它对物联网通信进行了抽象处理，并且可以在许多类型的环境中增加附加值，为银行业务和信息处理的安全存储做标记。

3.2.10 蜂窝连接

3.2.10.1 RF 频段部署方案

蜂窝 RF 频段是需要广泛连通性的物联网设备最有用的基础之一。只需要四频段的一小部分，GSM 就可以覆盖全球。即使新增了 450MHz 等最新频段，GSM 设备制造商以及网络运营商也可以相对简单地部署 GSM 连接，因为它是这种强大技术的一部分。同样的原理也适用于诸如 UMTS 的 3G 技术，只用五个 RF 频段就可以达到全球范围的功能实现。2G 技术在 GSM 方面体现的优势是，提供了一个大范围的服务区域。这些网络通常部署在 900MHz 和 1800MHz 或 850MHz 和 1900MHz 频段上，假设该系统同 3G 系统以及发展中的 4G 系统一起保持并行发展，这些频段能够为未来的物联网设备提供非常大的覆盖范围，当然也包括将在 2020 年部署的 ITU-R 兼容的 5G 系统中。

因为还有更多的 RF 频段可用，目前的环境与早期 4G 的 LTE 和符合 ITU 标准 4G 的 LTE-A 相比，变得更加多样化。这也为利益相关者（每个区域优化的终端和网络）提供了更多的选择。同时，如果假定某设备在技术和经济上可行，该设备也不可能支持所有可能的频率选项。因此，设备制造商和运营商在网络设备选择、部署和运行中，重要的任务之一就是对最优频率的选择，这个选择显然取决于每个市场。接下来的部分为了应对 RF 频段碎片的挑战，总结了 LTE/LTE-A 频段的全球状况。

3.2.10.2 LTE/LTE-A 频谱实践

LTE 和 LTE-Ad 频段数量众多，为不同的 ITU 地区、大陆和国家提供了充分的选择。监管机构、运营商和设备制造商需要谨慎地制定策略。在图 3.5 中可以看出，拉丁美洲地区的 LTE 频分复用（Frequency Division Multiplex, FDD）和时分复用（Time Division Multiplex, TDD）频率部署计划的多样性。图 3.6 显示了世界其他地区采取典型 LTE/LTE-A 频段部署和载波聚合的场景。上述信息是根据相关区域频率计划的各种公开信息形成的。

图 3.5 拉丁美洲潜在 LTE 频谱计划的例子

从图 3.5 和图 3.6 可以看出，世界上存在着一系列潜在的 LTE/LTE-A RF 频

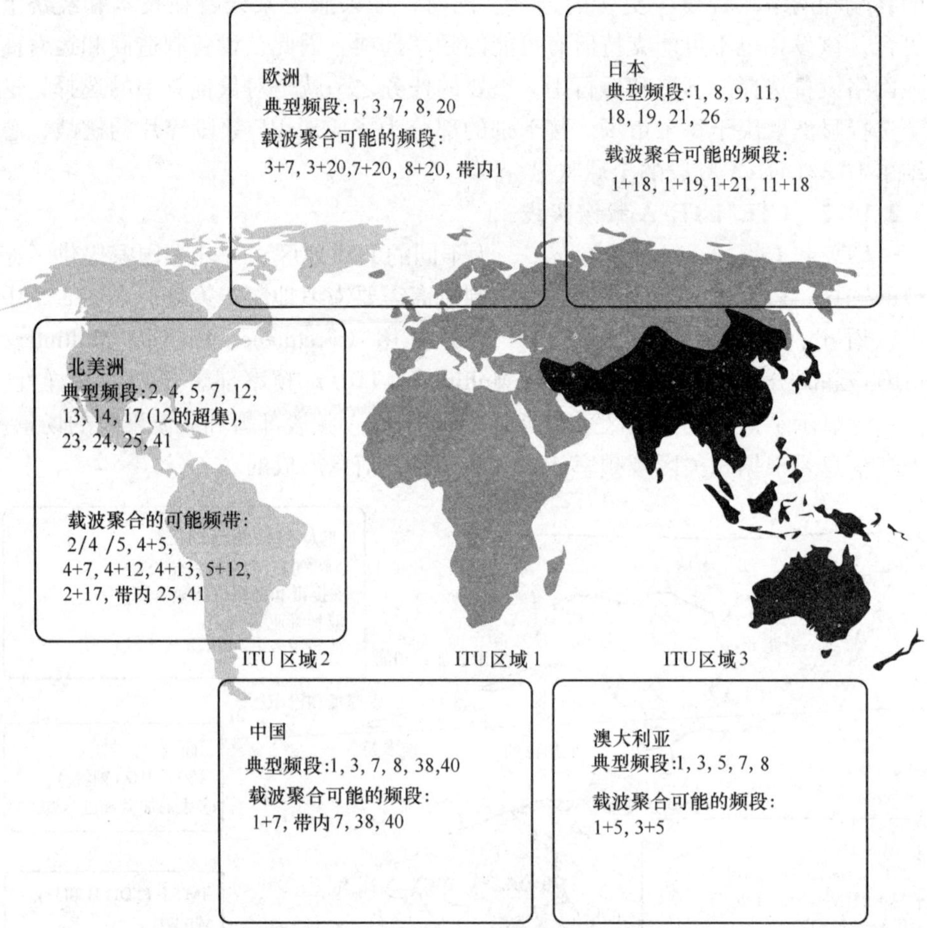

图 3.6　世界其他地区典型的 LTE/LTE-A 频段场景和潜在的载波聚合部署

段变型，即使在特别小的区域内这些变体差异性也很大。因此 LTE/LTE-A 设备（消费者设备以及物联网设备）的规划比以前的移动通信系统更复杂。设备频段支持的优化取决于许多方面，如：目标市场、设备类别以及设备大小。有关设备供应商对 RF 频段集优化方法的详细内容，将在第 6 章进行讨论。

第一个商业 LTE 网络在 2009 年底部署，2010 年底在美国和日本首次发布。虽然 TDD 频谱对运营商的吸引力不如 FDD 频谱，但是 TDD 频谱还是为 LTE/LTE-A 开发提供了越来越多的机会。根据目前的发展情况，预计在未来几年里，TDD 的影响力将大大增加。

许多频段已经实现了 LTE 网络。由此可看出，业界、厂商、运营商以及芯片组开发人员都注意到 RF 频段碎片化这一事实。虽然为选项的可用性提供了可能，但同时也面临着互操作性优化的挑战。

除了各种频段之外，LTE/LTE-A 还根据频率和区域提供各种频率带宽。该范围可能在 1.4MHz、3MHz、5MHz、10MHz、15MHz 以及 20MHz 之间变化。这种灵活性确保了运营商能够选择和已部署的 GSM 和 UMTS RF 频段相一致且最适合 LTE/LTE-A 部署的策略，特别是 850MHz 频段、900MHz 频段、1700/2100MHz 频段、1800MHz 频段、1900MHz 频段和 2100MHz 频段。同时，这种灵活性策略为动态重新分配提供了可扩充性，使得在以前系统的容量降低的情况下，可以逐渐地引导客户更有效地利用 LTE/LTE-A 系统。在初始阶段，虽然数据传输速率在逻辑上的实现相对较低，但是最窄带宽 1.4MHz 和 3MHz 的利用率对将 LTE/LTE-A 引入商业市场往往是有意义的。随着不断的发展，LTE/LTE-A 可以保留高达 20MHz 的带宽，并且有高达 100MHz 的载波聚合用以提供最高的数据传输速率。

在没有以前传统系统的频段内（如：700MHz、2600MHz），可以从头开始以最大可能的带宽部署 LTE/LTE-A。特别是 700MHz 频段以及最新增加的 450MHz 频段，可能非常适合广大农村地区。应当注意的是，天线的最小尺寸范围，例如在 450MHz 频段中，为了充分利用低频传播特性的好处，导致用户对该频段需求相对较大的天线尺寸。对于像手持式智能设备这样的小尺寸设备，由于天线的损耗较高，小天线可能有益于宽带传播，因此 450MHz 频段可能更适用于大规模设备，如：集成 LTE/LTE-A 片。

对于设备和网络一个可行的解决方案是支持组合低频段（选定频率在 700~900MHz）和高频段（选择频率从 1800MHz 到 2.6GHz 甚至 3.5GHz）。低频段提供大的覆盖范围，而高频段提供大容量和高数据吞吐量。

即使 3GPP 频率列表看起来很惊人，只要网络供应商和原始设备制造商确保每个地区有足够的设备供应，它允许在区域级选择最合适的网络部署方案。例如，从拉丁美洲、欧洲、亚洲（太平洋）、中东和非洲等地区频谱的获取和公开的近期计划中可以发现，新的频段 2600MHz 在许多地区变得越来越重要。由于模拟系统的减少，电视频率的重组为 LTE/LTE-A 在 DD 频谱中的部署带来了新的机会，而关于 850/900MHz 频段和 1800MHz 频段的重置现象也成为 LTE/LTE-A 网络的逻辑选项。700MHz 频谱特别引发了许多讨论和具体的部署。亚太地区（APAC）的 28 频段被确定为拉丁美洲地区最具潜力的候选者之一，日本也积极部署 2100MHz 和 1500MHz 频段。2300MHz、2500MHz 和 2600MHz 频段的好处是频谱的广泛可用性。

新的 LTE/LTE-A 的选项为部署提供了新的机遇，如：DD 频谱和 2600MHz 频段以及许多其他的新频段（如：L 频段、1800MHz 频段）。DD 频谱部署的第一步由美国和德国执行，并通过大量的拍卖继续部署。在欧洲，2600MHz 频段的部署尤为受欢迎，同时，欧洲和亚太地区对 1800MHz 频段似乎越来越感兴趣。此外，也存在一些具体的思路，通过认知无线电和白色空间概念，进一步提高 LTE/LTE- A 频谱的利用率，美国和英国推动了白色空间概念的发展，这一概念可能会对频段策略有利。

3.2.10.3 高级 RF 的使用

认知无线电是提高 LTE/LTE- A 频谱利用率的另一个想法。然而，这个概念还处于早期阶段，商业部署还没有开始进行具体实施，第一次部署由美国利用白空频谱完成。这个想法还是比较新的，还需要相关机构做出努力。

在更具体的 LTE- A 项目中，为了增加容量，载波聚合（Carrier Aggregation，CA）的使用正在快速增长。载波聚合是为国际电信联盟兼容 4G 时代和更高数据传输速率进行铺路的主要项目之一。此外，载波聚合还有一个优点是可以利用其他被隔离的频段，同时，载波聚合可以用于单向频率。比如将只能为下行链路（DL）定义的美国先前 MediaFLO 29 频段重新分配给 LTE/LTE- A。

3.2.11 无线局域网

具有各种变型的 WLAN 是目前最受欢迎的互联网接入方法之一。随着有线互联网接入和分组核心网络的发展，无线局域网解决方案得到了重大改进。因此，自 20 世纪 90 年代以来，比特率呈指数增长，网络的功能区域不断增长。第一阶段的 WLAN 由早期的 IEEE 802.11 标准组成，并得到逐步补充。表 3.1 总结了当前最相关的 WLAN 变型[17]。

表 3.1 WLAN IEEE 802 主要标准

版本	名称	频段	比特率（最大理论值）
IEEE 802.11（遗留）	WLAN	2.4GHz	1 ~ 2Mbit/s
IEEE 802.11a	WLAN（Wi-Fi）	5GHz	54Mbit/s
IEEE 802.11b	WLAN（Wi-Fi）	2.4GHz	11Mbit/s
IEEE 802.11g	WLAN（Wi-Fi）	2.4GHz	54Mbit/s
IEEE 802.11n	WLAN（Wi-Fi）	2.4GHz 和 5GHz	300Mbit/s
IEEE 802.11ac	WLAN（Wi-Fi）	5GHz	1Gbit/s（总面积）和 500Mbit/s（单站）
IEEE 802.11ad	WiGig	60GHz（向后 2.4/5GHz）	7Gbit/s
IEEE 802.15.1	蓝牙	2.4GHz	1Mbit/s
IEEE 802.15.3/3a	UWB	各种频段	10 ~ 500Mbit/s
IEEE 802.15.4	ZigBee	2.4GHz，915MHz（美国）868MHz（欧洲）	250kbit/s
IEEE 802.16	WiMAX	10 ~ 66GHz	120Mbit/s

（续）

版本	名称	频段	比特率（最大理论值）
IEEE 802.16a/e	WiMAX	2～11GHz	70Mbit/s
IEEE 802.16m	WiMAX 2	获得许可的 IMT-Advanced 频段	100Mbit/s，1Gbit/s
IEEE 802.20	WMAN/WAN	3.5GHz	1Mbit/s
IEEE 802.22	无线区域网络	VHF/UHF 电视频段	19Mbit/s

与移动网络一样，在个人及商业 WLAN 环境中安全性是一个重要方面。实际上，如果 WLAN 的无线电接口不受密码的保护，基本上可以供公众使用。在最坏的情况下，接入点（AP）可以被外部攻击者用于非法目的。服务器可以被设置成一种传输中介，传输未经所有者许可的图像、音乐或视频内容，这只是开放式访问被滥用的例子之一。

增加 WLAN 网络的安全级别的最基本和最简单的方法是在建立与 AP 的连接时需要激活访问代码请求。不安全的 WEP 用于初始的 WLAN 访问限制，并已经进行了多个版本的增强。第 2 章详细介绍了关于 WLAN 保护的先进方法。

3.2.12 窄范围系统

虽然蜂窝系统为物联网提供了最广泛的覆盖区域（除了对于普通使用可能太昂贵的卫星系统之外），本地连接方法可以用于该区域内的设备之间的信息共享，或者可以通过集线器进一步连接到云。在商业市场上有各种各样的本地连接方法，每种解决方案都有利弊，具体取决于用例、移动性、所需数据传输速率以及最大的需求覆盖范围。连接的一些关键技术是：

1）蓝牙（Bluetooth）。随着自从第一个版本以来的技术进步，这种方法的普及率越来越高。蓝牙的低能量变型（BLE）在 IoT/M2M 环境中特别可行，因为它只需要低功耗就可以为本地提供足够的覆盖。

2）无线上网（Wi-Fi）。随着公共场所的热点越来越多，Wi-Fi 的重要性逐渐增加。Wi-Fi 连接到互联网一般作为蜂窝连接到互联网的一个经济实惠的替代方法。通常，智能设备的软件更新越来越多地通过 Wi-Fi 完成，利用与移动设备相连的笔记本电脑/个人计算机进行软件下载。运营商也有兴趣为消费者提供更多的 Wi-Fi 分流解决方案，以平衡蜂窝网络负载。

3）近场通信（NFC）。这是自 2012 年以来逐渐出现在新市场中的最近距离技术。它可以通过消费者的点击动作，在许多解决方案中使用，包括信息共享（类似于 RFID），建立音频/视频连接并执行安全支付。

4）无线电射频识别（RFID）。这是基于可读和可选的可写标签，它代表了物联网移动设备非常基本的连接，尽管它可以集成到设备/SIM 的整体功能中。

5）Wireless USB。这是由无线 USB 促进联盟（Wireless USB Promoter Group）设计的一种短距离、高带宽的无线通信协议。它由 WiMedia 联盟维护。无线 USB 基于 WiMedia 联盟的超宽带平台，可以在 3m 的距离内提供 480Mbit/s 或在 10m 的覆盖范围内提供 110Mbit/s 的速度。带宽为 3.1～10.6GHz 之间。目前实施的是 W-USB，它能够形成包括主机、设备和互连支持的 USB 系统，是基于 USB 集线器的轮辐模型，允许最多 127 个无线设备通过 PTP 或辐条与主机或集线器链接。系统中有一个主机控制器，其拓扑结构可与星形网络相媲美。

6）超宽带（Ultra-Wide Band，UWB）。它是在大部分无线电频谱上的一种基于低能量和短距离的应用于高带宽通信的无线技术。UWB 的典型应用是短距离雷达成像、传感器数据采集、精确定位和跟踪。UWB 被评价为是 PAN 的基础，并且在 IEEE 802.15.3a 的 PAN 文件草案中被提出。然而，IEEE 802.15.3a 工作组已经解散，由 WiMedia 联盟和 USB Implementer Forum 接管其工作并发展。虽然具有一定的功能技术性，但是未取得理想进展，以及技术经济适用性等原因限制了 UWB 在消费者产品中的使用。

7）ZigBee。它是一种 IEEE 802.15 标准，用于在短距离内传输小规模的数据，并且只使用少量的能量。与 Wi-Fi 不同，ZigBee 代表网状网络标准，因此，ZigBee 网络的节点彼此连接。它提供了 250kbit/s 的固定数据传输速率。

8）6LoWPAN（IPv6 Low power Wireless Personal Area Network）。它结合 IPv6 和低功耗 PAN，为非常小的低处理能力的供电设备提供基于 IP 的无线传输。

9）Symphony Link。它是一种广域的低功耗无线系统。终端用户可以使用远程无线电活动模块用于与网关进行通信。它基于星形拓扑网络，即端节点与单个网关通信。网关管理网络并以灵活的方式与模块进行交互。

10）用于条形码的光学读取器技术（变型：1D、2D、3D）。

实际上还有已经过时的遗留系统，如红外线（IR），可以在两个设备之间创建链接（例如，手机到手机，或手机到计算机）用于信息（包括照片、联系人和其他内容）共享。近些年来这种方法越来越不受重视，红外线已不在现代装置的范围内。然而，该方法对于支持 IR 的旧设备仍然有用。在这种情况下，尤其是在开放式通信中需要考虑安全方面，因为传输可能在可见的视线内被窃听。

图 3.7 总结了当前最适用于 IoT 环境的本地连接技术，以下部分详细地介绍了 NFC、条形码、RFID 和蓝牙的原理。

3.2.12.1 蓝牙（Bluetooth）

蓝牙取代了计算机、其外围设备和移动设备之间的电线，其功耗低，功能

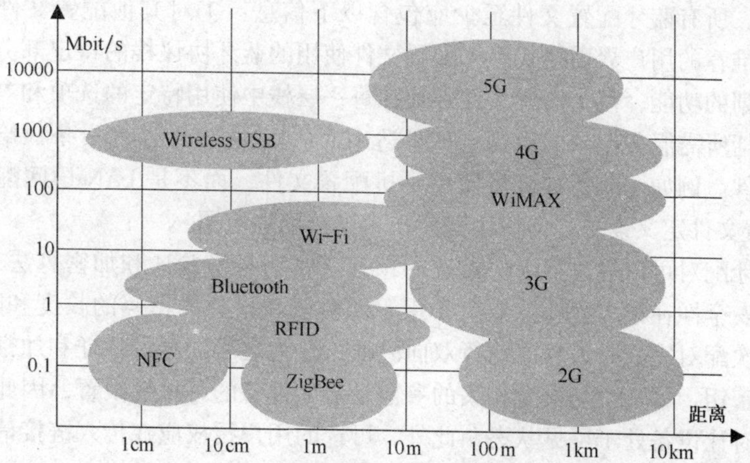

图 3.7 无线连接解决方案的高级别实例（包括各自的覆盖率和数据传输速率）

范围相对较小（取决于标准化的能量等级），为许多类型的设备（如无线耳机和麦克风）提供低成本收发器技术。由于接口是基于 RF 的，与 IR 之类的老技术相比，其优点之一是只要接收到的功率级足够高，就不需要连接线。表 3.2给出了蓝牙的功率等级[17]。

表 3.2 不同类别蓝牙设备的理论距离

分　类	最大功率/mM	最大功率/dBm	距离/m
1	100	20	100
2	2.5	4	10
3	1	0	5

蓝牙配置文件可以被定义为蓝牙设备与其他设备进行通信的一般行为。这意味着为了能够通过蓝牙技术连接设备，两者都必须支持和理解正在使用的通用蓝牙配置文件。蓝牙配置文件描述了可以在连接中使用的应用程序和蓝牙的使用方法。例如文件传输配置文件定义了设备如何使用蓝牙在具体设备［例如，移动设备和个人数字助理（PDA）］之间进行文件传送。

为了使蓝牙设备与其他设备连接，两个设备必须共享至少一个相同的蓝牙配置文件。例如具有蓝牙功能的手机才能使用蓝牙耳机。耳机和移动设备都应该使用耳机配置文件，该设置文件主要定义了启动、保持和释放耳机与移动设备之间的连接的方法。

目前已经开发出了各种各样的蓝牙配置文件。蓝牙设备的制造商为该设备分配一组蓝牙配置文件到与其他蓝牙设备一起工作的某组应用程序中。根据蓝牙标准，所有蓝牙配置文件至少应包含以下信息：①对其他配置文件的依赖性；②推荐的用户界面格式；③配置文件使用的蓝牙协议栈的特定部分。为了实现计划的功能，每个配置文件必须在每一层栈中使用特定的选项和参数。这可能包括所需服务记录的概要（如果适用的话）。大多数蓝牙设备只给出几个配置文件。例如，蓝牙耳机将使用耳机配置文件，而不是 LAN 访问配置文件（该配置文件定义设备如何使用蓝牙技术连接到局域网）。

蓝牙配对可以通过强大但可选的预共享密钥身份验证和加密算法来完成。蓝牙的安全性在很大程度上取决于用于配对蓝牙设备的密码的长度和随机性。当第一次配对完成时该程序执行双向验证，并为之后的身份认证和加密设置一个链接密钥。另一个与安全相关的参数是蓝牙设备的可见性设置，因此建议仅在需要时让设备处于可见状态。此外，可选的用户授权应在传入链接请求的情况下提供额外的保护。

蓝牙的潜在安全隐患与缺乏集中管理和安全实施基础设施有关。本章参考文献［32］已经认定蓝牙的规范非常复杂，需要支持 20 多种语音和数据服务。支持蓝牙的设备和服务基于各种芯片组、设备和操作系统，以及不同的用户界面、安全性编程接口和不总是相同的默认设置，这样的现实带来了一系列的挑战。相应的蓝牙攻击包括身份检测、位置跟踪、拒绝服务（DoS）、数据和语音信道未经许可的控制和访问等。其中一个用于防范安全漏洞的最简单的方法是基于弱默认密码（例如，'0000'）。此外，对提供电话信号命令的耳机配置文件的支持，可能会造成通过蓝牙对设备的滥用。关于蓝牙安全和保护方面的更多信息可以在本章参考文献［33］和［34］中找到，本章参考文献［33］和［34］中详细列举了现实世界的蓝牙攻击，如未经授权下载电话簿和通话列表，通过受到攻击的手机发送和阅读短信，并泄露至相对较远的距离（超过 100m）。

3.2.12.2 RFID

RFID 技术属于自动识别和数据采集（Automatic Identification and Data Capture，AIDC）方法。AIDC 或 Auto-ID 又是用于识别对象、收集对象数据，并以自动化的方式将相应的数据输入计算机系统的一组方法。除了 RFID 以外，AIDC 技术还包括条形码、生物识别技术、磁条纹、光学字符识别（Optical Character Recognition，OCR）、智能卡和语音识别等[21]。

RFID 基于无线数据传输，以便自动识别和跟踪附着在物体上的标签。标签基于电存储的信息来识别相应的对象。与光学可读条形码的情况不同，RFID 读取器不需要位于标签的视线（Line-of-Sight，LoS）范围内，因为无线电波也可通过物质进行传播。

可以使用的 RFID 标签是各种各样的。它们可以在独立的环境中工作，基于磁场的电磁感应读取标签，而不需要外部电源，而其他类型 RFID 以被动模式从无线电波中收集电磁能。RFID 也可能是基于其本身的电源（例如电池），其与基于感应的被动模式相比提供了更大的标签覆盖区域。

RFID 标签工作在一组免授权频率上，如 3 ~ 8MHz、13MHz、27MHz、433MHz、902 ~ 928MHz、2.4GHZ 和 5.8GHz。标签还有各种各样的使用情况，它们在生产、存储、物流和售后期间用于跟踪对象。除了商品和产品外，它们同样有助于识别活体，例如通过皮肤下的嵌入式 RFID 芯片来识别宠物，或通过贴在衣服上的标签识别体育赛事中的选手。

图 3.8 描绘了包括物体上的 RFID 标签、天线、读取器以及与应用相连［例如企业资源规划（ERP）］的主机组成的 RFID 系统架构。

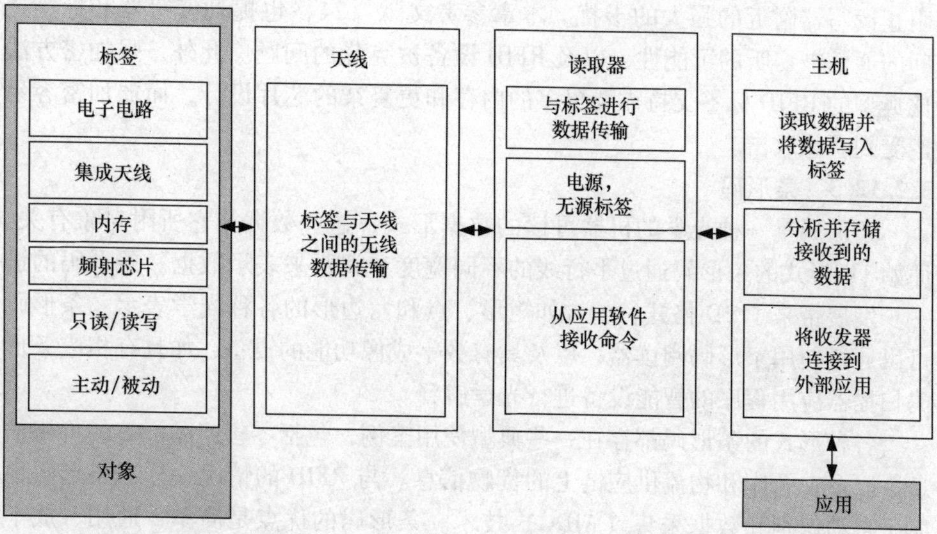

图 3.8 RFID 系统架构

根据本章参考文献［22］，与 RFID 相关的潜在安全漏洞目前还可以控制或处于可接受的水平。资料表明当前由 EPCglobal 第二代协议提供的数据保护，在先前协议的基础上取得了一定的进步，并且对于在供应链内仍然受限的 RFID 部署也可以接受。由于标准 IP 网络安全，使得 RFID 阅读器与网络之间的通信是安全的，这一领域的威胁主要存在于标签和阅读器之间的 RF 通信，在协议的进一步发展中需要考虑到这一点。

未来潜在的 RFID 安全威胁可能包括克隆标签和未经授权的阅读器，以及通过外部设备拦截阅读器数据的恶意意图，尽管通过 RFID 标签传递病毒仍然是一种理论上的可能性。本章参考文献［22］表明，随着 RFID 部署在消费领域的重要性日益增强，未来的部署需要考虑更新的安全性能和 3G 协议。

本章参考文献［23］还讨论了 RFID 的安全性，声称在 RFID 标签、网络或数据级别中可能存在一定的安全漏洞。采取有效保护措施和标准存在的潜在问题之一是标签的成本和功能都非常低。这意味着功能性和改进了的安全工具不会使贴有标签产品的成本合理可行，标签的额外加密会对标签的处理能力产生负面影响。不过，业界正在考虑这些问题。EPCglobal UHF 二代协议预计将与 ISO 18000-6C RFID 无线接口规范配合使用。此外，EPCglobal 已经将安全供应商 VeriSign 公司作为其基础设施提供者。

本章参考文献［24］进一步提到拒绝服务（DoS）攻击。在利用 RFID 的情况下，一个比较简单的无线电干扰发生器或设置在 RFID 标签频率上的信号振荡器均可能会干扰附近的通信。在手机支付或安全应用程序等环境中结果可能很严重。读写器如果非常靠近 REID 标签可以降低这些风险，但它不会完全阻止读写器附近的强大的干扰。本章参考文献［24］也提到读写器和标签之间的通信被窃听的可能性，以及 RFID 设备被克隆的问题。此外，强加密方法比典型的 RFID 标签支持需要更多的内存和更复杂的芯片设计，而弱加密容易遭受到恶意攻击。

3.2.12.3 条形码

条形码是一种光学的机器可读的数据形式，这些数据与它所附对象有关。原始 1D 形式的条形码通过平行线的不同宽度和间距来表示数据。条形码的进一步发展带来了 2D 格式，包含如矩形、点和六边形的各种光学表示。条形码可以通过使用条形码阅读器，以及具有数字成像功能的设备，如具有相应条形码扫描器应用程序的智能设备进行光学解释。

各种形式的条形码都存在一些典型使用案例，包括零售产品标签的价格信息，以及在仓库和物流供应链上的货物信息。与 RFID 的情况一样，条形码也属于自动识别和数据采集（AIDC）技术。条形码的优点是简单、通用、成本低，缺点是需要在视线范围内。

条形码被认为不是重要安全漏洞的关键，虽然条形码可以被一些智能设备可能执行的指令嵌入到图像中，如 IMEI 所显示。用户设备能够执行一些基于条形码的更有害的代码这一现象并不典型，如扫描代码时启动电话。然而，条形码可以显示通过智能设备自动进行的 Web 连接，因此，在设备端要确保保护机制，以防止浏览器建立与恶意 Web 页面的连接。

3.2.12.4 NFC

NFC 是一种短距离无线通信技术，它能够在手持移动电话和阅读器（如：零售商店的 POS 机）等设备之间进行数据交换。NFC 的通信基于高频率的无线电接口，在具有 NFC 功能的设备之间提供了最大距离约 10cm 的功能连接。对于支付解决方案，分别具有单独的认证流程，为可用距离制定了不同的要求。NFC 是基于约 13.56MHz 的频率范围，它是 RFID 域的一个子集。

该频率范围由ISO-14443A、ISO-14443B、FeliCa和ISO-15693标签标准限定。

应该注意的是，ISO-14443A、ISO-14443B和ISO-15693没有定义安全架构。ECMA-340标准适用于比简单的存储器具有更多功能的设备之间的信息交换，它基于ISO-14443A标准中使用的堆栈，除了读写存储器外它还允许更多的功能。然而它不包含安全架构，所以保护协议需要得到保障，例如在应用级别。

3.3 物联网的发展

下面总结了一些在物联网领域的关键概念如GSMA互联生活理念和其他行业论坛、联盟及标准化启动等。

3.3.1 GSMA互联生活

物联网计划使用GSMA互联生活理念，通过智能和安全的移动网络连接，创造一个消费者和商家都可以享受的丰富的新服务的环境[12]。互联生活项目的重点是为了减轻移动网络运营商增值服务的任务，并加快M2M市场上连接设备和相应服务的交付。该方案的工作方式是基于行业协作、规范、网络优化，关键推动力的发展，以支持未来M2M和长期的发展。该方案考虑了物联网设备以及通过移动网络的应用程序的安全通信。

由于物联网设备的数量预计会大幅增长，MNO最重要的任务之一是相应地规划和优化网络，以支持数千个设备同时通信。因此，GSMA正在制定高效、值得信任的和可靠的物联网服务的指南，不仅运营商和服务提供商，而且应用程序开发人员都处于关键地位，以便创造这样的解决方案，不会浪费网络的宝贵容量。没有合理有效管理而产生的危险的一个例子是即使在没有实际通信的情况下，也保持PDP上下文活跃的心跳信号；这对设备数量较少的小区不会造成太多的伤害，但随着设备数量的增加，可能会有数以千计的这样的设备争夺信号资源，而那些高负载的信号区域将无法在没有应用程序级优化的情况下为所有设备提供服务。借助“互联生活”指南，物联网设备和应用程序开发人员能够确保实现一个通用的方法以及实现宝贵资源的合理利用，通过这种方法可以扩大物联网市场的增长。

在实践中，GSMA与物联网生态系统合作伙伴协作制定的指南，描述了物联网设备如何有效地在移动网络中进行通信。这种方法是基本的，因为在一个可变化的网络中，几乎没有更好的方法来保证大量物联网设备的连通性，因此，由利益相关者共同创建的规则确保了有效连接的公平共享。

3.3.2 全球平台组织

本章参考文献［2］中GlobalPlatform讨论了物联网当前的发展和潜在的后续发展，该文献认为正在进行的物联网环境还不成熟，这意味着现有的专有解决方案将足以满足当前的使用情况。然而，随着市场上物联网设备数量的增长，人们对安全和隐私的关注程度也随之提高。GlobalPlatform已经指出，这是一般公众和关键基础设施的一个重要威胁。

因此，GlobalPlatform认为，开放标准对确保连接设备之间的互操作性至关重要，这样一来，随着物联网设备的发展，它们各自提供的安全级别也足够高。因此，GlobalPlatform的重要任务之一是提高各自的规格，并吸引行业参与者，以保证物联网市场的需求得到满足[1]。

谈到具体步骤，GlobalPlatform有一个对其会员开放的物联网任务组，有助于讨论即将到来的具有网络功能的对象的业务需求。同时该任务组也致力于推进GlobalPlatform技术。此外，该组织还收集业界的反馈以便于有效地促进物联网市场的发展。

3.3.3 其他行业论坛

有很多与物联网相关的组织和行业论坛正在为实现永久连接设备的总体功能、性能和安全性积极寻求解决方案。其中一个组织是物联网论坛（IoT Forum），其正在考虑物联网的未来[25]。物联网论坛认识到，GSMA正努力在移动运营商之间建立共同的能力，使得网络能够支持所有利益相关者创造价值，包括安全性、计费和收费以及设备管理。物联网论坛认识到，所有这些项目都可以通过新服务的开发增强物联网，通过提供相应的增值服务，移动网络运营商除了提供蜂窝连接外，还可以作为终端用户的可信合作伙伴。物联网论坛指出，运营商的功能需要根据新兴的M2M业务模式来进行打造，以构建一个所有利益相关方都可信赖并从中获利的基础设施。

实现这一目标的具体方法是远程M2M配置和相关GSMA嵌入式SIM规范，旨在加快M2M环境的增长和提高运营效率。GSMA的嵌入式SIM卡提供了一个技术规范，以实现远程配置和嵌入式SIM的管理，允许初始运营商订阅通过空中下载（Over-The-Air，OTA）进行配置，以及随后将订阅从一个运营商更改为另一个运营商。

物联网论坛还考虑了物联网业务推动者的M2M服务。该论坛认为，不断增长的物联网带来了社会经济效益，但设备、应用程序和服务的开发仍有很大的需求，以此来使消费者相信他们的数据是安全的。GSMA支持建设性政策和监管框架，可以开启M2M服务消费者和企业的利益，建立信任和网络能力。

因此，GSMA 倡导可持续的 M2M 环境，使运营商能够对消费者和企业效益提供新的且有利的服务。

3.4 物联网技术说明

3.4.1 概述

物联网涉及代码的安全执行以及在设备和系统之间安全地传输机密数据（包括密钥）。基于当前和未来的解决方案，有几种处理这些过程的方法。物联网设备可能需要以加密方式存储数据，例如通过基于硬件的安全元件（SE）或可信执行环境（TEE）进行。根据 GlobalPlatform 的定义，安全元件可以是可移动或不可移动的半导体器件，具有诸如智能卡、SIM/UICC 和嵌入式永久安装的安全设备等规格。安全元件的作用是为服务提供商、应用程序提供商和其他利益者安全地托管敏感数据和应用程序。

安全元件的想法是提供一个数据存储和仅在允许方之间共享的手段，并作为远程和发布后安全管理的逻辑基础，例如订阅数据。安全元件的管理可以由各方直接进行，也可以通过诸如 TSM 之类的第三方解决方案进行，以便在安全元件中提供远程更新。图 3.9 描述了 TSM 的原理。

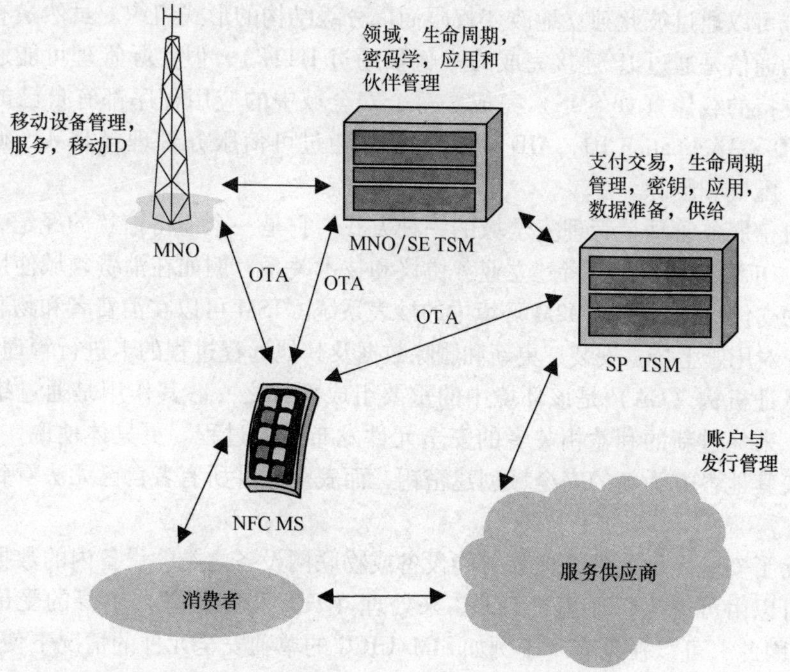

图 3.9 TSM 原理

GlobalPlatform 定义了安全域（SD），该 SD 基本上是为某个利益相关者预留的安全元件内的一个专用区域，使得其他人对其自身安全域之外的内容没有可见性。图 3.10 描述了安全域的原理。

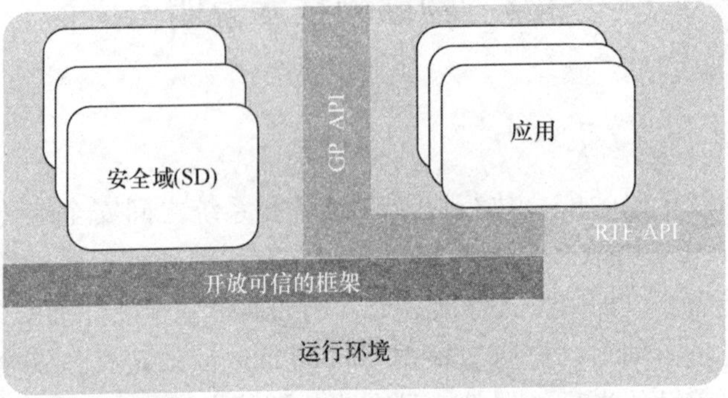

图 3.10　SD 原理

同样的物理卡可以包含多个安全域，并且它们可以用于例如发行者、控制机构（CA）和安全应用提供者。安全域实际上是可以用于存储凭证的安全元件上的应用程序，也可以作为通过安全信道和应用协议数据单元（Application Protocol Data Unit，APDU）安全管理安全元件内容的基础。由于可能有多个利益相关者，每个利益相关者均保留其自己的安全域（也称为“租户”），所以安全域可以通过彼此独立地改变权限而以分级结构的形式组织。虽然最有成本效率的通信是通过 IP 连接完成的（例如通过 HTTP），但实际管理可能通过大家都支持的载体（如 SMS）完成。每个安全域中的应用程序都有自己的应用程序 ID（Application ID，AID），它们可以通过可信服务管理（TSM）独立地安装、配置和删除。

可信服务管理是管理安全域的一种方式。它是一个值得信赖的经纪人，为 MNO、OEM 等利益相关者建立业务协议和技术关系，例如在消费领域使用手机钱包的支付机构，或在 M2M 环境中的抄表系统。TSM 可以在消费者和物联网环境中，对用于上传、安装、更新和删除数据及其他远程过程的卡进行管理。

认证机构（CA）是该环境中的重要组成部分之一。其作用是通过维护机密性，来促进新的利益相关者的安全元件发布后的过程。更具体地说，CA 可以代表其他各方为新的安全域创建密钥，而安全元件所有者自己无法看到服务的内容。

除了安全元件之外，诸如智能设备或物联网设备之类的设备内的数据机密性也可以由可信执行环境（TEE）来处理（TEE 指主处理器本身的受保护部分）。因此，可以在没有基于例如 SIM/UICC 的单独安全元件的情况下使用它，尽管没有什么可以阻止它与 TEE 的联合利用。TEE 通过确保保护机制、机密性、完整性和访问权限，为信任的应用程序提供执行区域。TEE 的优点之一是保护显示屏和 PIN 码输入，使其不能通过恶意软件被记录。

3.4.2 安全通信通道和接口

安全通道对于像 SIM/UICC 和相应服务器之类的实体之间传输数据是至关重要的。作为示例，GSMA 定义了包含例如 SCP03、SCP80 和 SCP81 的安全通道协议（SCP）套件。以上内容在 4.11.1 节中有更详细的讨论，同时还对当前（e）UICC 订阅管理解决方案进行描述。

3.4.3 配置和密钥推导

消费者和物联网设备以及应用程序初始化的基础是为设备和设备正在使用的服务建立密码密钥。初始设置可以包括在制造过程中，但挑战源于现代订阅数据的动态性；数据可能会改变，新的数据可能会出现，旧数据可能需要在设备的生命周期中删除，因此，远程订阅管理明确地简化了这些设备的更新，特别是如果将各自的安全元件嵌入到设备中。此外，即使了解了有关设备的初始服务和运营商，例如汽车物联网产品也可能会随着它们初始嵌入的汽车而终结于不同国家，这可能存在一定的挑战性。例如，GlobalPlatform 使信任的安全元件发行者能将进行初步配置的凭据提供给物联网设备，同时保持了利益相关者之间的机密性。

为了在消费者和物联网设备之间建立安全的通信通道以及各自的服务，获得密钥的推导需要。该过程包括认证、授权和加密通信。密钥可以分为持久的“主密钥”和短期“会话密钥”。需要将主密钥安全地存储在防篡改的安全元件中以提供最高级别的保护，并且可以从每个会话中导出变化的短期密钥。另外可通过为每个利益相关者提供的独立主密钥，例如在多个“租户租赁”安全域的情况下，来确保最大的安全性。

3.4.4 使用案例

本节介绍一些典型或预期的物联网环境示例。

3.4.4.1 遥测

遥测是物联网设备（例如智能传感器）中最合乎逻辑的应用环境之一，能够从现场自动收集数据，预处理结果并将数据反馈到物联网系统。随着遥测技术越来越多地被业界以及在日常 M2M 环境中使用（如控制恒温器和根据从耗电中接收到的遥测数据进行计费），相应的安全性变得越来越重要。安全性涉及消费者和系统数据的隐私以及防范欺诈意图来改变账单数据。

3.4.4.2 连接的安全系统

根据本章参考文献［26］，连接的安全系统通常依靠传感器来监视事件，例如开门或开窗或监视范围内的移动。此外，自动化系统可以包括能远程控制的家中的元件，例如通过智能手机开门和锁门，打开和关闭灯光和音响系统等。这些系统主要依赖于在家庭安全系统与具有相应的控制应用程序的智能手机之间建立的蜂窝网络连接。这些类型的安全系统能够通知用户有关事件，例如短信告知父母孩子已经回家。更完整的系统可能包括用户权限下安装的视频监控摄像机。

3.4.4.3 汽车

根据本章参考文献［28］，GlobalPlatform 已经将汽车行业确定为进行以软件为基础的控制和提升计算机系统的权威的最重要的领域之一。这里可以有许多支持的系统，如维护、位置和娱乐服务，并有相应的软件更新手段。同时，在汽车系统之间以及与外部实体之间形成连通性，以便可以在同一时刻激活各种连接解决方案。这种趋势也可能为潜在的恶意攻击打开未知的安全漏洞。有针对如车辆-车辆（V2V）和车辆-基础设施（V2I）等车载环境的定制解决方案，一起表示为 V2X，将采用公钥密码进行空中下载（OTA）短信的身份验证。V2X 在美国通过 IEEE 1609 标准集定义，而在欧洲的定义使用 ETSI ITS G5。标准化机构选择椭圆曲线密码学（Elliptic Curve Cryptography，ECC）作为解决方案的基础，其优点是签名和密钥的尺寸小。签名基于椭圆曲线数字签名算法（Elliptic Curve Digital Signature Algorithm，ECDSA），通过应用 224 位或 256 位长度的密钥。此外，为了提高保护等级，车辆配备了经常更换的私钥和公钥对，公钥由基于认证机构（CA）的证书进行分发[36]。

GlobalPlatform 在本章参考文献［28］中提供了一个实际的用例，包括汽车制造商、安全元件发行商（Secure Element Issuer，SEI）、几个应用提供商（Application Provider，AP）和 IoT 设备制造商（DM）。在这种情况下，DM 将安全元件（SE）和/或可信执行环境（TEE）集成到设备中。设备制造商可使安全元件补丁源自安全元件供应商（Secure Element Supplier，SES），并将安全元件集成到汽车的车载单元（Onboard Unit，OBU）中。车载单元可能具有应用程序，并为诸如基于位置的服务和维护服务等多个服务提供连接。

现在，车辆所有者（物联网业务用户，Service Subscriber，SS）可以订阅几个应用服务，例如远程诊断和基于位置的服务。也可能用户不希望这些应用程序提供者 AP-1，AP-2，…，AP-n 知道用户和其他任何应用提供商之间传输的数据，或用户可能只希望一组有限的应用提供商对所有数据具有可见性。

本章参考文献［28］详细说明了在这种情况下，每个应用提供商可以事先要求将由汽车制造商选择的 TSM 应用安装在车载单元（OBU）中。安全元件发行商和车主依次授权通过认证机构的安全域，以及可选的认证机构，来协助设置机密密钥。

3.4.4.4 电子健康系统

本章参考文献［28］提出了一个电子健康（E-health）的用例，其中包含一个集成了安全元件的传感器网关。医疗保健系统提供商将医疗传感器和网关集成到远程患者监测（Remote Patient Monitoring，RPM）设备中。医疗传感器可以通过建立连接和安全参数与RPM网关进行通信。RPM设备被出售或出租给医疗服务提供者（AP）。最后，医疗服务提供者的医务人员将RPM设备提供给患者在家中使用。为了设置设备，AP联系由安全元件发行商选择的TSM在网关上安装代表医疗服务提供者的新安全域。认证机构的安全域和可选的认证机构，在安全域里参与建立医疗服务提供者的密钥。医疗服务提供者现在可以通过使用安全通道提供所需的参数，如IP地址和公共密钥。来自患者端的连接可以基于蜂窝网络，使得MNO成为网络提供商（Network Provider，NP）的合理选择。当医疗服务提供者负责连接费用时，它作为网络用户是合乎逻辑的选择。在这种情况下，任何一方或甚至第三方都可以作为服务提供商（Service Provider，SP），而病人是业务用户。请注意，因为病人不拥有RPM设备，默认情况下病人无法改变服务提供商。然而，病人可能拥有其他类型的电子健康物联网设备，如通过其他服务提供商的血压测量装置。

3.4.4.5 公共设施

公共设施在物联网环境中发挥着越来越重要的作用，是在现实领域中部署M2M设备的首要类型之一[29]。公共设施也随着智能电网等现代化技术的发展而发展。公共设施可能依赖于各种类型的无线技术，尽管这些设备的最合理的连接是基于蜂窝无线电技术的。由于发送和控制数据量通常非常低，并且实时传输的要求不是太严格，所以即使是最基本的蜂窝技术，如GSM SMS或分组数据，对于这种环境来说也非常有用。实际上，由于2G网络已经建立起了相对较大的无线电覆盖区域，而且在2G网络中连接了诸如功率表读取器等大量公共设施，这也可能是2G网络没有减少的最直接相关的原因之一，即使3G和4G网络的频谱效率更高。在电力领域的作用，包括发电、输电和配电，也越来越依赖于物联网解决方案，以更好地了解本地接近实时的功耗。

智能电网（Smart Grid，SG）是能源领域的重大举措之一。智能电网将电力系统（Electric Power System，EPS）与能源和信息技术相结合，将最终用户应用程序和IEEE标准2030-2011中定义的负载相结合。图3.11描述了IEEE的相应图形表示，而NIST通过更高层的概念模型展示了智能电网。也有其他意图，把智能电网描述为智能基础设施、智能管理和智能保护系统[30]。

如图3.11所示，IEEE智能电网的区域类型包括家庭区域网（Home Area Network，HAN）、商业/建筑区域网（Business/Building Area Network，BAN）和工业区域网（Industrial Area Network，IAN）。智能电网的通信方法包括蜂窝网

络（GPRS、3G、LTE 和 4G）、Wi- Fi（IEEE 802. 11）、固定以太网、WiMAX（IEEE 802. 16）、光纤、xDSL、PLC、WSN/WPAN（IEEE 802. 15. 4）、ZigBee 和 DASH7。图 3. 11 中的术语如下：NAN 是指邻域区域网络，AMI 指智慧型电表基础建设，EAN 指扩展区域网络，FAN 指场域网络。

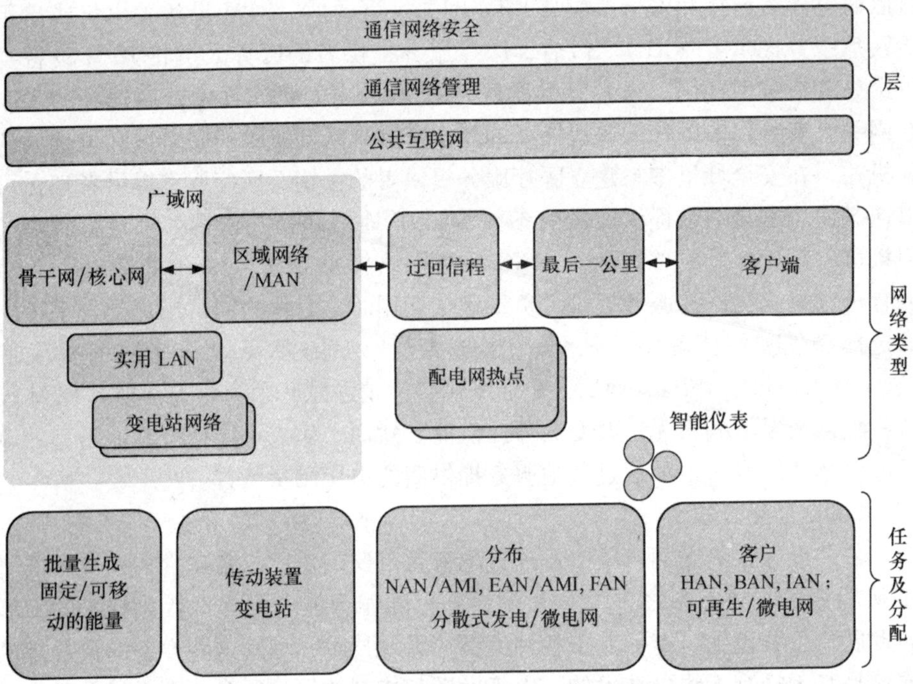

图 3. 11　IEEE 2030-2011 中对智能电网模型的解读

由于智能电网变得越来越重要，电力系统具有高度的战略性，需要尽量减少相关的安全漏洞。不难想象，如果连接暴露出安全漏洞，那么安全漏洞可能造成的严重程度，例如，在很短的时间内关闭整个城市的电力系统。

在本章参考文献［28］中，GlobalPlatform 介绍了一个公共设施的用例。GlobalPlatform 场景是关于智能仪表制造商（设备制造商，DM）生产具有集成安全元件的智能仪表。安全元件是由一个安全元件供应商提供。能源提供者［在这种情况下充当安全元件发行商（SEI）和服务提供商（SP）］允许在一所房子里安装智能电表，同时能量分布网络提供商或电网运营公司（作为一个应用提供商）要求可信服务管理在设备上安装提供线路质量的措施和管理的应用程序。为了保护这些信息，在部署过程中已经安装了加密密钥。另一个应用提供商（本地能源供应商）通常向消费者提供能源，并将其自己的应用程序加载到仪表上监控能源使用情况。

此外，业主或承租人（以业务用户的角色下）可以选择与电网公司不同的能源供应商，因此用户可能有机会根据与所选业务用户相匹配的生活方式来优化能源成本。这些不同的供应商可能需要不同的信息来计算费率，能源分销网络运营商可能希望监控不同的参数以优化其网络管理。

本章参考文献［28］的用例与房主改变能源供应商的事件有关。新的服务提供商需要联系与公用电网公司相关的可信服务管理，以便能够在智能电表中替换旧供应商的费率信息，以及用于保护传输记录的密钥。可以理解，在竞争时密钥应该被保护，认证机构的安全域和可选的认证机构本身都在其中。在一种情况下，电网公司可以通过使用电力线通信回程成为网络提供商，而新能源供应商可能是向电网公司支付其连接成本的网络用户。在另一种情况下，如果智能电表支持蜂窝连接，移动网络运营商（MNO）可以作为网络提供商，这意味着电网运营商将作为一个合理的网络用户，并为其连接成本向能源供应商收取费用。最后，在第三种情况下，房主（处于服务用户角色）也可以在设备中激活自己的应用程序以测量能量消耗，这意味着房主将是另一个应用提供商。

参考文献

[1] GlobalPlatform, IoT. http://www.globalplatform.org/medguideiot.asp (accessed 24 January 2015).

[2] GlobalPlatform,Leveraging GlobalPlatform to improve security and privacy in the Internet of Things. Whitepaper, May 2014.

[3] B. Meynert. The Internet of Things. 24 December 2012. http://www.sagevita.com/business/the-internet-of-things/ (accessed 26 July 2015).

[4] T. Tuttle, Silicon Labs. The Internet of Things: The Next Wave of Our Connected World. Embedded Systems Conference '15. http://www.embedded.com/design/connectivity/4430102/The-Internet-of-Things–the-next-wave-of-our-connected-world (accessed 26 July 2015).

[5] A brief history of Internet of Things. http://postscapes.com/internet-of-things-history (accessed 26 July 2015).

[6] Technopedia. Definition of Internet of Things. 2015. http://www.techopedia.com/definition/28247/internet-of-things-iot (accessed 27 July 2015).

[7] A. Greenberg. Hackers remotely kill a jeep on the highway – with me in it. 21 July 2015. http://www.wired.com/2015/07/hackers-remotely-kill-jeep-highway/ (accessed 27 July 2015).

[8] C. Thompson. 14-year-old hacked a car with $15 worth of parts. 19 February 2015 http://www.cnbc.com/2015/02/19/14-year-old-hacked-a-car-with-15-worth-of-parts.html (accessed 27 July 2015).

[9] *Newsweek*. Meet Kevin Ashton, Father of the Internet of Things, 23 February 2015. http://www.newsweek.com/2015/03/06/meet-kevin-ashton-father-internet-things-308763.html (accessed 7 November 2015).

[10] Cloud networks. http://www.networkworld.com/news/2008/111208-private-cloud-networks.html (accessed 9 September 2012).

[11] *Wired*. The Internet of Things is wildly insecure – and often unpatchable, 1 June 2014. http://www.wired.com/2014/01/theres-no-good-way-to-patch-the-internet-of-things-and-thats-a-huge-problem/ (accessed 15 November 2015).

[12] GSMA Connected Living. http://www.gsma.com/connectedliving/ (accessed 15 November 2015).

[13] T. Tuttle. Internet of Things: The next wave in computing. eMedia, 2014.

[14] G. Reiter. Wireless connectivity for the Internet of Things. Texas Instruments, 2014.

[15] D. Bjorklund, J. Rautio and J. Penttinen. NMTImage. DMR (Digital Mobile Radio) Conference, Stockholm, Sweden, June 1994.

[16] ITU statistics, end-2015 estimates for key ICT indicators, 16 November 2015. http://www.itu.int/en/ITU-D/Statistics/Pages/facts/default.aspx (accessed 16 November 2015).

[17] J. Penttinen. The Telecommunications Handbook. John Wiley & Sons, Inc., Hoboken, NJ, 2015.

[18] M. Marjapuro. 7 reasons why IoT device hacks keep happening, 2 November 2015. https://iot.f-secure.com/2015/11/02/7-reasons-why-iot-device-hacks-keep-happening/ (accessed 22 November 2015).
[19] The Internet of Things will drive wireless connected devices to 40.9 billion in 2020. 20 August 2014. https://www.abiresearch.com/press/the-internet-of-things-will-drive-wireless-connect/ (accessed 22 November 2015).
[20] B. Dickson. Why IoT security is so critical, 24 October 2015. http://techcrunch.com/2015/10/24/why-iot-security-is-so-critical/#.i8ddwze:sh4q (accessed 22 November 2015).
[21] The GS1. Fundamental concepts of AIDC and RFID. http://www.gs1us.org/DesktopModules/Bring2mind/DMX/Download.aspx?command=core_download&entryid=51&language=en-US&PortalId=0&TabId=785 (accessed 27 November 2015).
[22] ThingMagic. Security breaches of RFID. http://www.thingmagic.com/index.php/rfid-security-issues (accessed 27 November 2015).
[23] *InformationWeek*. RFID's security challenge, 11 November 2014. http://www.informationweek.com/rfids-security-challenge/d/d-id/1028389? (accessed 27 November 2015).
[24] Enterprise Risk Management. RFID; Great benefits also come with a security risk. http://www.emrisk.com/sites/default/files/newsletters/ERMNewsletter_July_2010.pdf (accessed 27 November 2015).
[25] IoT Forum, 27 November 2015. http://iotforum.org/ (accessed 27 November 2015).
[26] GSMA. The impact of the Internet of Things; The Connected Home. http://www.gsma.com/newsroom/wp-content/uploads/15625-Connected-Living-Report.pdf (accessed 27 November 2015).
[27] GSMA. Understanding the Internet of Things (IoT). July 2014.
[28] GlobalPlatform. Leveraging GlobalPlatform to improve security and privacy in the Internet-of-Things. White paper, May 2014.
[29] C. Lima. Enabling a smarter grid, September 2010, Silicon Valley. Smart Grid Series, Smart Grid Communications.
[30] D. Bakken (editor). Smart Grids: Clouds, Communications, Open Source, and Automation.
[31] The IoT Security Foundation. https://iotsecurityfoundation.org/ (accessed 27 November 2015).
[32] NSA. Bluetooth security. https://www.nsa.gov/ia/_files/factsheets/i732-016r-07.pdf (accessed 27 November 2015).
[33] Bluetooth security and protection. http://blog.bluetooth.com/bluetooth-security-101/ (accessed 27 November 2015).
[34] Bluetooth attacks. http://www.trifinite.org (accessed 27 November 2015).
[35] ITU. Regulation and the Internet of Things, 6 November 2015. https://itunews.itu.int/en/6024-Regulation-and-the-Internet-of-Things.note.aspx (accessed 4 January 2016).
[36] Auto-talks. V2X Security Portfolio, v. 1.3. White paper, 2016. http://www.uato-talks.com (accessed 24 May 2016).

第 4 章 智能卡和安全元件

4.1 概　述

本章描述了有关智能卡和安全元件的主要技术，尤其是这两者与无线系统相关联时的技术。首先讲解了为什么智能卡仍然发挥着作用，甚至对物联网时代的安全来说是不可分割的一个支柱。尽管如此，新的环境仍可能会要求系统的更新，以及安全元件在使用方式上更新。实际上，拥有大量的 M2M 连接设备的物联网和消费者市场都开始追求在体积上比迄今为止我们所看到的传统的 SIM 卡更小的安全元件。由于小型可穿戴设备和大量的低功耗的 M2M 设备的普及，订阅管理的工作原理可能会从传统的供应商特定的 SIM 空中下载（OTA）方法上经历一次根本上的变革。

为了确保全球范围内的流畅性和可移动性，产业界要求更广的互操作性。互操作性的一个例子便是汽车业，一旦汽车制造完毕，它可以在任何一个国家投入使用。因此，如果特定于蜂窝网络的相应车载通信系统包含有一个初始订阅，则应该可以将其改变为任何运营商的系统——不仅用于初始激活，而且还可以在通信设备的使用寿命期间进行若干改变。这些改变需要最新的国际标准和全新的 SIM 卡类型，这些 SIM 卡可能是小型的、可嵌入的元件，用来支持物联网和消费设备。

本章概述了传统的和增强的智能卡变型目前可用的和未来可替代的方案。还描述了 SIM 本身没有自己的输入/输出（Input/Output，I/O）能力及其对未来解决方案的影响的事实。此外，本章还介绍了具有相应标准和当前解决方案的接触卡的技术说明，和非接触卡的外观及其当前可用选项和未来扩展，以及其电学和机械特征。本章还介绍了智能卡文件结构的概念，并介绍了智能卡的典型用法，以及它们未来的发展。

4.2 智能卡和安全元件的作用

智能卡代表一种类型的安全元件（SE）硬件。提供 SE 的解决方案的示例有 SIM、UICC、eSE 和外部的微型安全数字（SD）卡。智能卡可以根据它们的物理特性被分为接触卡和非接触卡及其变型两种类型，还可根据它们的功能特性被分为内存卡、带有嵌入式操作系统的中央处理单元（Central Processing Unit，CPU）或多处理单元（Multi Processing Unit，MPU）卡、多模通信卡和混合卡。比如，这些卡可以被用作传输接入系统无线组件和接触芯片、双接口卡和类似集成指纹识别器的多组件卡。无线系统最适合的卡是 SIM/UICC 形式的接触卡，这种形式的卡可以借助于芯片引脚到设备的近场通信（NFC）芯片和天线的连通性来支持非接触通信。此外，M2M 领域一直是嵌入式 SIM 的驱动力，指的是与可拆卸的 SIM/UICC 具有同样功能的可焊接安全元件（SE）。

智能卡的概念出现相对较早，在 20 世纪 70 年代就出现了，在 20 世纪 80 年代商业产品进入市场。在商业化阶段的早期，智能卡主要用于预付费电话，它通过应用一个计时器来实现呼叫信用的使用。早期智能卡的其他例子有自动售货机、公共交通支付卡、学生 ID 卡（有时与自动售货机支付的概念组合在一起）和图书借阅卡。

智能卡的简单形式是一种嵌入式电可擦除只读存储器（Electrically Erasable Read Only Memory，EEPROM）的内存卡，EEPROM 可与卡的地址与安全逻辑相连接，其中安全逻辑还具有基于时钟信令的与外部世界的输入输出信令。这些卡的 EEPROM 通常有非常小的存储容量，写入和擦除事件量少，并且在写入单元或单元组时大约有 10ms 的延迟。

由于包含了一个可连接卡内部的 EEPROM、只读存储器（Read-Only Memory，ROM）和随机存取存储器（Random Access Memory，RAM）的中央处理单元（CPU），微处理器卡成为智能卡的一个高阶进化类型。CPU 也可以通过 I/O 和时钟端口来连接外部世界。在这种类型的卡中，EEPROM 存储数据，ROM 包含卡的操作系统，RAM 模块充当工作存储器。

早期的微处理器卡有一个为 EEPROM、RAM 和 ROM 而设计的小的存储容量，以及一个缓慢、低位的 CPU，随着 IT 技术的发展，它的容量和性能也在提高。例如，早期全球移动通信系统（GSM）配置中，移动通信的 SIM 卡是基于 8 位 CPU、只有几 KB 容量的 EEPROM 卡，这些仍然足够可存储小的电话簿信息。尽管如此，第一阶段的 GSM 网络出现几年后，随着短消息服务（SMS）的部署，智能卡的内部存储不足以存储接收到的信息，直到升级后的具有更大存储容量的智能卡被引进市场，这一问题才被解决。

随着移动通信系统的功能的飞速发展，目前的 LTE 移动网络运营商（MNO）通常需要从 64KB 到几百 MB 的 SIM 容量。当前市场上有超过 1MB 容量的 SIM 卡。此外，智能卡的芯片如今通常基于可以为操作系统和其他所需功能优化存储器分配的闪存类型，而不是将操作系统专用于单独的 ROM 块。

伴随着工作环境中智能卡的进一步发展，为了支持更多的存储容量和更高级的功能特性（如加快处理速度的闪存和现代技术），在当今和未来的移动通信中，比如物联网时代，智能卡和安全元件（SE）对于提供安全平台仍是非常有用的，甚至是必不可少的支柱。它们还提供有用的附加功能，例如，为每个智能卡的多个利益相关者存储更多信息和安全域。

可以预计，越来越多的物联网设备将导致会产生更多的积极利用移动服务和网络漏洞的意图。因此，我们可以推测智能卡需要进一步的改进来支持诸如安全元件（SE）的远程管理的物联网（IoT），这在移动设备里指的是可移动或嵌入式的SIM/UICC。智能卡本身的基本概念是一个功能性的安全平台，可以支持当前新的电信和其他移动服务，当几乎实时地切换运营商去下载、激活、转换和删除订阅时，还支持进一步开发诸如动态订阅管理之类的解决方案。包括高级芯片技术和更小外形尺寸的嵌入式（焊接）硬件元件的技术基础确保了这一概念的可行性，以便能够支持当前的和新型的微型器件，如消费者可穿戴设备和类似嵌入在医用胶囊里的消化肠道监测设备的超小型个人局域网设备。尽管基于软件的安全措施和基于硬件的解决方案都可以被改进，与基于纯软件的解决方案［如主机卡仿真（HCE）］相比，防篡改SIM/UICC的硬件安全措施可以确保更高的安全和防护级别。此外，将基于硬件的安全解决方案和基于软件的安全解决方案相结合，加上诸如基于令牌的移动支付这样的基于云的解决方案的灵活性，来一起确保最高的安全等级是完全可行、没有障碍的。

SIM卡没有自己的I/O能力这个事实既是限制，也是一个好处，因为直接操纵内容是不可能的，通信通过应用协议数据单元（APDU）消息及其确认，以非常受控的方式发生。例如，复制存储的密钥或任何其他内容进行进一步观察，是不可能通过典型的计算机操作系统的文件管理器的方式直接进行的。

智能卡已在国际上标准化。尽管最终的功能取决于所采纳的系统，标准化的目标一直是确保总体水平上的互操作性。一些可高度互操作的环境的例子有：基于NFC的非接触银行卡和3GPP系统的接触式SIM/UICC。

智能卡可以被分为若干子类以便区分，如接触卡、非接触卡和多组件卡。此外，智能卡还可以是存储卡、接触式和非接触式两种类型的CPU/MPU（或者以双接口卡格式组合），多组件卡包括许多当前的和创新的新卡类型，诸如金库卡（vault card）、动态令牌显示卡和基于指纹和眼睛虹膜数据的生物识别技术的身份验证卡。对于无线通信，SIM/UICC形式的接触卡是最典型的，但随着IoT/M2M设备的不断增长以及诸如可穿戴设备等消费类设备的增加，嵌入式UICC的外形尺寸也在缩小。

SE的主要类别有UICC、eUICC和microSD。UICC是“传统的”MNO业

务模式的基石。即使它先前的替代产品（第一代 SIM 卡）于 1991 年被部署在 GSM 网络中，其基础仍有相关性。SIM/UICC 的演进路径包括诸如主机控制器接口（Host Controller Interface，HCI）、单线协议（Single Wire Protocol，SWP）和近场通信（NFC）等。

嵌入式通用集成电路卡（eUICC）是 M2M 环境的可行基础，并且随着可穿戴设备的重要性的增长，eUICC 对消费者市场的重要性也日益增长。尽管如此，唯一国际标准化的 eUICC 是 M2M 规格 2（Machine-to-Machine Form Factor 2，MFF2），其容量对于最小的物联网设备来说都可能有点大。除非标准化组织专门发起针对定义更小 eUICC 的活动，否则目前其余的可用替代品都是基于芯片组供应商的专有规定而定的（尤其是它的大小和引脚布局、机电特性）。eUICC 的优势是安全元件（SE）可以直接焊接到设备中，但是如果在互操作环境中改变初始订购，eUICC 就需要对订阅管理进一步标准化。本书中进一步讨论了当前选项。

最后，microSD 是一个由第三方提供的 SE 平台，不依赖于 MNO。如果这种可移动元件由设备支持（如通常在当前智能设备市场中的情况），则其可以用到诸如手机钱包和传输访问之类的安全服务中去。

上述各种形式的 SE 可以被用到各种不同的技术环境的完整生态系统中去。例如：基于 NFC 的支付解决方案会依赖相应的服务供应商、APP 开发商、信用卡发行商、移动网络运营商、兼容 NFC 的运营商和可信服务管理（TSM）概念。这样的角色划分模式通常包括来自服务提供商的认证方案，而这种方案需要智能卡供应商、OEM 和 MNO 来一起遵守。该模式有两个子类，要么是基于移动的 NFC 可启动的 UICC（如：早已过时的 SoftCard 支付 app）或者是基于嵌入式 NFC 芯片（如：谷歌的支付 app）。这个认证模式可能会费时。因此，正如 SoftCard 倡议显示，在某些情形下该模式一直具有挑战性，随着其他移动支付方案在市场上的出现，该模式导致上述各商户访问和相应的移动支付服务的下滑。

除了支付环境之外，UICC 和其他形式的 SE 可以在联盟和传输环境下使用，基本上用基于软件的访问替代了物理密钥。接入用例可能包含通过可信服务管理访问公司和会场（如旅店）的作用。由于同样的功能可以通过带有 UICC 或 eUICC 或一个独立的访问 app 的移动设备所提供，这个模式便不需要依赖物理上的门匙或访问卡。这个 app 可以进一步为许多其他地点（诸如家庭和办公室）提供物理访问权限，这取决于它所包含的（以及将要增加的）权限。

这个模式的变体都可在交通环境下使用，通过添加认证中心（CA）、可信服务管理和支付服务提供商来取代通行证。只要这些 app 支持系统，那么这些 app 就可能会包含当地的或远方的诸如地铁、火车、公交车和轮船等交通运输系统中的通行证。

4.3　接触式智能卡

许多标准化团体和产业论坛上早已标准化并推荐诸如SIM/UICC卡这样的接触式智能卡的物理和逻辑要求。全球统一的工作原理确保了智能卡及其应用、读卡器和移动设备、网络、智能卡发行系统和服务等的互操作性。ISO/IEC 7816标准集是用于移动通信的接触式智能卡的基础[4,5]。该标准定义了卡的物理尺寸、规格、引脚触点布局、电气特性、基于字节或基于块的I/O协议以及文件结构。

最近，随着在M2M和消费者环境中，M2M的连通性以及订阅的动态管理的实现，移动通信市场上有了更多的有效使用案例。因此，需要扩展互操作性以覆盖订阅管理中的诸如订阅的远程下载、用户的激活、停用、更改和删除等事件。

第1章，介绍了与无线通信安全相关的标准化组织和行业论坛，接下来的内容中讨论智能卡标准和建议的最重要的原理。这几节总结了集成卡的ISO/IEC 7816子标准。

4.3.1　ISO/IEC 7816-1

ISO/IEC 7816-1标准最新版本是ISO/IEC 7816-1：2011，其规定了具有ID-1卡类型触点的集成电路卡（ICC）的物理特性。它包括ISO/IEC 7811中规定的压纹、磁条和触觉识别标记。相应的测试方法在ISO/IEC 10373-1中指定。该标准适用于具有物理接口和电气触点的卡。

该标准包含对集成电路卡（ICC）物理特性的要求，包括X射线、紫外线（UV光）、电磁场、静电场下的暴露极限值和智能卡的周边温度要求。由于嵌入式芯片需要在塑料框中牢牢地保持自己的位置，同时需要保证施加在触点连接器和嵌入式硅片内部引脚的压力等级适度，该标准列出了芯片弯曲的物理要求，以确保在实际环境下预计生命周期内的功能。

卡身的材料通常由丙烯腈丁二烯苯乙烯（Acrylonitrile Butadiene Styrene，ABS）或聚对苯二甲酸（Polyethylene Terepthalate，PET）组成，与聚氯乙烯（Polyvinyl Chloride，PVC）相比，这两种材料都有足够的环境兼容性。尽管如此，卡身也可由诸如玉米淀粉、大麻纤维、竹纤维和纤维素的混合材料等其他材料制成。这些材料的处理并不简单，因为它们需要特殊处理以满足国际标准和规范，这也就是为什么易于处理和环保的ABS、PET、聚对苯二甲酸乙二醇酯（Polyethylene Terepthalate Glygol，PETG）和聚碳酸酯（Polycarbonate，PC）受欢迎的原因，特别是作为印刷材料（墨水）在生态上也是可接受的。

SIM卡的关键部分是包含电子芯片模块和金属触点的插件模块。当其放置在设备的读卡器托盘里时，它物理强度必须要足够强大。然而，卡片主体的其余部分可能是另一种更符合环境因素的材料。此外，传统使用的全卡体（ID-1）的尺寸可以精减，例如半 SIM 卡体（ID-1/2）。另一种解决方案是提供一个仅供插入的 SIM 卡，它不附在任何实际的卡片主体上，通常印刷的相关信息是一个单独的活页。

在商业市场下，SIM 卡发行时的材料可以通过用更少材料制作的或者更多环境兼容的物质制作的随行包来进一步优化。此外，可以通过优化 SIM 卡生命周期来提高环境方面，而不是在生命周期内更改物理卡，可以更新本书稍后介绍的订阅相关信息 OTA 方法。逻辑上，回收也可以在生命周期结束时通过循环使用可利用的材料来优化，相应的供应商要确保订阅者数据在卡退还时被安全地、保密地删除。

4.3.2 ISO/IEC 7816-2

ISO/IEC 7816-2 标准规定电气部件的触点区域的数量、功能、尺寸和位置。全尺寸的 ICC 由 8 个电气触点组成，这些点从 C1 到 C8 依次命名，并不是所有的触点都会被相应的嵌入式微处理器芯片所使用。表 4.1 总结了 ISO 7816-2 的触点定义。

表 4.1 ISO 7816-2 的 ICC 触点

触　点	使　用	描　述
C1	Vcc	微处理器的工作电压。原来电源电压为 5V，后来加入了 3V 和 1.8V 的支持。如今，5V 的支持只是可选的
C2	RST	微处理器复位信号以启动复位序列
C3	CLK	源自设备卡的微处理器的时钟。时钟速率决定了操作速度，并且作为与微处理器和外部世界通信的基础
C4	RFU	最初被标记为“保留供将来使用”。可通过 8 触点模块用于面向连接的 USB 2.0 接口（1/2）
C5	GND	接地点
C6	Vpp	为 1G ICC 的 EEPROM 编程电压。在后期，通过标准的 SWP/HCI 用于 NFC 接触
C7	I/O	输入/输出，读写器和智能卡的半双工串行数据通道，这提供了用于交换 APDU 消息的物理信道
C8	RFU	最初被标记为“保留供将来使用”。可通过 8 触点模块用于面向连接的 USB 2.0 接口（2/2）

对于卡本身的内部使用来说，可选功能有 Vpp、Vcc 和 CLK。RST 可以由外部设备本身提供，或者选择与卡组合一起使用。然而，如果使用内部复位，则 Vcc 是强制性的，它是指电源输入。触点 C4 和 C8 分别在相应的标准中定

义。SIM/UICC 卡最初由全套 8 个引脚（PIN）连接组成。支持单线协议（SWP）的 PIN 6 在非接触前端（Contactless Frontend，CLF）和 SIM/UICC 之间形成了一个接口。实际上，它是一种基于接触式的面向位的全双工协议，用于非接触式通信（如 NFC）时，非接触前端（CLF）是主机，SIM/UICC 是从机。非接触前端（CLF）为 UICC 提供工作电源、时钟参考、数据（通过单线的二进制状态的电压和电流级别）和总线管理信令。

随着 SIM/UICC 卡体积的减小，引入了改进的 6 引脚布局。图 4.1 展示了 8 引脚布局的最初和改进后的布局，以及最新的 6 引脚布局，而图 4.2 总结了所有引脚的功能。

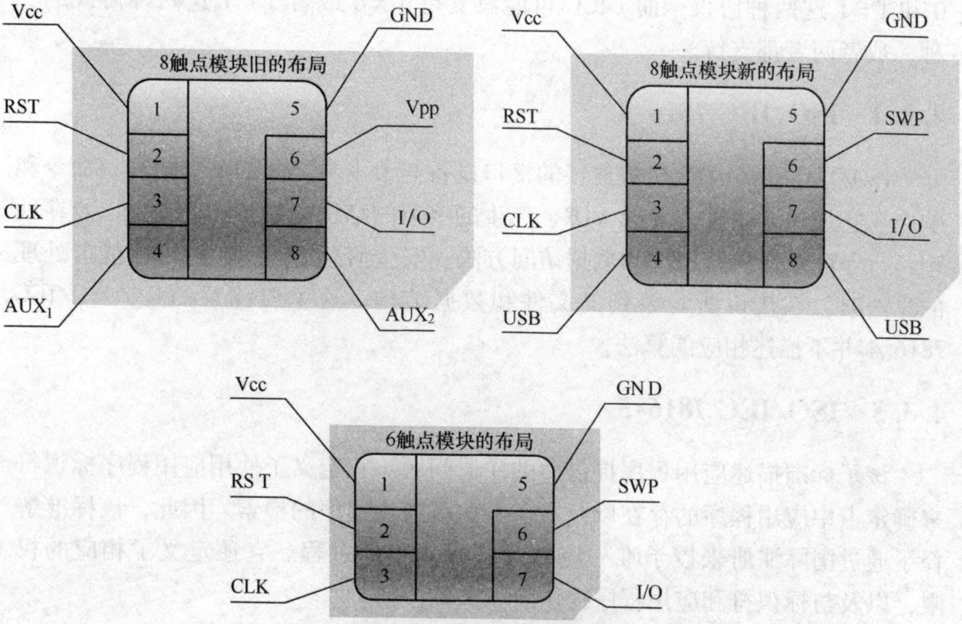

图 4.1　UICC 的物理连接

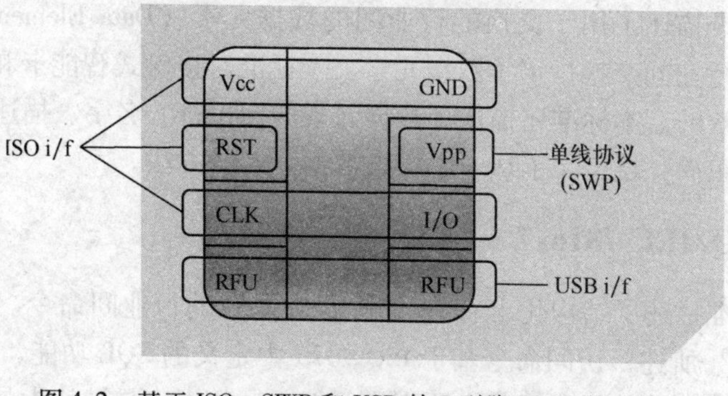

图 4.2　基于 ISO、SWP 和 USB 的 8 引脚 UICC 物理接口

4.3.3 ISO/IEC 7816-3

ISO 7816-3 与“用智能卡建立通信”和“从单片机、串行和并行端口，以及通过 USB 接口，编写 I/O 软件”有关。这些通信的基本思想是向智能卡发送一个信号，然后智能卡返回一个复位应答（Answer To Reset，ATR）信号。ISO 7816-3 包含各种电信号、电压和电流值的定义、ICC 的操作程序、同步和异步模式下的 ATR 以及协议类型选择（Protocol Type Selection，PTS）。协议类型 T=0 表示原始的异步半双工基于字符的传输协议，而 T=1 协议是异步半双工基于块的传输协议。正如本章参考文献［23］所述，终端必须支持 T=0 和 T=1 这两种协议，而 UICC 可能只支持 T=0 或者 T=1 这两种协议的一种，或者两者都支持。

4.3.4 ISO/IEC 7816-4

ISO/IEC 7816-4 定义被连接的接口设备与卡本身之间的消息内容、命令和响应。它还包含由智能卡为 ATR、产生的字节的结构和内容的定义，以及在处理跨行业命令交换、文件和数据访问方法、安全信息传递，访问由智能卡处理的算法时，在接口所观察到的文件和数据结构。这里要注意的是，ISO/IEC 7816-4 并不描述相应的算法。

4.3.5 ISO/IEC 7816-5

该子标准描述应用程序提供商的注册问题。它定义了使用应用程序标识符来确定卡中应用程序的存在以及在卡上执行应用程序的检索。因此，该标准解释了通过国际注册来授予唯一应用程序标识符的过程。它还定义了相应的权限，以及与标识符和应用程序提供者相关的注册。

4.3.6 ISO/IEC 7816-6

该子标准描述了用于交换的行业间的数据元素（Data Element，DE），并且为 ICC 的行业间交换指定了数据元素。本标准对接触式智能卡和非接触式智能卡都是有效的。本标准还描述了数据元素的标识符、名字、描述、格式以及编码方法和布局，还定义了从卡中检索数据元素的方法。

4.3.7 ISO/IEC 7816-7

该子标准描述了结构化卡查询语言（SCQL）的行业间命令。正如本章参考文献［36］所述，访问命令基于 ISO 9075 中定义的 SQL 功能，并根据 ISO/IEC 7816-4 中定义的行业间命令原则进行编码。数据库是被认为是数据库文件

（Database File，DBF）的一组数据库对象的结构化集合。在选定一个专用文件（Dedicated File，DF）的情况下，规定不能有超过一个以上的数据库文件在相应的专用文件被选用后处于可使用状态。数据库也可以直接连接到主文件（Master File，MF）。多应用智能卡的一个典型例子是在主文件下，同时也可能存在若干个专用文件。在选定一个专用文件（DF）的情况下，同时也可能存在一个与之处于相同的构造等级的数据库文件，包含其他内部元文件和/或工作元文件。相应的专用文件和其内部的内容被称为是一个带有数据库的应用程序。

4.3.8　ISO/IEC 7816-8

该子标准定义了专用于加密操作的接触式与非接触式集成电路卡（ICC）的安全操作的行业间命令。该子标准下的命令基于 ISO/IEC 7816-4 定义的命令，并增加了新的命令。这些操作可能与数字签名、认证和非对称密钥的管理有关。

4.3.9　ISO/IEC 7816-9

该子标准定义了在完整生命周期内用于卡和文件管理的行业命令。这些程序的典型使用案例包括文件的创建和删除，将数据安全地下载到卡中（包括小程序、密钥和其他代码）和安全的消息传递。

4.3.10　ISO/IEC 7816-10

该子标准定义了同步卡和终端的电信号和复位应答（ATR）信号。这一标准还包括功率和信号结构的定义。

4.3.11　ISO/IEC 7816-11

该子标准通过描述可用于用户身份验证的行业间命令和数据对象，来定义可借助生物方法实现的个人身份验证。实际命令参见 ISO/IEC 7816-4 标准，部分命令参见 ISO/IEC 19785-1 标准。ISO/IEC 7816-11 还讨论了注册和验证的相关内容，并强调了安全问题。

4.3.12　ISO/IEC 7816-12

该子标准定义了带触点智能卡（USB-ICC）的 USB 电气接口和操作程序。该标准包含了作为一个接口设备的 USB-ICC 的定义、标准与等级描述，USB-ICC 与终端之间的批量传输和控制传输，版本 A 和版本 B 两种协议的控制传输，指示异步事件的中断传输，还有状态和错误条件。控制传输的两种协议是协议 T=0（版本 A）以及在 APDU 等级上的传输（版本 B）。

4.3.13 ISO/IEC 7816-13

该子标准定义了在多用户环境下的应用管理命令。

4.3.14 ISO/IEC 7816-15

该子标准与加密信息应用程序相关，为加密信息和共享机制指定了抽象语法表示法（Abstract Syntax Notation One，ASN.1）格式的卡应用程序和通用语法。该标准还包括智能卡的多个加密信息实例的存储，密码信息的使用和检索，以及认证机制和加密算法等。

4.4 SIM/UICC

4.4.1 术语

关于本书中的术语，SIM 主要指全球移动通信系统（GSM）中原始的用户识别模块（SIM）的硬件。原始的基于 ETSI 的 SIM 是为了与 2G 的移动通信系统设备协同工作而设计的，包括进一步增强的 GPRS，用于全球演进增强数据速率（Enhanced Data Rates for Global Evolution，EDGE），和其他的针对 GSM 的解决方案。

然而，SIM 已经在 3G 及更高平台上升级到了 3GPP 系统，包括 UMTS/HSPA、LTE 和 LTE-A。随着后 2G 的 3GPP 移动通信系统的发展，原始的 SIM 硬件也有了进一步的发展并且在 3GPP 3G 系统中被称为 UICC。UICC 可以支持若干个无线电接入技术和其他的无线解决方案，每种解决方案都由 UICC 中的一个单独的应用程序来处理。2G 和 3G 电信系统通过被称为 USIM 的应用程序管理。为了区分驻留在 UICC 上的 2G 和 3G 系统，专门支持 GSM 的应用程序被称为“支持 2G 的 USIM”，或简称为“GSM”，而支持 3G（UMTS/HSPA）的应用被称为“支持 3G 的 USIM”，或简称为“USIM”。此外，支持 3GPP 版本 8 的 LTE 的应用是指 3GPP TS 31.102 中规定的特定于 LTE 的文件。在所有的 2G 和 3G 阶段，这个模块都叫 USIM，但 IMS 语音呼叫的 LTE 专用功能是通过单独的 ISIM（IMS SIM）应用来管理的。

一般来说，原来的 2G SIM 与后来的 3GPP 相兼容，但只能提供局限于 2G 的服务。此外，为了提供向后兼容性，3G USIM 可以用于 2G 设备，然而如果设备不支持 3G 设置，3G 特定功能不可用。

UICC 不仅可以支持 3GPP 系统，还可以支持美国 CDMA 网络（1xRT、

EVDO、HRPD 和 eHRPD）。相应的应用称为可移动用户识别模块（Removable User Identity Module，RUIM）或 CDMA SIM（CSIM）[38]。在本书中，当强调 2G 和 3G 的区别时，分别使用术语 SIM 和 USIM，否则通用术语 UICC 或组合形式 SIM/UICC 用于指代所有 3GPP 系统的移动通信订阅。

UICC 的物理特性是基于接触卡的 ISO 7816 标准。此外，ETSI TR 102 216 将 UICC 定义为符合 ETSI 智能卡平台项目编写和维护的规范的智能卡。还有一种可用作近场通信（NFC）基础的非接触卡标准 ISO 14443。

4.4.2　原理

UICC 是作为 3GPP 移动通信网络和其他支持网络的完整安全链的一部分的安全元件。它是一个防篡改硬件，包含用于各种安全环境的文件和文件夹系统，符合通用标准评估保证级别（CC EAL）4。可以认为它能够被充分保护，用于存储安全小应用程序，这些应用程序需要高级安全性，包括根据应用提供商（AP）的安全策略在不同安全级别保护应用程序资产的机密性、完整性或可用性。这种高度的安全保障通常要求用于遵循具有 AVA_VAN 5 的 CC EAL 4，或者更高的等级支付应用，有条件访问移动电视的应用程序或数字签名应用程序。例如，欧洲需要一个保护配置文件（Protection Profile，PP），安全签名创建设备（Secure Signature- Creation Device，SSCD），用于合格的数字签名应用程序[7]。保护配置文件（PP）定义了一个安全签名创建设备（SSCD）的安全要求，用于生成签名创建数据（Signature- Creation Data，SCD）和创建合格的电子签名。在这种具体情况下，保护配置文件（PP）的保证水平为增强的 EAL 4[37]。关于 SSCD 的更多细节，包括其开发和运行阶段的生命周期，可参见本章参考文献［37］。安全应用（Secure Applications，SA）遵循 CC 评估和认证以及经过认证的（U）SIM[8]。

SIM/UICC 与其唯一的序列号 ICC 识别号码（ICCID）、国际移动用户识别（IMSI）以及认证和加密信息相关联。还有其他相关的信息字段，如网络相关的临时移动用户识别）（TMSI），用户有权享有的所有服务列表以及 PIN1/PIN2 码（主码和次码）以及个人解锁键（PUK）码。

SIM/UICC 可以用作通过 Java 小程序为最终用户提供服务的基础。随着内容提供的发展，确保通信安全的需求越来越大。因此，移动网络运营商（MNO）可能希望进一步开发基于 UICC 平台的移动支付、电子签名、移动电视和移动身份等新的增值服务，这可能需要根据服务提供商的需求增加传统 SIM/UICC 的安全级别[9]。关于这种环境的解决方案的一个示例是可信执行环境（TEE），稍后将在本书中详细讨论它。上级主管部门也可能对确保安全的移动服务提供足够的保护感兴趣。例如，法国网络和信息安全机构已经创建了认证报告，表明了拟议的安全目标的特点，包括对 EAL 4 号或更高级别安全标准[10]的遵守情况。

4.4.3 关键标准

SIM 卡由 ETSI 在 TS 11.11 中标准化，其定义了卡的物理和逻辑功能。随着 GSM 和 UMTS 的标准化工作从 ETSI 迁移到 3GPP，SIM 相关的标准化部分转移到了 3GPP。结果是，3GPP 承担了 GSM SIM（TS 51.011）和 3G USIM（TS 31.102）等应用程序的进一步开发，同时 ETSI 继续开发物理 UICC。

3GPP 基本上基于 USIM 相关主题工作，UICC 的一些关键 ETSI 标准如下：

- ETSI TS 102 221，UICC-终端接口的物理和逻辑特性；
- ETSI TS 102 412，智能卡平台要求，第 1 阶段；
- ETSI TS 102 613，UICC-CLF 接口，第 1 部分，针对物理层和数据链路层特性；
- ETSI TS 102 600，UICC-终端接口中 USB 接口的特性；
- ETSI TS 102 484，UICC 和终点终端间的安全信道；
- ETSI TS 102 223，卡应用工具包（Card Application Toolkit，CAT）；
- ETSI TS 131 102，驻留在集成电路卡（ICC）（3G 环境下用 USIM）中的应用程序的特定应用细节；

对于 UICC 安全性来说，一个重要的安全相关主题就是对 CC 标准的遵守，即指第 1 章总结的一个标识从 1 到 7 的 EAL 的标准。

特别是对于 SIM 应用工具包（SIM Application Toolkit，SAT），ETSI 的初始规范是 TS 11.14。现在，增强型 SAT 由 ETSI 和 3GPP 共同定义，关键标准是 ETSI TS 102 223、ETSI TS 102 241、ETSI TS 102 588 和 ETSI TS 131 111。SAT 应用程序最初是基于专有的 API，但是随着 Java 卡的引入，可以提供应用程序的更好的互操作性。

4.4.4 规格（物理尺寸和形状）

随着 1991 年第一代 GSM 的部署，SIM 卡被引入到移动通信系统中。它是基于 ISO/IEC 7816 定义的接触式智能卡。第一张带有规格 1（Form Factor 1，1FF）的 SIM 卡（译者注：简称为第一代规格 1FF），如图 4.3 所示，是基于标准信用卡的尺寸设计的，为所有 GSM 设备之间的订阅数据的存储和流畅传输提供了便利的方式。用户设备和用户账户完全分离的主要思想仍然应用在 GSM 和高级 3GPP 系统中。

GSM SIM 卡时代的开始于 1991 年，当时智能卡提供商捷德（Giesecke & Devrient）为芬兰的一个移动网络运营商（MNO），Radiolinja[2]提供了世界上第一个订阅模块。在第一代规格（1FF）（与 ID-1 卡体相同的尺寸）之后不久，GSM 手持设备尺寸的减小，产生了第二代 SIM 卡（2FF），即一个微型卡，尺寸大致为邮票大小的智能卡。

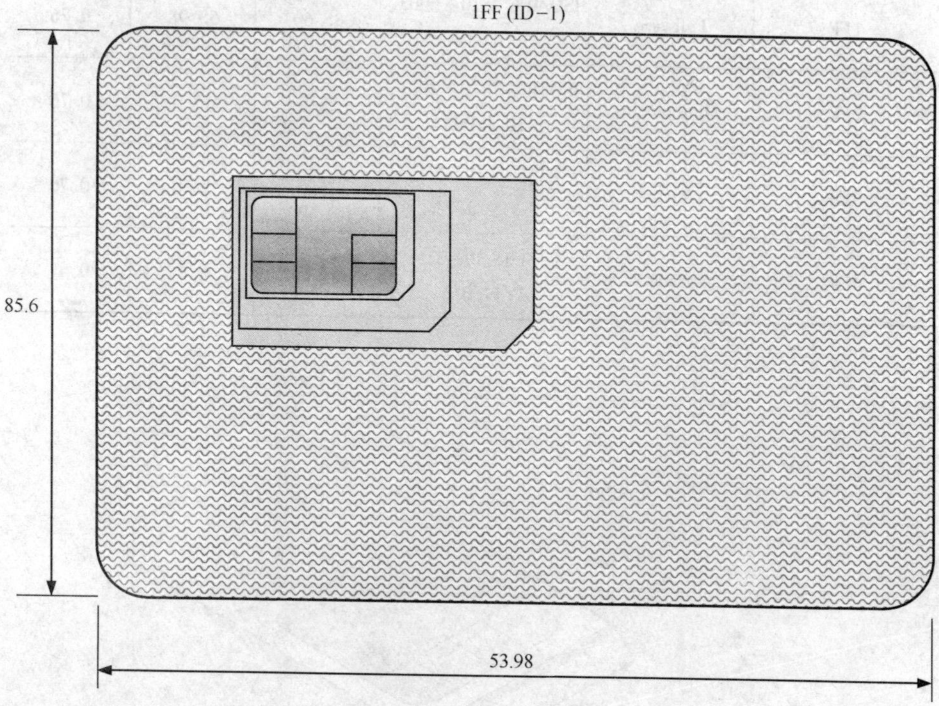

图 4. 3　SIM 卡的 1FF（单位为 mm），也称为 ID-1。它的厚度是 0. 76mm。在实际操作中，ID-1 仅用于传送插件单元，当插入移动设备时插头进一步从卡体中取出来

由于需要减小移动设备的物理尺寸，SIM 卡的插件部分被进一步调整。第三代规格（3FF），即微卡，于 2010 年在商业市场推出。由 ETSI 联合 ETSI 项目智能卡平台（EP SCP）、3GPP（致力于 UTRAN/GERAN）、3GPP2（致力于 CDMA2000）、（日本）无线电工业和商业协会（ARIB）、GSM 协会（GSMA SCaG 和 GSMNA）、GlobalPlatform、自由联盟（Liberty Alliance）和开放移动联盟（OMA）等，指定对从 SIM 卡缩减空间受益的设备的空间进行优化。到目前为止，第四代规格（4FF）是最小的消费者 SIM 卡，或称为 nano 卡，于 2012 年进入商业市场。3FF 和 4FF 均与以前的版本向后兼容，因此触点区域已被保留（对于 6PIN 有源布局）。此外，它的执行也是以相同的 5MHz 速率。即使这样，nano SIM 比以前的卡稍薄。表 4. 2 和图 4. 4 总结了消费者 SIM 卡的关键方面。

表 4.2 消费者等级的 SIM FF

规格（物理尺寸和形状）	名　字	标　准	长度/mm	宽度/mm	厚度/mm
1FF	Full-size	ISO/IEC 7810：2003，ID-1	85.60	53.98	0.76
2FF	Mini/plugin	ISO/IEC 7810：2003，ID-1/000	25.0	15.0	0.76
3FF	Micro	ETSI TS 102 221，V.9.0.0	15.0	12.0	0.76
4FF	Nano	ETSI TS 102 221，V.11.0.0	12.3	8.8	0.67

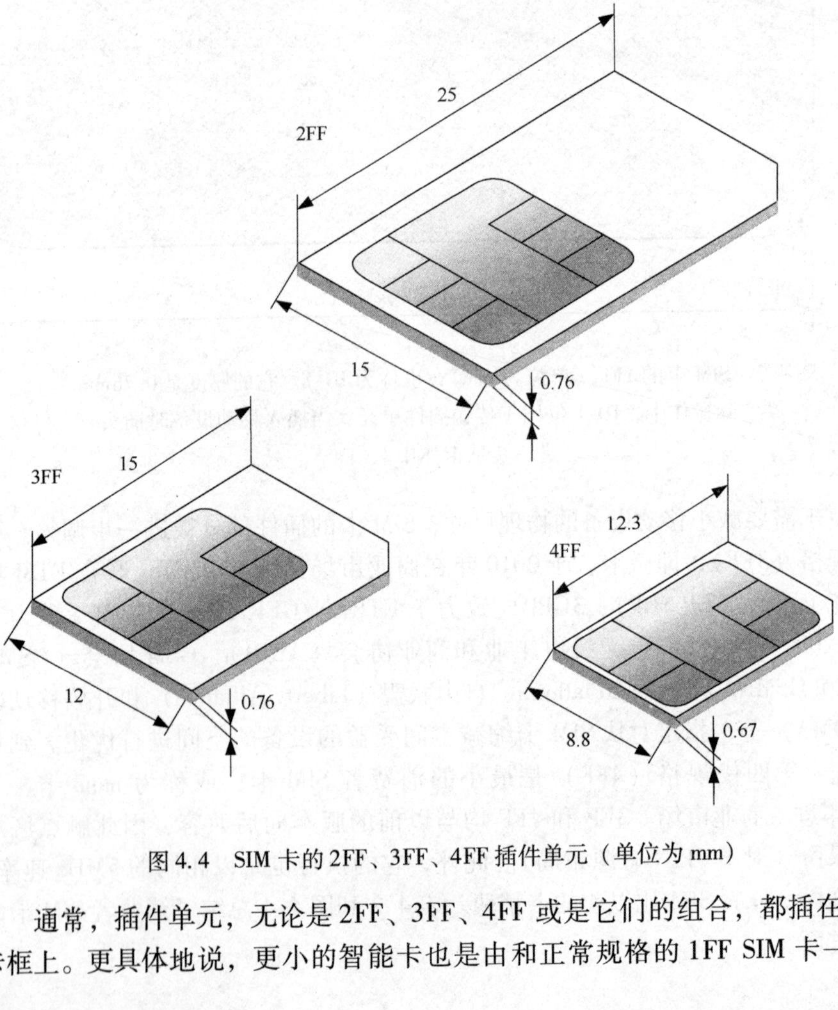

图 4.4　SIM 卡的 2FF、3FF、4FF 插件单元（单位为 mm）

通常，插件单元，无论是 2FF、3FF、4FF 或是它们的组合，都插在 ID-1 卡框上。更具体地说，更小的智能卡也是由和正常规格的 1FF SIM 卡一样的

PIN 触点布局组成，并且通常在一个全尺寸的卡片载体中通过连接部件来支持插入部分。该方法在定义 ID-1/000 的 ISO/IEC 7810 规范中进行了描述，并且还提供了一个使用该智能卡的方法，即要么使用为全尺寸智能卡所设计的设备（读卡器），要么通过物理上拆分插件部分，并将其插入到支持这种规格的设备中来使用。除了外形尺寸定义之外，芯片引脚（PIN）触点可有不同的形状。视觉上，它不仅起到装饰作用，而且决定了如何在框架上嵌入卡片。本章参考文献［12］描述了 UICC 和终端（卡读写器）之间的接口，本章参考文献［11］进一步定义了 M2M UICC 的物理和逻辑特性。图 4.6 描绘了智能卡的机械组成。

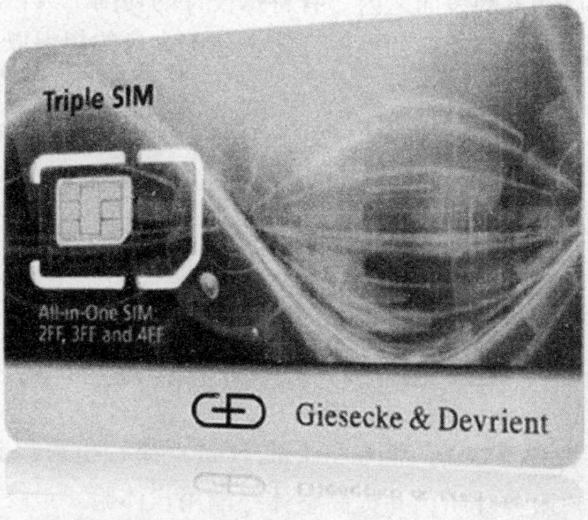

图 4.5　2FF 或 3FF 的插件单元可以在单个 ID-1 卡体内传送。这样可以轻松实现物流，并将插入式设备插入到移动设备中，增强用户体验。照片由捷德（Giesecke & Devrient）公司转载

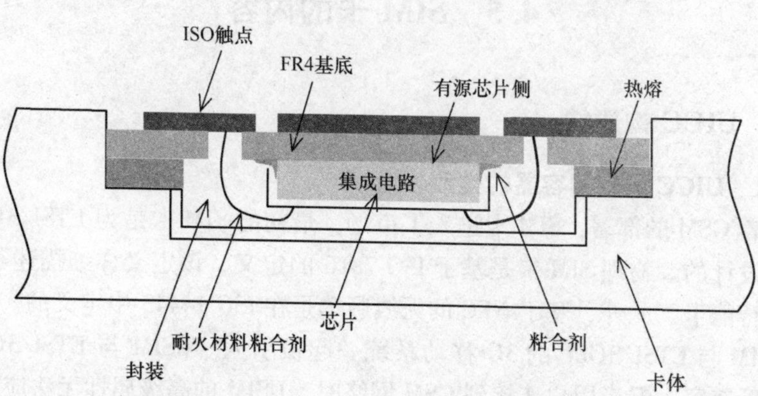

图 4.6　智能卡的物理构建块。ID-1 卡体可以是塑料或可回收材料，而插件的框架材料需要符合通常更严格的机械和环境要求，使塑料成为最可行的材料

SIM 卡插件模块通常由 ID-1 框单独连接的运营商提供。该方法的难度在于增加了用户设备的多样性以及其支持的 SIM 卡规格的变化。通常，设备只支持插入式 SIM 卡（2FF）、微型卡（3FF）或 nano-SIM 卡（4FF）。这导致了对提供这些 SIM 卡可变集物理库存的维护具有挑战性。通常，终端用户不清楚每个设备需要哪种规格。

解决不同 SIM/UICC 规格（外形尺寸）有限支持的一个方案是物理适配器，尺寸为 2FF 或 3FF，并且可以容纳更小的插件单元，以确保 SIM 插入的兼容性。另一种方法是将插件单元切割成较小的 3FF 或 4FF 尺寸，因为实际电子元件位于可见金属触点的表面之内。有特殊设计的切削工具可用于这种类型的尺寸调整，但应当指出，这样的操作可能会使卡本身的担保以及修改卡的设备失效。

这种情况引出了图 4.5[1] 中的三线 SIM 卡（triple-SIM）这样更为复杂的解决方案。正如图 4.4 可以解读出的一样，nano-SIM 比其他 SIM 卡更薄。Triple-SIM 相比于 SIM 卡表面的其他部分，nano-SIM 卡后侧部件较薄，三线 SIM 卡（triple-SIM）解决方案也考虑到了这一点。对于移动运营商（MNO）来说，双线和三线 SIM 解决方案的好处包括节省物流，因为所有相关规格都采用单一规格（大小）的卡体，可提供更简单的库存管理。此外，由于终端用户不需要解决将 SIM 卡插入设备时物理尺寸上的不兼容问题，可以假定客户服务需求减少，订单管理（Order Management，OM）流程也可以在销售点得到简化。这将减少客户服务呼叫，并提高整体终端用户体验。最终用户还可以从新设备通常支持较小的卡规格（外形尺寸）的事实中获益；因此，通过将之前的老式 SIM 卡调整为较小规格的新卡，便实现了 SIM 卡的转型。

4.5 SIM 卡的内容

4.5.1 UICC 构建块

4.5.1.1 UICC 的订阅容器的类型

随着 GSM 的部署，SIM 卡进入了市场。最初的 SIM 卡是为 ETSI/3GPP 2G 环境而设计的。物理 SIM 卡是基于 ISO 7816 的定义，该定义详细描述了 UICC 接触式智能卡。此外，基于 NFC 的无线版本是在 ISO 14443 中定义的。

USIM 与 ETSI/3GPP 的 3G 移动系统一起被引入。USIM 与 ETSI/3GPP 2G 系统向后兼容，但当用户连接到 GSM 网络时，USIM 的高级属性无法应用。

可移动用户识别模块（RUIM）是为 CDMA 网络设计的一个智能卡类型，由 3GPP2 标准化。正如 3GPP SIM、GSM 的 USIM 和 UMTS 一样，可移动用户识别模块（RUIM）存储用户的订阅数据，包括：身份、电话簿地址、特定特征信息、CDMA 手机的网络设置和补充服务。通常，CDMA 手机将这些数据存储在内建的设备硬件上（这意味着 CDMA 手机是个性化的），但使用可移动用户识别模块（RUIM），移动网络运营商（MNO）能够实现智能卡，并提供与 GSM 和 UMTS 相关的订阅数据可移植性的优势。此外，RUIM 提供了与通过 SIM 和 USIM 提供的相同的 SIM 应用工具包（SIM Application Toolkit，SAT）原理，作为附加的增值服务的基础，以及数据的空中下载（OTA）管理。当在多路应用程序卡中使用时，除了 RUIM 外，其他应用程序也可以存储（如 SIM 和 USIM），为支持相应并行技术的手机提供漫游功能。请注意，CDMA 专用智能卡也称为 CSIM（CDMA-SIM）。

ISIM 是对之前应用程序集的一个最新补充。ISIM 适用于 LTE 语音。因此，ISIM 是指驻留在 UICC 上的应用程序，它提供对 IMS 的访问。

TSIM 指的是本章参考文献［39］中定义的 TETRA 系统中的 SIM 卡。

一般来说，SIM、USIM、ISIM、TSIM 和 RUIM（CSIM）被称为 UICC 的订阅容器。UICC 用于安全程序、数据存储和应用程序。作为安全的一部分，UICC 拥有访问网络和保护 OTA 事务的身份验证和加密密钥。数据存储包含一组信息，如服务配置参数、电话簿、短消息以及服务和紧急号码。该卡还可能包含多种服务，如基于位置的服务（Location Based Service，LBS）和信息服务。

自从 SIM 卡首次推出以来，智能卡应用程序的概念已经有了很大的发展。发展的第一阶段是基于可快速完成的专有应用，但是，它们缺少互操作性并且很难维护。那时，SIM 卡是在最底层发挥作用的，而 SIM 应用程序工具包（SAT）管理上层的应用程序。早期 SAT 应用程序的一些例子是银行和定位服务。还有驻留在 UICC 上的无线识别模块（Wireless Identity Module，WIM），以并行方式用于处理无线接入协议（WAP）浏览服务。

后来开发的基于 Java 编程的开放系统应用程序环境确保有更好的互操作性。这对应用程序的上市时间产生了积极影响。此外，由于 Java 标准和 3GPP TS 03.19 中标准化 API 的定义，应用程序开发不再依赖于各自的智能卡制造商。

4.5.1.2　配置文件

智能卡配置文件是指 UICC 的内容，即，指文件系统的规范，以及通用数据和在 SIM、USIM 和其他订阅容器上的个性化的单独的数据。换句话说，该配置文件包含 UICC 文件系统。该配置文件可以通过节点表示驻留在 UICC 内的文件和应用程序的树结构来可视化。根节点就是配置文件本身。在根节点下，有一组信息表示卡特性，UICC 文件系统包括主文件、UICC 文件和应用程序。因此，完整的（U）SIM框架由初始化模块和配置文件组成，配置文件又包含文件系统、应用程序和功能转换开关。

最相关的UICC配置文件相关规范如下。3GP TS 31.102 列出了配置文件中的基本文件（EF），而3GPP TS 23.097 描述了多用户配置文件。3GPP TS 23.097㊀描述了多用户配置文件（Multiple Subscriber Profile，MSP）服务，该服务允许受服务的用户拥有多个配置文件，它还可区分诸如家用和商用等不同电信服务要求。针对多用户配置文件的用户数据存储在归属位置寄存器（HLR）和GSM服务控制函数（gsmSCF）中。3GPP TS 23.008 定义存储在归属位置寄存器中的数据。归属位置寄存器元素包含所有公共数据，即对所有配置文件有效的数据，以及特定于默认配置文件的某些数据。3GPP TS 31.101 定义了位于主文件（MF）级别的四个基本文件。USIM应用专用文件（Application Dedicated File，ADF）级别的基本文件包含3GPP TS 31.102㊁中定义的服务和网络相关信息。

为了创建（U）SIM配置文件，出现了特殊的软件个性化工具，能够生成与系统相关的文件（MF和EF）以及实际的个性化设置。MF是在安装电信子系统时创建的。应该注意，还有一个配置基本文件（EFConf），透明地存储智能卡配置参数。这是必须的卡片功能，因此不得删除。

（U）SIM卡上的最小文件系统必须包含以下文件：在安装电信子系统时创建的MF、EF CONF、EF GSM_PIN_CFG、EF DIR、EF USIM_PIN_GBL、EF USIM_PIN_PUK、EF ARR、ADF USIM以及EF USIM_PIN_LOC。在数据生成阶段，必须按照给定的顺序创建这些文件。智能卡（小应用程序或本机应用程序）的应用程序可以通过使用ISO接口或通过OTA（例如通过RAM应用程序）使用卡命令直接安装。

4.5.1.3 SIM硬件模块

SIM卡的主要硬件模块是CPU、RAM、ROM和EEPROM。CPU可协同数字处理单元（Numerical Processing Unit，NPU）来一起工作。RAM是指正在操作的内存，ROM是用来永久存储像操作系统这样的内容的。EEPROM是用来改变诸如电话簿这样的数据的稳定内存块。

4.5.1.4 操作系统

每个SIM/UICC都有一个嵌入式卡操作系统，它管理卡和外部世界之间的通信，并且负责如加密程序等功能智能卡操作系统是SIM/UICC供应商特定的，它提供了区分竞争卡提供商的实际方法。尽管如此，通过Java Card

---

㊀ 原书为3GPP TS22.097，有误。—译者注

㊁ 原书为TS3.102，有误。—译者注

对函数的抽象提供了一种方法，至少在一定程度上可以使用可互操作的 Java 应用程序。

4.5.2　SIM 应用工具包

SIM 应用工具包（SAT）指的是使 SIM 卡能够执行与增值服务相关的操作的解决方案。SAT 通常在 SIM 卡供电后启动，它提供了一种可与 SIM 卡的应用程序交互的手段。它由 ETSI 和 3GPP 标准化，并且原本是为了 ETSI GSM 11.14 技术规范中的 GSM 而设计。现在，在 3GPP 31.111 版本 4 中还有一个为 3G USIM 定义的 SAT，被称为 USIM 应用工具包，或 USAT。

SAT/USAT 包含 SIM/UICC 内的命令，可以在相应的移动设备或移动网络之外执行。一个 SAT/ USAT 使用案例是通过 SIM/UICC 命令显示菜单和收集用户输入信息，从而促进 SIM/UICC、网络应用程序，接入网络和订阅服务器之间的交互。

SAT/USAT 的主要好处是它可以创建一个简单的用户界面，向终端用户显示命令的选项。尽管默认情况下，这个界面没有“很华丽的外观”，但这个菜单结构可允许使用不同类型移动设备（包括基本功能手机、设备最齐全的智能手机以及互联设备）来使用相应的服务。因此，SAT/USAT 在低级应用程序环境中最为有用。

随着最初的 Java Card 概念的发展，SAT 服务平台在 2000 年初开始出现。从那以后，随着新的 3GPP 版本发布，Java Card 和 SAT 被进一步开发，而 SAT 和 Java 卡的互操作性方面由 SIM 联盟负责。可以估计，随着新的发展进入移动通信市场，（SAT 的）这种发展将继续下去。其中一些例子是与智能卡 Web 服务（SCWS）和近场通信（NFC）相关的服务，这些服务可能会以一种先进的方式与（U）SIM 卡交互。从 SIM 卡诞生至今，它已经从仅仅是用户的身份认证解决方案演变成为一个运营商的综合服务平台，并提供了一种可执行诸如电话簿同步或 SAT 菜单之类的应用的方法，这些应用可提高运营商服务发现和使用率。

在 SIM 开发中更进一步，SCWS 代表新一代 SIM 应用程序环境。SCWS 作为开发、执行和分发来自（U）SIM 的内容丰富的应用程序的基础，现在基于 Web 技术。SCWS 提供了一个升级的用户界面，该界面改善了早期的单调的 SIM 应用工具包（SAT）菜单，为智能卡应用程序提供了更具吸引力的视觉体验。此外，它基于嵌入在（U）SIM 中的 HTTP 1.1 Web 服务器，其有助于 SIM/UICC 应用程序的开发和分发。因此，SCWS 是驻留在智能卡中的应用，它实现了由 IETF 在 RFC 2616 中定义的 HTTP 1.1 服务器。第三，SCWS 增强了与远程 Web 服务器的连接，使得客户/服务器应用程序适应于网络数据传输速率的演进[20]。

SCWS 的好处是使用 SCWS 技术开发的任何应用程序都可以由终端用户使用 SIM，而不依赖于设备类型。SCWS 提供与 HTTP 客户端（如手机浏览器）的通信，与此同时，它作为服务和应用程序的用户接口。此外，管理服务器可以远程管理基于 SCWS 的应用程序及其内容，从而促进空中下载（OTA）SIM/UICC 卡片定制，例如，用于更新应用程序和内容。

SCWS 在其生态系统的相关节点之间实施防篡改设备安全性。该解决方案包括基于 PSK TLS 的 OMA 标准的传输层数据的安全性，以及适用于应用程序级安全性的 GlobalPlatform 标准的实现，这对于运营商和银行都尤为重要。

在实践中，可以经由 URL 访问智能卡的 SCWS 内容，例如，通过一个网络浏览器可以访问像 xHTML 文件、图像、多媒体文件和由 HTTP 客户端（浏览器）管理的其他格式的静态资源。该 URL 也可以由卡内的 Web 应用程序处理，以便安装的 SCWS Web 应用程序可以提供动态内容。一旦网络浏览器请求映射到 Web 应用程序的 URL 时，就会触发应用程序，从而动态生成 xHTML 页面。

SCWS 包括确保 HTTP 连接以保护环境的机制。这可以通过基于 HTTP 的用户认证机制来实现，或者通过基于 TLS 的 HTTP（即 HTTP）的认证和保密操作来实现。还可以通过 OMA 定义的访问控制策略（Access Control Policy，ACP）来控制从设备应用程序到 SCWS 的访问。作为这些开放移动联盟（OMA）机制的结果，智能卡被视为客户端，而空中下载（OTA）平台充当服务器，由于通信基于 Web 协议（HTTP），因此安全层由传输层安全（TLS）在一个预先共享的密钥模式中表示。

SCWS 与经典 ISO 卡和 USB-IC 卡一起工作，经典 ISO 卡通过承载独立协议（BIP）TCP 服务器模式与手机通信，USB-IC 卡支持高速通信协议，通过支持 BIP TCP 服务器模式或 TCP/IP 模式与手机通信。因此，SCWS 可通过 USB UICC 终端接口[20]在 TCP/IP 协议栈上或通过 ISO 7816 接口来使用 BIP。

4.5.3 UICC 的内容

UICC 是一个集成众多应用的平台。它由 3GPP TC SCP 规定，并且它由独立于应用程序的功能和特征组成，因此在较低层和应用程序之间存在明确的分离。它还有一组多达 20 个的逻辑通道用于以并行方式访问应用程序，如图 4.7 所示。因此，'SIM'和'USIM'是 UICC 内的许多应用中的两个，这两个应用提供电信服务，而其他应用可能与其他服务相关，如移动支付。

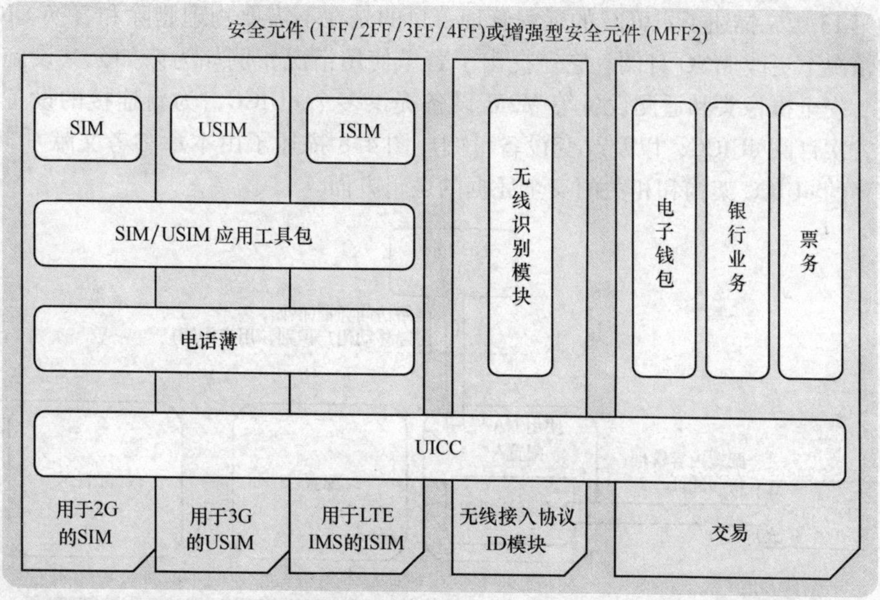

图 4.7　基于 UICC 的多路应用卡系统级构建块的实例。这些应用程序还可以包括其他订阅容器，如 CDMA 系统的可移动用户识别模块（RUIM）以及许多领域的应用程序（如传输访问和支付）

4.6　嵌入式安全元件

4.6.1　原理

UICC 的基本原理是用户设备之间的订阅数据的可移植性，这就不需要更新设备的硬件。因此，用户的移动电话号码及其他数据（如电话簿），有可能通过将 UICC 插入其中来与新设备一起维护。

对于 M2M 环境，与消费者 UICC 相比，出现了特殊的条件。M2M UICC 的物理和逻辑特性由 ETSI 技术委员会智能卡平台（TC SCP）[11] 指定。它包括例如环境等级的定义，其中指出了 UICC 设计工作的温度范围和其他条件。

M2M 环境的演变带来了用户不能物理访问或替换的 eUICC。如果使用“传统”方式，则改变这种设备上的订阅是具有挑战性的，这就需要新的方法来安全地和远程地在 eUICC 上提供访问凭据，并且如果它们在 MNO 之间交换，则需要管理订阅。

4.6.2　M2M 订阅管理

ETSI 规范 TS 103 383 定义了 eUICC 订阅管理的要求[34]。2015 年 10 月发布

的第13版，描述了eUICC的远程管理，目的是在不需要物理删除和替换UICC的情况下更改MNO订阅。它还提出了若干使用情况，例如为诸如公共设施仪表、安全摄像头和遥测设备等M2M设备提供多个eUICC，为新连接的设备提供首次订阅eUICC，以及改变设备订阅。图4.8描述了由本章参考文献［34］解释的eUICC架构和相关的安全凭据的逻辑方面。

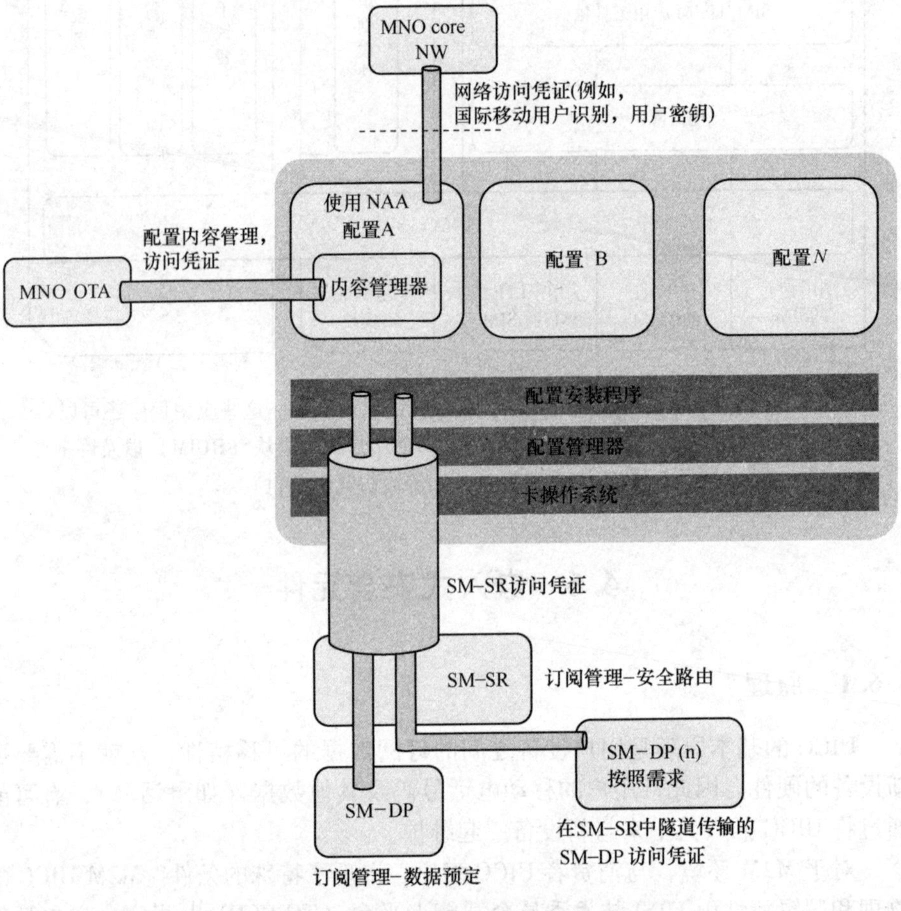

图4.8　从ETSI TS 103 383解释的eUICC逻辑架构

ETSI记录了对于eUICC的使用情况，例如用于M2M供应、终端用户供应和网络冗余。图4.9显示了这一领域的潜在情况。

2015年期间，OEM、MNO和终端用户对eUICC激活的作用，在ETSI以及其他标准化和行业协会（如SIMalliance、GSMA和GlobalPlatform）中得到了积极的讨论。目前的共识表明，可互操作的、国际订阅管理的发展对于M2M和消费者环境都是非常重要的，这需要额外的努力，以在不同的标准化实体之间做出最后的结论。

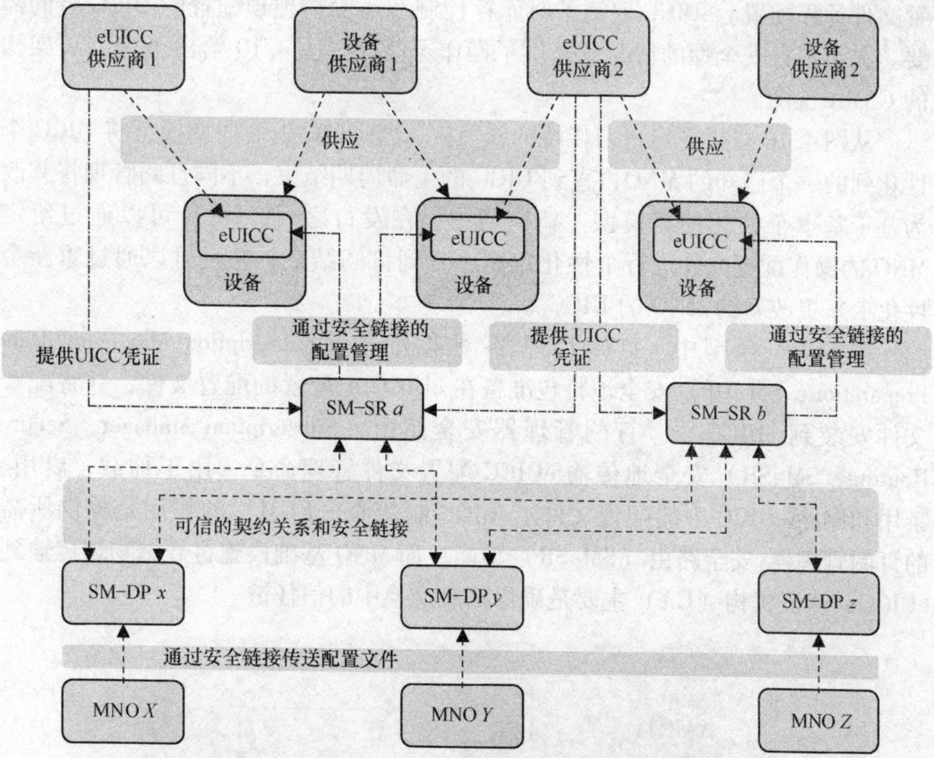

图 4.9　一些用于冗余订阅管理的 ETSI eUICC 使用情况

作为 GSMA 对订阅管理开发理由的一个例子，增强订阅管理解决方案的一些常见的关键声明包括加速 M2M 的市场增长，提高 M2M 生态系统的运营效率，以及实现远程或 OTA 安装和对运营商配置文件的管理。此外，新的解决方案可以降低运营和物流成本，因为在整个产品生命周期中，不需要运输 UICC 或更换 UICC。它还支持新的商业模式，通过避免不兼容的技术解决方案，防止市场分散，并推动 M2M 行业的规模经济。目前已经开发了 GSMA 嵌入式 SIM 卡，以促进 M2M 技术新时代的通用全球远程配置架构，并加速 M2M 市场[34]。因此，在未来几年内设备类型的业务环境将会改变。根据 GSMA 的估计，移动手机连接的作用将很快从 2015 年的 92% 下降到 80%，而 M2M 连接设备的作用将大幅增长。

GSMA 已经确定了 eUICC 的各种好处。对于许多 M2M 应用，使用传统 SIM 卡是有问题的，因为 M2M 调制解调器通常是无法访问的，一旦调制解调器部署在现场就难以插入或更换 SIM 卡。启用远程运营商配置文件配置的 eUICC 的使用克服了这些限制。eUICC 简化了物流过程，因为 UICC 的能力可以在生产的时候，安装到 M2M 调制解调器上，这样就可以随后通过运营商配置文件远程配置。eUICC 取消了对库存控制和运输物理预配置的 UICC 卡的需要。在不损害安全性的情况下提供了操作灵活性。图 4.10 给出了 eUICC 架构的 GSMA 视图[33]。

从图 4.10 可以看出，与传统的线性嵌入式 UICC 生命周期模型将 UICC 个性化到的一个已知的 MNO，直到 UICC 的生命周期结束，不同订阅管理将其改为基于基本个性化的新模型。新模型中，在发行之后，UICC 可以通过给定 MNO 的操作配置文件进行个性化定制，直到订阅结束，并且可以通过重新个性化卡来更改新的 MNO 的 UICC。

在 GSMA 模型中，订阅管理器-数据准备（Subscription Manager，Data Preparation，SM-DP）安全地打包准备在 eUICC 上配置的配置文件，并将配置文件安装到 eUICC 上。订阅管理器安全路由（Subscription Manager，Secure Routing，SM-SR）安全地传输 eUICC 配置文件管理命令，用于加载、启用、禁用和删除 eUICC 中的配置文件。eUICC 制造商（EUM）的作用是提供所需的订阅管理器-安全路由（SM-SR）功能，而 MNO 基础设施将数据物理传输到 eUICC。认证机构（CA）主要是确保信息交换中的信任链。

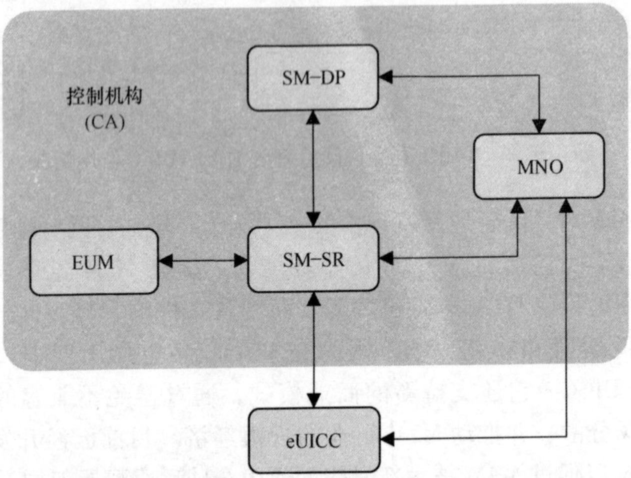

图 4.10　本章参考文献［33］解释的 GSMA 的嵌入式 UICC 架构

M2M 和其他连接的 IoT 设备从 eUICC 技术中受益最多。然而，消费者应用的重要性有望增加，与当前的交换和交换过程相比，优势是增强了用户体验。

除了本章参考文献［34］中的 ETSI 是关于该主题，有关 GSMA 解决方案的更多信息可以在本章参考文献［33］中找到，其中详细说明了 2015 年 11 月发布的 eUICC 中 GSMA 远程配置架构版本 2.1 的最新可用技术说明。目前正在推动的、订阅管理的可互操作的、国际标准的其他实体包括 SIMalliance 和 GlobalPlatform。

4.6.3 个性化

SIM/UICC 的个性化是指根据配置文件创建智能卡的文件系统，并将相应的数据（如 USIM 和其他应用程序）加载到智能卡中的过程。该数据被放入通常是闪存芯片的存储器中。为商业环境规划的客户配置文件通常通过使用一组实验室和操作测试卡在利益相关者（如智能卡供应商和运营商）之间进行全面的测试。配置文件的参数和格式是与供应商、运营商和产品相关的。由利益相关方进行测试并由运营商验证，商业卡通过订单管理生成，这是一个依赖于运营商的流程。它可能基于自动化的电子或手动格式，其中详细说明了所请求的卡参数，包括图形布局、外形尺寸和送货地址以及预期日期。

4.6.4 M2M SIM 类型

在实践中，每个供应商提供不同的 M2M UICC 类型，包括在消费者空间和嵌入式 UICC 中使用的规格（外观形状）。与消费类产品相比，工业和汽车级的 UICC 通常更坚固耐用，以支持长期使用。工业和汽车 UICC 的目标功能寿命通常为 10 ~ 17 年。由于环境条件的苛刻和使用情况，供应商对这些智能卡变型的具体要求更加严格。例如，可以估计汽车环境中的 UICC 需要在广泛的气候条件下运行数年。

M2M UICC 可以利用所有的规格。通常，在 M2M 环境（包括汽车行业）中，已经使用了坚固耐用的 2FF 以及嵌入式 MFF2。随着当前和即将到来的 IoT 浪潮中引入更小的设备，对更小的 SIM 元件的需求以及对订阅数据的更多动态管理的需求都是显而易见的。在后续章节中讨论订阅管理中的相应进展，而以下段落阐述 M2M 和消费者环境中使用的嵌入式 SE 的物理方面。嵌入式 UICC 主要用于 M2M 应用程序，但随着诸如可穿戴设备等小型用户设备的引入，其对消费者群体越来越有用。

表面安装的 eUICC 与可移动 UICC 没有区别（例如，2FF，3FF 和 4FF），因为所有这些变型均提供了相同的电气接口。主要的区别在于尺寸和体积，以及它在制造过程中被焊接在电路板上的事实，而可移动 UICC 可以在移动设备之间自由交换。

可以认为，特别是在 M2M 环境中，一旦 IoT 设备被投入使用，几乎没有必要更改订阅信息。传统上是这种情况，但 M2M 通信的高动态性表明有管理订阅数据的需要，包括改变网络运营商或服务提供商，甚至在 eUICC 的使用寿命期间不止一次修改。这样的环境的示例之一是汽车工业；一旦在汽车制造厂房安装了初始订购，汽车可能会在不同的国家由不同的网络运营商订购下结束。此外，一旦汽车移动到另一个国家，可能需要提供漫游和主动通信，还包括更改订阅。由于 eUICC 不会被物理地替换，所以就需要更高级的订阅管理，来保证更新的订阅数据的下载、切换、激活和删除。

对于硬件元件的电气连接耐久性，可以假定，在 M2M 环境中，不需要改变物理卡/元件，很容易确保连接器的较少磨损，这反过来又提高了嵌入式元件的功能或永久安装（和加固）卡的可靠性。

目前，M2M 规格 2（MFF2）是唯一的国际标准化的嵌入式 UICC 规格（外形尺寸）。它也可以被称为通用术语机器识别模块（Machine Identity Module，MIM）。取决于供应商环境，其规格（外形尺寸）指的是 DFN-8、SON-8 或 VQFN-8。对于 ETSI 术语，它被称为 MFF2，如在 ETSI M2M UICC 标准 TS 102.671 中所定义的那样。MFF2 的物理特性是 JEDEC 设计指南 4.8 中的标准，其尺寸为 6.0mm×5.0mm×(<)1.0mm。在非标准市场（符合供应商依赖的专有标准）中还有其他替代方案，例如双平面（Dual-Flat）、无引线（No Leads，DFN）、球栅阵列（Ball Grid Array，BGA）和晶片级解决方案，如晶圆级再分配芯片规模封装（WLCSP）。图 4.11 显示了一些可用选项的各个方面。

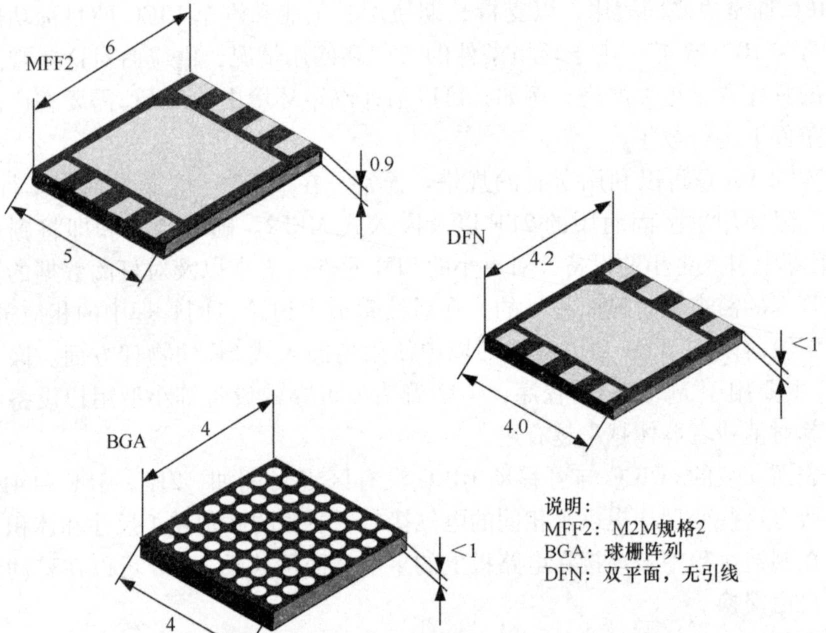

图 4.11　物理嵌入 SE 的一些例子。目前，MFF2 是嵌入式 UICC 的唯一标准化变型。最小的通常基于可以非常小体积的晶圆级，例如可以测量 $2.7\times2.5\times0.4\text{mm}^3$ 的 WLCSP，这取决于每个芯片制造商自己的规格

除了针对无论是传统的可移除的规格还是嵌入式元件物理元件，还对基于软件的 UICC 也进行了积极的主动调查和讨论，其有时被称为“软 SIM”。与

基于硬件的 SE（如 UICC）相比，完全基于软件的订阅（如纯 HCE 的订阅）将在后面进行讨论。此外，传统的 UICC 安全与基于软件的解决方案的结合（如标记化）是可行的，介于两者之间的诸如在 TEE 中与 UICC 分离的基于硬件的安全解决方案也是可行的。

对于汽车领域的一些实用解决方案，欧盟委员会正在 eUICC 上开展车载紧急呼叫服务 eCall。事实上，欧盟的新车在 2015 年之前需要符合基于 eUICC 的 eCall，从而确保汽车和紧急服务之间的即时连接。

4.7　其他智能卡类型

4.7.1　门禁卡

智能卡的广泛使用情况是访问。接触卡和非接触卡都用于此目的，以用作打开系统通道和访问信息系统的依据。不断增长的业务领域是公共交通领域，其中智能卡可以方便客户的进出流动。第 5 章进行最常见解决方案的更详细描述。

4.7.2　外部 SD 卡

除了 SIM/UICC 和嵌入式 SE 外，SE 也可以由外部 SD 卡提供。它基本上是指服务提供商拥有的 SE 而不是 MNO 拥有的。microSD SE 可以物理上是用于无线（NFC）环境的集成天线和内置的相应 NFC 功能的硬件解决方案，也可以是没有天线的解决方案。对于没有天线但需要外部 NFC 功能的 microSD，需要单独的天线连接。

对于由外部服务提供商（如银行）发行和拥有的 microSD 来说，其对于 MNO 或 OEM 基本上没有特定的作用。事实上，SE 的安全、发行和分发是服务提供商的责任。这种使用情况是可行的，因为各种移动设备都带有集成的 microSD 插槽。然而应当注意的是，如果天线被构建在 microSD 内，则插槽的位置和设计确实对 NFC 场强有影响，从而影响 NFC 天线与相应读取器之间的读取距离。即使不能保证可以将外部 microSD 卡的功能与支持它的任何设备调整到一致来满足 NFC 要求，理想地，设备制造商也应该考虑到这一点，以便在这些情况下满足最小 NFC 读取距离的要求。

4.8　非接触式智能卡

4.8.1　ISO/IEC 标准

ISO/IEC 14443-1：2008 定义了邻近 ICC（PICC）的物理特性，通常称为

近距离卡或 NFC 卡。它与 ISO/IEC 14443 的其他部分结合使用。ISO/IEC 14443 规范集具有 A、B 和 C 三类，每一类都有相应的芯片制造商。参数 A 是指 NXP（Philips）芯片，C 是索尼芯片，而 B 表示芯片是来自其他制造商。

近距离卡是基于卡和读卡器之间的 RFID 技术的变型，使得卡不需要插入到读卡器中。卡可以是简单的只读类型，例如用于访问楼宇的卡。这些类型的卡可能仅有有限的存储空间。这些智能卡的发射频率（RF）可以基于 125MHz 频带，或者对于 2G 超高频（Ultra High Frequency，UHF）卡来说可以基于 860 ~ 960MHz。

更完整的非接触卡是既能读也能写的。通信链路是由 ISO/IEC 14443 标准定义的 13.56MHz 频率。这个类别的早期用例是实时消费和充值的交通运输应用程序，这确实需要最高的安全级别，因为没有考虑到钱包的价值。这些卡通常具有受保护的存储器类型。除了交通应用之外，它们日益流行并用于存储零售价值，因为卡可以提供更快的交易时间，同时维持交易处理的收入。

4.8.2 NFC

在现代非接触卡环境中，支持 NFC 的卡基于 ISO 14443 标准。它们使用 13.56MHz 频率的物理无线电接口。定义 SWP 是在 UICC 和 NFC 芯片之间，这两者都驻留在用户设备中。SWP 是 CLF 和 UICC 之间的接口。事实上，它是用于非接触式通信的基于接触的协议。

NFC 是一种短距离无线通信技术，能够在诸如手持移动设备和支付交易读卡器这样的两个实体之间交换数据。这项技术是基于高频率的无线电接口，在 NFC 支持的设备之间的距离约为 10cm 的范围内提供功能连接，但对最大距离的更精确的要求取决于实体，一些支付证书的支付距离可能需要放松到 4cm。最大的实际距离取决于产品规格以及对运营商和信用卡公司可能更严格的附加要求。

NFC 基于被称为 RFID 的 ISO/IEC 14443 感应卡标准的扩展。然而，应当注意，NFC 不同于 RFID。即使 NFC 和 RFID 确实包含通用功能，RFID 是关于在一定距离内可以无线读取的、小而经济的标签。RFID 的一个例子是仓库库存标签，能够提供关于在特定地点内找到的物品的数量、类型和特性的即时信息。相反，NFC 是关于物理的 NFC 设备（例如，计算机、蜂窝电话、个人计算机和 PDA）之间的点对点双向通信。

NFC 将智能卡和读卡器的接口组合成单个设备。NFC 设备可以与现有的 ISO/IEC 14443 智能卡、读卡器和其他 NFC 设备进行通信，从而与已经用于公共交通和支付的现有非接触式基础设施兼容。尽管市场上存在各种支持 NFC 的设备，但在实践中，NFC 主要用于移动设备。NFC 的一些典型使用案例包括根据对等数据交换的概念进行电子设备连接，根据读写器概念访问数字内容，以及根据卡仿真概念进行非接触交易。图 4.12 展示了一些高层次的 NFC 使用案例。

图 4.12　NFC 的典型用例

在大量可能性中，使用案例可以关联到以下内容：增强忠诚度计划（例如在机场通过发放会员卡）、提供电子格式的优惠券、内容收集和传送、通向物理封闭位置的门禁卡、资产管理、报告和建立连接。

NFC 开发由 NFC 论坛负责。除了规范外，它还跟踪标准的执行情况。NFC 论坛成立于 2004 年，自那时起，参与成员的数量就有了显著的增长。NFC 论坛的任务是通过开发基于标准的规范来支持 NFC 技术的使用，确保设备和服务之间的互操作性。实际的工作方法包括鼓励使用 NFC 论坛规范开发产品，向全球市场传播 NFC 技术，并确保声称具有 NFC 功能的产品符合 NFC 论坛规范。

在它们发挥作用时，NFC 阅读器和设备基本上始终处于打开状态，它们依靠电池或外部电源。阅读器需要能够创建一个用于无线电传输的电磁场。当阅读器产生射频场时就会立即生效。标签通常没有电源，它通过附近的射频场获得足够的能量，因此可以通过载波调制来响应，这是被动（无源）通信的一种形式。由于标签无法激活无线电频道，因此与 NFC 设备不同，两个标签无法相互通信。

NFC 可以分为以下几个特点：

1）读取电话号码、网址和访问卡的标签阅读器。标签阅读器的示例包括电话呼叫出租车和读取公交车站时间表。

2）轻松设置，包括蓝牙耳机和其他通过单击标签实现的配对。

3）通过触摸将照片或其他内容从手持设备分享到另一部电话或数码相框。一旦启动完成，内容的实际传输就可通过蓝牙实现。

4）支付和票务可以用类似于信用卡和数字公交票的方式完成。实际解决方案的可能性实际上是无穷无尽的。值得注意的是，支付需要一个具有中间件软件和相应的 API 的相对复杂的生态系统，适应如 SWP 以及像 NFC 芯片和天线、UICC、OTA、TSM 等硬件平台，需要由运营商和信用卡公司购买阅读器、一组钱包及其支付应用程序和 MIDlet。此外，支付机构和运营商还需要诸如 EMVCo、万事达卡（MasterCard）认证和 Visa 认证等证书。出于这些目的，NFC 论坛拥有了自己的证书。

第 5 章进一步讨论 NFC，有关 SIMalliance 的 NFC 技术版本的更多信息请参见本章参考文献［32］。

4.9 智能卡的机电特性

4.9.1 硬件模块

图 4.13 概述了 UICC 的主要硬件模块。主模块是由 NPU 协助的 CPU。操作系统驻留在 ROM 中，而操作存储器是由 RAM 构成的。EEPROM 是一种非易失性内存块，用于修改像电话簿这样的数据[3]。

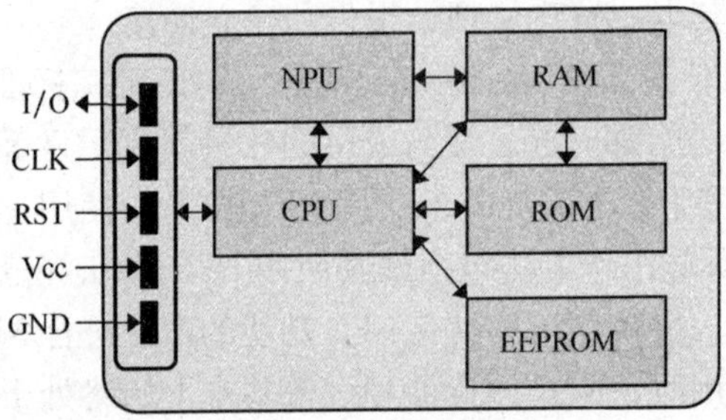

图 4.13 UICC 的框图

从物理上看，UICC 上有 6 个或 8 个触点，如图 4.13 所示。其中，并非所有触点都必须用于移动通信系统。底层芯片模块由一个芯片和外壳组成。这些内容的组合形成 UICC。

4.9.2 存储器

EEPROM 的类型决定了写入速率和最大有效写入周期。智能卡供应商为不同的消费市场（如 MNO、工业和汽车用户）提供个性化的 UICC。SIM 卡的使用寿命，对消费者领域，由于设备相对频繁的变化，可能在 2 ~ 3 年，而工业和汽车级 UICC 可能需要 10 ~ 17 年的使用寿命。

UICC 的寿命很大程度上取决于写周期的最大数量及对温度范围和其他环境条件的耐受性。UICC 还可能包括一些额外的功能，比如自动错误检测和恢复，这些功能通过重新分配有效写入区域和停用芯片的非功能区域来动态地工作。此外，可能有小应用程序提供的增值服务，用于监视智能卡在其生命周期期间的性能，并报告存储器损耗可能存在的问题，以指示是否已过早地超过了有用的生命周期。这些解决方案对于汽车行业和其他关键环境特别有用，可以预先将新的 SIM 卡作为下一次维护的一部分，从而避免额外的客户访问。

第一代 SIM 卡的内存大小有限。一组 7KB ROM、3KB EEPROM 和 128B RAM 以及 8 位 CPU 是典型的设置。这在 GSM 的初始阶段就足够了，但是随着更苛刻的要求的增多，例如存储联系人的最大数量，它很快就成为用户体验的限制因素。随着 CPU 和内存技术的发展，智能卡也在不断发展。此外，如果操作系统的大小与最大可用 ROM 大小不一致，则操作系统（OS）到 ROM 的始终嵌入就不是最佳的解决方案，因为它将留下未使用的内存空间。更高级的替代方案是基于闪存，逐渐取代当前市场中的较旧的存储器结构。智能卡芯片也逐步向单芯片解决方案靠拢，目前是 1 ~ 2MB 的大小的内存，以及几百 KB 的闪存共存。

4.9.3　环境分类

本章参考文献［11］详细描述了 M2M UICC 的环境要求。主要类别用字母表示，字母 T（运行和存储温度）、M（水分）、H（湿度）、C（腐蚀性）、V（振动）、F（微动腐蚀性）、S（冲击）、R（数据保留时间）和 U（最小更新）。表 4.3 总结了 M2M UICC 的环境分类，表 4.4 总结了其所需的关键值。

表 4.3　环境分类；M2M UICC 的主要类别

类	描　述
T	M2M UICC 性能的运行和存储温度。对于 M2M UICC 操作的给定温度范围的支持意味着 M2M UICC 必须在完全支持的范围内承受（1）500 个温度循环；（2）每小时 2 个循环。测试温度循环应符合本章参考文献［13］中提出的 JESD22-A104
M	M2M UICC 在 M2M 通信模块制造过程中可能遇到的潮湿/回流条件性能
H	M2M UICC 在潮湿条件下的性能
C	M2M UICC 应能够通过根据 JESD22-A107[17] 的盐度大气测试。条件 CA…CD 是指暴露于盐度大气的持续时间
V	M2M UICC 在振动条件下的性能

（续）

类	描　述
F	微动腐蚀；当作为连接器时的 M2M UICC 性能
S	M2M UICC 易感性震荡
R	M2M UICC 随时间保留数据的能力。从制造时起，数据保留时间属性应能够在所需时间内按照类别值所示的方式完全运行，不会丢失存储的信息。由多个擦除/写入周期导致的信息丢失被此属性排除
U	M2M UICC 预期的最小数量的 UPDATE 命令，如 TS 102 221 中规定的，支持指定的文件，在更新活动字段中表示为“高”[12]。每个类值指定的文件数量的更新必须实施而不允许失败。由于时间因素导致的信息丢失被排除在此属性之外

从表 4.4 可以看出，有一套区分 UICC 环境绩效能力的编码系统。它基于两个字符的字符串，可以映射到环境属性。这些字符串依次表示环境属性类型。这两个字符的字符串根据如表 4.4 所示的取值范围，表示环境性能，第一个字符代表环境属性，第二个字符表示等级。

表 4.4　UICC 环境类和所需值

类	描　述	M2M UICC
TS	操作和储存温度，标准温度范围	-25 ~ +85℃
TA	操作和储存温度，A 类具体 UICC 环境条件	-40 ~ +85℃
TB	操作和储存温度，B 类具体 UICC 环境条件	-40 ~ +105℃
TC	操作和储存温度，C 类具体 UICC 环境条件	-40 ~ +125℃
MA	根据本章参考文献［14］中提出的 IPC/JEDEC J-STD-020D 的水分/回流条件	（1）支持无铅工艺的 260℃的分类温度（Tc）（2）水分敏感度 3 级；（3）无铅组装回流型材
HA	湿度，高度	应支持 UICC 环境条件下 TS 102 221 规定的高湿度条件[15]
CA	腐蚀，条件 A	JESD22-A107[16] 中规定的试验条件 A
CB	腐蚀，条件 B	JESD22-A107[16] 中规定的试验条件 B
CC	腐蚀，条件 C	JESD22-A107[16] 中规定的试验条件 C
CD	腐蚀，条件 D	JESD22-A107[16] 中规定的试验条件 D
VA	振动，汽车	根据 JESD22-B103[17] 可以通过变频振动试验
FA	微动腐蚀	该项目由 ETSI 进一步研究
SA	冲击，汽车	根据 JESD22-B104[18] 可以通过机械冲击试验

（续）

类	描　述	M2M UICC
RA	数据保留时间，10 年	在制造时间过后的 10 年时间内，可以全面运作，不会丢失存储的信息
RB	数据保留时间，12 年	在制造时间过后的 12 年时间内，可以全面运作，不会丢失存储的信息
RC	数据保留时间，15 年	在制造时间过后的 15 年时间内，可以全面运作，不会丢失存储的信息
UA	最低更新，100000	最少 100000 个 UPDATE 命令，无故障
UB	最低更新，500000	最少 500000 个 UPDATE 命令，无故障
UC	最低更新，1000000	最少 1000000 个 UPDATE 命令，无故障

在实践中，如果 M2M UICC 不满足本章参考文献［11］针对某一特定环境特性所规定的等级，它就不能出现在表示其环境性能的字符串中。环境属性没有指定的顺序。

本章参考文献［23］为消费者 UICC 设置了需求。它指出，存储和完整操作使用的标准温度范围应在 -25℃和 +85℃之间，但 UICC 可选择支持特定的 UICC 环境条件。因此，对于 UICC 支持扩展的温度范围，是可选的。如果支持，A 类表示环境温度范围为 -40 ~ +85℃，而 B 类将限值设置为 -40 ~ +105℃，C 类为 -40 ~ +125℃。此外，扩展的湿度条件对于 UICC 来说也是可选的。如果 UICC 支持扩展湿度，则根据以下环境条件设置限制，操作和存储温度为 85℃，相对湿度为 90% ~95%，持续时间为 1000h。

4.10　智能卡软件

4.10.1　文件结构

基于 ISO/IEC 7816 的卡具有标准化的文件结构。这适用于移动通信系统的 SIM/UICC 卡和银行卡、交通卡以及其他依赖于 ISO/IEC 7816 智能卡的环境。

在将初始 SIM 卡用于 GSM 网络之后，3G 环境以 UICC 的形式带来了对可支持的系统和 SIM 功能的扩展。它包含不同的文件，包括支持电信通信所需的文件。UICC 是作为 3GPP 移动网络中的安全通信链的一部分的安全令牌。

UICC 的移动通信相关文件实际上是能够支持不同的无线电接入网络的应用程序，被称为网络接入应用（Network Access Application，NAA）。因此，

UICC 可以根据 MNO（即，UICC 的所有者）的偏好包含各种不同的无线电接入网络之一。GSM/GPRS SIM 应用管理 ETSI/3GPP 2G 通信，即它是 2G 环境中的 USIM，而 UMTS/HSPA 可以通过用于 3G 环境的 USIM 来管理。对于 LTE 系统，USIM 包括由 3GPP 在 TS 31.102 的版本 8 中规定的 LTE 文件。图 4.7 阐明了 NAA 的思想。还可以通过 CSIM 应用支持 CDMA 网络（1xRT、EVDO、HRDP、eHRDP 等）。

UICC 包含订户数据，包括存储在 UICC 的文件系统中并在认证中使用的参数。UICC 还包含用于无线电接口加密和解密的算法。该算法也存储在 3GPP 网络的 AuC 中，从未暴露在 UICC 或 AuC 之外。UICC 还可以包含现在基于 Java的各种小程序。Java 的好处是由卡片制造商以及第三方提供的新应用程序的互操作性和流畅性。

智能卡由 MF、DF 和 EF 组成，如图 4.14 所示。例如，其中一个专用文件可能是“3G”，它包含支持完整的 3G 服务的相关信息，包括加密密钥。如本章参考文献［23］所定义，应用程序 DF（ADF）是包含单个应用程序的所有 DF 和 EF 的特定 DF，而通用 DF 允许文件的功能分组。因此，它可以是 DF 和/或 EF 的父节点，并且 DF 由文件标识符引用。图 4.15 描述了本章参考文献［23］中解释的原理。

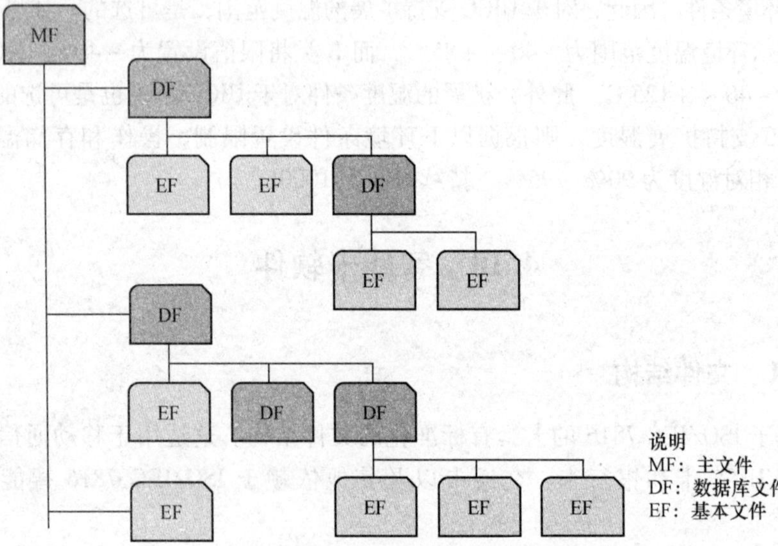

图 4.14　智能卡文件结构的总体原则

文件的长度通常是固定的大小，它们通过一般分为 DF 和 EF 的 16 位文件 ID（FID）来寻址。每个智能卡只有一个 MF，其 FID 标准化为 0x3F00。标准化文件类型列在表 4.5 中。

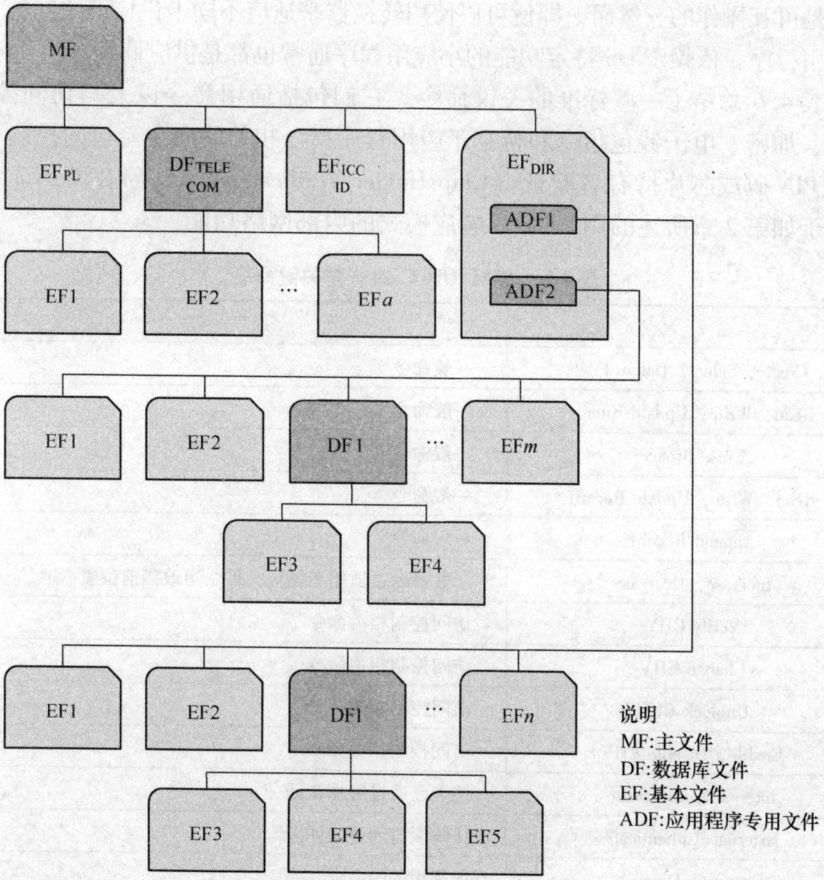

图 4.15 ADF 的原理

表 4.5 智能卡的文件类型

文件类型	描 述
透明（Transparent）	二进制文件
线性固定（Linear Fixed）	有固定长度的 n 条记录
线性变量（Linear Variable）	具有不同长度的 n 条记录，但每条记录的长度是固定的
循环（Cyclic）	这是一个线性固定的文件类型，以便最旧的记录被覆盖
执行（Execute）	特殊类型的透明文件

4.10.2 智能卡命令

ISO 标准中定义了智能卡命令，且可能有供应商专用命令。通常，卡的操作系统（OS）是特定于供应商的。现代智能卡基于 Java，因此相应的 Java 小程序默认是可互操作的。然而，即使可以使用转换器来适应不同卡供应商之间的一些小应用程序，依赖于 OS 特定功能的小应用程序通常也都是供应商特定的。

表 4.6 总结了一些标准的关键命令。它们包括通用命令以及与访问控制、认证、加密、电子钱包指令和特定于应用程序指令相关的命令。访问控制可以基于 PIN 码或芯片持有者验证（Chip Holder Verification，CHV），而认证和加密基于如第 2 章所述的用于挑战-响应模式的内部网络功能。

表 4.6　SIM/UICC 的一些关键命令

命　　令	原　　理
Create，Select，Delete File	一般命令
Read，Write，Update Binary	一般命令
Erase Binary	一般命令
Read，Write，Update Record	一般命令
Append Record	一般命令
Increase，Decrease	一般命令；适用于循环文件，更改当前位置
Verify CHV	访问控制相关命令
Change CHV	访问控制相关命令
Unblock CHV	访问控制相关命令
Enable，Disable CHV	访问控制相关命令
Internal Authenticate	该卡已通过终端认证
External Authenticate	该终端已通过认证卡
Encrypt，Decrypt	加密相关的命令
Sign Data，Verify Signature	加密相关的命令
Initialize，Credit，Debit	电子采购

应该注意的是，ISO 7816 提供了命令，但是实际的实现留给供应商的是开放的。

4.10.3　Java 卡

作为 NFC UICC 的实际环境，本章参考文献［21］规定它需要符合（U）SIM Java 卡平台保护配置文件。如果 NFC UICC 需要通过 EAL4 + 认证，则必须针对（U）SIM Java 卡平台保护配置文件使用 ISO/IEC 15408 CC。

4.11　UICC 通信

SIM/UICC 经由接口与所连接的设备（即，手机、便携式计算机、移动平板设备或具有集成蜂窝连接的其他便携式设备）通信。它包含与智能卡读卡器相同类型的功能，但从根本上扩展了卡和设备之间的消息传递。

4.11.1　智能卡通信

UICC 通信基于安全通道，这样可以确保智能卡和外部世界（读卡器以及希望与卡通信的其他实体）之间的安全通信。基于 ETSI 和 GlobalPlatform[27,28] 的定义，各个安全通道协议如下。

1）SCP01 是指已弃用的对称密钥加密系统[28]。

2）SCP02 是指基于 Triple-DES 的对称安全通道协议[28]。

3）SCP03 指的是基于 AES 的非对称安全通道协议[30]。还有一个进一步修改过的 SCP03 变型，称为 SCP03t[35]。

4）SCP10 是指非对称密钥加密系统[28]。

5）SCP80 指的是由 ETSI 定义的 OTA 远程安全通道协议[24]。

6）SCP81 指的是基于 SSL/TLS 的 OTA 远程安全通道[29]。如 ETSI TS 102 267 所述，应用程序可以基于 SCP81 打开与远程服务器的连接。由 TLS 提供数据交换的安全性。HTTP 在 TLS 之上使用，以提供数据的封装。TCP/IP 传输由 ETSI TS 102 223 中定义的 BIP 或 ETSI TS 102 483[29] 中规定的直接 IP 连接提供。

UICC 的整体安全通信的原理参见本章参考文献［24，25，31］中描述。智能卡（例如 UICC）和外部世界之间的通信通过智能卡内容管理（Card Content Management，CCM）进行，包含加载、安装、个性化、引导和删除功能[26]。通信基于 APDU，有两种类型的 APDU：命令 APDU 和响应 APDU，如图 4.16 所示。

命令APDU

类	指令	P1	P2	L_c	Data	L_e

响应ADPU

响应	SW1	SW2

图 4.16　APDU 命令和响应 APDU 的格式

命令 APDU 包含用于指令类别（CLA，包括类别、SM 和通道）的字段、指令（INS）、参数 1 和 2（P1，P2）、命令数据的长度（L_c）、命令数据以及预期响应的长度（L_e）。

响应 APDU 包含字段 SW1 和 SW2。表 4.7 给出了智能卡响应的快照[22]。该响应表示的是对正常和故障行为的整体类型响应（SW1）和更具体描述的响应（SW2）。响应 APDU 用于确保如操作系统这样的智能卡软件的正确更新，并且如果注意到不当行为，则可用于故障排除。

表 4.7 SIM/UICC 卡响应消息的示例（完整的列表可以在 ISO/IEC 7816-4 文档中找到）

响应（SW1 | SW2）	描　述
61 | xx	响应字节仍然可用；命令成功执行；xx 字节的数据可用，可以使用 GET RESPONSE 请求
62 | 81	非挥发性记忆状态不变 | 返回数据的一部分可能已损坏
63 | 85	非易失性存储器状态已更改 | 不支持安全传输
64 | 01	非挥发性记忆状态不变 | 命令超时
65 | 81	非易失性存储器状态已更改 | 内存故障
68 | 82	CLA 中的功能不支持 | 不支持安全消息
69 | F0	命令不允许 | 没有权限
6A | F0	错误参数 P1-P2 | 参数值错误
90 | 00	OK

参与 SIM/UICC 卡测试和故障排除的卡厂商和其他利益相关方，通常都有一套工具，可用于监控卡响应以及卡和读卡器之间的其他通信。APDU 由 ISO/IEC 7816-3 中定义的传输协议数据单元（Transmission Protocol Data Unit，TPDU）传输。该领域中最流行的协议是 T = 0（面向字节协议）、T = 1（面向块协议）和 T = CL（非接触协议）。

4.11.2 远程文件管理

SIM/UICC 可以通过在阅读器和设备之间连接电缆，进行本地管理。另一个选择是通过 OTA 方式管理智能卡。此项包括远程应用程序管理（Remote Application Management，RAM）和远程文件管理（Remote File Management，RFM）。分别在 ETSI TS 102 226 和 3GPP TS 31.116 中定义的 RAM 和 RFM 可以使用 CAT-TP 机制或 HTTPS 上的 RAM/RFM 机制来执行，就如 ETSI TS 102 225 和 3GPP TS 31.115 用于推送 SMS 安全性以及 ETSI TS 102 127 中定义的那样。

作为 NFC UICC 环境的实际示例，本章参考文献［21］详述了各个要求：通过 HTTPS 对 RAM/RFM 的使用应该按照 ETSI TS 102 225、3GPP TS 31.115 中为推送 SMS 安全以及 ETSI TS 102 226 和 GlobalPlatform CS V2.2 修正案 B 中所定义的那样完成。CAT-TP 机制或 HTTPS 上的 RAM/RFM 机制的使用可能会在不同地域之间有所不同，这一点需要加入服务提供商互操作性的考量中去，因此本章参考文献［21］还包括不同 MNO 使用的指令，建议文档中引用的两个传输协议中，至少其中之一需要由 MNO 实现。应该注意的是，对于小型管理操作，仍然允许通过 OTA 方式的短消息服务（SMS）。

参 考 文 献

[1] Triple SIM. Three SIM cards in one: 2FF, 3FF, and 4FF. Whitepaper. Giesecke & Devrient, 2014. http://www.gi-de.com/gd_media/media/documents/brochures/mobile_security_2/cste_1/Triple_SIM.pdf (last accessed 7 December 2014).

[2] History of SIM cards. http://www.timetoast.com/timelines/cell-phones-by-whittney-williams-8th-period (last accessed 7 December 2014).

[3] Vedder, D. K. The UICC; The security platform for value addedservices. Sophia Antipolis, France. 4th ETSI security WS. 13-14 January 2009.

[4] ISO 7816 introduction. http://www.smartcardsupply.com/Content/Cards/7816standard.htm (accessed 24 January 2015).

[5] Smartcard basics. http://www.smartcardbasics.com/smart-card-standards.html (accessed 24 January 2015).

[6] Elaheh Vahidian. Evolution of the SIM to eSIM. Master's thesis. Department of Telematics, Norwegian University of Science and Technology, Trondheim. January 21, 2013. 90 p.

[7] SFR. (U)SIM Java Card Platform Protection Profile. Basic and SCWS Configurations. Evolutive Certification Scheme for (U)SIM cards. PU-2009-RT-79-2.0.2. June 17, 2010. 85 p.

[8] Trusted Labs, Guide de composition CC entre plateformes certifies et applications sensibles, CP-2007-RT-407-3.0.

[9] JP. Wary, M. Eznack, C. Loiseaux, R. Presty. Developing a new Protection Profile for (U)SIM UICC platforms. ICCC 2008, Korea, Jiju, September 2008. 18 p.

[10] Secrétariat général de la défense et de la sécurité nationale. Agence nationale de la sécurité des systèmes d'information. Certification Report ANSSI-CC-PP-2010/05. (U)SIM Java Card Platform Protection Profile/ SCWS Configuration (ref.PU-2009-RT-79, version 2.0.2). 2009. 15 p.

[11] ETSI TS 102 671, V9.0.0, April 2010. Technical Specification, Smartcards; Machine to Machine UICC; Physical and logical characteristics, Release 9. 21 p.

[12] ETSI TS 102 221, V11.0.0, June 2012. Technical Specification; Smartcards; UICC-Terminal interface; Physical and logical characteristics, Release 11. 181 p.

[13] JEDEC JESD22-A104D. Temperature Cycling.

[14] IPC/JEDEC J-STD-020D.1. Moisture/reflow sensitivity classification for non-hermetic solid state surface mount devices.

[15] ETSI TS 102 221. Smartcards; UICC-terminal interface; Physical and logical characteristics.

[16] JEDEC JESD22-A107B. Salt atmosphere.

[17] JEDEC JESD22-B103B. Vibration, variable frequency.

[18] JEDEC JESD22-B104C. Mechanical Shock.

[19] Mobile/NFC Security Fundamentals Secure Elements 101. Smartcard Alliance Webinar, March 28, 2013. 42 p.

[20] SIMalliance. Smartcard Web Server; How to bring operators' applications and services to the mass market. February 2009, 18 p.

[21] GSM Association SGP.03.

[22] APDU response list. https://www.eftlab.com.au/index.php/site-map/knowledge-base/118-apdu-response-list (accessed 28 November 2015).

[23] ETSI TS 102 221 V8.2.0 (2009-06). Smartcards; UICC-Terminal interface; Physical and logical characteristics (Release 8). 174 p.

[24] ETSI TS 102 225 V9.0.0 (2010-04). Smartcards; Secured packet structure for UICC based applications (Release 9). 22 p.

[25] ETSI TS 102 224 V8.0.0 (2008-10) Technical Specification, Smartcards; Security mechanisms for UICC based Applications - Functional requirements (Release 8). 19 p.

[26] ETSI TS 102 226 V9.2.0 (2010-04) Technical Specification, Smartcards; Remote APDU structure for UICC based applications (Release 9). 43 p.

[27] Bharat Bhanjana. Secure Communication between Card and Server. International Journal of Scientific and Research Publications, Volume 5, Issue 8, August 2015 ISSN 2250-3153

[28] GlobalPlatform. GlobalPlatform Card Specication, version 2.2. March, 2006.

[29] Remote Application Management over HTTP. GlobalPlatform Specication, September 2006.

[30] GlobalPlatform Card Technology. Secure Channel Protocol 03. GlobalPlatform Public Release, September 2009.

[31] Smartcards; Secured Packet Structure for UICC based Applications (Release 6). ETSI TS 102 225 (V6.8.0), April 2006.

[32] SIMalliance, NFC releases, 25 December 2015. http://simalliance.org/nfc/nfc-technical-releases/ (accessed 25 December 2015).

[33] Remote Provisioning Architecture for Embedded UICC Technical Specification, Version 2.1. GSMA, 2 November 2015. 297 p.

[34] ETSI TS 103 383. Smartcards; Embedded UICC; Requirements Specification (Release 13), V. 13.0.0, October 2015. 29 p.

[35] Embedded UICC Protection Profile, Version 1.1. GSMA, 25 August 2015. 127 p.

[36] Phone book management with ISO 7816 part 7. 3GPP TSG-T3, Document T3-99167. Miami, June, 14th to 16th, 1999. 22 p.

[37] Protection Profile — Secure Signature-Creation Device, Type3. Prepared by ESIGN Workshop Expert Group F for CEN/ISSS. Version: 1.05, EAL 4+. 25 July 2001. 67 p.

[38] Proposed Correspondence to EP-SCP calling for establishment of a formal liaison to promote RUIM global harmonization. TSG correspondence of the 3GPP2, TSG-C, October 23, 2000. 3p.

[39] ETSI TS 100 812-2, V2.4.1. Terrestrial Trunked Radio (TETRA); Subscriber Identity Module to Mobile Equipment (TSIM-ME) interface; Part 2: Universal Integrated Circuit Card (UICC); Characteristics of the TSIM application. 3 August 2005.

第 5 章

无线支付和访问系统

5.1 概　　述

本章概述了当前移动支付和访问控制最为相关的解决方案。作为基础，先从支付和访问的角度具体讨论了之前详细介绍的无线安全技术，随后描述了近场通信（NFC）和其他无线技术。然后，讨论了 EMVCo 概念和其他银行系统，同时还选择介绍了一些用例，如电子商务（电子钱包解决方案、苹果支付）、交通（MiFare、Cipurse）和访问系统（访问安全分类、解决方案）。

移动支付环境目前正在强劲发展。商业广告市场正在考虑基于近场通信、令牌化或主机卡仿真（HCE）的许多手机钱包解决方案。关于移动支付的例子可参见本章参考文献［10，11］。此外，生物识别技术的应用使得支付更为安全，包括用于移动应用身份验证的指纹识别和虹膜识别等生物特征。本章描述的是基于眼纹 ID 的虹膜识别技术，它由美国的 EyeVerify 和 AirWatch 研发[9,12]。

5.2　支付和访问的基础——无线连接

支付和访问系统在技术上可能依赖于任何已知的连接技术。近场通信（NFC）是一种合理解决方案，其设计适用于提供短距离双向设备（诸如智能手机和 NFC 读取器）之间的无线电通信。其他典型解决方案则基于射频识别（RFID）。条形码是将产品信息嵌入到对象中的基础，它可以通过收银机系统映射到打印的价格信息，就像今天的零售环境一样。条形码也可以通过订阅动态生成“令牌”——通过打印到纸张和扫描，或依赖智能手机的显示到 POS 端去进行支付。

对于高度流畅的用户体验，NFC 因其交互式通信和安全交易的能力成为了最合适的解决方案之一。图 5.1 描述了本章参考文献［25］中阐述的基于 NFC 功能的移动支付领域的发展。

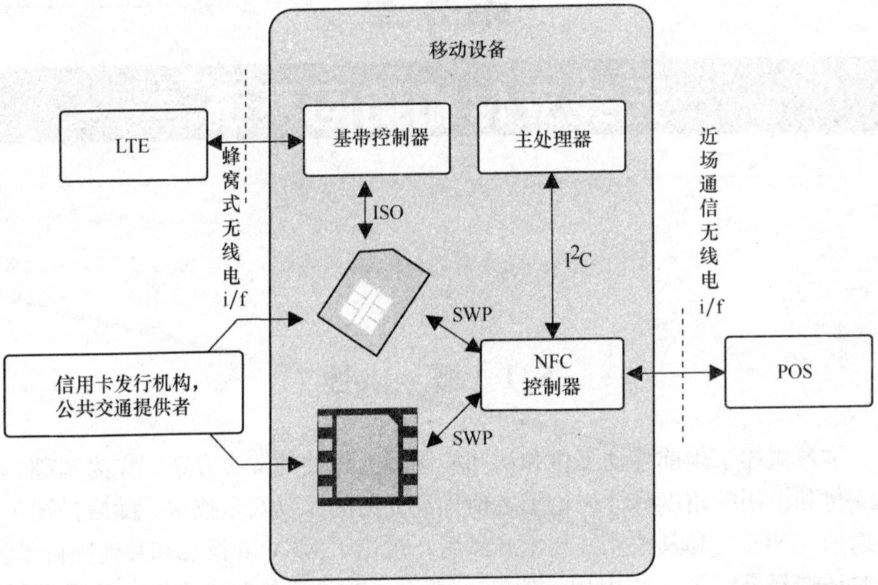

图 5.1　移动支付的发展

从图 5.1 可以看到，嵌入式安全元件（eSE）可以与多服务 UICC 卡在一个单独移动设备中共存，服务提供商的应用程序可以同时驻留在 eSE 和 UICC 中。UICC 作为 MNO 管理业务的基础，同时 eSE 为 OEM 客户提供额外的业务。NFC 控制器在其经由内部集成电路（Inter-Integrated Circuit，I^2C）与主机通信时通过单线协议（SWP）连接到 eSE 和 UICC。以下各节概述了常用的技术及其在支付和访问方面的应用，以及这些近距离解决方案背后的基本技术。

5.2.1　条形码

条形码包括一系列一维代码系统，它们在国际范围内被采用，以便为零售商店、工业部件生产、物流和存储指定等活动对象类别，下面举一些例子。人们可能会疑惑为什么条形码与无线环境有关。答案很简单，因为它代表了一种基于光学阅读器或成像的单向近场信息传输，而且还可以经由通常在所有消费者设备中部署的智能技术相机扫描来获取。此外，通过生成具有有限有效期的一次性代码的方式，在支付业务中用消费者设备来扫描，条形码可以作为无线交易的基础。例如，支付系统安全层基于移动交易基础，这样，认证信息存储在云中，通过使用快速阅读（Quick Read，QR）代码、条形码或蓝牙，并以面对面的方式呈现在商业环境中。这就为用于低价移动支付提供了一种的简单方法，因为即使用户的设备物理上存在于 POS 系统中[38]，认证信息也并未在交易过程进行验证。

QR 码是表示与其对象相关的数据的一种实用方式，条形码设计用于光学读取。市场上有很多编码系统可以表示对象识别，如书的 ISBN 编码。如今，智能设备（或任何其他具有嵌入式摄像头的设备）都能够阅读条形码，并且如果其包含有关网页的信息，则设备可以进入相应的网站。另一个例子，国际航空运输协会（IATA）——条形码的标准化二维格式是通过印有条形码的登机牌（Bar Coded Boarding Pass，BCBP）被应用在机场登机过程中，此外，显示在智能设备上的二维条形码也可以作为电子登机牌。

条形码的原始格式通过具有可变宽度和间距的平行线显示相应的数据。相反，二维码则基于数字化内容的矩阵呈现，其由 ISO/IEC[36] 定义。二维条形码可以采用的几何形式包括矩形、点、六边形和其他几何图案，用它们来组成具有清晰的安全边界的二维图形。通常还包括一种嵌入式错误校正技术，可根据使用系统和需求情况来选择校正水平——原则是更好地保护图像，使用较少有用的数据来表示[37]。在较强的受保护的图像中，可以在 QR 码的顶端打印重叠的图稿，内容仍然可以没有问题地读取。条形码已得到了进一步的发展，虽然每种高级版本的普及可能不是如前所述很广泛地传播。三维码基本上是二维码的变型，增加了例如灰度级或者调色板的附加参数，用于为每像素提供额外的变量以使得可以在与二维码相同的区域内嵌入更多样化的信息。

条形码是高度安全的，因为它们需要近距离扫描。条形码潜在的安全漏洞可能与图像中嵌入的恶意代码有关，这些恶意代码可以在没有用户确认的情况下执行移动设备的功能或连接恶意互联网页面，这可能进一步引起安全问题。如果是用条形码用于支付，例如通过接收在销售网点（POS）上呈现的促销代码购买产品时，安全漏洞理论上可能与某人在原始用户相应操作之前盗窃条形码并利用其价值有关。因此，通过条形码的这种付款最适合小规模购买，如咖啡吧。然而，也许有人会说，客户仅在实体店的 POS 上才收到即时生成的个性化支付令牌是不太可能的，因为该代码太简单了，甚至会被别人利用。

5.2.2 RFID

RFID 是支付和访问的可行方法。RFID 也适用于各种其他环境，如资产跟踪、竞赛计时和库存管理。RFID 以无线电频率这种独特方式成为组成识别项目过程的一部分。应该指出 NFC 是 RFID 技术中的一个子集，工作频率为 13.56MHz。NFC 是一种安全的数据交换形式，因此 NFC 设备可以充当 NFC 阅读器或者和 NFC 标签，这使得 NFC 设备可以以端对端的模式进行通信[26]。

RFID 标签可以是有源的（用自己的电源提供最大的覆盖区域）或无源（在短距离内基于阅读器的感应功率）。除了标签之外，RFID 系统还包括阅读器和天线以及随附的系统。阅读器的任务是向标签发送请求，标签通过天线进行响应。有源 RFID 模式提供高达约 100m 的覆盖，这足以满足例如收费公路支付系统。无源 RFID 标签覆盖的范围较低，通常可达到约 25m。

无源 RFID 标签通常工作在 125 ~ 134kHz 的低频（LF）频段（范围约 10cm），13.56MHz 的高频（HF）频段（也是 NFC 频率，提供约 30cm 的范围）和超高频（UHF）频带 856 ~ 960MHz（范围可达 100m 左右）。RFID 感应卡的一些相关标准和 NFC 包括 ISO/IEC 14443、ISO/IEC 18092 和 FeliCa。无源高频 RFID 标签也符合 ISO/IEC 15693 标准。

感应卡（如 RFID）的安全，对于保护内容交付、抵抗复制和拦截来说非常重要。对于最近距离的相似解决方案，距离本身可以保护交易，尽管它可以通过放置非常靠近设备的天线，或者利用高度指令天线来定位一个靠近阅读器的窃听设备来捕获通信。

RFID 和 NFC 标签在产品海报和标牌中越来越普及，可为消费者提供紧凑的附加信息（比如给消费者的网页链接）。实际上，已经存在被广泛商业化选择且低成本的移动 RFID 读取器，见本章参考文献［22］。它们可以与智能手机和平板电脑等设备配对，并且可以使用这些设备进行各种业务应用。随着消费者智能设备和平板电脑市场的增长，RFID 阅读器也越来越普及。主要可用类别是两种设备，一是设计为连接到移动设备以将其转换为 RFID 读取器的设备，二是用于智能设备的低成本 RFID 读取器。这些读取器支持无源 UHF EPC Gen 2 协议，可用于诸如业务应用、访问控制，认证和验证，库存管理，后勤和交通等方面。

随着市场的发展，与传统手持式 RFID 读取器相比商业用户取得与消费者设备相连的移动 RFID 读取器更有利。一些相关的企业产品的实例可参见本章参考文献［23］，文中增加了对具有扫描移动设备的一维和二维条码的下一代 RFID。

5.2.3 NFC

典型的使用 NFC 移动设备的组件，包括可以是 SIM/UICC、eSE 或 microSD 的 SE，以及 NFC 控制器、NFC 芯片、协议栈和 CLF 支付需要。基于 NFC 的应用程序如手机钱包，还需要为消费者交互提供用户界面应用程序。

通信协议和接口包括 ISO-7816、ISO-14443、SWP、通用异步收发器（Universal Asynchronous Receiver/Transmitter，UART）、I^2C、串行外设接口（Serial Peripheral Interface，SPI），并且 NFC 需要由安全元件（SE）的操作系统来支持，如 Java 或供应商特定的操作系统，以及移动设备的操作系统，如 Android、iOS、BlackBerry 或 Windows。图 5.2 为典型的 NFC 设备体系结构。

NFC 在 13.56MHz 频率发挥作用，这与 RFID 读取器和标签的 HF 变型相

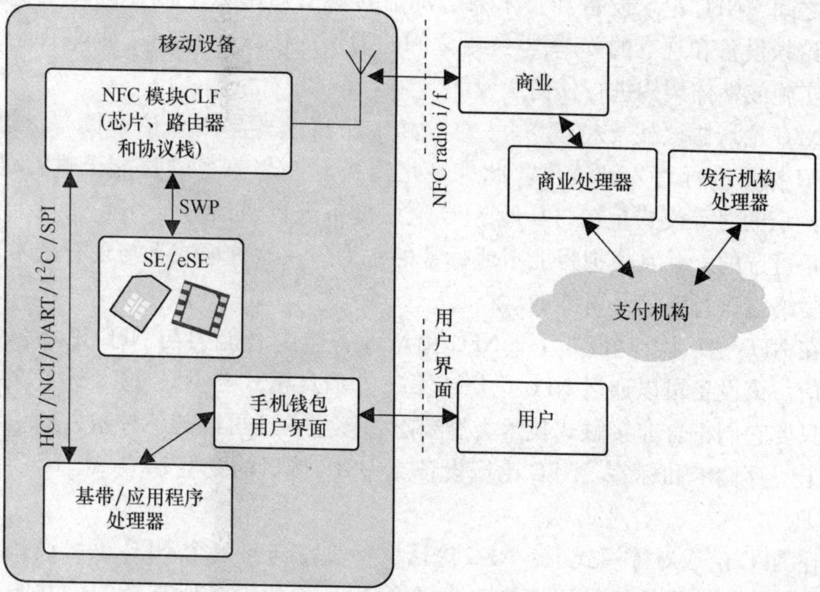

图 5.2　一个 NFC 设备的体系结构

（NFC 无线电接口通过商业处理器连接到支付机构，如 Visa、MasterCard、AmEx 和 Discover）

同。事实上，NFC 设备可以采用两路设备技术同时像阅读器和标签一样工作。然而，最大读数距离仅限于几厘米。典型的 NFC 使用情况与信息共享有关，要么基于低速 NFC 信道，最典型的是通过打开由 NFC 单击触发的诸如蓝牙传输信道的单独载体。

NFC 论坛的重点是标准化应用领域。举个例子，NFC 数据存储标准、NFC 数据交换格式（NFC Data Exchange Format，NDEF）和标签类型的映射均由 NFC 论坛定义。已经决定应该在应用层处理安全性。NFC 论坛有一个独立的安全工作组，专注于识别对 NFC 潜在的威胁和攻击。

5.2.3.1　架构

NFC 论坛设备需符合高级一致性要求，至少执行 NFC 论坛协议栈的强制性部分和操作模式。NFC 论坛的强制性操作模式是 NFC 论坛对等模式和读/写模式。可选支持意味着 NFC 论坛设备可能支持 NFC 论坛卡仿真模式。此外，NFC 论坛设备可以支持的部分可选堆栈以及未经 NFC 论坛定义的附加协议和应用程序。

NFC 论坛标签可以是 NFC 论坛设备能够访问的任意非接触式组件，由一类 X 标签操作规范定义。NFC 论坛标签不需要支持 NFC 论坛协议栈的完整规范。

NFC 论坛协议栈包括用于 NFC 论坛设备之间、NFC 论坛设备和 NFC 论坛标签之间、NFC 论坛设备和技术兼容的非接触式智能卡之间，以及可选地在 NFC 论坛设备和现有的读/写器终端之间的通信的协议，并没有对 NFC 论坛设备的实施或整体架构进行任何假设。

NFC 论坛协议栈支持读/写、对等和卡仿真模式。NFC 论坛读/写模式能对 NFC 标签进行写入和读取。此外，此模式允许与兼容的智能卡进行通信。NFC 论坛的对等模式旨在与其他 NFC 论坛设备进行通信，而 NFC 论坛卡仿真模式是可选的，并且模拟智能卡或标签的行为。在这种模式下与现有技术兼容的读写终端进行通信是可能的。

在 NFC 论坛读/写模式下，NFC 论坛设备至少有能力与 NFC 论坛标签进行通信。该设备可以通过 NFC 论坛或第三方消息格式与 NFC 论坛标签交换数据，只要它们符合非接触式技术类型要求，该设备还可以与各种组件通信，如智能卡、存储卡和标签。NFC 论坛设备支持 RF 接口的变型 NFC-A、NFC-B 和 NFC-F。

在 NFC 论坛对等模式下，NFC 论坛设备具有与另一个 NFC 论坛设备通信的能力。服务发现协议是用于确定由两个 NFC 论坛设备所支持的公共服务的机制。

NFC 论坛卡仿真模式允许 NFC 论坛设备在兼容读/写的常规技术下充当智能卡或标签。这种模式包括存储卡和标签的仿真，以及主要用于便携式设备的可以方便地进行读/写的智能卡的仿真。使用此模式，现有的兼容终端基础设施技术（例如，用于支付和票务），可以与支持 NFC 论坛卡仿真模式的 NFC 论坛设备进行通信。

图 5.3 描绘了 NFC 定义的架构[7]。技术架构包含基于 ISO 14443 A 类、

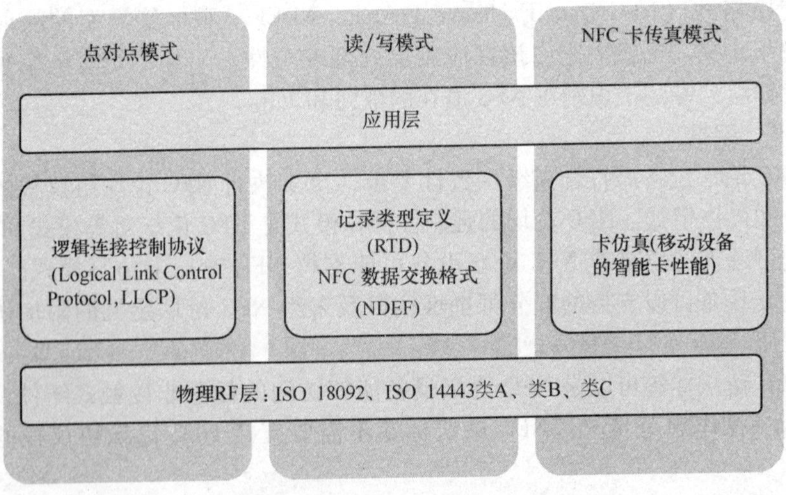

图 5.3 由 NFC 论坛定义的 NFC 架构

ISO 14443 B类和Sony FeliCa定义的一个强制标签格式的初始集。该集合包括为NFC论坛设备和标签指定公共数据格式的NDEF；指定用于NFC论坛设备之间及NFC论坛设备和标签之间的信息标准化记录类型的NFC记录类型定义（Record Type Definition，RTD）；用于包含纯文本记录的文本RTD；用于关于互联网资源记录的统一资源标识符（Uniform Resource Identifier，URI）RTD；用于包含文本、音频或其他数据标签海报的智能海报RTD。

5.2.3.2　标准化

NFC论坛不断促进NFC的协调发展。自它2004年成立以来，会员人数持续增长。NFC论坛的使命是通过开发标准的规范来促进NFC技术的推广，确保设备和服务之间的互操作性。这些手段可以鼓励使用NFC论坛性能规范的商品的开发，可以培育NFC技术的全球化市场，并确保具有NFC功能的产品符合NFC论坛性能规范[24]。

5.2.3.3　NFC用例

支付是NFC交易的高级实际用例之一。基于NFC的支付市场目前正在形成并且波动性很大。一个迹象是SoftCard在美国的高期望已经破产，出现了几个替代的钱包解决方案，如Apple Pay和Google Pay。

交通是NFC支付最合乎逻辑的环境之一。火车票、公交车票和出租车可以通过具有嵌入NFC功能的移动设备随时随地完成支付。

航空飞行也提供了通过NFC处理的有趣的用例，如航班预订和会员制管理，利用NFC设备进入VIP休息区和登机区，行李追踪也可以方便地与NFC结合起来。预先在零售商店通过NFC付款在逻辑上也是可能的。

具备NFC功能的移动设备适用于票务系统，因为票据可以预先存储到设备中，而该设备可以用于访问交通区域和车辆。与此同时，用户可以使用相同设备的智能海报来查阅公共交通的时间表和地图。作为乘客传统功能的延伸，用户还可以将智能海报特殊优惠下载到设备，以获得折扣。目前已实际部署通过标签来订出租车。作为这个想法的延伸，用户的地址可以被通知给出租车司机的NFC设备。

零售环境是另一个适合应用NFC的领域。支付可以由NFC移动设备在非接触式POS上完成。会员制和优惠券的使用更为直接。另外下载优惠券和其他特价优惠可以直接从智能海报到NFC手机来完成。此外，转让优惠券给朋友可以更流畅。另一方面，用户可以通过阅读他们的产品历史来收集关于购买的信息。触摸标签可用于收集购物清单并提供额外的零售商。NFC环境可以组合各种功能，如像回收瓶子回收设备的沉积物。

公共部门也受益于NFC，因为它可以用于支付社区服务收费，例如停车场，在NFC手机上有停车位的记录。启用NFC功能的设备，可用于通过NFC移动设备和非接触式读取器访问停车场、建筑物和办公室。一般来说，NFC设备可以作为身份证、签证和护照。

在具有 NFC 设备的医疗环境中，可以通过识别患者并显示医疗保险信息方便地进行 NFC 支付。该设备也可以包含患者的医疗保健历史，包括查看诸如 x 射线图像之类的图形内容。如果患者处于严峻的健康状态下且不能进行正常交流，可根据相关信息判定可能的疾病。患者可以利用 NFC 进入医院的限制区域，并在药房中显示医生预先开具的无纸化格式处方。如果设备连接到更大的移动健康管理系统，医生可以看到药物购买的历史，也可以查看患者的健康情况。

除了支付解决方案之外，NFC 还适用于许多非货币交易环境。一些例子是 NFC 标签可以对公共海报进行告知总结，或位于公司接待区域的 NFC 标签，通过点击智能手机可以自动呼叫出租车。

市场上有各种支持 NFC 的设备。一些典型的 NFC 用例包括根据对等数据交换概念连接电子设备，根据读/写概念访问数字内容及根据卡仿真模式执行非接触式交易。

用例还可以与增强客户会员制相关，提供电子格式的优惠券，内容收集和传输，特定区域的访问卡使用，资产管理，报告和创建进一步（如蓝牙）的连接以便设备之间打开音频流媒体通道。

5.2.4 安全元件

5.2.4.1 原则

通过 NFC 的安全支付可以基于安全元件（SE），它是具有嵌入式微处理器芯片的防篡改设备。SE 存储应用程序以履行安全执行，通过密钥来执行各自的密码，例如加密、认证或签约 NFC 服务。SE 可以存储多个应用程序来支持 NFC 服务，例如付款、优惠和会员制。这些 SE 应用程序可以被移动应用通过基带访问，并且可以被非接触式读取器通过非接触式接口访问。在物理上被支持的 SE 可以是 UICC 和微型 SD 卡及其可拆卸的变型，或者是集成在设备硬件中的 eSE。在以上这些情况中，SE 均基于防篡改芯片。

SE 接收并接受源于用户设备的命令。在接触模式中，对于 eSE 这是通过 NFC 控制器进行的，对于 UICC，则是通过 ISO 7816 硬件接口进行。也可以以非接触模式从基于 ISO 14443 接口的外部天线接收命令。SE 的功能必须能充分覆盖最常见的应用，包括那些就像密钥和公钥一样需要快速加密计算的应用。相应的内存需求可能取决于通过 OTA 来提供新应用程序的可能性。SE 还需要支持 Java Card 规范和实现 Java Card 应用程序接口。

SE 和 NFC 芯片（非接触前端，CLF）之间的协议如下：①UICC 使用单线协议/主机控制器接口（SWP/HCI）；②eSE 使用 SWP/HCI、I^2C、SPI、NFC-WI 和 DCLB；③微型 SD 使用 SWP/HCI。由于 SWP 是所有这些 SE 形式的常用协议，它被推荐成为了默认解决方案，以确保设备广泛的互操作性。虽然可以在任何其他物理协议之上使用上层 HCI，但上层 HCI 被用于 SWP 的顶部，HCI 的好处是允许标准的互操作层被用于应用程序开发[27]。

5.2.4.2　eSE

至于 eSE 的变型，NFC 的 SE 被集成到设备的硬件中。它的配置和管理通常基于可信服务管理（TSM）概念。Google Nexus S 使用 NXP 制造的 NFC 芯片，是这个概念的商业示例其中之一。

eSE 的一个主要优点是它为内容提供者提供了一个不依赖移动系统的通用的体系结构。所有数据在存储时都被加密，并且当数据在整个路径处理过程中也保持加密。

eSE 也有一些缺陷。如难以向一个新的手机传送应用程序。并不是所有的移动设备模型都支持集成的 NFC 芯片，并且对于所有新设备模型，支付应用程序必须重新测试，这可能会导致设备开发延迟。此外，如果设备需要物理维护，SE 就被物理性暴露了。即使这是一个高度假设的情况，并且涉及加密，也可能存在针对 SE 的欺诈意图。

5.2.4.3　基于 UICC 的 SE

自首次部署 GSM 网络以来 SIM 卡及其演进版本已成为移动用户安全的相关程序的基础。作为防篡改硬件元素，UICC 提供了认证和授权订阅者的可靠方法，它也是安全计费的重要基础。因此，它是支持移动支付的最合理的基础之一。另外，为 OTA 制定的程序为支付过程提供了附加值。

特别是在高价值的支付环境下，支付证书的过程和涉及实体的数量可能很复杂，这是因为认证认可过程存在于运营商、OEM、支付服务提供商（银行）和支付应用开发商之间。然而，具有 NFC 支付的基于 UICC 的 SE 通常是许多移动运营商首选的，其由发行方控制。由于 UICC 已经是成熟的技术，其解决方案符合金融机构的安全标准。基于 UICC 的解决方案作为一种可移动智能卡，可与移动设备进行互操作，而且独立于手机，与嵌入 SE 相比，可提供更快的开发和部署。此外，此解决方案可以使用的 OTA 配置，这意味着可以远程下载新的安全支付应用程序。其他好处包括如果设备被盗或丢失，操作员可能会阻止 UICC 上的应用程序运行。UICC 还支持多个安全分区，因此可以根据 ISO 7816 定义的文件结构使用多种不同的卡。

该解决方案的一些缺点包括它是基于运营商的进程，因此需要与参与实体的合作，反过来可能会增加人为因素影响、日常开支和延迟，如在认证过程中。在一个 UICC 内存在各种支付应用的情况下，可能不能简单地分割来自不同银行的信用卡的控制和能见度的责任。另外，运营商与其他方之间的成本分摊，例如运营商申请费用用于交易（收益分摊与固定费用）时，并不一定是直接相符的。

5.2.4.4 安全数字卡

除了嵌入式和基于 UICC 的安全元件之外，第三种解决方案是基于 microSD 卡和 NFC 天线的结合体，这允许手机与非接触式读取器进行通信。因此 SE 可以位于 microSD 卡（或智能 microSD，该术语由 SD 协会定义），同时 NFC 物理功能由手机处理。存储在 microSD 卡上的 SE 解决方案不依赖于网络运营商或设备制造商。

作为示例，DeviceFidelity 提供了一个 microSD 卡 SE。该公司已经在其 In2Pay microSD 解决方案中与 Visa 合作，可以在 Visa 的 payWave 平台上提供 NFC 支付功能。DeviceFidelity 允许其 microSD 卡像传统智能卡一样发行和个性化。它已与 Vivotech 合作，向其 In2Pay microSD 产品添加 OTA 配置功能。

基于 SD 的 SE 解决方案的一些优点包括：它有助于快速部署应用程序，并与现有的硬件配合使用。它不依赖于 MNO 或设备制造商，因此可能看起来对金融机构很有吸引力，因为它允许发行该卡的银行机构拥有该 SE。

有两种基于 microSD 卡的 NFC 解决方案[27]。第一种在设备中结合了 NFC 天线和 NFC 控制器芯片（CLF），如智能设备或可穿戴设备，而位于 microSD 卡的 SE 经由 SWP 与设备通信。该变型提供了一种便利，可以重用设备的经过验证和认可的可互操作的 NFC 无线电技术，并且允许当 SE 与 MNO 无关时，将 microSD 轻易地插入到设备卡槽中。缺点是选择支持 NFC 和 SWP 的设备，即使 microSD 插槽越来越普及，也是有限的。图 5.4 描述了本章参考文献［27］中解释的原理。

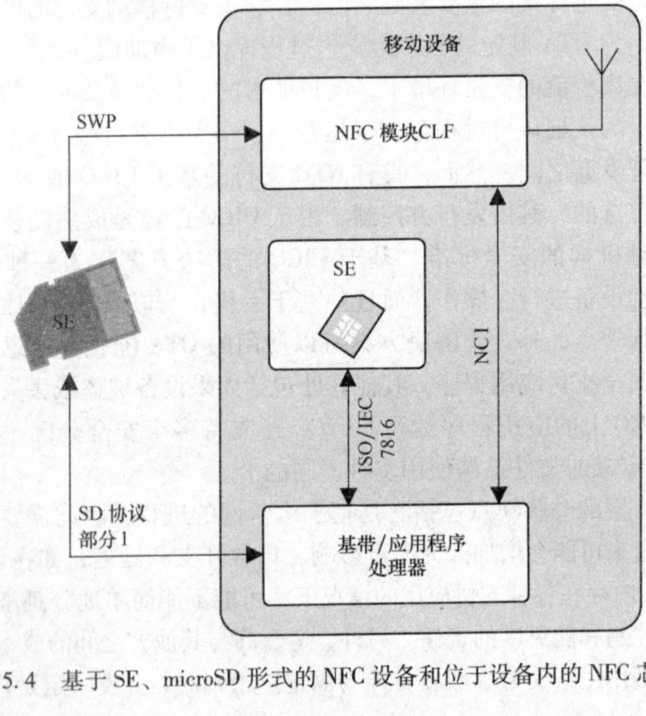

图 5.4 基于 SE、microSD 形式的 NFC 设备和位于设备内的 NFC 芯片

基于 microSD 的 NFC 设备的第二个变型集成了 NFC 天线、芯片和 SE，都集成到 microSD 中。这种独立的 microSD 卡与该设备的基带处理器通过 SD 协议进行通信。图 5.5 描述了本章参考文献［27］中解释的原理。

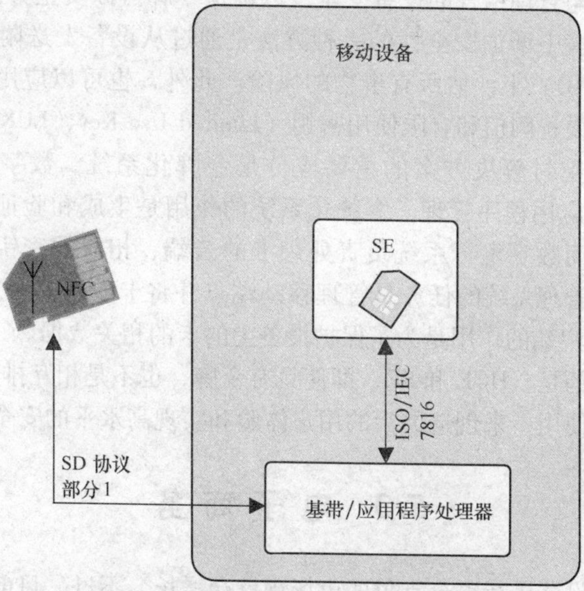

图 5.5　无 NFC 功能的设备可与配有 NFC 天线、NFC 芯片和 SE 的 microSD 一起使用

5.2.5　令牌化

基于 SE 的电子商务以外的想法导致了基于云的软件（SW）解决方案的出现。然而，在防篡改 UICC 或者其他 SE 变型之上存储机密凭证是有缺陷的，例如，在设备的 SW 上和/或在云上对安全形成了新的挑战。为了不通过潜在的入侵意图暴露原始的支付卡信息，解决方案之一是使用令牌化。它是指隐藏具有时间限制的等效的个人账号（Personal Account Number，PAN）数据，或者是一个用于支付交易的令牌，付款人的设备和金融机构都可以进行匹配，不需要其他人来解释原始信息。

也许有人会说，单独的令牌化不能为移动支付提供足够的安全级别。EMVCo 规范将令牌化定义为备用 PAN，但是事实上，令牌化并不是限制时间使用数据，它基本上取代了长期的原始卡片信息。在当前商业解决方案中，延长令牌的使用寿命可能会为潜在的漏洞敞开大门[8]。

金融机构的信用卡发行和基于 SE、基于主机卡仿真（HCE）的解决方案中非常相似，其主要区别在于，SE 环境是静态的，而 HCE 是动态的。由于 SE 是防篡改硬件，所以静态方法是很适合的。然而，动态 HCE 环境中的一些关键问题是用户设备如何以可靠的方式进行身份验证，以及如何在设备中保护数据。还需要确保相应的应用程序的完整性，以及在设备和移动应用之间传输时的卡的数据的完整性。因此，为了提高安全水平，基于移动的卡发行的动态管理需要更高的与管理结合的设备安全，以确保令牌可以安全方式传输到设备。在这种动态环境中增加安全性的一种方法是通过从设备发送附加数据（如电话号码和设备 ID）来评估所有事物的风险。此外，也可以应用账户参数的补充触发，例如设备阈值和有限使用密钥（Limited Use Key，LUK）。

基于云的支付解决方案的主要成分是令牌化系统、数字发行、设备上 HCE 客户端和应用程序管理。令牌化系统的作用是生成和验证令牌，并作为安全令牌存储而数字发行系统负责处理卡的云端、相应的密钥、卡配置和补充。应用程序管理系统的任务是管理移动端点并将卡数据安全地传输到设备。最后，HCE 客户端的作用是为了保护设备上的卡的相关数据。

应该指出的是，HCE 和 SE，即使具有令牌，也不是相互排斥的解决方案，而是可以共同使用，来创造灵活的用户体验和实现高水平的安全。

5.3 电子商务

通过移动设备进行安全支付的市场预计会增长。不过，目前的市场看起来有点分散，且竞争激烈。例如，无论美国主要移动运营商的如何积极支持，高期望的支付解决方案和认证提供商 SoftCard，它都破产了。

以下部分概述了一些当前相关的解决方案。应该指出的是，目前移动支付区域非常不稳定，所以上述公司可能同样增加或降低其作用，除了下面提到的那些之外也可能会出现全新的玩家。

5.3.1 EMV

EMV 集成电路卡的规格是全球支付行业定义的支付系统，描述了基于芯片的消费者支付应用程序和接收终端的互操作性要求，以实现 NFC 支付交易。这些技术参数由 EMVCo 管理。以创建规范的原始组织 Europay、MasterCard 和 Visa 命名，EMV 规范首次在 1996 年发布。根据 EMVCo 统计，2010 年有 10 亿个 EMV 芯片被用于信用卡和借记卡支付，并在全球部署了 1540 万个 EMV 接收终端。

5.3.2 Google 电子钱包

Google 电子钱包移动应用程序旨在将信用卡和用户提供的信息存储在手机硬件上，因此它依赖于 eSE。当在接受 Google 电子钱包的商店购物时，用户可以通过在 NFC POS 终端点击手机使用相同的设备支付和兑换优惠[32]。

Google 已协调合作伙伴关系，例如与 MasterCard、Citi、Sprint 和 First Data。Google 电子钱包的第一个版本适用于 Nexus S 智能手机，配备 NFC 嵌入式芯片，与 MasterCard PayPass 终端相结合。Google 电子钱包逐渐升级，并且还支持 HCE 作为 Android 操作系统版本 4.4。

作为这一领域的先行者的例子，Google 电子钱包在早期也遇到了一些问题，参见本章参考文献［33］。据消息来源，用于支付的 PIN，可以由专家透露。作为预防，用户被告知不要打手机、启用屏幕锁定、禁用 USB 调试、启用全盘加密，并保持手机的最新状态。后来指出潜在问题只与根植的设备相关。

5.3.3　Visa

2012 年 2 月，Visa 宣布推出移动支付解决方案，与 Google 电子钱包及当时正使用的 SoftCard 支付系统进行竞争。Visa 的解决方案是基于 Visa 认证的配备 NFC 的智能手机，消费者可以使用该智能手机联系公司并激活手机用于移动支付。在解决方案中，设备安全地与用户的银行账户连接。这提供了在 Visa 的 payWave 系统被认可的地点的移动支付。就像传统的安全支付卡的情况一样，Visa 已经将移动技术的理念扩展到了安全地提供移动支付账户 OTA[34]。

5.3.4　美国运通

根据本章参考文献［35］，美国运通（AmEx）采用策略扩展其专有支付网络到线上、移动和基于 NFC 的近距支付空间。AmEx 通过其类似于 PayPal 的服务平台，希望通过整合移动支付、会员制以及其他社交和连接服务的完整解决方案来扩大业务。美国运通已经注册了 Sprint 和 Verizon，其与 Payfone 的合作伙伴关系允许 Sprint 和 Verizon 两者的客户使用他们的手机号码进行支付。服务于数字钱包的业务被许多提供 AmEx 的商家所接受。

5.3.5　Square

根据本章参考文献［35］，Square 可以通过配备了 Square 阅读器的手机进行信用卡交易。作为 POS 市场的潜在破坏者，Square 在低端领域创造了自己的市场，最终取代了传统的 POS 终端供应商。尽管如此，Square 迄今尚无 NFC 技术。

5.3.6　其他的银行方案

如本章参考文献［35］所总结的，其他一些银行方案也活跃在市场上。

具体来说，美国银行、富国银行和大通银行已经组建了一个企业来为其客户实现 P2P 支付。ClearXChange 允许客户无需打开单独的 ClearXChange 账户即可进行互相汇款。这些银行与 DeviceFidelity 和 Visa 合作，使用其 In2Pay microSD 解决方案在 Visa 的 payWave 平台上运行 NFC 支付试验。这些试验表明，金融机构正在其自身的移动支付应用程序测试移动支付方案。

5.3.7 Apple Pay

Apple Pay 概念于 2014 年公布，以支持在非接触 POS 终端处使用应用程序购买和 NFC 支付，其由 Visa 的 payWave、MasterCard 的 PayPass、美国运通的 ExpressPay 组成。目前已支持美国银行的各种信用卡和借记卡。它是一种基于 eSE 的移动支付钱包服务，适用于一些支持 NFC 的苹果设备型号。Apple Pay 是其他零售商部署或计划用于移动支付服务的之前的解决方案的竞争对手。例如 PayPal、沃尔玛、Target、Google 电子钱包和过时的 SoftCard。

Apple Pay 依赖于 eSE 生成的一次性令牌来代替传输买方的个人借记卡或信用卡号码信息，和在 SE 上一样，结合指纹或按钮（取决于设备类型）的双因素认证，在交易过程中，一经生成一个动态的、随机的 16 位数字，SE 的财务信息即被访问。SE 是防篡改的，且可以阻止物理攻击。

Apple Pay 最初是在美国发行的支付卡的支持下开始的，然后是英国发行的支付卡的支持，现在单一认证支持正在国际环境中扩展。Apple Pay 与芯片或 PIN/EMV 卡无关，而是用来取代信用卡、设备账号数据和作为银行卡授权的动态安全密码[7]。

5.3.8 Samsung Pay

Samsung Pay 于 2015 年宣布在美国市场上启动。该服务是由三星 6 及以上型号支持。它只适用于非 EMV 终端。

5.3.9 商业客户交换

商业客户交换（Merchant Customer Exchange，MCX）一直在对其 CurrentC 支付系统进行试用。

5.3.10 钱包解决方案的比较

从前面几节可以看出，目前移动支付环境处于高度分散和竞争状态。有的解决方案尽力挣扎，有些已经从商业市场中消失了，而有些则增加了市场份额。

移动支付可以基于 NFC 或其他解决方案，如蜂窝网络连接和云服务的令牌化。支付也可以基于不同的安全元件（SE）类型，如 UICC、eUICC 或 microSD。此外，可能会存在依赖于例如 HCE 的云解决方案。另外，令牌化也可以与许多有或没有 SE（后者提供最高的安全级别）支付方案相结合。

换句话说，目前有很多可移的部件，一些工作是基于独立的解决方案，另一些工作则组合 SE 和软件的解决方案，而某些组合尚不存在，但绝对有可能（如带有令牌的 UICC）。从试验和错误的角度来看，正如 SoftCard 所展现的，游戏的基本部分似乎是，流畅的用户体验以及基础架构和服务供应商之间的最小复杂性。图 5.6 总结了一些参与的项目，其中参与实体应该选择最合适的任务——这些任务绝非易事。

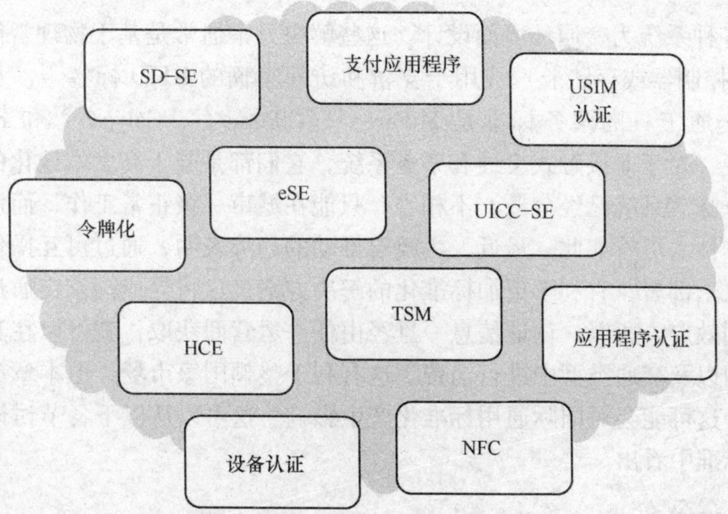

图 5.6　移动支付解决方案的一些选择

以下总结了各类环境：

1）SE 为支付程序提供了高度的安全保障。在移动支付环境中，问题是谁拥有 SE，因为它也决定了谁来整体控制服务。

2）HCE 消除了对 SE 的需求，但是在安全存储支付信息方面也带来了挑战。因此，HCE 可以与提供更高级别安全性的其他解决方案相结合，例如令牌化和/或 SE（不管是 UICC 或者 SD 还是嵌入式版本）。HCE 和 SE 的混合模型将提供一个高度安全的环境。

3）基于 UICC 的 SE 通常由拥有 UICC 的 MNO 拥有，因此可以控制业务状况。

4）eSE 通常会降低整个 MNO 的重要性。eSE 可以由设备制造商拥有，在制造过程中将其集成到设备中，尽管它也可以由芯片组制造商或 eUICC 个性化提供者拥有。作为当前无线支付环境的一个例子，在 Apple Pay 中，eSE 由苹果公司拥有。

5）如果不使用 NFC，还有一种替代方案，即磁安全传输（Magnetic Secure Transmission，MST）交易。三星称之为“LoopPay”。它主要在 POS 读取器上以无线方式模拟信用卡或借记卡的磁条刷卡程序。

有关当前最相关的移动支付解决方案比较的更多信息可参见本章参考文献［6］。

5.4 交　　通

有各种系统为交通环境而设计。这些解决方案通常是基于物理智能卡技术（基于微控制器或存储卡）或用于支付和访问车辆的 RFID 标签[5]。目前最受欢迎的交通工具的票务标准是 MiFare[1]、CiPurse[2]、Calypso[3] 和 FeliCa[4]。一般来说，对于非接触式交通和票务系统，它们都是基于高度本地化的解决方案。这意味着系统已经分散，不相容，只能在城市一级正常工作，而没有更多的互操作性。尽管如此，最近，由政府推动的趋势表明，通过可互操作的交通网络接入卡部署，有利于更加标准化的解决方案，这将促成国家交通运营商之间的协同效应。所以，认证信息一旦经由任一运营商获取，就可以在其他参与的网络中以及交通类型中进行消费。这有利于整顿国家市场，但本章参考文献［5］认为这可能会对国际通用标准化产生影响。这可以从以下各节讨论的不同的关键标准中看出。

5.4.1 MiFare

GSMA NFC UICC 需求文档[31]对 MiFare 的信息与移动支持一起进行了详细说明。它指定 UICC 可以通过 MiFare Java Card Host 程序应用接口支持 MiFare 实现。在这种情况下，Mobile v2 应用程序框架的 MiFare 需要通过 OTA 进行管理。有关用于 Mobile v2.1 的 MiFare 规范更多的信息参见本章参考文献［28］。此外，对全球平台安全通道协议 03 的支持参见本章参考文献［29］。在商业市场中也提供了竞争解决方案，可能表明交通票务的分散，从而在更广泛的互操作性方面面临挑战。

不过，根据本章参考文献［16］，虽然其竞争的替代品 CiPurse 和 Calypso 不断进步，MiFare 预计仍将保持领先位置。

5.4.2 CiPurse

CiPurse 是由公共交通开放标准［Open Standard for Public Transport（Alliance)，OSPT］联盟定义的 MiFare 的替代品。CiPurse 是一种开放的票务标准，技术供应商能够使用其开发和交付可互操作的交通费用收集解决方案，可用于卡片、汽车价目标签、离岸价格、NFC 手机等其他消费类设备。这些卡片为用户提供友好的服务类支付方式，如用于出租车或医疗保健等服务。相关认证流程确保了来自不同供应商的 CiPurse 产品的兼容性。

新加坡的陆路交通局是使用 CiPurse 适配产品的第一批政府之一[13]。本章参考文献［18］描述了于2013 年在巴西发行的第一个符合 CiPurse 标准的非接触式卡。这些卡由 Giesecke&Devrient 制造的基于 CiPurse 的卡片与来自 Infineon Technologies 的非接触式安全控制器兼容。一开始，CiPurse 系统设计就支持灵活和非接触式的交通和票务系统，它还允许将身份和支付功能在移动设备中或者在多个应用程序卡中相结合。在这个具体的项目中，本地系统集成商 Rede Protege 可以将其应用程序升级为更高的安全级别，从而使现有读卡器基础设施灵活性更高、性能更好。

CiPurse 卡还可以像单个卡上的身份或支付功能一样，组合多种交通和票务应用程序。CiPurse 还支持用于快速和安全交易的 AES 128 加密算法。

5.4.3　Calypso

GSMA NFC UICC 文件[31]规定对于 Calypso 的支持，UICC 将同时支持 ISO 144443 A 类和 B 类规范。如果存在基于 Calypso 的 OTA 下载的应用程序，则需要符合 Calypso 3.1 规范。相关文档见本章参考文献［14，15］。

5.4.4　FeliCa

FeliCa 是索尼为不同用例提供移动支付的解决方案。像它的竞争对手一样，它基于 IC 卡并通过读卡器/写入器显示和激活数据的传输，然后将数据重写到卡中。根据本章参考文献［17］，FeliCa 卡适用于大量交易，并包含一个安全系统。FeliCa 系统达到了 ISO/IEC 15408 EAL4/EAL4 + 安全级别，成为保护卡余额、电子货币信息、个人身份信息免受恶意攻击的合适解决方案。FeliCa 可以适应各种各样的环境，如公共交通票务系统、电子货币和住宅门钥匙。

5.5　其他安全系统

5.5.1　移动 ID

当客户利用互联网登录网站时，通常有很多种涉及身份验证的数据，如需要多次键入的用户名和密码。用户无法通过这些方法确保他们的个人资料安全。移动 ID 解决方案的目标是是通过仅需用户提供一次他们的细节信息来简化在线身份验证过程。该数据存储在由服务器提供商托管的受保护的服务器上，使移动设备成为网络的入口[19]。

移动连接是 GSMA 的一个倡议和标准，旨在为全球所有人提供可互操作的通用登录服务。它通过软件即服务（Software as a Service，SaaS）模式简化了联合身份验证的全球部署。移动 ID 也提供可扩展的身份管理和身份认证服务，使 MNO 能够以数字身份提供者角色行事，并建立移动连接服务。例如启用单点登录服务身份认证联盟、入职门户服务和最终用户基于权限的信息共享服务，以及其他符合 4 级保证等级的服务[20]。

5.5.2 个人身份验证

个人身份验证（Personal Identity Verification，PIV）是指由美国联邦机构发行的 ID 芯片卡。它能够安全地接收、存储、调用和发送信息。卡将数据加密，从而在服务和卡之间进行安全通信。同时使用常规技术和管理过程。加密基于公钥基础设施（PKI），符合联邦政策，是互联网安全全球商业标准的公认方法。PKI 还提供数字签名的程序以确保文档的真实性。因此，PIV 卡加密数据并验证身份以确保机密性（只有持卡人可以访问数据）、完整性（只有持卡人可以修改数据）、真实性（数据的来源是有保证的）和不可否认性（没有伪造数据的余地）[21]。

5.5.3 访问系统

访问系统可以基于 ISO/EIC7816 和 ISO/EIC 14443 标准中定义的接触式或非接触式智能卡，可以应用 RFID 等其他方法。因此，相应的卡类型可以用于物理性地打开门和逻辑性地访问数据。以任何其他无线方式访问（如基于移动通信）均没有限制。事实上，在 GSM 的早期通过蜂窝电话打开车库门已经有了实际的解决方案，因为 A 用户的手机号码表明其为合法用户。SMS 也可以用于访问位置。但是，这些解决方案容易受到安全漏洞的攻击，因为 A 号码可能被伪造。

对于相关的系统和服务，交通中使用的及本章前面所述的所有方法，均可用于安全访问系统。

参考文献

[1] Mifare home page, 5 September 2015. http://www.mifare.net/en/ (accessed 26 December 2015).
[2] CiPurse home page, 26 December 2015. http://www.osptalliance.org/the_standard (accessed 26 December 2015).
[3] Calypso home page, 26 December 2015. https://www.calypsonet-asso.org/ (accessed 26 December 2015).
[4] FeliCa home page, 26 December 2015. http://www.sony.net/Products/felica/about/ (accessed 26 December 2015).

[5] Summary of transportation ticketing systems, ABI Research, 5 September 2015. https://www.abiresearch.com/market-research/product/1013689-transportation-ticketing-standards-cipurse/ (accessed 5 September 2015).

[6] NFC mobile payments: An industry snapshot. Mobey Forum's HCE workgroup. Mobey Forum, May 26, 2015.

[7] Apple Pay explained. Cnet, 7 September 2015. http://www.cnet.com/news/everything-you-want-to-know-about-apple-pay/ (accessed 9 September 2015).

[8] Beyond tokenization. Ensuring secure mobile payments using dynamic issuance with on-device security and management. Sequent, 29 May 2015.

[9] EyeVerify. http://www.paymentscardsandmobile.com/first-internet-bank-uses-eyeprint-id-biometrics-for-app/ (accessed 23 November 2015).

[10] Samsung and Gemalto provide m-pay. http://www.mobileworldlive.com/money/news-money/samsung-gemalto-join-forces-for-m-pay-launch-in-europe/ (accessed 23 November 2015).

[11] Dual interface for EMV debit card. http://www.pymnts.com/news/2015/new-dual-interface-emv-debit-card-debuts/#.Ve5zpH28ohx (accessed 23 November 2015).

[12] EyeVerify. http://www.eyeverify.com (accessed 23 November 2015).

[13] CiPurse. http://www.nfcworld.com/2010/12/16/35479/ospt-alliance-debuts-cipurse-open-alternative-to-mifare/ (accessed 29 November 2015).

[14] Ref.060708 – CalypsoAppli 'Calypso Specification REV.3 – Portable Object Application' version 3.1, 10 March 2009.

[15] Ref.090316 – MU-CalypsoR3Amd1 'Calypso Specification REV.3 – Amendment 1 to Version 3.1, version 1.0, 1 June 2010.

[16] ABI Research, MiFare. https://www.abiresearch.com/market-research/product/1013689-transportation-ticketing-standards-cipurse/ (accessed 29 November 2015).

[17] FeliCa. http://www.sony.net/Products/felica/about/ (accessed 29 November 2015).

[18] CiPurse deployment; First CiPurse-compliant contactless cards issued in Brazil, 18 November 2013. http://www.finextra.com/news/announcement.aspx?pressreleaseid=52783 (accessed 29 November 2015).

[19] Giesecke & Devrient. Mobile ID. http://www.gi-de.com/en/products_and_solutions/solutions/mobile_authentication/mobile_operators_1/mobile_operators.jsp (accessed 29 November 2015).

[20] Gemalto. Mobile ID. http://www.gemalto.com/mobile/id-security/mobile-id (accessed 29 November 2015).

[21] PIV card. http://www.va.gov/PIVPROJECT/piv_card.asp (accessed 29 November 2015).

[22] RFID readers, examples. https://www.rfidjournal.com/purchase-access?type=Article&id=12470&r=%2Farticles%2Fview%3F12470 (accessed 29 November 2015).

[23] RFID devices in enterprise. https://www.zebra.com/us/en/products/rfid/rfid-handhelds.html (accessed 29 November 2015).

[24] NFC Forum. http://nfc-forum.org/about-us/the-nfc-forum/ (accessed 29 November 2015).

[25] Wolfgang Decker. Mobile Security – Securing Mobile Life. Giesecke & Devrient, January 2014.

[26] RFID and NFC comparison. http://blog.atlasrfidstore.com/near-field-communication-infographic/ (accessed 22 December 2015).

[27] NFC Secure Element Stepping Stones, version 1.0. SIMalliance, July 2013p.

[28] MIFARE mobile specifications. http://mifare4mobile.org, 22 December 2015 (accessed 22 December 2015).

[29] GlobalPlatform Secure Channel Protocol 03, Card Specification v2.2 – Amendment D version 1.1

[30] QR code generator. https://www.the-qrcode-generator.com/, 26 December 2015 (accessed 26 December 2015).

[31] SGP.03 NFC UICC Requirements Specification v6.0. GSMA, September 30, 2015.

[32] Description of Google Wallet. http://www.google.com/wallet/what-is-google-wallet.html (accessed 31 December 2015).

[33] Google Wallet vulnerable to 'brute-force' PIN attacks (update: affects rooted devices). http://www.engadget.com/2012/02/09/google-wallet-open-to-pin-attacks/ (link reviewed 27 June 2012).

[34] Announcement of Visa's mobile payment. http://www.bgr.com/2012/02/27/visa-announces-new-mobile-payment-solution/ (link reviewed 27 June 2012).

[35] Mobile Payments – A study of the emerging payments ecosystem and its inhabitants while building a business case. https://www.ftc.gov/sites/default/files/documents/public_comments/ftc-host-workshop-mobile-payments-and-their-impact-consumers-project-no.124808-561018-00013%C2%A0/561018-00013-82732.pdf (accessed 31 December 2015).

[36] Information Technology; Automatic identification and data capture techniques; Bar code symbology; QR code. ISO/IEC.

[37] QR code error coding. http://www.qrcode.com/en/about/error_correction.html (accessed 8 January 2016).

[38] Smart Card Talk. Quarterly newsletter, Smart Card Alliance, November 2014.

第6章 无线安全平台和功能

6.1 概　述

本章总结了无线安全平台及其功能的几个关键方面。首先，在总结理论的同时，提出了对各种具体安全机制的合理解释。还讨论了在如网络、SIM卡和其他利益相关者中未部署会产生何种影响。安全元件（SE）在本书前面已经描述过，它们是安全平台的重要组成部分，是基于硬件和软件的选项。这些作用在本章中将进一步讨论。

本章讨论用于信令、数据传输和SIM管理的整体的安全协议，例如，SMS和BIP，还讨论了SIM、UICC和eUICC的作用。本章介绍了典型的用于订阅管理的空中下载（OTA）远程技术，包括SIM空中下载［用于启动订阅、订阅生命周期管理、远程文件管理（RFM）、远程应用管理（RAM）、物理用户和M2M环境的订阅管理］以及可信执行环境（TEE），云和主机卡仿真（HCE）。作为非接触式支付基础的令牌化也得到了阐述。

6.2 形成基础

UICC仍然是认证、授权和加密无线电接口最安全的手段之一。然而，有许多可用的替代方案，各有其适用的最优环境。这些解决方案包括可信执行环境、具有云概念的主机卡仿真、令牌化，特别是移动支付。问题是，每个利益相关者在其各自的生态系统中扮演着哪些角色。

传统方法是基于MNO为移动通信用户提供的SIM卡。今天，对基于eSE的可穿戴设备的需求日益增长，这些设备不能被用户删除并添加到其他设备，因此，需要能够改变MNO和服务提供商并利用之前从SIM了解的相似的硬件组件。

解决这一挑战的一个方法是部署高级订阅管理机制，它提供利益相关者之间的互操作性，包括SIM卡供应商、MNO、OEM和原始设备制造商（Original

Device Manufacturer，ODM）。许多国际实体正在为共同标准做出贡献，这将允许利益相关者之间具有广泛的互操作性。然而，在商业市场上，已经开发和部署了许多其他的、可替代的或支持性解决方案。这些包括可信执行环境，云概念的 HCE 和令牌化。还开发了更为先进的信任链的机制，包括更全面地利用认证机构（CA）。

6.2.1 安全服务平台

“传统”OTA 平台为 MNO 提供了配置新订阅的手段和远程管理 SIM 卡内容的方法，例如更新程序。这个概念正在进一步发展，以提供高级功能。这种发展的一个例子是 Allynis 的空中推进（Advanced Over The Air，AOTA）软件即服务（SaaS）平台。Sprint 使用这个平台来促进 LTE 服务激活、管理提供多频 4G LTE 连接的复杂性[1]。市场上还有各种其他解决方案，包括基于 Smart-Trust 交付平台的解决方案[9]。

6.2.2 安全元件

安全元件（SE）在通信最安全的连接、配置、身份验证和加密中具有不可或缺的作用。SE 具有许多不同的物理形式，例如具有 2FF、3FF 和 4FF 规格的传统 SIM/UICC。另外，越来越多的 eSE 源自 M2M 规格 MFF2，是迄今为止唯一的国际标准化变型。随着物联网设备和如智能手表等可穿戴设备数量的快速增加，预计对外观的越来越小的嵌入式元件的需求将不断增加。有关 SE 的更多详细信息，请参见第 4 章。

特别是与 NFC 一起作用的 SE 是 NFC 设备的重要组成部分。在这种情况下，SE 可能是 UICC、eSE 或外部 microSD。环境也包含 NFC 控制器、NFC 芯片和用于 NFC 元件和设备的基带处理器之间的通信的协议栈。NFC 可以作为手机钱包解决方案支付平台的一个非常合乎逻辑的基础。这也需要流畅的功能及各个应用程序直观的用户界面。与 NFC 环境相关的通信协议和接口包括 ISO 7816、ISO 14443、SWP、UART、I^2C 和 SPI。

SE 需要通常能够处理 Java 小程序的相应的操作系统，这确保 MNO、TSM、数据准备系统和 POS 交易等多个系统之间的相互作用。例如，Global-Platform、SIMalliance 和 ETSI 正在研究通过国际规范的高级平台的 SE 的互操作性。

SE 的通信通过安全通道（卡和远程服务器之间）以及在卡和外部世界之间（设备的读卡器）传输的 APDU 进行。现代 SIM/UICC 的优点在于它可以容纳多种应用程序和安全域。因此，可以利用各种支付方案，例如不同供应商提供的手机钱包、接入和转接服务以及依赖 SIM/UICC 应用程序/小程序的任何其他无线解决方案。SIM/UICC 安全性对许多平台也很有用。

6.3 远程订阅管理

用于更新用户订阅相关数据的最灵活方法，如 SMS 和 MMS 设置，是基于 OTA 的方法，被称为“SIM OTA”。SIM OTA 也适用于启动订阅、远程管理文件和应用程序，以及整个订阅生命周期管理。

6.3.1 SIM 是空中下载的基础

作为防篡改的硬件元件，SIM/UICC 工作得很好，适用于移动通信环境。它为用户连接提供用户认证、授权和加密。除了基本功能之外，SIM/UICC 也可以作为添加小程序的平台，以丰富用户体验。不过，SIM/UICC 也有一些限制，如卡和相应读卡器（移动设备）之间的通信速度。因此，对于需要许多快速交易的环境，特别是如果通信是基于短消息承载的，那么它可能不是最佳的解决方案。采用更现代的方法，如 CAT/BIP，SIM/UICC 的通信速度明显提高。

通过移动设备的操作系统执行的应用程序能够提供流畅的用户体验，但是无论是病毒防御还是其他典型的保护设备的方法，它们均缺乏最高的安全性。因此，为应对安全问题开发了新的方法，同时保证代码执行流畅。这些方法包括诸如可信执行环境（TEE），其依赖于处理器硬件，以及可能完全无硬件环境的主机卡仿真（HCE）技术。对于采用这些新方法的最高级的保护，SIM/UICC 的组合仍然有效。

SIM/UICC 基于 ISO/IEC 7816 智能卡定义。随着移动系统的更新换代，用户卡也已经演变，支持更先进的保护机制，以及更好更合适 Java Card 可互操作的 Java 小应用程序和 NFC 等附加服务。随移动通信的增值服务不断增加，SIM/UICC 也一直在随之发展，并能够提供安全的解决方案，例如在汽车和银行业务环境中。

随着用户设备类型的不断发展，可穿戴设备日益普及，智能卡的“传统”形式面临新的挑战，原来的规格 2FF、3FF 和 4FF 根本不足以适应微型设备。这就导致了嵌入式智能卡规格的需求。还存在一些其他变型，由特定供应商提供的具有特殊布局和尺寸的芯片集。嵌入式 SIM/UICC 的好处是节省了大量空间，但是空中下载（OTA）订阅管理需要新的方法，因为不再像以前的 2FF、3FF 和 4FF 那样可移动。

SIM/UICC 的强大安全性是基于智能卡/元件和读卡器（移动设备）之间

的消息类型。没有直接的I/O通信，相反，通信是通过应用协议数据单元（APDU）消息进行的，如第4.11.1节所述。这使得SIM/UICC可与独立“计算机”相媲美，拥有自己的存储器元件、处理器和与外部世界的消息传递协议。SIM/UICC的主要瓶颈与读卡器和卡之间的通信速度有关。如果将嵌入式小程序用于具有非常频繁的密钥派生的实时视频内容显示，则这可能是一个限制。

SIM/UICC，无论是传统的可拆卸形式还是嵌入式安全元件（eSE），都能抵御安全性攻击，并且适用于基本保护以及卡可以提供的任何附加服务。因为密钥等相关信息可以以安全的方式存储，SIM/UICC特别适合保护支付交易。

图6.1和图6.2描绘了基于NFC和SIM/UICC或eSE的移动支付示例。已经安装了支付应用程序（通常被称为“手机钱包”）的移动用户通过①点击位于例如零售商店POS的无线NFC读卡器来触发支付事件。②支付请求被发送到拥有自己的服务提供商可信服务管理（SP TSM）的支付服务提供商（银行）。③可信服务管理（TSM）与驻留在移动网络运营商（MNO）的安全元件（SE）（如SIM/UICC）中的安全移动应用程序通信。为了使该生态系统发挥功能，服务需要首先启动，即由银行和MNO（a，b）为最终用户提供。服务初始化后，服务提供商（SP）的可信服务管理能够管理安全元件内的支付应用的资金。在这种模式下，MNO为该银行的应用程序“租赁”SIM/UICC空间，因此是智能卡的“租户”之一，现在能够与SIM/UICC通信以便接受相应最终用户的支付交易。

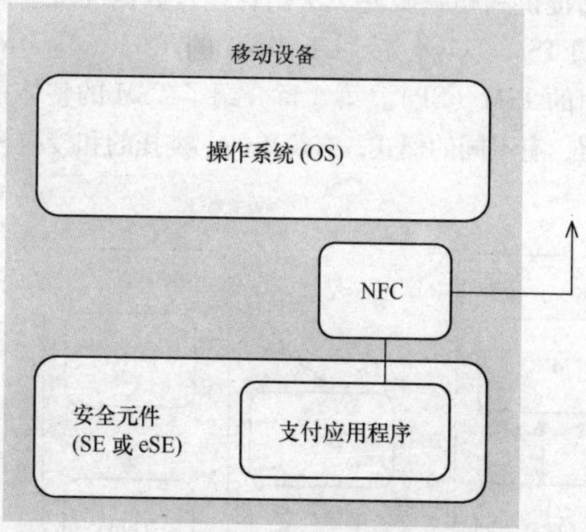

图6.1　UICC或eUICC作为移动支付服务的一部分的示例

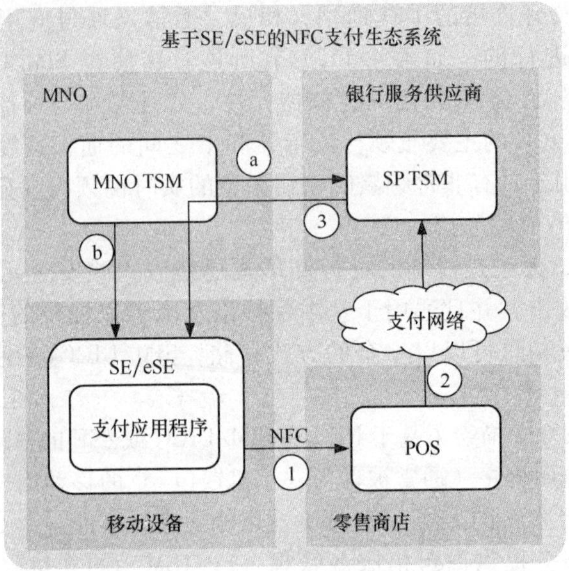

图 6.2　基于 SE 或 eSE 的 NFC 支付架构

6.3.2　可信服务管理

可信服务管理（TSM）代表“可信任的第三方”，其作用是根据 SE 内部各应用程序相关的凭证及与 SE 通信的情况，将参与的服务提供商汇集起来，用于安全支付、访问、转接和其他交易的配置和生命周期管理，及与 SE 进行通信。一些商业 TSM 提供商包括捷德（Giesecke&Devrient）和 Gemalto。

TSM 功能包括提供和删除服务、密钥管理、数据准备、发布后的生命周期管理 OTA。不同的 TSM 型号包括用于 MNO 的 TSM（与 MNO 的 SE 的通信）和用于服务提供商的 TSM（SP）。第 3 章介绍了 TSM 的整体模型。

对于 TSM 部署，有不同的模式，有简单的、委托的和授权模式（见图 6.3）。

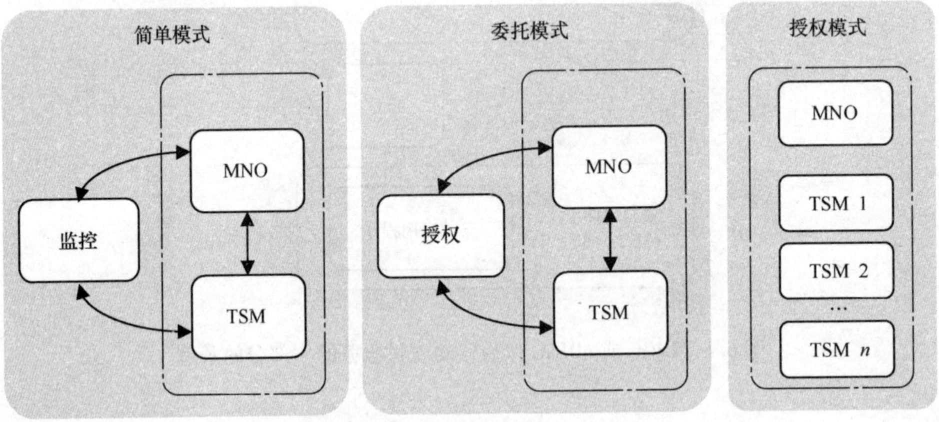

图 6.3　TSM 模式示例

在简单模式下，MNO 执行卡内容管理，且 TSM 可以监控它。在委托模式下，将卡内容管理通过事先授权委托给 TSM。最后，在授权模式下，卡内容管理层完全授权给 TSM。

6.3.3 可信执行环境

可信执行环境（TEE）位于 SIM/UICC 之外，但仍然基于用户设备内的硬件。TEE 的思想是将移动设备正在处理的功能划分为正常域和安全域，或正常模式和安全模式。正常模式（Normal World，NWd）是指富执行环境（Rich Execution Environment，REE），而安全模式（Secure World，SWd）则指 TEE。除了 TEE 之外，安全模式还有一套与外界隔绝的容器。它们类似于正常模式的安全域。容器存储可信的应用程序或者信任关系，类似于正常模式的应用程序。图 6.4 描述了富执行环境和 TEE 的联合架构。

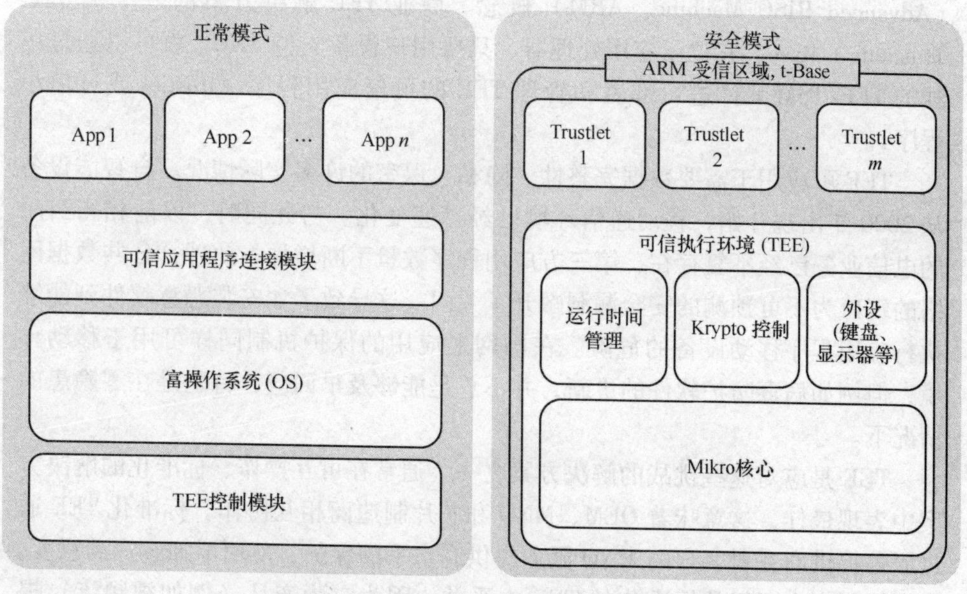

图 6.4 基于 ARM TrustZone t-Base 的 TEE 架构示例
（TEE 通过 TEE 和 REE 之间设计的通信协议已连接外部世界，为 trustlets 的安全执行提供方法）

正常模式的操作系统称为富操作系统，并随商业操作系统变型一起提供了各种用户体验，如 Android 和 Windows 以及各自的应用程序。富操作系统对第三方软件开放，不管多功能的保护机制如何，它极易受病毒等安全威胁。反过来，TEE 是一个基于驻留在处理器内的软件和硬件的移动设备的受保护的环境。TEE 防止可能通过正常模式发生的软件安全攻击。TEE 参与了正常模式操作系统的访问和信任关系的隔离[3-5]。

TEE 的一个优势是在有限时间内，服务提供商的音频/视频内容（例如可收费的优质体育赛事）在移动设备上显示，这样，就使得数据流不能被复制到其他设备或用户。这种通过 TEE 的内容传送可以基于任何像点对点（PTP）包数据或增强型多媒体广播和组播服务（eMBMS）的承载。

TEE 因此为应用程序执行提供了保护机制，因为它们在处理器芯片级完全隔离。相应的安全级别和由 SIM/UICC 提供的安全级别接近，扩展了用于保护设备功能的用例，如显示器、键盘和麦克风。举一个非常具体的例子，一个通过 TEE 执行的应用程序可以以这样的方式进行保护，即在键入机密信息（如 PIN 码）时，键盘敲击无法被（潜在有害的）后台应用程序记录。

TEE 是处理器硬件内操作系统的受保护部分，可以独立于架构之外使用。以前，有依赖设备供应商的 TEE 解决方案，但是现在 TEE 已由全球平台标准化了。目前，最受欢迎实用的解决方案是基于高级精简指令集计算机机器（Advanced RISC Machine，ARM）概念。商业 TEE 解决方案的一个例子是 Trustonic t-Base，它位于应用处理器。只要用户设备支持 TEE，就可以通过单独的 TEE-TSM 元件进行部署和管理 TEE 的可信应用程序（trustlet 或可信小程序）。

TEE 可应用于需要数据完整性、隐私、保密的许多实际情况。自智能设备从 2000 年出现开始，移动通信环境已经迅速变化。与此同时，以前相当封闭的电信业务已经不复存在，第三方应用程序数量不断增加。此外，公共数据网络的端口为不可预测的安全漏洞敞开了大门。这导致了如安装恶意软件到能够执行应用程序移动设备的危险。在固网上应用的保护机制同样可用于移动环境，但例如病毒防护软件的更新，并不总是能够及早回应，特别是在零隐患的情况下。

TEE 是应对这些挑战的解决方案之一。通常在可互操作、标准化的解决方案中表现最佳，这意味着 OEM、MNO 和芯片制造商相互协作。标准化 TEE 通过服务提供商在对客户的 MNO 服务提供高水平的保护，从而增加客户满意度。内容提供商也可以从标准化的 TEE 中受益，因为它为产品（例如视频流）提供认证保护，并且独立于平台进行维护，这进而加速了市场准入和统一用户体验。

作为 TEE 架构的基础，以下总结了关键术语：

1）片上系统（System on Chip，SoC）是指与 TEE 有关的 IC、CPU 和任何外设。CPU 可能包含应用程序和基带单元，即调制解调器。

2）芯片供应商（Silicon Provider，SiP）是指芯片制造商。SiP 的任务是制造和提供 SoC。SiP 的例子有 Qualcomm、Intel、Marvell 和 CGT。

3）可信区域（Trusted Zone，TZ）是指例如 ARM 或任何其他 TEE 制造商的芯片组架构。

4）正常模式（NWd）是指包含富操作系统和相关应用程序的区域。

5）安全模式（SWd）是指孤立的隔离专区，例如在具有 ARM 可信功能的 SoC 中。

6）可信执行环境（TEE）是指安全模式内的安全微内核。

7）富操作系统是指在正常模式内工作的操作系统。富操作系统的例子是 Android 和 Linux。

8）容器是指安全模式中与安全域类似的安全区域。

9）Trustlet 是用于安全操作的容器内的可执行单元，或可信小应用程序。

以下是 t-Base TEE 生态系统特有的这些术语的例子，该架构包含的元素如图 6.5 所示。

从图 6.5 可以看出，这个示例的可信执行环境架构的核心是 Trustonic 和高级精简指令集计算机可信区域支持的组合。高级精简指令集计算机为芯片供应商提供基于 IP 的 TEE 硬件可信区域，这又将芯片组中的 t-Base 集成在一起。原始设备制造商（OEM）的任务是制造具有可信执行环境功能的设备，并确保添加相应的序列号到 t-Base。后端（BackEnd，BE）的任务是，存储设备特定的认证密钥，例如用户密钥（User Key）、AUTH 和 SoC，而业务引擎（SE）管理 TSM 使用的 t-Base 容器的解锁可信服务管理（TSM）又为最终用户设备提供密钥管理服务，并与服务提供商（SP）进行通信。MNO 的任务是，为客户分配应用 t-Base 的设备而 SP 的作用是开发和提供基于 TEE 的应用程序，SP 还授权特定设备容器的激活，这依赖于应用程序开发人员。最后，在这一系列作用之后，最终用户能够使用存储在设备安全环境中的安全应用程序。

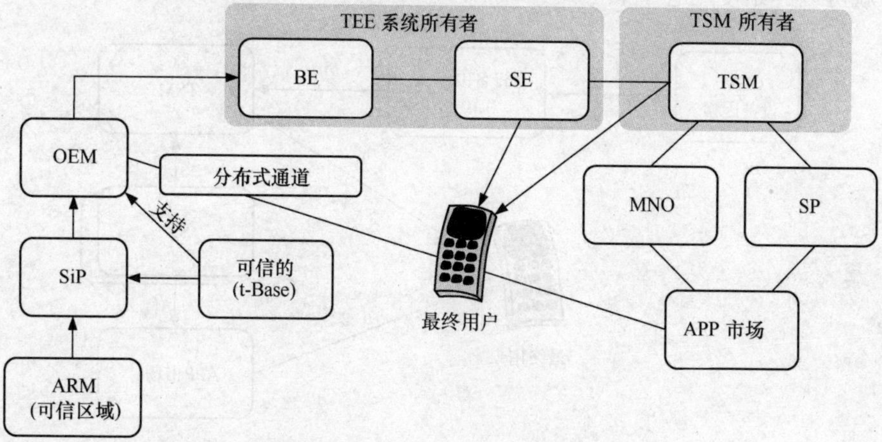

图 6.5　t-Base 生态系统示例

为了使可信执行环境（TEE）工作，芯片供应商的合作伙伴应该覆盖OEM设备的重要部分，高级精简指令集计算机提供芯片架构，芯片供应商将可信执行环境嵌入到硅片级中。当设备支持TEE时，OEM的任务是用后端的一个密钥程序初始化TEE，以便为其数据库接收序列号密钥表。业务引擎通过在其中创建服务提供商容器，来实现通过终端用户设备创建实际TEE的任务。服务提供商可以是需要可信执行服务提供商应用程序（trustlet）的任何一方，如那些用于安全的银行服务。一旦存在相应的容器，可信服务管理就可以为其提供生命周期管理，Trustonic以这种方式提供了trustlet应用程序接口。

可信服务管理（TSM）适用于后期加载的安全小应用程序，以便服务提供商为TSM提供安全的应用程序，TSM通过个性化的OTA访问将它们进一步提供给设备的安全模式容器，并管理各个设备的操作和数据的生命周期。因此，TSM是一种托管服务，为安全配置提供了足够的安全级别，并在t-Base trustlet中执行应用程序。

当用户安装新的应用程序时，它将通过安全应用程序的TEE OTA生命周期管理来触发图6.6所示的信任过程。

按照图6.6的数据流程，在初始阶段（a）通过信任程序使OEM设备绑定，并向后端（BE）提供密钥和设备ID。然后，在（b）阶段，密钥以安全的方式交付给服务提供商（SP）的可信服务管理（TSM）。服务提供商将安全应用程序上传到典型的应用商店（1）。现在，只要最终用户下载并开始安装SP的应用程序到他/她的智能设备（2），那它便触发了将安全应用程序交付给可信服务管理（3），可信服务管理通过空中下载（OTA）继续安装安全应用程序到用户设备的可信执行环境（TEE）容器（4）。一旦安装完成，最终用户就可以开始使用它了。

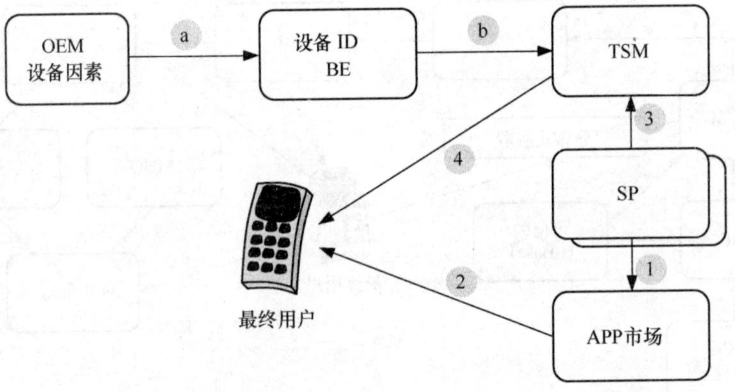

图6.6　TEE保护的应用程序OTA生命周期管理示例

除了通过空中下载的实际安全安装和应用程序的使用，可信执行环境也提供了有用的功能，为应用程序增加价值。这些功能包括安全的用户界面和安全的终端。

这个例子与基于高级精简指令集计算机的解决方案有关，这个解决方案可覆盖约 95% 的设备。另一方面，Trustonic 是各种可信执行环境的促进者之一，发起于 2013 年。当时，Trustonic 由高级精简指令集计算机和 Gemalto 的共同努力建立，前者的合作方一直是诺基亚（Nokia）和捷德（Giesecke & Devrient），后者提供了可信执行环境的可信服务管理服务（TSM 所有者）。可信执行环境产品方面，TEE t-Base 300 是符合全球平台的解决方案。至于商业市场，Qualcomm、Samsung LSI 和 Broadcom 已经发布了一些包含 TEE 的芯片组（应用处理器），三星已经发布了配备 TEE 支持的各种设备。有关 TEE 的更多信息，请参见本章参考文献［2］。

6.3.4 主机卡仿真和云

云服务的基本思想是将移动服务与实际物理设备分布化，使得用户可以依靠远程实体来执行软件并存储内容。术语云指的是由网络及其连接支持的这样的远程功能。理想情况下，云服务的优势是独立于使用的设备，可利用任何服务和存储数据。此外，一旦执行云中已经初始化的代码，则可以使用另一个设备继续下去，并且可以在设备之间传送本地存储的信息。另外，云服务可以用于各种环境，包括移动支付[6]。

基于云概念的实用解决方案之一是主机卡仿真（HCE），如图 6.7 所示。HCE 特别适用于基于动态变化的数据对象的手机钱包格式的小规模付款。如用于确认付款事件的令牌，在实践中，令牌可以是对个人账号（PAN）的引用，其对于单个支付事件一系列支付或在有限的时间段内是有效的。请注意，这种令牌的有效性可以是几年。无论有效期多长，令牌的思想是保护原始的、永久的用户个人账号。

基于令牌的支付事件需要一种数字发行方式，及应用程序管理方法和驻留在云端或设备内部的 HCE 元件。HCE 系统负责令牌的形成及其存储和总校验。分布式系统管理云中的虚拟支付账户和相关的密钥，并为启动虚拟卡提供业务逻辑。反过来，应用程序管理负责安全传输每个移动设备和 HCE 系统之间的信息和利用，而 HCE 客户端软件侧保护虚拟卡内的数据时。

云服务的挑战是，默认情况下，它们不是基于硬件的 SE，而是基于软件可以是单独的应用程序，或者是嵌入到设备的软件或操作系统中。因此，这样的解决方案的安全级别可能比例如基于 SIM 的 SE 要低。另一个挑战与令牌的动态特征有关。如果令牌是一次性的，对于每次新的购买，用户每次都需要一个新的令牌。

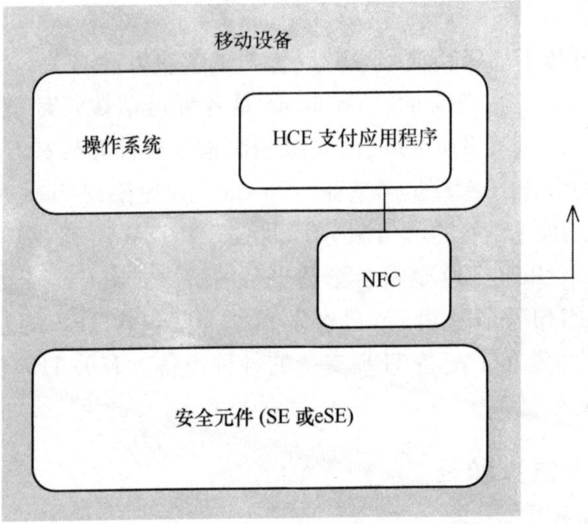

图 6.7　云服务的支付应用，就其基本形式，以软件为基础的操作系统位于安全元件（SE）之外

如果用户恰好处于移动服务的故障区域，则新的交易将会无效，除非在设备中存在本地预先存储的新令牌集。

原则上，预先存储在设备中的令牌越多，越增加针对特定账户的网络攻击潜在的风险。换句话说，唯一的令牌是不能保护支付交易的，因为如果它暴露了，就有人可能会滥用它。因此，HCE 服务对于防止捕获和修改令牌的外部意图至关重要。最重要的是，HCE 正确地识别设备、最终用户和服务。存储在设备中的虚拟卡，以及相关的加密功能必须受到保护，必须保证它们不能在设备中或在通信链路中，被物理地复制或变更。因此，HCE 特别适合小规模一次性支付，即使支付信息被复制和滥用，其支付凭证也不会有大的风险。

基于云的支付服务的系统架构如图 6.8 所示。可以注意到，事实上可以完全消除 MNO 的作用，因为该解决方案中并不一定需要 MNO 管理的 SIM 卡，也不一定需要 TSM 元件。因此，解决方案简化了基于安全元件（SE）的支付服务。在 HCE 服务中，一组令牌从云服务器预加载到设备中接受即将到来的交易。相反，在 HCE 解决方案中，一组令牌（一个或多个）可以从云服务器下载到 NFC 设备进行支付交易。除了图 6.8 所示的原理外，还可以有一个基于硬件元件的 SE，如 SIM/UICC 或 eSE。商业上，Android 支持 HCE 的版本 4.4（KitKat）。

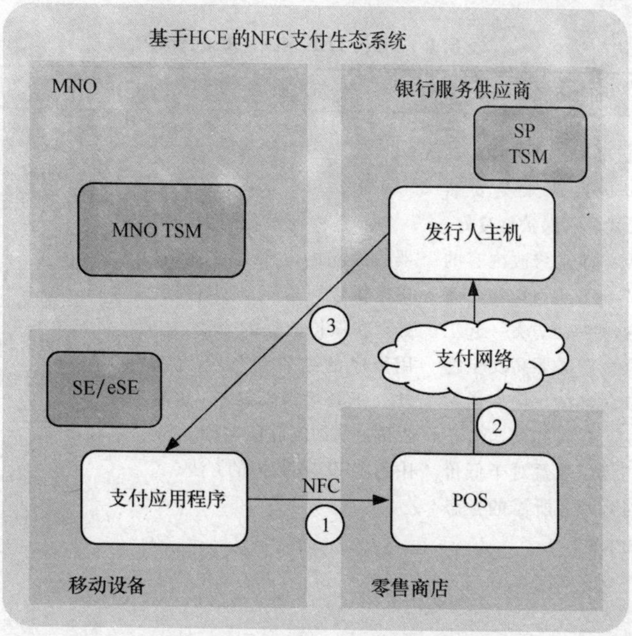

图 6.8 基于 HCE 的支付架构示例

6.3.5 比较

以前介绍的每种方法都可以应用于其最佳环境中。SIM/UICC 及其开发的变型，永久安装的 eSE 集成到 microSD 中提供良好的保护水平。图 6.9 和表 6.1 总结了每种解决方案的可用性。

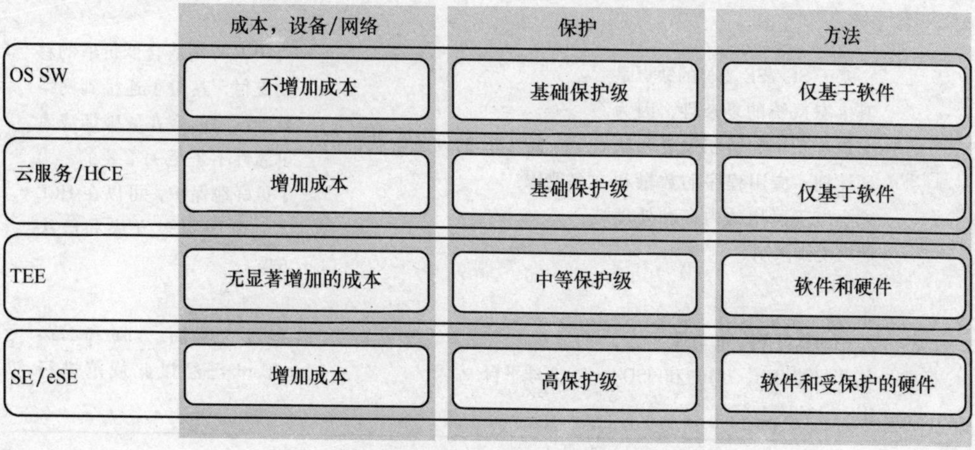

图 6.9 保护机制选择比较

表 6.1 SE、TEE 和 HCE 的比较

	SE/eSE	TEE	HCE
原理	SE 可以采用 SIM/UICC 卡、USB、microSD 或永久安装 eSE 的形式。它保护性良好，可抵御网络攻击修改内容的意图，SE/eSE 也可以与 TEE 和 HCE 这些解决方案一起工作。适合所有需要高安全性的移动支付环境。例如通过 TSM 架构。尽管如此，由于复杂性和经济效益对于低价值的支付环境，所需的生态系统可能太重大了	TEE 是移动设备的微处理器的内部的一个集成区域，它提供以可靠的方式存储、处理和保护数据的方法。应用程序的数量可能会比在 SE/eSE 环境中高很多。也能提供过滤访问驻留在 SE/eSE 中的应用程序权限的方法	因为服务提供商可以与驻留在移动设备的支付应用程序直接通信。HCE 为支付服务提供了一个简化的生态系统，特别适合低价值、小规模的移动支付。HCE 的保护等级取决于操作系统和云服务的安全性。支付密钥由软件保护，并且用户密钥的数量及其有效期可以进行限制以提供额外的保护
优点	特别适合 NFC 应用程序，用于高价值支付和需要高安全级别的环境，例如通过安装到 SE 的应用程序进行电子签名	受保护和可信的代码执行提供端到端的安全性、访问控制和完整性保证。TEE 也可以提供一个用于 PIN 交付的可信用户界面，PIN 有利于（并且是要求）高价值支付解决方案	结合云服务的 HCE 的架构和功能，比基于 SE 的支付服务更简单。例如，一家银行可以提供支付服务而不需要依靠或依赖于 MNO，反过来，它只是作为一个比特管道。应用的数量和大小由于云原理的自然属性实际上是无限制的
缺点	基于 SE/eSE 支付的缺点是其生态系统的复杂性，因为它包含几个利益相关者和认证计划。应用程序的数量和大小由于可用的内存和处理能力受到限制	支持 TEE 的设备所获得仍然受限	HCE 特别适合低价值的移动支付，其对于连接到网络基础设施的潜在的破坏或者可靠性不是至关重要的，为了更好地保护，可以在 HCE 之上使用更多方法和解决方案
标准	ETSI、3GPP 和全球平台，基于 ISO/IEC 7816 和 ISO/IEC 14443 定义	全球平台	特定供应商。Visa 和 MasterCard 已经以此规范进行工作

6.4　令　牌　化

6.4.1　个人账号保护

令牌化是指借助某些低价值的东西表示高价值的概念，就像赌场筹码一样。在无线支付中，令牌化是用于代表个人账号（PAN）的功能性解决方案，这样，原始个人账号通过用一个令牌替换而被隐藏起来。EMVCo 已经为相应的框架生成了支付令牌化规范。

更具体地说，EMVCo 允许用 PAN 类型的标识替换原始 PAN。实际应用中，原始 PAN 的最后四位数字通常不变，以便于简化客户识别，例如用于商品退货和会员制。对于购买交易，POS 将令牌化的伪 PAN 传送给发行机构。为了恢复原始的 PAN，发行机构依赖于该令牌化系统，它映射原始和标记的 PAN。只有可信的令牌化系统才能映射 PAN。

可以使用所有持卡人验证方法（Cardholder Verification Method，CVM）的令牌。然而，令牌化限制了环境，使得它被聚焦在例如只有一个商人身上。另外可以设置令牌的最大到期时间。由于这个限制，连同 PAN 不能被逆向还原的事实，这确保了交易的高安全性，使支付卡行业数据安全标准（PCI-DSS）对商家的风险最小[7]。支付卡行业数据安全标准是专有的信息安全标准，服务于处理品牌信用卡的组织，主要卡方案包括 Visa、MasterCard、美国运通、Discover 和 JCB。私人标签卡（不属于主要卡片方案的卡片）不包括在支付卡行业数据安全标准的范围内。此外，令牌化规范包括风险管理措施，可以基于例如账户活动趋势。令牌需要有一个特殊的银行识别码（Bank Identification Number，BIN）的范围，可以轻松识别伪 PAN，表明它属于非接触云支付领域。

6.4.2　HCE 和令牌化

基本上，之前描述的任何支付方式都可以使用令牌，它对于 HCE 尤其有用。HCE 是基于存放在云中的卡片数据，Visa 和 MasterCard 共同致力于相关的 HCE 规范。HCE 提供基于 SE 的 SIM/UICC 程序的替代方法，它也将以前以 MNO 为中心的业务环境（如网络操作员拥有 SIM/UICC 及其容器），改变成为了与 MNO 无关的方向。在前者中，设备和 SIM /UICC 卡以及应用程序的支付解决方案证书的流程可能会消耗时间并限制服务供应商的作用。相反，HCE 解决方案将环境改变为以服务提供商为中心，这样就减少了利益相关者的数量，简化了服务整合。因此，金融机构正在评估把信用卡凭证从 SE 移动到云的可行性。

第一批 Android 设备支持操作系统 4.4（KitKat）以来的 HCE，使将业务和个人数据从移动设备的 SIM/UICC SE 移动到云端成为可能。但是，对于所有事务，以加密的方式传送这些敏感数据是不可行的，因为它会降低安全性和用户体验。因此，HCE 包括令牌化以及其他技术（如有限使用密钥、账户补充和风险评估分数），通过平衡执行交易时的用户体验来确保安全。

有关令牌化的更详细信息，以及 EMVCo 支付令牌化规范请参见本章参考文献［7，8］。

6.5 其他解决方案

6.5.1 身份解决方案

移动设备为许多个人及企业需要的高保护级别的服务和解决方案提供了非常有用的基础。新业务环境的一个例子是移动设备和平板电脑用蜂窝连接取代旧的 POS 终端并将其转换为移动 POS 终端（mPOS）。表 6.2 列出了本章参考文献中［9］解释的一些典型的身份相关解决方案。

表 6.2 移动安全解决方案比较

解决方案	卡 ID	设备 ID	mPOS-ID	安全的云存储	安全的云信使
方法	安全的计算机登录	安全的移动访问	设备识别	安全存储和共享	安全的云信使
描述	通过认证卡的安全身份，几个规格	具有可用 SIM 和 NW 服务的服务安全身份验证，如 SmartTrust Licentio	将移动设备转换为 mPOS 终端；TEE 来保护 mPOS ID	通过使用安全的云服务和有能力的 SIM，用户可以安全地上传和分享数据	通过有能力的云服务和 SIM，用户可以安全地发送和接收信息

6.5.2 多用户环境

MNO 的合作趋势包括计划合作的概念，即将当地合作伙伴解决方案，作为向 OEM 提出建议的一部分。这个概念的实际设置，包括 MNO 联盟的形成，向全球及区域的 OEM 销售的 MNO 联盟，M2M 服务提供商和正在寻求扩大其服务并提供给当前和新的 M2M 客户服务的 MVNO。另一个趋势叫作动态合作伙伴关系，指与项目特定的伙伴关系。这意味着大型全球企业和 OEM 客户在不同区域择优选择他们的偏好的 MNO。举个例子，作为 SE 的发行者的 MNO 可以通过与其 MNO 合作伙伴的合同协议，保留最终用户的所有权。2013 年 12 月发布的用于嵌入式 SIM 远程配置架构的 GSMA 规范是可行的行业解决方案之一，因为它提供了一种部署完整的配置文件下载和安全域的手段。该解决方案可能使用 HTTP OTA 作为主要渠道，并允许支持现有的 M2M UICC 硬件，同时提供 SIM 卡多厂商互操作性。

参 考 文 献

[1] Press release, Allynis OTA platform. http://www.gemalto.com/press/Pages/Sprint-extends-relationship-with-Gemalto-to-manage-growing-LTE-deployments-across-the-U-S.aspx (accessed 22 December 2015).

[2] GlobalPlatform TEE guide. https://www.globalplatform.org/mediaguidetee.asp, 23 December 2015. (accessed 23 December 2015).

[3] GlobalPlatform. TEE Client API Specification v1.0.

[4] GlobalPlatform. TEE Systems Architecture v1.0.

[5] GlobalPlatform. TEE Internal API Specification v1.0.

[6] Use case example of HCE. http://www.gi-de.com/en/about_g_d/press/press_releases/global_press_release_35712.jsp (accessed 23 December 2015).

[7] Tokenization principle, Smart Card Alliance. http://www.smartcardalliance.org/wp-content/uploads/EMV-Tokenization-Encryption-WP-FINAL.pdf.

[8] Tokenization, Sequent. http://www.sequent.com/what-is-tokenization/ (accessed 23 December 2015).

[9] Wolfgang Decker. Smart! Discover the world of mobile security. Giesecke & Devrient, January 2012. https://www.gi-de.com/gd_media/media/en/documents/complementary_material/smart__newsletter/smart_1-2012.pdf (accessed 26 December 2015).

第7章 移动订阅管理

7.1 概　述

本章介绍基于空中下载（OTA）方法的管理移动设备和订阅的技术。通过“传统”订阅管理的后付费和预付费客户，对移动订阅的原则、优势和挑战进行了概述，除了对配置过程的订阅进行初始化之外，还解释了订阅生命周期管理，即修改、添加和终止服务。

除了消费者空间，本章还概述了M2M订阅的原则。接着描述了解决方案，并结合标准化领域具体例子讨论了面向用户和M2M订阅管理的近期和最可能的长期的解决方案。通过增加互操作性以及配备eSE的M2M设备的发展，这些新颖的OTA平台为运营商提供了更高的自由度。这些元素不能物理去除，但是，在设备生命周期中运营商之间不断改变订阅的需求不断增加。本章还讨论了各种不断进行的标准化，旨在解决订阅管理当前的限制。

7.2 订阅管理

7.2.1 发展

在购买新的移动设备时，用户需要与他/她首选的移动网络运营商（MNO）建立客户关系。有多种方法可以做到这一点。典型的过程是签订实际合同的同时，在零售商店或在运营商自己的客户服务点建立关系。有两种合约类型：后付款和预付款。在任一情况下，都需要同时在网络侧和相应的SIM/UICC中建立订阅者信息。另外，在这两种情况下，客户通常可以从移动网络运营商的预选（资助）集选择设备，或通过将SIM/UICC插入任何通用设备，使用他/她自己的设备（通常称为自带设备）。

销售网点（POS）上订阅的激活以客户选择订阅类型和受支持的功能的参数（例如，数据量和费率、语音邮箱增值服务等）的方式发生，这些选择具有不同的选项和价格范围。当输入客户的个人资料（如姓名和地址）时，销售人员通常需要确认客户的身份。随着国家法规趋向严格，对于预付费客户身份登记来说，销售服务可能需要身份证明和地址。此步骤旨在防止欺诈性订阅的激活。虚假用户信息将提供匿名使用预付费或后付费（例如，为犯罪目的）或忽视生成的账单的方法。

在确保客户的正确识别后，客户服务致力于网络（HLR/HSS）将与订阅服务相关联的移动用户的ISDN码。客户也可以从一组可用的数字中选择首选的MSISDN。该线路随后被激活，即被配置[16]。该过程包括的步骤在随后的段落进行了总结，归纳了一个OTA按需激活（On-Demand Activation，ODA）商业示例，如本章参考文献［17］所述。OTA激活过程允许移动运营商在订阅者首次“在空中”活动时动态激活并提供订阅，和SIM/UICC。图7.1给出了按需激活的原理。

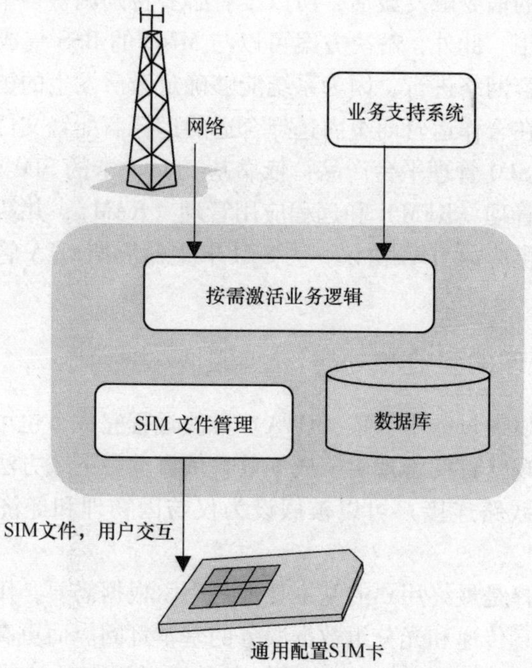

图7.1　按需激活示例（见本章参考文献［17］）

运营环境中，在提供新的用户服务之前，由于预留资源，尚未激活的注册订阅将会导致MNO的许可费用和其他费用。这个挑战与物理存储在不同POS位置以便由新客户端购买的预付费SIM特别相关。随着供应的SIM卡类型不断增多，MNO的相关物流和存储成本也相当可观。

有针对这些挑战开发的解决方案，如捷德［Giesecke& Devrient（G&D）］的SmartTrust按需激活（ODA），它支持移动订阅和已经分发但尚未销售的

SIM卡的激活、个性化和供应，以及订阅者即将使用新的MSISDN信息激活新订阅，或用相同的MSISDN替换旧的或丢失的SIM卡等解决方案。这个解决方案是基于单一的通用卡配置文件，用于初始化和激活实际订阅，从而消除了当物理卡尚未购买时，在HLR/HSS和其他平台预留订阅的需要。优点是优化各自的容量和许可成本，因为它们只是在实际激活订阅时触发，包括客户特定的参数、文件，个性化服务集，国际移动用户识别（IMSI）码、MSISDN，漫游优先级列表，基于SIM的增值服务，基于SIM的电话簿中的客户服务条目，服务提供商名称[17]。此外，最终用户在激活过程中可使用基于SIM的菜单选择诸如语言和电话号码或订阅类型等项目。

该服务是与现有MNO基础设施（如HLR/HSS）集成的解决方案的示例，以便处理敏感信息，如订阅认证密钥，在同一网络内安全地维护。该业务也可以依靠移动网络的信令触发激活，所以没有必要特别调整各个接口，现有网络可以完全重复使用。此外，解决方案可以与MNO的BSS集成。激活可以从任何国家的任何兼容网络进行，因为系统能够确定激活发生的国家和网络从哪里进行激活，以便在合作运营商组内选择合适的运营商配置文件。

这种类型的SIM管理平台产品，依靠基于Java卡的SIM卡的ETSI规范所定义的远程文件管理（RFM）和远程应用管理（RAM），并从参与的SIM卡供应商中采用特定供应的OTA协议，为SIM卡生命周期OTA管理提供完整的解决方案。

7.2.2 订阅管理的利益和挑战

订阅管理可以通过空中下载（OTA）方法远程完成，也可以在本地以最简单的形式完成。现代订阅管理由于成本效益依靠空中下载方法发生，而本地订阅管理（即固定线路连接）可以被假设为仅与因物理和经济原因无法更新的设备相关。

订阅类型选择是最终用户的基本任务之一。根据需要，用户可能希望仅具有包括语音、消息传递和光分组数据服务的基本订阅。而更高级的用户可能需要最高的可用数据传输速率。MNO的任务是通过平衡预计使用能力和收费来优化可用的网络资源。在某些情况下，MNO可能想要提供无限数据计划，而其他人可以通过以月份为单位设置容量或数据率来控制使用。找到一个良好的平衡不是一件容易的事情，因为它依赖动态竞争，因此没有吸引力的订阅可能会增加客户流失。优化客户流失是MNO的首要任务之一，还要尽量减少客户服务电话，因为这些对于MNO的运营都是昂贵的。

对于订阅生命周期管理，最重要的一个例子是最初的订阅激活。如果在这个阶段出现问题，就会增加客户的投诉，并可能导致客户流失增加。最终用户

（和 POS 人员）的解释可能是网络的服务质量低，或者移动设备或 SIM 卡的质量低。如果客户远程在家尝试激活订阅时初始化失败，则产生一个客户服务呼叫，这又是一个额外的 MNO 费用，如果没有及时解决，可能会导致客户流失。

那么激活失败的基本原因是什么呢？可以做些什么来减少这些事件？其中一些问题可能是由于，如在移动设备链（OEM）、SIM/UICC 卡（SIM 供应商）、服务（提供商）或网络（MNO）中组件兼容失败。造成的这个问题也可能是由于对标准的不同解释或设计中的错误造成的。早期测试的目的是在设备进入市场之前发现这些潜在的问题，包括可能导致安全漏洞的问题。

当这些问题被最小化和消除成功时，硬件就有一定的预期寿命。它取决于设备的组件，如内部存储器和任何外部存储器表面，包括在 SIM/UICC 卡内部。存储器的磨损是逐渐发生的，直到部分内容在写入并从中读出时导致错误。

因为 SIM/UICC 和读取器之间的请求和响应的 ADPU 应防止任何问题——尽管安全漏洞的开放，由于在这种情况下的不可预知的响应，可能不会被完全丢弃，所以认为这种类型的硬件行为与安全角度无关。有监控内存的应用级解决方案来防止因磨损而发生的事故，例如本章参考文献［20］中所述的 SIM 终身监控应用程序。

7.3 空中下载平台

以下内容介绍 SIM 空中下载（OTA）平台的一般架构和功能，并概述空中下载订阅管理的商业领域的示例。

7.3.1 概述

在活动订阅的生命周期中，空中下载方法可以流畅地处理用户的订阅配置和管理。订阅的初始化和维护的一个替代方案是通过固定线路将设备连接到客户服务管理服务器，但这代表一个特殊情况，在现代商业环境中是不实用的。所以 SIM 空中下载是指 SIM/UICC 生命周期通过蜂窝无线电接口的远程管理。在第一次配置后，初始化新订阅，管理 SIM 卡对于 MNO 是至关重要的，以确保访问和更新移动服务时的流畅体验。管理是通过空中下载平台处理。

SIM 空中下载为通过无线电接口的 SIM/UICC 卡的内容的管理提供了足够的远程通信方法。SIM 空中下载对 MNO 的好处是不需要客户将设备或 SIM 带到物理客户服务点，就可以轻松部署新的 SIM 卡服务。它也提供了经济有效地修改 SIM/UICC 卡的内容的方法。

虽然空中下载程序最初与消费者空间有关，但由于物联网目前的增长，M2M 环境管理现在变得越来越重要。对于相应的空中下载设备管理（DM），有各种商业解决方案可在市场上销售。举个例子，SmartTrust Delivery Platform 是 G&D 的空中下载产品的基础，SmartTrust AirOn 可以对 M2M SIM 的生命周期、相关设备和增值服务进行远程管理，如激活订阅管理和停用。另一个例子，SmartAct 是一个与其他供应商卡兼容的 SIM 管理解决方案。SmartAct 为 MNO 提供部署基于 NFC 的服务进行认证、数字签名和交易的选项。第三个例子，SmartTrust SmartàLaCarte 作为移动增值服务的推动者和针对基本和功能手机的运营商而发挥作用。因为该解决方案包括动态 SIM Toolkit 平台，它为终端用户在设备的显示器提供了一个服务菜单，允许用户通过空中下载安装直接将保存的应用程序调用到 SIM 卡上。虽然基本的移动设备型号也在这样的产品支持下，但预计智能手机将逐渐成为通用服务引擎。此外，智能手机架构将成为多个服务和 SIM/UICC 和 eSE 的共存的默认设置。

7.3.2 配置程序

订阅用户配置的初始阶段包括添加新的移动设备到系统。该过程包含激活通用移动通信网络中的新客户服务的以下步骤：①新订阅用户在移动网络运营商（MNO）的授权销售地点的 POS 处购买移动设备，销售人员发出相应的新 SIM/UICC；②订阅用户得到一个新的个人账户，新移动设备和 UICC 通过 POS 终端相连；③将 UICC 插入移动设备，并通电。经设备的网络访问初始化程序，从 OTA 平台开始实时激活相应的信息并下载，如图 7.2 所示。

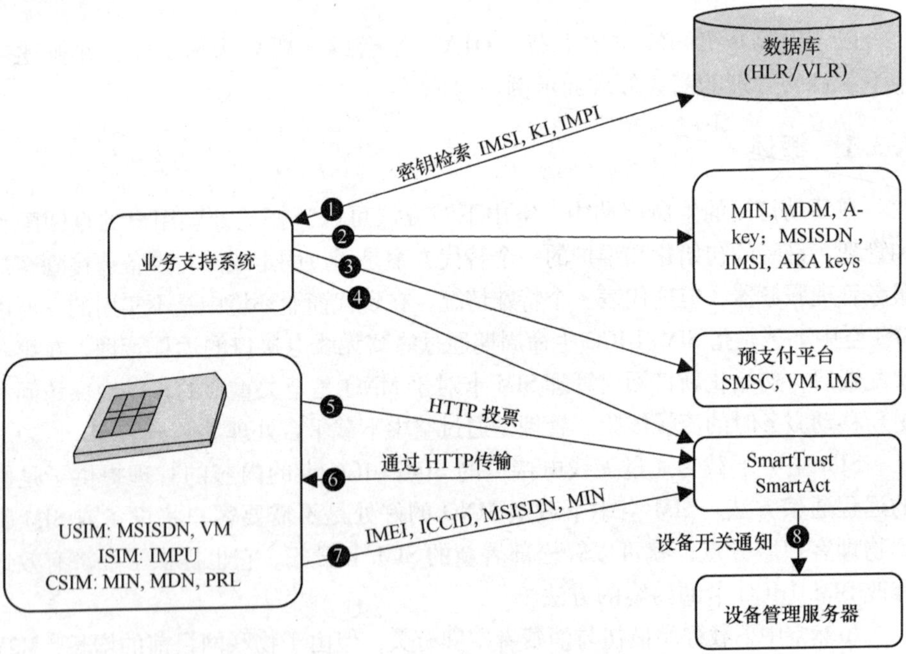

图 7.2 SmartTrust SmartAct 解决方案中应用的实时配置过程的高级信令流

UICC 的配置（即激活）的另一个选择是通过依赖于读卡器在 POS 上物理地执行，如图 7.3 所示。OTA 配置管理器（OTA Provisioning Manager，OPM）提供诸如激活、停用、SIM 交换、MSISDN 更改、功能更改、推送文件、管理应用程序、获取订阅用户信息和漫游意识等服务。OTA 配置管理器被集成到 MNO 的计费系统（Billing System）接口中。OTA 配置管理器管理在计费系统中启动的管理操作，例如激活、SIM 交换和订阅更新等。

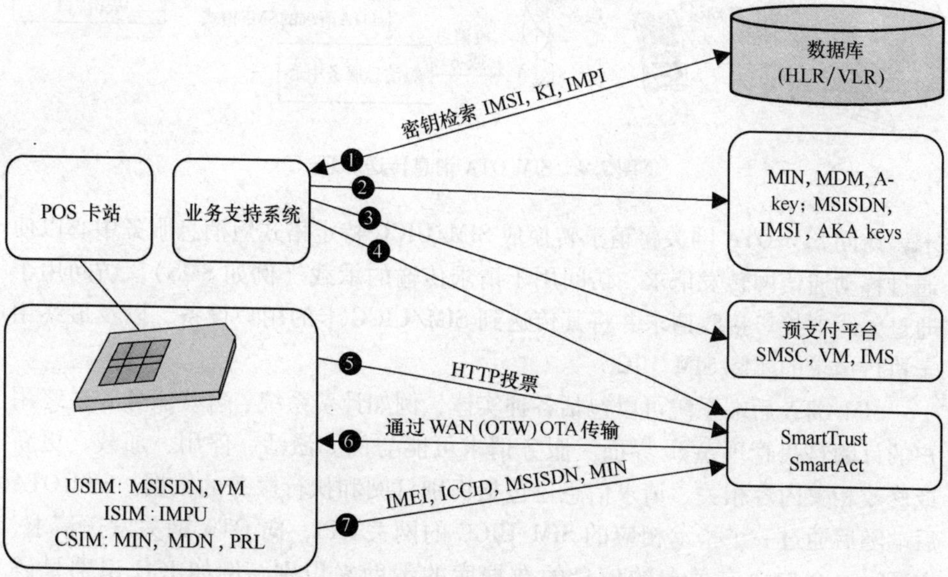

图 7.3　UICC 激活的示例，即通过使用 POS 读卡器配置

7.3.3　基于 SMS 的 SIM OTA

SIM OTA 基于客户/服务器架构。SIM/UICC 代表客户端，而移动网络运营商（MNO）的后端系统以及许多其他角色，如业务支持系统（Business Support System，BSS）和客户服务，都包含 SIM OTA 服务器。通常，这个后端系统通过传递服务请求与 OTA 网关进行通信，如图 7.4 所示。网关通过将服务请求转换为短消息（Short Messages，SM）来与短消息服务中心（Short Message Service Centre，SMSC）进行连接。此外，短消息服务中心将这些短消息提供给单个设备的 SIM/UICC 或相应较大组设备的一组 SIM/UICC。

SIM OTA 的思想是更新和修改 SIM/UICC 中存储的数据而不需要重新发行。因此，可以远程下载和使用新服务，而不是实际访问移动网络运营商的客户服务或零售商店。

为了发挥功能，SIM OTA 需要访问移动网络运营商的后端系统以创建请

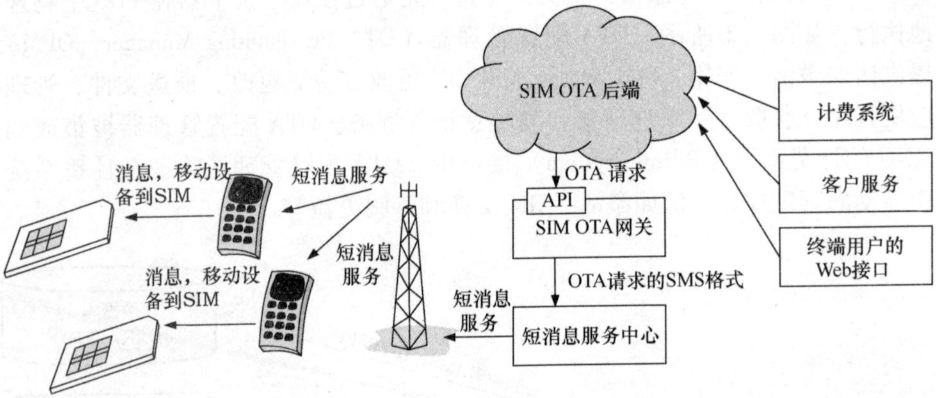

图 7.4　SIM OTA 消息传送原理

求，访问 SIM OTA 网关将请求转换成 SIM/UICC 特定格式短消息服务中心以便通过移动通信网转发请求，访问用于请求传输的承载（例如 SMS），访问用于通过无线电接口接收请求并将其传送到 SIM/UICC 卡的用户设备，以及最终用于执行请求的实际 SIM/UICC。

SIM OTA 后端系统可以包括各种实体，例如计费系统、客户服务和最终用户的订阅自我管理 Web 界面。服务请求可能与例如激活、停用、加载、更新或修改相关内容相关。请求信息还包括识别订阅和执行服务的数据。SIM OTA 后端随后通过一个指示相应的 SIM/UICC 的网关 API，向 OTA 网关发送请求，它通过一个包含有关卡的信息的数据库的帮助来识别，例如 ICC 识别号码（ICC Identification Number，ICCID）、IMSI 和 MSISDN（移动订阅用户的 ISDN 号码）。此外，OTA 网关包含有关要形成消息的供应商特定格式的信息，消息遵守每个供应商的卡处理请求。

SIM OTA 网关将该供应商特定的格式化消息转发到 SMSC，依靠 ETSI 规范 GSM TS 03.48 的参数集，发布足够大的短消息集，以完成请求。值得注意的是 SIM OTA 网关需要管理消息并确保它们的交付完整性及安全。SMSC 然后通过 SMS 承载，根据标准化的 SMS 程序，在移动通信网内将消息转发到用户设备。

根据 ETSI SMS 服务描述中最初的定义，每个单独的消息都可以最多包含 160 个字母数字字符，所以完整的请求可能（并且通常是）由在设备端编译的几个短消息组成。如果设备在传递消息时是不可达到的，将消息则存储在 SMSC 中直到该设备下次启动网络，或直到达到最大到期时间。为了支持 SIM OTA 功能，用户设备需要遵守最小为 ETSI phase 2 + GSM 的标准，并且特别需要支持 SIM 工具包功能。最后，SIM/UICC 通过标准化的安全接口与用户设备进行通信，向其提供特定于供应商的内容。

7.3.4　基于 HTTPS 的 SIM OTA

基于 SMS 的 SIM OTA 的优点在于它具有健壮性，并且可以简单地在任何支持短信的环境下进行设置。缺点是，由于移动设备和 SIM 卡之间接口的限制命令传送速度慢。SIM 配置文件的 OTA 更新可能需要几十 KB 的大量割裂的信息，反过来可能持续约十几分钟。而且，并不是所有的网络默认情况下均支持 3GPP SMS 格式，就像 CDMA 1xRTT 一样。

这种低传输速度的解决方案是通过分组数据承载来传输命令和内容，其可以基于例如 GPRS 或 LTE 数据服务，在顶部使用的协议可以是安全的 HTTPS。此解决方案可能会减少更新的时间到几十秒，而不像 SMS 方法通常需要几分钟。

7.3.4.1　CAT

如标准 ETSI TS 102 223[21] 所述，卡应用工具包（CAT）是供集成电路卡（ICC）使用的一套通用命令和程序，无论网络的访问技术如何。在这种情况下，UICC 是指一个 ICC，它支持至少一个网络访问应用程序（Network Access Application，NAA）以便访问网络。此外，ICC 被认为是一个平台，基于用于 3G 平台的 ETSI TS 102 221[22] 或 ETSI TS 102 600[23]，或 2G 平台的 ETSI TS 151 011[24]。本章参考文献［21］进一步表明，NAA 可以是表 7.1 中总结的任何一种。

表 7.1　本章参考文献［21］定义的 NAA 的选项

NAA	标准	说明
USIM 应用程序	ETSI TS 131 102	仅能安装在 3G 平台上
SIM 应用程序	ETSI TS 151 011	可安装在 2G 或 3G 平台上
TSIM 应用程序	ETSI TS 100 812	仅能安装在 3G 平台上
ISIM 应用程序	ETSI TS 131 103	仅能安装在 3G 平台上
RUIM 应用程序	TIA/IS-820-A，3GPP2 C. S0023-0	能安装在 2G 平台上，可替换的其他应用程序安装在 3G 或 2G 平台

注：来自本章参考文献［21］，ETSI 授权使用。

本章参考文献［21］还定义了接口，以确保制造商和运营商在 ICC 与终端之间独立的互操作性，同时它还为每个程序定义了 ICC 和终端上的命令、应用程序、协议和强制要求。

7.3.4.2　承载独立协议

OTA 对 SIM/UICC 卡的访问长期以来一直基于低带宽 SMS 承载。作为更新的标准的结果，独立承载协议（BIP）在卡片、支持 BIP 的终端设备以及访问卡的内容外部世界之间提供了更快的数据传输。

目前 HTTPS SIM OTA 的一个不可分割的部分其实是 BIP。它的功能不管底层技术无关，均可为设备及其相应的 SIM/UICC，提供安全的访问 OTA，并可以作为基于 SMS 访问卡的替代方案。BIP 在 ETSI TS 102 223[21] 中定义。它允许 UICC 的 CAT 应用程序建立与终端的数据信道，以及进一步通过终端到远程网络服务器或到 PAN 中的远程设备。BIP 继承相应承载的属性和网络协议，并且可以在诸如用户数据报协议（UDP）[18,19] 不可靠的传输协议之上使用。

如 ETSI TS 102 124 所述，BIP 为 UICC 提供了一种标准化的使用终端设备（TE）承载与 WAN 或 PAN 中的远程实体进行通信的方式。BIP 的基础是首先在 UICC 和 TE 之间交换数据，然后在 TE 和外部服务器之间交换数据。图 7.5 描述了该原理。

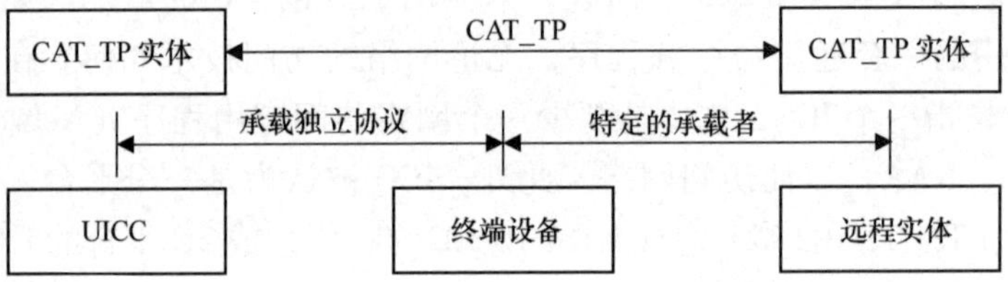

图 7.5　ETSI TS 102 124 定义的数据交换

若没有卡应用工具包传输协议（CAT_TP），CAT 应用程序无法知道远程实体是否已经收到发送的数据。此外，没有卡应用工具包传输协议，远程实体可能接收到没有诸如发射实体标识、分组编号或传输状态等传输信息的数据。CAT_TP 旨在提供可能缺少的传输功能。

有关 BIP、CAT 和 CAT_TP 的更多详细信息，请参见 ETSI TS 102 124[18]。

7.3.5　SIM OTA 解决方案的商业示例

全球市场上有各种商业 SIM/UICC 供应商以及各自的 SIM OTA 管理平台。商业解决方案的基本功能和生命周期管理类似，而更高级的特征集的支持各不相同。一些全球认可的 SIM/UICC 供应商是捷德（Giesecke & Devrient, G&D）、Gemalto、Oberthur、Schlumberger、DeLaRue 和 ST 微电子（STM）。

作为 G&D SmartTrust OTA 产品的一个例子，他们提供了一个安全可靠的 SIM 卡管理的平台，可由任何供应商在整个 SIM 生命周期进行管理，包括定义卡规格、预先个性化、停用等该产品组合旨在支持各种环境（如 NFC 和安全移动支付）的全球部署。该产品组合还包括为 SIM 和移动设备管理集成的设备感知产品。该产品组合的一些例子包括：SmartTrust Delivery Platform，是一个支持 SIM 和移动设备高级管理的 OTA 平台，以及 SmartTrust AirOn，它是连接 M2M SIM、设备及其应用程序的安全 OTA 管理的平台。更详细的解决方案描述可以见本章参考文献［15］。接下来的内容概括了一些商业解决方案，概述了高级 OTA 设备管理的可能性。

OTA 配置通常能够自动下载多种类型设置到各种手机型号。它也可以支持各种下载协议，比如 OMA-CP 和 OMA-DM，以及设备制造商的供应商特定协议。该解决方案可能包括各种操作，如设备和 SIM 个性化，配置和重新配置，诊断和固件管理以及在设备丢失情况下设备锁定和擦除内容。换句话说，设备管理是为了设计管理设备的整个生命周期。

该解决方案还可以支持自动和手动操作的事件触发器，例如来自客户服务和活动的行动。对基于例如 HTTP/SOAP 的第三方系统的集成可以支持开放 API。该解决方案可以使用设备上安装的客户端，以及 IP 推送机制，从而能够使服务器启动在蜂窝网络和 Wi-Fi 热点上的设备管理操作。此外，解决方案可以包括自动化设备检测功能以简化设备管理，它可以基于安装在支持 Java 卡的 SIM 上的 Java 小应用程序，并且使设备独立于网络提供商进行检测。

一般来说，随着市场上的众多机型的出现，这些设备是根据操作需要和配置协议栈配置的，OTA 配置系统应该理想地支持所有或几乎所有的设备和协议，这样基于网络和 SIM 触发器使得具有相应设置的配置自动地发生。程序也可以是手动的，基于客户的自助配置来设置设备，例如通过网页用户界面、短消息或设备的基于 SIM 的菜单。配置设置通常与 GPRS、MMS、SIP、Wi-Fi、流媒体和电子邮件设置相关。从逻辑上讲，依赖于设备的设置需要相应的终端能力存储库来存储设备和每个设备支持的协议，以及用于识别有问题的设备，这意味着配置系统提供商要不断更新信息。

以下部分讨论可能包含在典型 OTA 配置系统中的功能。

7.4　演进订阅管理

随着先进的 M2M 设备数量的增加，相关订阅管理正在不断改善。不仅仅是机器通信，消费环境也正在经历重大发展，其中包括越来越受欢迎的可穿戴设备。这导致需要以更加动态的方式管理用户的凭证，例如，用户可能想要把主要通信设备（通常是智能手机）更换为一个代替设备，如慢跑或健康设备，用户只在体育锻炼时短时间穿着，仅使用相同订阅的有限功能。之后，订阅可以更改为原型智能手机或其他类型的设备。此示例表明在消费者设备之间需要高度动态的可转移订阅。

挑战在于本书前面介绍的订阅管理解决方案不能适应这种动态环境，并且它们通常缺乏不同订阅管理系统以及 SIM/UICC 卡类型之间的互操作性。因此，截至 2015 年，国际标准化工作正在不断进行中，以提供增强型订阅管理系统，具体如下。

7.4.1 GlobalPlatform

GlobalPlatform 的卡规格可参见本章参考文献［27］。本章参考文献［28，29］中的系统要求总结了用于管理订阅的以客户为中心的生态系统的新模式。

7.4.2 SIM 联盟

本章参考文献［30］概述了 SIM 联盟（SIMalliance）在新订阅管理开发中的作用，特别是在 M2M 环境中的作用，但是 SIM 联盟对消费者空间以及可穿戴设备的发展最终是有用的。新规范允许移动网络运营商（MNO）以标准化的方式远程加载和管理已部署的 M2M 和消费设备的订阅。相应的 eUICC 配置文件包通过技术规范 v1.0.1，通过描述一个订阅数据将被构建的通用的编码过程来定义可互操作的格式，由 SIM 供应商代表任何 MNO 远程加载并安装到任何嵌入式 UICC 中。

本章参考文献［30］强调跨 eUICC 的标准化远程订阅管理的重要性，因为它为 MNO 和更广泛的远程配置生态系统提供时间和开发效率。因此，服务提供商可以跨多个终端、MNO 客户管理系统和 eUICC，以统一的方式快速有效地提供设备的机组或已安装的设备。该解决方案的优点是简单的应用程序配置和生命周期管理，以及远程配置生态系统的可扩展性和灵活性。

对于交叉功能，SIM 联盟的规范在最新的 Embedded UICC 技术规范 v3.0 的远程配置架构内的 GSMA Embedded SIM 规范中引用，为远程配置和管理 M2M 设备中的 eUICC 定义了一个技术解决方案。

7.4.3 开放移动联盟

开放移动联盟（OMA）设备管理（DM）工作组（WG）规定了定义移动设备管理、连接设备上的服务访问和软件的协议和机制。OMA DM 工作组自 2002 年开始运行，已经制定了一套规范，以提供简单、可靠和经济高效的部署新应用程序和服务的方法。OMA 还与其他标准化机构合作，以避免规范的分裂和重复。

OMA DM 技术的设计旨在管理不同网络上的融合和多模式设备，包括没有 SIM 卡的设备，以及资源受限的设备。因此，OMA DM 规范套件的好处是具有可扩展性，特别适用于 M2M 通信。OMA DM 规范定义了协议和机制，允许 OMA DM 服务器通过使用一组管理程序的 DM 命令，传送配置参数到 OMA DM 客户端。这些命令在已定义的安全环境中执行，称为设备管理（DM）会话。

OMA DM 客户端的设计方式是将设备数据暴露给 OMA DM 服务器，通过所谓的 DM 树，以分级结构的形式呈现如图 7.6 所示。它包含为设备管理提供功能的管理对象或子树。因此，OMA DM 的理念是通过 DM 树，管理设备功能从而实现设备的特征和功能双虚拟化。

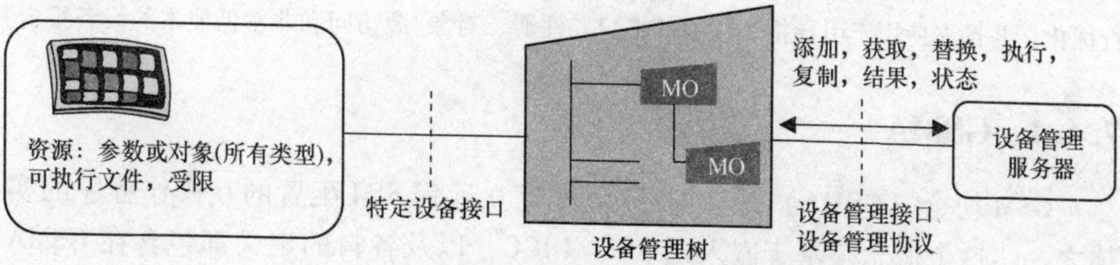

图 7.6　OMA DM 理念

管理机构可以远程设置参数，执行终端功能故障排除，以及通过 OMA DM 安装和升级软件。

设备的应用程序能够访问设备管理树并与管理对象和设备管理服务器通过开放 OMA DM 客户端框架 API 指定的接口进行交互，用于接收配置和报告数据。根据 OMA DM 智能卡规范，可以在插入设备中的智能卡上执行设备管理服务器，以优化网络带宽和容量。

OMA DM 规范版本 2.0 包括降低复杂性和提供更好的互操作性方面的进步。OMA DM 规范包括实现各种管理功能管理对象，如：固件更新管理对象（FUMO）、软件管理（OMA DM SCOMO）、诊断和监控（OMA DM DiagMon MO）、连通性（OMA DM ConnMO）、设备能力（OMA DM DCMO）、锁定和擦除（OMA DM LAWMO）、浏览器（OMA DM BMO）、虚拟化（OMA DM VirMO）、管理策略（OMA DM 管理策略 MO）和网关功能（OMA DM GwMO v1.0）。

OMA 通过 OMA 轻量级 M2M 协议，专门为 M2M 环境设计了远程管理，其重点是受限的蜂窝和传感器网络 M2M 设备。OMA 轻量级 M2M 基于可行和可用的标准如 IETF（CoAP，DTLS；UDP 和 SMS 绑定），提供简单的管理界面。图 7.7 描述了其原理。

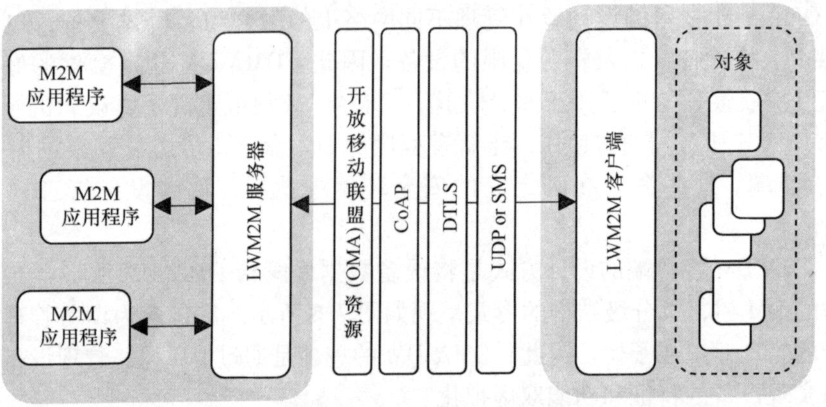

图 7.7　OMA 轻量级 M2M 架构（客户端和服务器之间的 LWM2M 通信，通过有效载荷进行优化，并且支持用于引导指令注册的接口、注册、对象/源访问和非常低成本的设备报告）

7.4.4　GSMA

GSM 协会（GSMA）是为 M2M 环境建立远程 SIM 配置的互操作程序的实体之一。这个概念是基于嵌入式 SIM /UICC，以及各自的定义都包含在 GSMA Embedded SIM 规范中。它为通过初始的运营商订阅的空中下载（OTA）配置的 M2M 链接，以及随后对 MNO 之间的订阅的更改，这两种方式的远程配置和管理提供了一个单一的事实上的标准机制。

M2M 环境是开发可互操作订阅管理的驱动者之一，因为相应的 SIM/UICC 的替换和改变可能是具有挑战性，原因是物理访问设备的限制，或者如果元件是以 eSE 的形式永久地安装在该设备中。管理这些设备的逻辑方法是基于用于配置 SIM/UICC 的 OTA 方法。结合安全的 OTA 通道，该方法提供了与可移动 SIM/UICC 在消费市场上能够达到的相同级别的安全性[26]。GSMA Embedded SIM 规范可用于可移动和嵌入式 SIM/UICC 环境，它支持物联网/M2M 设备不断增长的市场的发展和运营商凭据的远程配置[1]。例如，汽车业内率先引入了远程配置的 SIM/UICC 元件来管理 MNO 订阅并支持不断发展的汽车服务[3]。GSMA 正使用的远程配置的其他例子包括实用程序和基本上任何其他物联网设备。

7.4.4.1　嵌入式 UICC

本章参考文献［2，6，8］中的 GSMA 文档描述了专注于 M2M 环境的嵌入式 UICC 的 GSMA 远程配置架构，测试规范参见本章参考文献［7］。这些定义基于当前的电信标准，如 GlobalPlatform（GP），该平台强调数据的隔离和作用的分离。然而，GP 中还有一些 GSMA 没有涵盖的项目，如发行者安全域（Issuer Security Domain，ISD）。

以下部分总结了 GSMA 远程配置架构。更多关于 GSMA 所见的嵌入式

SIM/UICC 的详细信息，见本章参考文献［25，31］。嵌入式 UICC 的 GSMA 远程配置架构如图 7.8 所示，从 2.1 版本开始解释。

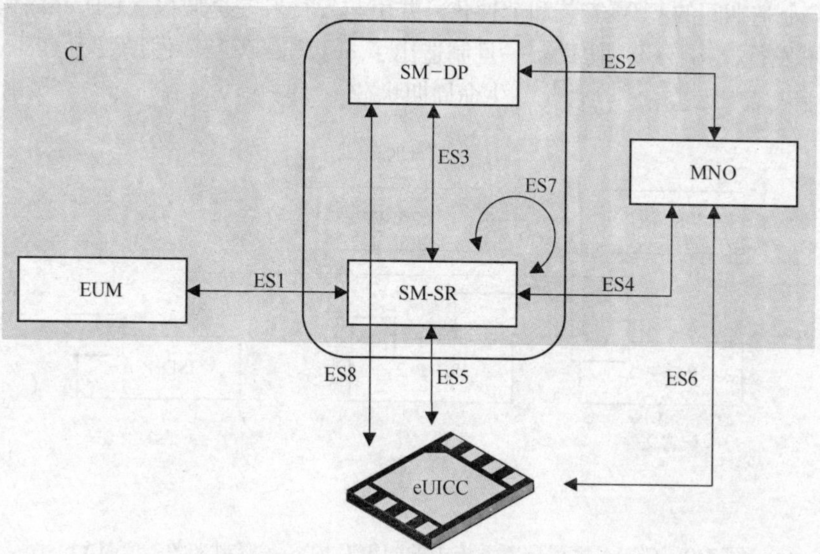

图 7.8　GSMA 定义的 M2M 环境的远程 eUICC 配置架构（版本 2.1）
（来源：经 GSMA 许可印制）

从图 7.8 可以看出，远程配置中有各种角色和接口。EUM（eUICC Manufacturer）是指生产物理安全元件（SE）的 eUICC 制造商。MNO 通过与订阅管理器-数据准备（SM-DP）和订阅管理器-安全路由（SM-SR）通信来执行配置文件订单。SM-DP、SM-SR 和 MNO 具有到安全元件（eUICC）的通信链接。而且，数据完整性由 CI（证书发行机构）负责。

实际的 eUICC 的高层次内容如图 7.9 所示，见本章参考文献［31］。相应的内容被称为提供平台和配置文件管理使用的安全域（SD）。在 GSMA 远程 eUICC 配置架构中，每个实体都有一个由不同权限和设置组成的专用 SD。图 7.10 进一步显示了从本章参考文献［31］中解释的单个配置文件的结构。系统与 eUICC 之间的通信映射如图 7.11 所示。

遵循图 7.9 和图 7.11 的术语，EUM 首先安装并个性化第一个发行者安全域根（Issuer Security Domain Root，ISD-R）作为 eUICC 制造的初始阶段，从技术上讲，发行者安全域根与自身相关联。发行者安全域配置文件（Issuer Security Domain Profile，ISD-P）是一个托管唯一配置文件的组件。在 GSMA 解决方案中，在一个 eUICC 上仅启用了一个发行者安全域配置文件[6]。EID 是指与 eUICC 的远程配置和远程管理相关的 eUICC 标识符。它与 ICC 识别号码（ICCID）相当，但不等同。因此，在与 ICC 识别号码相关的系统中和其他识别（如 IMEI）需要映射新的 EID。

应该注意的是，这个信息没有全局数据库，因此运营商需要依靠自己的解决方案。eUICC控制机构安全域（eUICC Controlling Authority Secure Domain，ECASD）由eUICC制造期间的EUM安装和个性化，并由与发行者安全域根（ISD-R）相关联的证书发行机构（CI）协助。一旦制造出了eUICC，ECASD便设置为GlobalPlatform卡规范中定义的“个性化”生命周期状态。

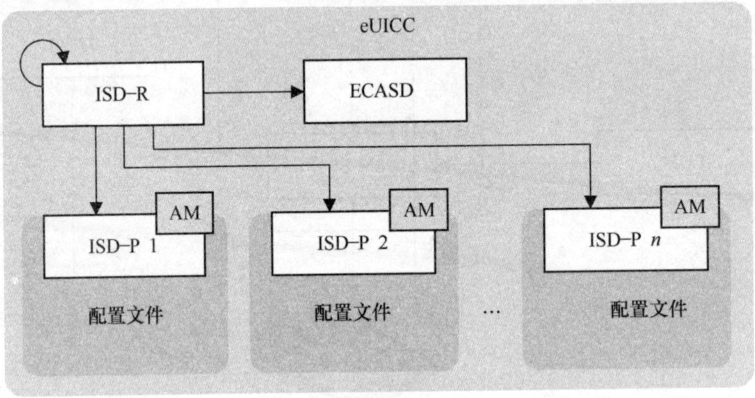

图7.9　GSMA远程配置系统中的eUICC内容（资料来源：GSMA）

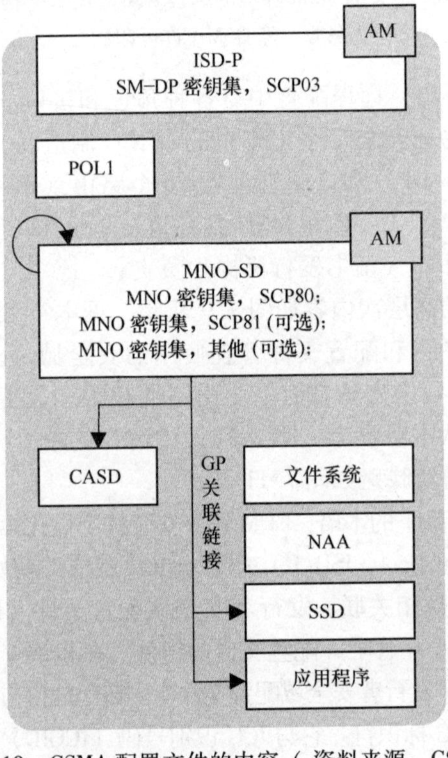

图7.10　GSMA配置文件的内容（资料来源：GSMA）

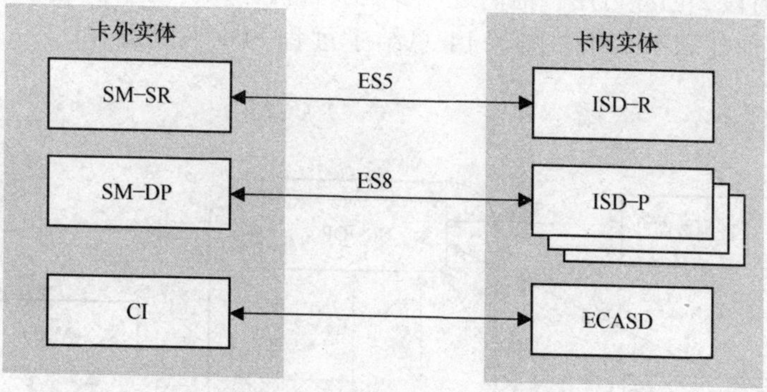

图 7.11　卡实体与配置系统的映射（资料来源：GSMA）

eUICC 的生命周期状态如图 7.12 所示。生命周期包含的状态称为“可选”“个性化”“已禁用”和“已启用”，使得一旦该元件是个性化的，便可以在每个 ISD-P 的禁用和启用状态之间切换。

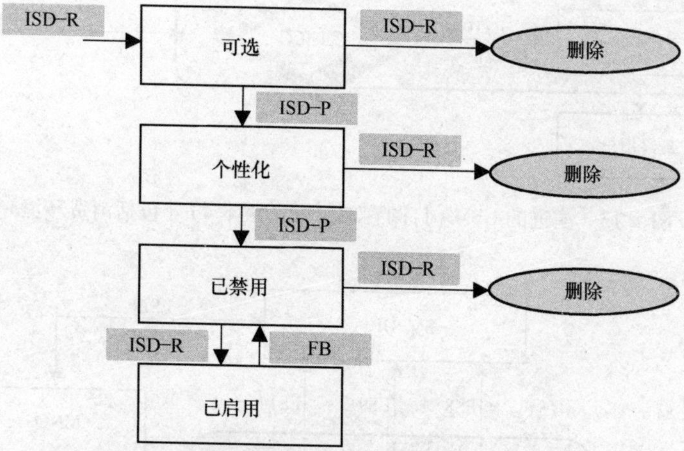

图 7.12　GSMA 远程配置 eUICC 的 ISD-P 阶段
［可以由 ISD-R 或 ISD-P 本身触发转换，还有一个倒退（FB）机制］

GSMA 远程配置的进一步发展包括 V3 和 V4（GSMA+），其中后者包括除 M2M 环境之外的消费者用例，如图 7.13 所示。其实，在最初的订阅管理解决方案之后，消费者使用案例的重要性被确定为高度相关。这是因为可穿戴和其他小型设计设备正在变得越来越受欢迎，而且相应的变化是，在设备之间的订阅信息需要更加动态化。进一步的 GSMA 订阅管理的演进称为远程 SIM 配置（Remote SIM Provisioning，RSP），相应的 SGP.21 架构规范和 SGP.22 技术规范集分为几个阶段，其中，从 2016 年下半年起，用于设备伴侣和消费者用到的阶段 1 和阶段 2 已经可用。他们进一步定义架构，并将例如本地配置文件助理（LPA）添加到 eUICC 中。图 7.14 总结了远程 SIM 卡配置 V1[33]。随着 RSP

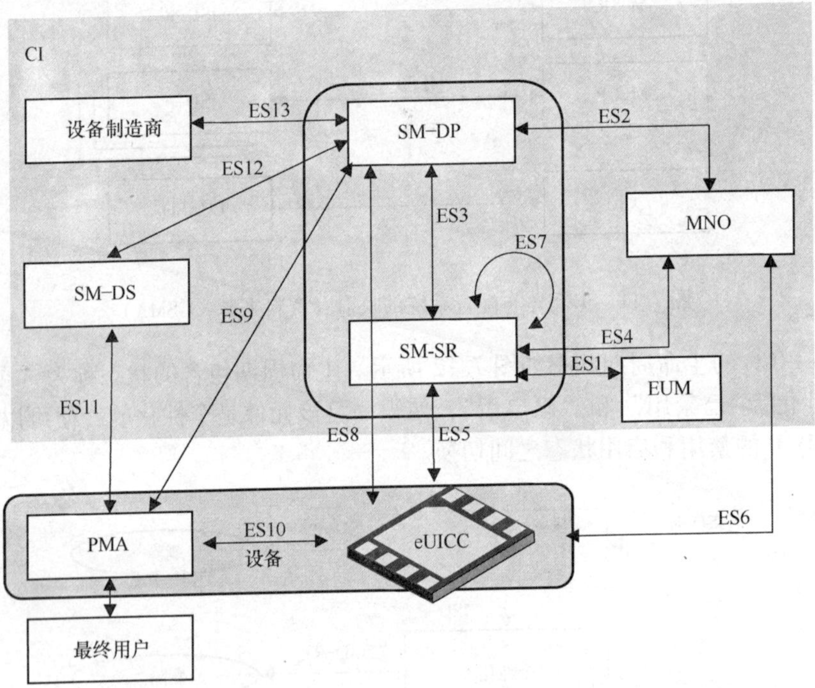

图 7.13　演进的 GSMA 订阅管理架构（版本 4）（包括消费环境）

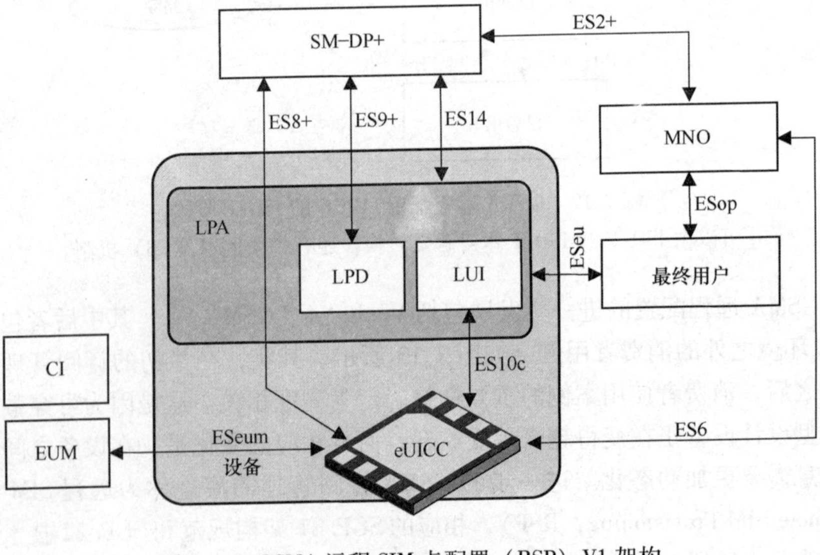

图 7.14　GSMA 远程 SIM 卡配置（RSP）V1 架构

架构以及阶段 2 和 3 的发展，最新文件可参见本章参考文献［32］。

与这种环境有关的几个启动中，GSMA 在 2015 年是最活跃的几个之一。

7.4.4.2 安全认证方案

订阅管理器本身也必须符合安全要求，详细的内容在 GSMA SGP. 07 中，包括订阅管理器-安全路由（SM-SR）和订阅管理器-数据准备（SM-DP）服务。需要遵守 GSMA 安全认证方案（Security Accreditation Scheme，SAS）的认证[4,5]。订阅管理器角色的安全认证方案标准在本章参考文献［13］中有说明，角色的安全认证方案的方法论在本章参考文献［14］中定义。

7.4.4.3 物联网

GSM 协会（GSMA）还考虑与 IoT 设备和应用程序相关的整体安全性，以便通过移动网络进行安全通信。根据 GSMA，物联网环境依赖于高效智能的移动网络使用。GSMA 制定了强化高效连接的指南，以确保 IoT 设备和应用程序的开发人员具有具体信息，以遵循共同的方法，并创造高效，值得信赖和可靠的 IoT 服务，这些服务可以随着市场增长不断扩展。

使文档和信息共享成为可能的具体方法是通过 GSMA 与物联网生态系统合作伙伴之间的合作。事实上，若所有的利益相关者都同意并遵循通用方法，那在未来几年在可扩展的移动网络中大量的物联网设备的最佳功能和连通性就可有效地实现[9,10]。

根据 GSMA Connected Living 计划，由于汽车行业及公用事业领域的大幅增长，M2M 占美国的移动连接的 10%，此外，美国占全球所有 M2M 连接中的 19%[11,12]。

参考文献

[1] GSMA Connected Living, M2M remote provisioning. http://www.gsma.com/connectedliving/embedded-sim/ accessed 22 January 2015).

[2] GSMA Embedded SIM Remote Provisioning Architecture, Version 1.1, 17 December 2013.

[3] GSMA automotive SIM. http://www.gsma.com/connectedliving/mautomotive/sim/ (accessed 22 January 2015).

[4] GSMA SAS. http://www.gsma.com/newsroom/all-documents/sgp-07-gsma-sas-standard-for-subscription-manager-roles-v1-0/ (accessed 22 January 2015).

[5] GSMA SAS Standard for Subscription Manager Roles, Version 1.0. GSMA, 13 October 2014.

[6] GSMA Remote Provisioning Architecture for Embedded UICC, Technical Specification, Version 2.0, 13 October 2014.

[7] GSMA Remote Provisioning Architecture for Embedded UICC, Test Specification, Version 1.0, 13 October 2014.

[8] GSMA Embedded SIM Specification, Remote SIM Provisioning for M2M. Presentation, GSMA Connected Living, October 2014.

[9] GSMA IoT. http://www.gsma.com/connectedliving/iot-connection-efficiency/ (accessed 22 January 2015).

[10] GSMA IoT Device Connection Efficiency Guidelines, Version 1.0, 13 October 2014.
[11] GSMA Connected Living. http://www.gsma.com/connectedliving/gsma-driving-innov-connected-living/ (accessed 22 January 2015).
[12] GSMA Driving Innovation in Connected Living. The US flags the future of M2M. Presentation, October 2014.
[13] GSMA SAS Standard for Subscription Manager Roles, Version 1.0, 13 October 2014.
[14] GSMA SAS Methodology for Subscription Manager Roles, Version 1.0, 13 October 2014.
[15] Giesecke & Devrient SIM OTA, 19 September 2015. http://www.gi-de.com/usa/en/products_and_solutions/products/sim_lifecycle_management/sim-ota-and-lifecyclemanagement.jsp (accessed 19 September 2015).
[16] Gemalto OTA, 19 September 2015. http://www.gemalto.com/techno/ota (accessed 19 September 2015).
[17] SmartTrust ODA (On-Demand Activation). Giesecke & Devrient, January 2011.
[18] ETSI TS 102 124 V6.1.0 (2004-12). Technical Specification, Smart Cards; Transport Protocol for UICC based Applications; Stage 1, (Release 6).
[19] ETSI TS 102 223, V8.2.0. (2009-01). Technical Specification, Smart Cards; Card Application Toolkit (CAT) (Release 8).
[20] SIM OTA lifetime monitoring. http://www.gi-de.com/en/products_and_solutions/products/sim_lifecycle_management/airon/airon.jsp (accessed 1 December 2015).
[21] ETSI TS 102 223.
[22] ETSI TS 102 221.
[23] ETSI TS 102 600.
[24] ETSI TS 151 011.
[25] GSMA embedded SIM. http://www.gsma.com/connectedliving/embedded-sim/) (accessed 1 December 2015).
[26] Subscription manager security requirements of GSMA. GSMA SGP.07.
[27] Card specifications of GlobalPlatform, 25 December 2015. http://www.globalplatform.org/specificationscard.asp (accessed 25 December 2015).
[28] Systems specifications of GlobalPlatform, 25 December 2015. http://www.globalplatform.org/specificationssystems.asp (accessed 25 December 2015).
[29] A new model: the consumer-centric model and how it applies to the mobile ecosystem. White paper, GlobalPlatform, March 2012.
[30] SIMalliance. New SIMalliance Specification Supports Standardisation in M2M Deployments, 25 December 2015. http://simalliance.org/media/press-releases/new-simalliance-specification-supports-standardisation-in-m2m-deployments/
[31] GSMA Remote Provisioning Architecture for Embedded UICC. Technical Specification, Version 2.1, 2 November 2015.
[32] GSMA document area, 21 May 2016. http://www.gsma.com/newsroom/gsmadocuments
[33] GSMA SGP.21 – RSP Architecture. Version 1.0, 23 December 2015.

第8章 无线环境中的安全风险

8.1 概　述

本章对无线环境中潜在的安全风险进行了概述，并且对无线安全机制提出了关注。尽管人为的错误因素在整体安全环境里不能被低估，但是一些典型的安全漏洞与网络、用户设备、通信链路和信令都有关联。本章还总结了一些重要的攻击类型，如窃听、数据修改、超载和一些不太典型的威胁，如射频（RF）干扰和电磁脉冲（Electro-Magnetic Pulses EMP）。此外还讨论了一些专门的技术，如电子显微镜和功耗分析。最后，提出了无线安全对公用事业和应用的重要影响，并讨论了一些重要的保护方法，以此作为网络运营商、设备制造商、智能卡供应商、APP应用程序开发者和使用者的指导方针。

文中还总结了在任何环境下最重要的安全威胁都和人为错误相关。即使是在最安全的平台和交付系统下，最脆弱的环节可能是由于没有遵守安全程序的错误而引发[9,12]。这里有许多和这个主题相关的实例，例如本章参考文献[26]所报道的SIM卡生产者与用户卡（MNO）之间的安全密钥的传输保护。在某些特定场合下，外部攻击者能够捕获用户特定Ki密钥的一部分内容，这是因为他们在传输过程中采用了和安全传输过程所需要求相比较为低级的保护等级。根据文献报道，比较幸运的是，这种情况下相对而言只有少量的GSM密钥受损，并且这种受损的GSM密钥是可以修复的。此外，为了利用这些受损的密钥集，对于已获取密钥副本的攻击者来说，需要找到对应的用户来尝试他们的无线电接口通信的解密，该任务就像有人找到一套门密钥的副本，然后试图找到相应的门进行未经授权的访问一样。

无论是行业利益相关部门还是终端用户，他们的作用都是至关重要的，这是因为如果用户泄露机密信息给其他人时，无论运营商和安全厂商是否对整个通信链路进行了很好的保护都显得不太重要了。

相比2G无线电接口系统，3G和LTE无线电接口系统具有更高级、更好的保护措施[1,3]。新的保护机制已经根据GSM原则进行了更新，这使得即使有理论上想法破坏加密，但在现实生活中窃听无线电接口变得更加复杂。由于无线电接口对潜在的缺陷进行了保护，因此攻击者可能将其注意力集中在其他层，如智能设备应用层。

数据网络利益相关者的目标是消除任何潜在的安全漏洞。然而，尽管网络能够防护所有已知和未知数据技术性的蓄意破坏，但是人为的错误因素在端到端的安全链中仍然是最根本的。这是所有和安全相关的工作中最棘手的一部分，需要有效地升级网络等任务的预防模式，以便参与团队可以确保系统没有后门或者其他违背安全性的安全漏洞没有被暴露在网络当中。额外的安全保障过程不仅需要在整个网络规划和优化中考虑，还应该在用户设备和应用的开发过程中考虑。

由于 M2M 已经取得了较大的发展，诸如公用设施等相关设备的安全性已经开始变成一个非常引人关注的方向，这意味着利益相关者需要在所有相关领域中采取安全过程和保护机制。这是极具挑战性的，这是因为市面上存在各种各样极其便宜的设备，它们可能完全缺乏内置的安全机制，而且一些极具创新的各种类型的新设备可能也没有最新的内置保护机制[13]。此外，例如，在汽车领域里的一些折中的物联网设备，其价格可能是廉价的[6]。

8.2 无线攻击类型

无线环境下的一些威胁，包括网络攻击、窃听、数据修改、超载、破坏、无线电干扰和其他射频干扰攻击、EMP 和专注于组件级别的高度专业化技术，诸如电子显微镜和功耗分析。这些威胁的典型应用实例之一是通过 Wi-Fi 接入点进行攻击[10]。

8.2.1 网络攻击

“网络攻击”这个术语包含的范围是非常广泛的，它可以包括各种安全漏洞。有许多关于这个主题的定义，例如：“塔林（Tallinn）网络战国际法手册”中对网络战描述的关键语句之一是“合理地预期造成对人的伤害或死亡，或者对目标造成损害或破坏”[27]。此外，本章参考文献［27］还指出，广泛的网络攻击范围包括入侵、监视、数据记录、侦查、数据的抽取、破坏和操纵、知识产权的窃取、系统和设备的操控、操控设备所导致的动态效应、设备的破坏、私人财产和关键基础设施的破坏、个体危害性效应以及国家影响等操作。

网络攻击分为三个要素：智能（获取访问权限、执行网络负载以及理解目标环境）；网络武器（通常是针对特定目标的，并能够在特定条件下被激活)；参与计算的人的决策。这些元素的组合形成了网络力量。

从人的角度来看，网络攻击有两种类型的后果，一种是非暴力但却影响信息社会功能（所谓虚拟毁灭和破坏）的后果，另外一种是那些能够导致物理死亡和破坏的后果。我们举一个网络攻击的具体案例，2010 年，美国的 Stuxnet（震网病毒）感染了伊朗核电站的目标核离心机，导致其加速运行并自我毁灭。这是一个通过攻击来永久销毁存储信息的具体案例。本章参考文献[27] 把网络攻击概括为通过对网络力量的蓄意策划而产生动力或非动力后果，这种后果对国家安全造成威胁或者破坏，能够危害经济利益，造成政治或文化的不稳定性，伤害个人、设备或者系统。

正如北约（北大西洋公约组织）所推理的那样，网络威胁有三个维度：保密性、完整性和数据可用性。保密性是以保护敏感数据为目的的。违反保密规定被认为是最常见的一种网络攻击形式。有许多关于国防部门领域机密数据被窃取的案例，在这些案例当中，相关计划和装备信息的泄露对战略方面造成了影响，有助于对方提升他们自己相应的等效解决方案[30]。

随着无线系统功能的不断增强，网络攻击可能越来越多地集中在无线电接入网络上，例如移动通信和无线局域网，此外，那些具有较低保护功能、便宜的 IoT（物联网）设备也正在成为最吸引人的攻击目标，因为这些“看起来”不起眼的小设备，可能会开放重要的安全漏洞，这种情况不仅存在于家庭环境和公司环境，而且存在于具有高战略性要求的场合。

8.2.2 无线电干扰器和射频攻击

用于破坏无线电通信的古老方法是蓄意干扰，例如，以无线电干扰的形式。这种类型的一种简单变形是，任何无线电传输被设置为在与目标通信或功能在相同的无线电频率上运行。定向天线可以用来聚集（或者接收）传输信号，它的基本原理是：与有用的载波信号（C）相比，足够高的干扰电平（I）降低了系统内容的“可读性”，而依赖系统的 C/I 比已经达到了功能极限。举个例子，GSM 的全速率语音编解码器的静止函数 C/I 的值为 +9dB，而广泛使用的 CDMA 信号，和窄带干扰源相比在噪声水平下的功能具有更好的容错性。

从历史来看，有关无线电通信用于干扰的实际案例既有破坏性的，也有保护性的。下面的一个令人难以想象的保护性案例来自于维堡市的持续战争时期，生活在维堡市的芬兰人事后才获悉配备电池供电接收器的无线电波才是 1941 年发生神秘爆炸的原因。芬兰军队通过对未爆炸样品的逆向研究发现，一旦地雷上附带的接收器在预定义的射频上捕获一个三音符的和弦广播，就会导致三个独立设计的调谐音叉产生共振并触发地雷的爆炸。一旦专家发现了地雷的引爆规律，芬兰国家无线电广播公司便使用和地雷同一个频率的电波来不断播放一首曲名为 Säkkijärven polka 的曲子，该曲子是由 Viljo Vesterinen 谱写的，其频谱内容丰富，旨在蓄意干扰激活程序。直到剩余的地雷被发现并解除引爆装置为止，这种射频干扰的连续传输是一种保护机制来防止共振和进一步的爆炸[28,31]。

另外一种极端情况是，基于高功率的射频脉冲干扰可以有效地破坏部分电子设备，芯片高度脆弱，从而破坏其通信和其他设备。现代芯片可能对这些电磁脉冲（EMP）攻击特别敏感[29]。EMP 可以在一个较广的范围内具有很好的指向性。除了强大的射频辐射外，目标电子设备附近的核爆炸也会产生脉冲，其中遭受最严重破坏的地方都发生在该脉冲区域。这种情况不仅在地球上（例如，通过核导弹）会发生，而且 EMP 也可能发生，例如，卫星设备之间，造成了对依赖卫星组件的天线和固定通信网络的广泛损害。卫星通信本身可以根据其周围环境进行加密，而保护等级则取决于相应算法的强度[22]。

RF 和 EMP 的威胁不仅与上述高度专业化的环境相关，而且在日常无线网络中也可能存在这种类型的干扰，这些干扰通常是无意的。一个典型的例子是在非许可频带中使用各种设备，在信令和通信设备之间产生系统间和系统内的负载，从而增加了相应的干扰电平。

8.2.3 针对安全元件的攻击

除了基于软件的攻击之外，还存在一些旨在揭示硬件内容和功能的物理方法，如针对内存元件和安全元件的攻击。这种攻击方法使用电子显微镜来观察设备的行为或者通过执行功耗分析来分析在芯片级上的数据响应和相应的电气行为。这种攻击类型可能会使一些内部加密处理器在内部注入的输入数据被暴露，从而导致一些嵌入式受保护数据的泄露，例如用户密钥的泄露。目前，针对这些攻击已经设计了相应的各种保护机制，例如，在 SIM/UICC 环境中尽量减少内部卡的信令被暴露。

8.2.4 IP 泄露

有许多破坏“传统”IP 网络的情况，如病毒和恶意软件的破坏，这些恶意软件在固定互联网络中非常普遍，同时在无线网络环境中也是如此。安全漏洞与攻击类型和整体互联网安全漏洞基本上相当。但是设备与接口也都是和无线电接口、核心网络和传输网络中移动通信有关联的。有这样一种趋势，那就是随着网络和移动通信系统安全性的增强，越来越多的攻击正集中在用户设备的应用层面上。因此，即使拥有了无线设备的应用交付生态系统，并且这些系统具有了安全评估和深入测试的安全保护机制，但是仍然有许多针对用户设备的一些隐藏的安全漏洞被利用的示例。这个话题是复杂的，这是因为即使应用程序的功能特性不会得到提升，该应用程序也可能要求具有较高的权限来访问用户数据，这样的话，就需要终端用户来考虑到底有多少数据暴露给了应用程序。

8.2.5　UICC 模块

尽管 SIM 卡和它的增强型替代产品的相对出现年限较长，但它仍然是移动通信对语音呼叫、信令和数据传输提供保护的功能基础，它同样也是相应的数据存储、认证、授权和其他应用在移动网络中的程序的功能基础。UICC 的另外一个优点是它为多个应用程序提供了一个现有的平台，该平台可以通过同一个单一用户界面进行管理和使用，而这个用户界面目前通常是一个智能设备或其他先进设备的替代产品。

针对 UICC 最具体的威胁是旨在破解卡内容的硬件攻击，例如破解永久存储在卡上的用户数据和密钥，这种意图的攻击还包括针对网络元件、核心网络接口和应用程序的攻击的示例。特别是随着智能手机数量的增加和应用的不断普及，恶意软件针对应用程序的攻击意图也正不断增加。

正如本章参考文献［32］中所提到的那样，还存在一些电磁方法和本地化的嵌入式窃听智能卡信息的方法，文中还揭示了一种 APDU 缓冲区的组合攻击篡改原理。由 GlobalPlatform 提供的安全通道概念是通过加密机制来确保终端和卡之间通信的机密性和完整性的。然而，文中所描述的攻击导致的对 APDU 缓冲器阵列的访问是基于这样一种事实，即：APDU 缓冲区的功能不再是单一的卡和终端之间的通信信道。本章参考文献［32］对该问题进行了更加详细的介绍，他们把专门开发的可重启任务作为一个工具，这个工具通过了解安全通道的初始化来破坏安全通道，而该通道是基于 INIT UPDATE 和 EXT AUTHENTICATE 的 APDU 命令以及特定 CLA 和 INS 字节。本章参考文献［32］认为对基于这些命令的安全通道会话的开始阶段的检测可能要重点关注数据的窃取。对安全通道接口已知方法的调用会导致 APDU 的解码开始操作和 MAC 地址检查，或者会导致 APDU 的编码结束操作和 MAC 地址计算。这时，如果使用 APDU 缓冲区数组作为此方法的调用参数，则拥有可重启任务的攻击者就可以同时窃取数据和破坏通信。

通过上述描述可以推断出该方法需要拥有对智能卡的物理访问权限。此外，由于潜在的黑客攻击意图，物联网设备的暴露范围将会更加广泛，而 eUICC 因其固定安装的特点提供了一定的安全优势。正如本章参考文献［8］所描述的那样，交付给终端用户的 eUICC 是嵌入在设备上的，这样的话终端用户是没有访问该设备的直接接口的。本章参考文献［8］还确定了针对eUICC和相应保护机制的各种安全隐患。最后，本章参考文献［8］得出这样一个结论：一个离线卡角色或者在线卡应用程序可能会针对eUICC来执行这样一种折中方案，这种折中方案要么试图执行未经授权的配置管理，例如，在安装前或安装后更改配置数据，要么试图执行未经授权的平台管理，例如，禁用一个已经启用的配置文件。本章参考文献［8］定义了一个保护配置文件，该保护配置文件通过定义安全域（SD）来覆盖这些有威胁的配置文件，这样使得与安全域相关联的数据和功能只能由合法的所有者来访问。此外，还存在各种各样的其他威胁，包括物理篡改、克隆意图以及潜在的网络算法缺陷，针对这些威胁，保护配置文件是能够提供足够保护措施的。保护配置文件还可以解决诸如侧信道分析这种已知的物理攻击，侧信道攻击会导致密钥泄露和故障注入，从而改变目标系统的评估行为。保护配置文件包含对底层IC卡的安全防护，而IC卡的安全可以防止物理攻击。有关GlobalPlatform所识别的威胁和防护的更多详细信息，请参见本章参考文献［8］。

8.3 移动网络上的安全漏洞

8.3.1 GSM的潜在安全缺陷

当GSM系统规范在20世纪80年代后期开发并最早于1991年就启动了第一个商业网络时，人们认为安全威胁并不太重要。因此，与现有的固定网络相比，那个时候的GSM提供在当时是绰绰有余的增强型安全防护[7]。

然而，随着时间的推移，一些新颖的攻击方法已经出现了。即使GSM认证和授权对于大多数使用最新的无线电接口加密算法A5/4来说，仍然是高度安全的，但是它仍然存在一些潜在的威胁，这种威胁是攻击者可能会在GSM用户附近创建一个伪造的BTS[4]。如果用户选择的网络ID号和用户的本地运营商使用的网络ID号相同，并且伪造的BTS无线电信号电平足够高，那么这个伪造的BTS就可以在呼叫的初始阶段通过强制关闭加密来获取通话。这是因为算法的选择是由网络来决定的，用户可能看到的是一个未被编码的符号显示。当用户继续发起呼叫时，如果把适当可信的解决方案应用到最初的预期接收方（B用户），那么实际传送的内容可能会相对简单，但是伪造的BTS操作者就可以窃取该受损连接的通信内容。

GSM使用现代加密算法为网络的接入提供了良好的安全级别。然而，当无线电接口被加密时，基站与固定网络的其余部分之间的通信路径在默认情况下是不会被保护的。GSM系统的最初假设是，端到端的通信至少是与固定电话一样安全的（假设固定电话网络与外部攻击相隔离，因此是不需要保护的）。无线电加密设备位于 BTS 站点，这意味着只要窃听者在 GSM 网络内找到那些不被保护的无线电链路并使用相应的协议来显示内容，则通信可能会被窃听。此外，核心网络的老式信令系统很可能会存在一些容易暴露认证和加密相关信息的漏洞。

在 21 世纪初期，第一批 GPRS 网络的部署是迈向“全 IP 概念”的重要一步，“全 IP 概念”主要克服了“老式”电路交换（CS）数据服务的问题。高度隔离的环境以及基于点对点的通信连接是电路交换数据通信受到很好保护的重要原因。之后，GPRS 将网络暴露给了公共互联网。因此，需要对固定互联网所熟悉的安全威胁的防护进行全新的规划。例如，与电路交换通信不同的是，位于 GPRS 核心网络和外部网络之间的防火墙现在需要用于分析可疑利用的新方法。不仅仅是窃听的数据连接，还有其他方面被认为至少同样重要的问题都需要解决，包括防止 DoS 攻击和金融诈骗。DoS 攻击方法的一个简单例子是通过使用接收方的虚拟移动订阅，将大量的 GPRS PDP 上下文激活请求从互联网发送到 GPRS 网络。在 PDP 上下文激活之前，关于 B 用户位置的 GGSN 请求信息会将连接引导到正确的 SGSN。当用户不存在时，信令会导致连接失败。通过重复请求这些虚假的呼叫，互联网用户可能会使寄存器信令过载而阻止其他流量的传输。因此，需要 GGSN 级别上 GPRS 运营商实时分析这种类型的活动，以便在信令出现超载之前阻止这种连接。

其他潜在的 GSM 安全威胁是和数据完整性相关的，然而在 GSM 网络的初期阶段并没有提供对数据完整性的支持。尽管有些规范旨在保护 IMEI 代码未被修改，但在实践当中，这种情况存在发生的可能。值得注意的是，家庭网络并没有办法知道漫游网络连接所采用的认证和加密原理。这些潜在的安全威胁方面的保护机制在 UMTS 规范中得到了加强。

8.3.1.1　IMEI 的修改

国际移动设备标识（International Mobile Equipment Identity，IMEI）是识别移动设备的硬件。因此，它是移动设备的组成部分，它明确标识了设备及其类型。然而，IMEI 并没有和诸如 MSISDN 或 IMSI 之类的用户号码直接连接，这是因为可移动的 SIM 卡存储了所有相关用户的信息。如果在网络中激活了移动设备的认证，那么仅仅只有合法的 IMEI 才允许该呼叫。

IMEI 代码用于通过设备标识寄存器（EIR）来识别欺骗的或被盗的设备。EIR 中包含白色、灰色和黑色三个名单。白色名单包含许可的设备类型，而灰色名单用于临时允许的设备。黑色名单包含不允许在网络中使用的 IMEI 代码。如果在黑色名单中存在该设备，则不允许其进行通信或信号传输，除非紧急呼叫，即使是黑色名单中的设备也是允许紧急呼叫的。

IMEI 包含 15 位数字，其中包括 6 位数的类型批准代码（Type Approval Code，TAC），2 位数的最终认证代码（Final Appvoval Code，FAC），6 位数的序列号（SNR）和 1 位数的备用数（SP）的字段（如果 MS 发送中，则它始终被置为 0）。此外，还有 IMEI 软件版本号（IMEISV），其中包含 TAC、FAC 和 SNR 字段以及两位长度的软件版本号（Software Version Number，SVN）。由于 IMEI 代码显式地揭示了手机的类型和商标，因此，它可以被不同的利益相关者（例如移动运营商和零售商）用来作为统计收集的依据。

IMEI 存储在每个移动设备以及归属运营商的 EIR 中。EIR 通过连接移动业务交换中心（MSC）的信令来为网络提供一种方法，这种方法能够验证移动设备是否合法以及是否允许其在相应的网络中进行通信。EIR 中可能包含一些相关内容的列表，例如未批准（有缺陷）的模型类型、被盗取或被跟踪的设备等。

移动网络中 EIR 并不是强制性使用的。它只是为运营商提供一种额外的方法来管理网络中各个设备和设备类型的权限。对于被盗设备，EIR 可能会对犯罪率的降低产生影响。EIR 有时候仅仅是在国家层次上使用，或者在某些地区根本就没有部署。因此，即使在归属运营商的国家范围可以阻止被盗设备，但是，如果运营商之间没有主动交换列表信息，则通过更换 SIM 卡就使得该设备可以在其他网络中继续使用。

还有一个叫作中央 EIR（CEIR）的国际版本。它通过内部分组网络收集与其相连的运营商列表。它保持更新所有连接的 EIR 元素，并阻止所有被盗设备在这些网络中的使用。图 8.1 描述了 CEIR 通信的过程。GSMA 通过专业术语称“IMEI 数据库”的内容对 CEIR 进行维护，该数据库允许合作运营商更新和检索数据。

网络在信令初始化、信令切换和位置区域更新过程中检查 IMEI。EIR 通过在 ETSI 09.02 中定义的 F 接口连接到 MSC。根据 3GPP 规范，IMEI 应该加以保护以免遭受用户的修改。然而，在有些情况下是可以修改 IMEI 的。此外，市场上可能存在一些不符合未改变 IMEI 的标准要求的设备，因此，取而代之的是在“逐个呼叫”的基础上随机生成 IMEI。

尽管一些运营商出于良好的意图，可能通过三方协议来改变黑色名单列表，但是 CEIR 并不会连接所有的运营商。改变 IMEI 会产生什么影响呢？正如它的名称所指示的那样，它和移动设备相关联，能够明确地识别单个设备的硬件。除了 EIR 和 CEIR 所采用的黑色名单列表来阻止未经允许的 IMEI 之外，运营商还可以收集有关网络中 IMEI 的分布统计信息，以了解不同移动设备型号在每个区域的市场份额。比如说，如果被盗设备的 IMEI 发生了改变，则不管运营商是否阻止了原始 IMEI，持有这种设备的用户都有可能会尝试使用它。

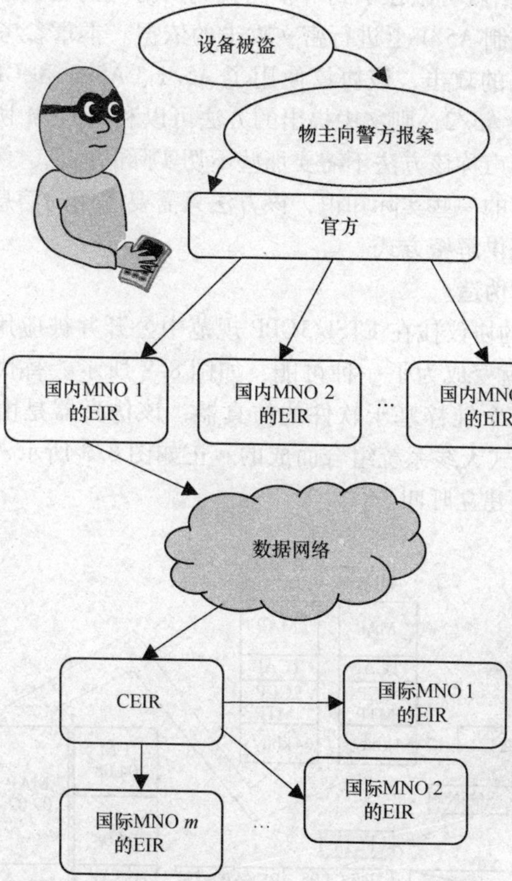

图 8.1　CEIR 的原理（每个连接指定运营商的 EIR 都在其黑色名单中的设备报告中保持同步）

当然，如果某些运营商没有部署 EIR，则不管 IMEI 是否在别的黑色名单列表中，在这些区域内的设备是都能被使用的。然而，由于 IMSI 和相应的 MSISDN 使用隐式的方式去识别使用者，因此除非使用者已经匿名获取了 IMSI/MSISDN，否则通过修改 IMEI 的方式来隐藏用户的身份是行不通的，通过使用虚假的身份证号或者篡改了的身份证号来订购预付费业务是可以匿名获取 IMSI/MSISDN 的。

8.3.1.2　加密漏洞

我们已经注意到最初受到较强保护的 A5/1 的 GSM 加密是很容易受攻击的，并且该加密算法可能被其防护机制。本章参考文献［17］提出了一种密文攻击和针对 GSM 协议的主动攻击，该密文仅仅是对 GSM 加密通信的密码学分析。该文献描述了一种针对 A5/2 的密文攻击方法，而 A5/2 是很少有相应防护措施的。在个人计算机上，这种攻击方法只需要长度为几十毫秒的加密

“离线”无线蜂窝通信就可以在不到一秒内找到所对应的密钥。这种攻击也可以作为在较强防护机制 A5/1 上进行密文攻击的依据。本章参考文献［17］还展示了针对网络协议的攻击，该协议使用了 A5/1、A5/3 和 GPRS 加密算法。如果移动设备支持弱 A5/2，则文中提出的方法可以利用 GSM 协议的安全漏洞并加以应用。文献还声称该方法不需要那些不切实际的信息，例如较长的已知明文，或者会话内容的一些实际知识，该方法只需要实用的信息就能够对实时会话或者延迟会话提供解密方式。

8.3.1.3 GSM 基站伪造

自从 GSM 系统的协议栈在 ETSI/3GPP 规范中公开并被应用之后，一种伪造的 GSM BTS 部署就变成为了一种可能，如图 8.2 所示。替代基站设备的一个简单变型是创建一个纯粹基于软件的仿真器，该仿真器是由一个低功率的 GMSK 收发器和便携式天线系统组合而成的。正如图 8.3 所示，该仿真器可能仅具有的最小功能是建立呼叫。

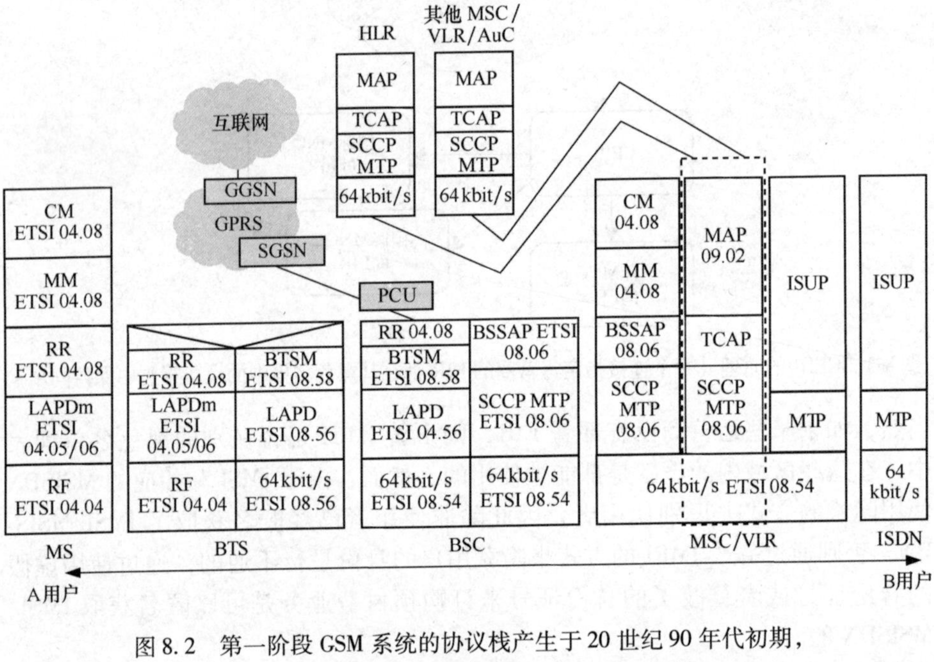

图 8.2　第一阶段 GSM 系统的协议栈产生于 20 世纪 90 年代初期，2000 年初期发行的 97 版本增加了 GPRS 功能

BTS 仿真器可以创建一个本地的单小区的小覆盖区域，和该区域内的合法蜂窝信号相比，BTS 仿真器可以为移动站产生更高接收功率的电平。该区域内的 GSM 设备由广播控制信道（BCCH）接收导频信令，其任务是发送一个合法网络 ID（移动国家/网络代码，MCC/MNC）的副本，从而使 GSM 用户设备

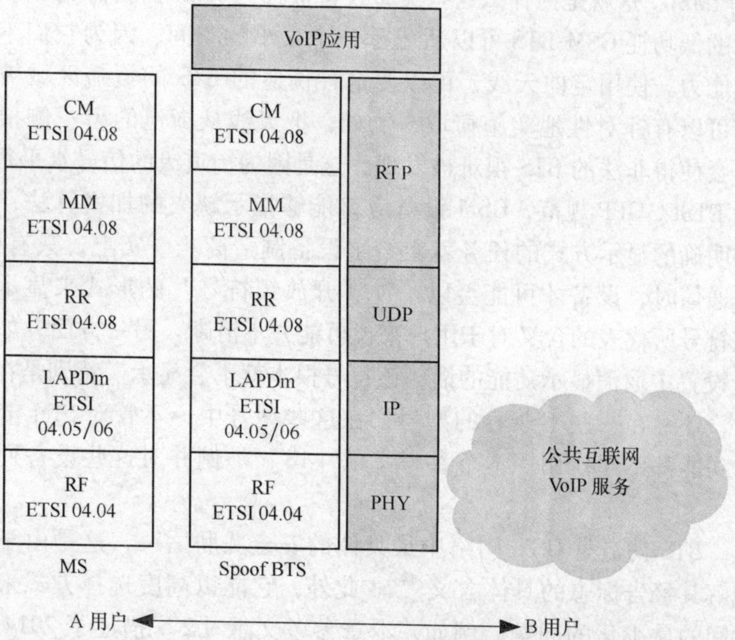

图 8.3　伪造的 GSM BTS 的原理可能是基于无线电接口协议栈的最小集合以及在互联和移动管理层中的基本协议（例如，当通过一个单独的网络电话呼叫完成了拦截和“代码清除”呼叫的中继时就可以从该连接中消除所有诸如加密、跳频等附加功能）

接入其指定的蜂窝信号。当用户发起呼叫时，一旦设备在接收的最强蜂窝信号列表中的第一位置中收到了伪造的 BCCH，该设备就再也没办法确保该 BTS 的合法性了。因此，设备在启动信令之前假定该蜂窝信号是来自本地运营商或合法漫游区域。另外一种简单的防止欺骗的小技巧就是通过无线电干扰来阻止其他 BCCH 的频率进入。

这种技巧是基于这样一个事实，即：GSM BTS 是不需要对无线电接口进行加密的。如果 BTS 不加密无线电接口的话，基本上所有的标准移动设备都必须通过使用 A5/0 来接受启动呼叫的初始化，在这种情况下，伪造的 BTS 是不需要知道用户的 Ki 密钥的。相反，它可以表现得像真实的基站一样来充当用于语音呼叫的简单中继器。它从受害者用户 A 的信令中截获号码 B，并拨号到号码 B 的用户，而这种订阅是可以通过任何已知的方式来完成的，例如 Wi-Fi 网络电话或预付费移动订阅，而且这些方式不需要对伪造的 BTS 身份进行识别。进一步隐藏伪造的 BTS 的最简单方法是禁止显示用户 B 的主叫号码，取而代之的是显示一个未知号码的呼叫。一旦用户 B 应答，伪造的 BTS 就能够拦截所有的通信。此外，伪造的 BTS 能够从初始信令中截获正常受保护的用户 A 的 IMSI，这就是为什么这些类型设备被称为 IMSI 捕获器的原因。

仿真的低功耗 GSM BTS 可以适应于一个很小的空间，因为它们不需要太多的处理能力。使用定向天线，可以使这种伪造的 BTS 的覆盖区域被高度聚集，这样可以有针对性地实施窃取，例如，把天线从街道的另一侧指向受害者，这样会使得非法的 BTS 很难被发现，这是因为街道级的信号水平很弱。

根据 ETSI/3GPP 规范，GSM 设备应该能够指示缺失的加密算法，而提供一种更加明确的显示方式的任务就交给了设备制造商。事实上，只有当 A5/0 用于主动通信时，设备才可能会以一种“开放锁符号”的形式来显示，不幸的是，该符号所代表的含义对于用户来说可能并不清晰。另一方面，如果从内部 SIM 卡设置中取消显示功能的话，该符号根本就不会显示。特别是在智能设备类别中，还存在一些不兼容的型号，在这些型号中，不管对 SIM 卡如何设置，显示功能都不起作用。本章参考文献［18］举例并对这些设备列表进行了介绍。

因此，BTS 伪造是 GSM 网络中最具体的安全威胁之一，这是由于用户可能无法理解其警告标志的具体含义[14]。此外，它能以高度选择方式来处理其位置和时间的最小化的问题。例如，本章参考文献［2］描述了 2014 年期间在奥斯陆（Oslo）采用这种解决方案的使用情况，这种事件的发生可能和通过 IMSI 捕获器获取的语音呼叫中继有关。

在 GSM 基础设施内，不管分组交换的 GPRS 服务的安全性有多高，位于 SGSN 元件中的无线电接口加密算法都可以模拟整个 GPRS 协议栈，这类似于伪造的 GSM BTS 语音连接。因此，对发起 PDP 上下文的受害者的整个数据流量实施中继和非法拦截的情况很可能也同样会发生[5]。

通过独立的应用层保护机制（例如用于 GPRS 连接的 VPN）或者应用层的“语音加扰”解决方案，可以防止这种中继威胁的发生。在其基本规则当中，通过这种伪造的 GSM BTS 发送短消息是它们惯用的伎俩。此外，当伪造的 BTS 设法捕获用户 A 的呼叫时，由于合法网络的 BSC（basic-message switching center，简称 BSC，基本电文交换中心）不会意识到这样的呼叫，所以它就无法将连接切换到合法基站，这意味着当用户离开了伪造的 BTS 的覆盖区域，该呼叫就会失效。然而，由于仿真基站对通常由 BSC 处理的无线资源管理（RRM）具有更多的控制权，这就意味着设备的发射功率电平可以被最大限度地指定到更高。在 GSM 900 中，其最大功率电平是 2W（33 dBm），而其他形式的频段支持 1 ~ 2W（30 ~ 33 dBm）之间的最大功率电平。通过增加设备和基站自身的功率，可以在受害者偏离伪造的 BTS 的作用范围太远之前扩大其覆盖区域。

正如以上描述的那样，伪造的 GSM BTS 功能仅限于捕获用户通过伪造的

BTS 发起的通信。反之，接收到的呼叫将通过合法的无线电网络进行初始化，这是因为该呼叫是由用户 B 注册了的位置区域所在基站的 BCCH 发送来初始信令的，并且，当其切换到一个指定的通信时必须强制执行安全算法（除了少数不使用加密网络的情况外）。现在由于 BSC 控制着整个通信，因此转发伪造的 BTS 将不再起作用。

即使假设伪造 GSM BTS 的情况是不常见的，我们也可以推测在重要战略位置的附近其潜在的危险会增加。在这种情况下，检查潜在的非法路由的简单方法是在双方主动通话中互相发送一个短消息。如果其中一个用户不能接收该消息，那么可能有一个用户被连接到伪造的 GSM BTS 当中，因为它不能与合法网络同时传送消息。

通过执行无线电驱动测试来发现潜在伪造的 GSM BTS 也是行得通的，例如，将现场发现的 BCCH 频率与运营商自己 BTS 的已知位置进行相互关联。此外，可以定位对其他合法 BCCH 频率拦截的潜在干扰发射机。如果用户怀疑存在这种伪造的 BTS，则本地运营商可能有能力执行这样的测试。

8.3.1.4　通过伪造基站获取密钥

与基本的伪造 GSM BTS 相比，更先进的方法是在第 8.3.1.3 节中描述的通过同一个中间人攻击来抽取用户的永久 Ki 密钥，但是该方法更加复杂。英国广播公司已经报道了这种事件[11]。

该文献推测，这种情况是基于被称为“Stingray”的一种解决方案。根据本章参考文献［19，20］中可公开获取的信息得知，Stingray 可能是一个 IMSI 捕获器，该捕获器具有被动功能（数字分析仪）和主动功能（蜂窝信号站仿真器）。当它以主动功能模式工作时，设备就模拟所选择的移动运营商的蜂窝信号，其目的是迫使附近的移动设备一旦在其发起呼叫时就立即执行附加的链接程序。上述文献还指出，Stingray 设备可作为一个手持设备和车载设备。

我们推测上述产品的技术细节是什么呢？一位学者猜测可能是用户的密钥被窃取了，为了获取用户的 Ki 值，该方法通过伪造的 BTS 来强制用户执行具有最小保护加密方案的 A5/2 呼叫。随后，由于每个用户的 Ki 值对所有的 A5 加密方案都是相同的，所以一旦解决了其中一个，即使没有伪造的基站，不管 GSM 网络是否激活 A5/1、A5/2、A5/3、A5/4 或任何其他未知的加密算法，它们仍然可以通过使用该用户的 Ki 值来窃听正常的通信。

8.3.2　3G 网络的潜在安全缺陷

8.3.2.1　干扰

即使相互认证能够阻止 3G 伪基站的部署，并且针对 3G 加密的攻击方法似乎仍然只是理论阶段，例如，暴露 3G 网络的旧算法其显示其设置的潜在缺陷，但是，现存的、过渡性的2G网络仍然可能会对使用GSM网络的3G用户存在一些潜在的安全威胁[15,16]。利用此漏洞的一种方法是在现场放置无线电干扰器来阻止3G呼叫的启动。结合一个2G的伪造BTS，通过阻止本地3G无线电频率而直接将其强制到2G模式来启动呼叫的初始化，这样，该现场工作区的功能就绕过了强大的3G网络加密机制。

为了防止呼叫进入2G的伪造BTS，用户可以通过3G/4G网络启动机密呼叫来提高保护等级。用户还需要在本地设备上设置相应的参数以确保该设备工作在3G/4G网络中，但是这种方法的缺点是并不是所有的现代设备都支持这种功能设置。

8.4 防护方法

防护方法主要包括运营商、服务提供商和终端用户的各种防御技术。网络运营商、设备制造商、智能卡提供商、金融机构和应用开发人员以及终端用户都需要不断地更新指南。对于移动通信领域，移动运营商尤其需要经过验证的安全过程，这个安全过程将在下面章节从LTE（Long Term Evolution，长期演进）领域中获取的最新实例中加以详细介绍。

安全过程的开发包含很多项目。所有安全措施的目的都是通过屏蔽相关的移动网络接口和组成要素来预防可能的攻击，这样就把外部人员执行欺骗活动的可能性降到最低。3GPP LTE的增强型阶段是目前和安全最相关的移动通信系统之一，下面将介绍LTE环境中的关键信息，这些关键信息可以广泛地适用于任何早期的网络技术[23]。

8.4.1 LTE安全

LTE/SAE的安全设计包括功能开发，安全设计的依据是对当前和未来攻击方式的最佳了解及其对网络技术和业务的影响。例如，像DoS攻击这样的安全威胁程度可能会降低，或者在最坏的情况下，大部分网络会出现瘫痪，并导致服务可用性有限。这将导致收入损失，并增加了客户流失的概率。一种预防这些安全威胁的最新措施就是创建一个安全过程。

安全规划的第一步是识别安全威胁。根据该阶段的安全风险分析，需要设计和更新相应的LTE/SAE系统，以便创建所有可能的对策来防御可能想到的安全风险。这就产生了安全要求列表和系统级的安全体系结构布局规范。

下一步要考虑软件层面的威胁，在软件开发过程中要尽最大可能保护代码的安全。安全威胁可能是蓄意的或者是在写代码的过程中意外地打开了后门等的结果。

在安全设计过程结束时，需要进行全面的安全测试，这种安全测试要考虑网络正常状态和不稳定状态下可能遭受到的攻击类型，这种不稳定状态可能是无意创建的也可能是有意创建的。

安全过程的实例在逻辑上是一个利益相关者的重复活动。这意味着随着技术的发展和攻击的新方法、新思路的出现，我们应当尽早识别和考虑这类攻击，以便网络的防护能够得到相应的更新，从而防范新类型的威胁。作为新安全威胁识别中的一部分，我们还应该实施网络欺诈的流程监控。这样可以提供有关在安全过程中要考虑的可能出现的，和新安全威胁相关的信息。

除了安全过程之外，建议在运营商网络中执行安全审计。这是一项重要的任务，因为典型移动网络的端到端的链中往往包含大量网络元件的不同组合，而这些网络元件具有不同的版本和安全级别。网络供应商和运营商可以共同合作对硬件和软件实施审计。如果检测到了任何漏洞，可以通过提高新安全威胁的对策来纠正这些问题。图 8.4 对安全链的关键方面进行了总结。

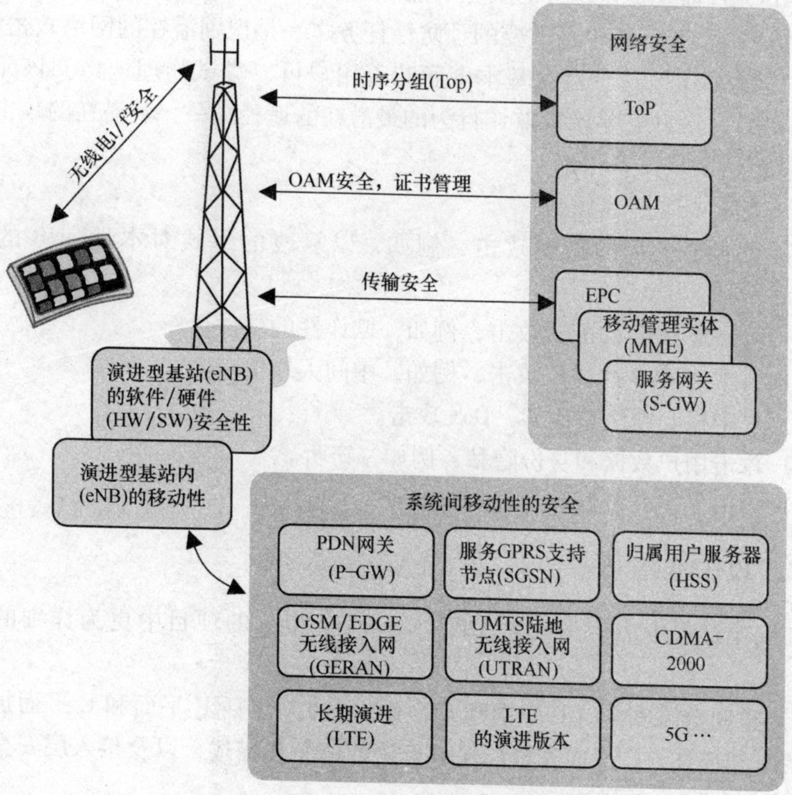

图 8.4 包括多个方面的 LTE/SAE 安全链

8.4.2 LTE/SAE 中的网络攻击类型

LTE/SAE 架构的一些特殊特性应该在增强型安全规划中加以考虑。一个重要的事实是 LTE/SAE 是基于平面架构的，这意味着所有无线电接入协议都终止于 eNB（evolved Node B，演进型基站）元件。此外，IP 在 eNB 中也是可见的。

LTE/SAE 架构的实现带来了挑战，这是因为目前可能把 eNB 元件放置在更易于访问的位置，而这个位置会暴露硬件，并将其成为黑客潜在的攻击目标。此外 LTE/SAE 网络即使在正常操作模式下没有暴露出特殊问题，因其与传统的非 3GPP 网络之间的交互也可能会打开不可预测的安全漏洞。此外，对一些新商业环境下所使用网络的信任度也不一定完全能被我们所了解。对比纯粹的基于 IP 的 LTE/SAE 架构和以前的 2G/3G 原理，LTE/SAE 需要扩展认证和密钥协商方法才能应对现代信息技术的攻击。这意味着密钥层和网络互联安全会不可避免地变得更加复杂。这同时也意味着和先前的 2G 基站收发台相比，eNB 元件需要提供额外的安全功能[24,25]。

在 LTE/SAE 环境中最重要的预防性任务之一是识别潜在的网络攻击类型。由于“本地 eNB”这个概念基本上意味着用户可以尝试物理地访问该元素的硬件和软件，因此它是产生欺诈行为的最潜在的途径之一。其潜在的攻击行为可能是如下几种：

1）克隆本地 eNB 凭据。

2）对本地 eNB 的物理攻击，例如，以篡改的形式对本地 eNB 的物理攻击。

3）对本地 eNB 的配置攻击，例如，欺诈性的软件更新。

4）对本地 eNB 的协议攻击，例如，中间人攻击。

5）攻击核心网络，例如，DoS 攻击。

6）攻击用户数据和身份隐私，例如，窃听。

7）攻击无线电资源和管理。

8.4.3 攻击准备

在安全过程中需要考虑和 LTE/SAE 安全相关的项目中更为详细的列表如下：

1）空间链路安全（U 平面和 C 平面安全）。包括 U 平面和 C 平面加密算法的定义和描述，C 平面完整性保护算法的定义和描述，以及接入层安全信令（包括密钥分发）的描述。

2）传输安全。该项目包括传输网络的加密算法和完整性算法的定义和描述，以及传输安全信令（包括密钥分发）的描述。

3）证书管理。包括公钥管理和密钥管理这两个概念的定义。

4）操作、管理和安全管理（OAM）（M 平面安全）。包括平面管理安全。

5）时序分组（Timing over Packet，ToP）。包括用于频率和时间/相位同步的 IEEE v2 分组的平面安全同步。

6）eNB 的要求。包括安全环境的定义、eNB 的需求定义以及安全密钥和文件存储。

7）LTE 内部和系统间的移动性。包括交接方面的安全定义（包括密钥分发）。

需要注意的是不同的平面代表不同的传输类型，这一点在安全规划中应该考虑到。LTE/SAE 环境中的平面含义是：U 平面用于传送用户数据；C 平面用于传送控制数据；M 平面用于传送管理数据；S 平面代表频率和时间/相位的同步信息。图 8.5～图 8.8 对这些平面中的安全方面进行了介绍。

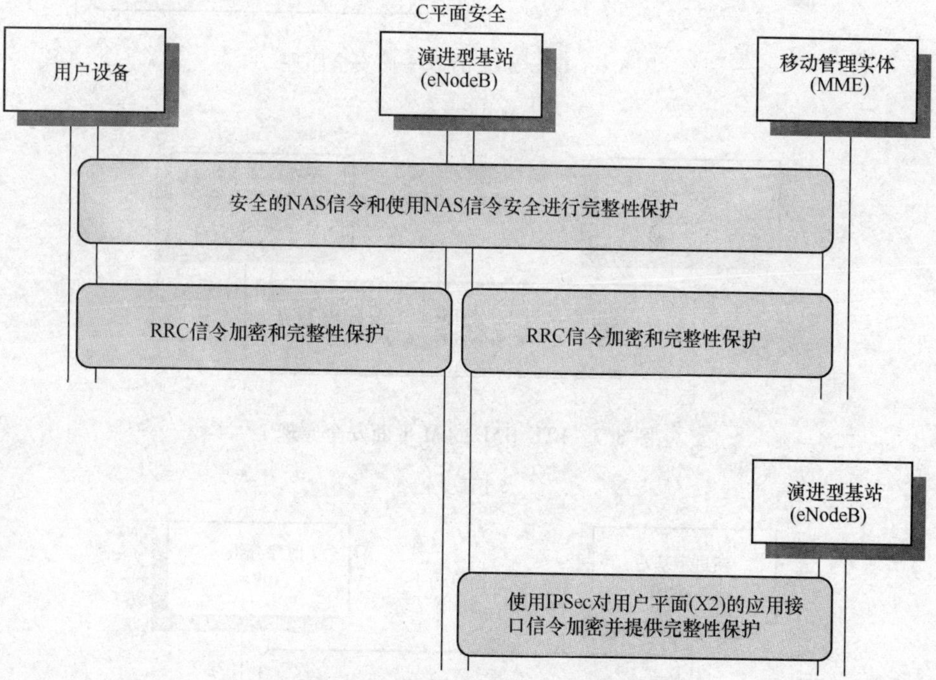

图 8.5　LTE/SAE 的 C 平面安全原理

正如下面章节中将介绍的那样 IPSec 是多个 LTE 接口上针对安全性要求设计的 3GPP 标准化解决方案。其中：S1-MME 和 X2 代表控制平面，S1 和 X2 代表用户平面。管理平面的安全性是没有被标准化的，但是，使用 IPSec 或安全性传输是一种可选方案。另外，将 IPSec 与证书相结合，会使任何未经授权的

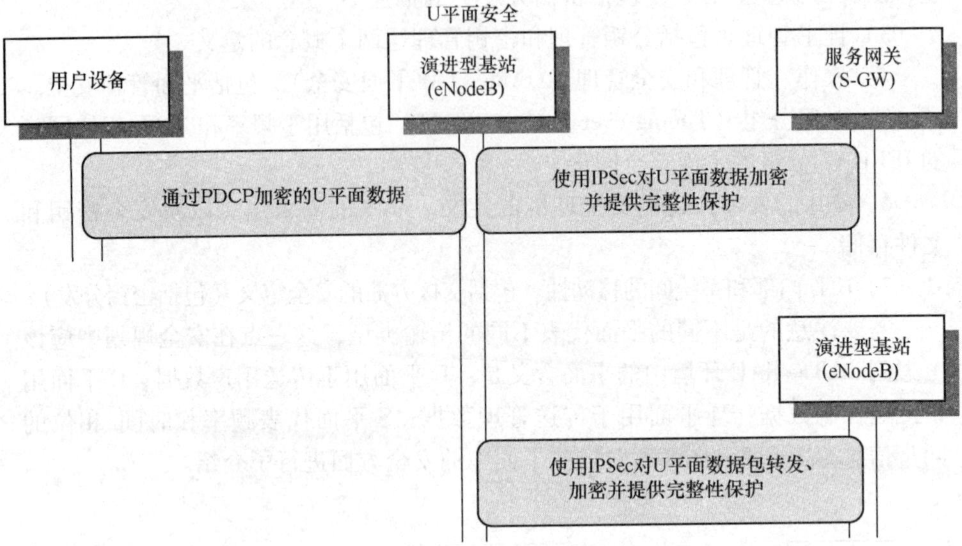

图 8.6　LTE/SAE 的 U 平面安全原理

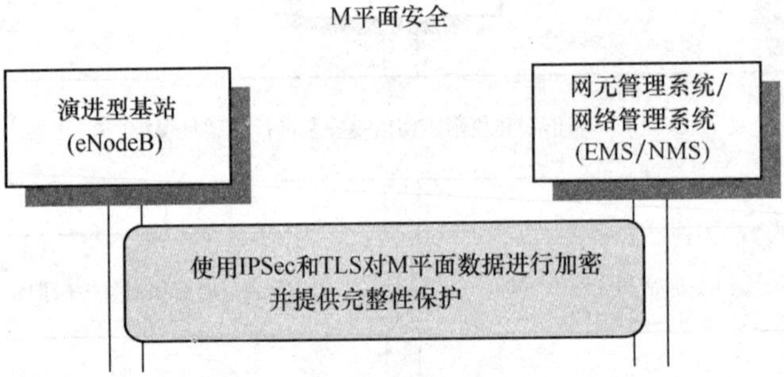

图 8.7　LTE/SAE 的 M 平面安全原理

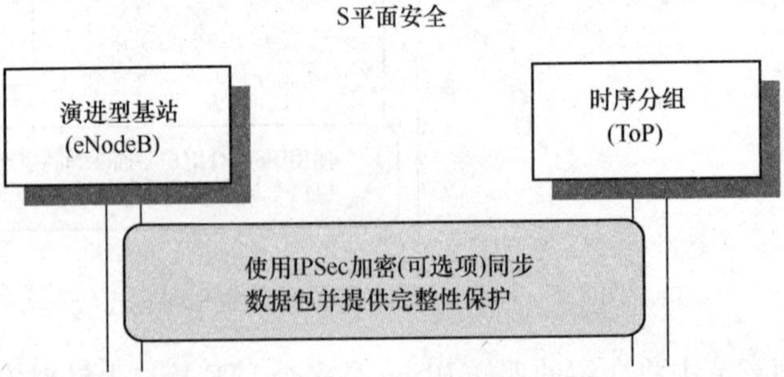

图 8.8　LTE/SAE 的 S 平面安全原理

人员访问核心网络或者窃取 eNB 和核心网络之间的数据流量变得非常困难，这样可以保证数据的完整性和保密性。

网络安全审计是防止安全攻击的准备计划中的一个组成部分，网络安全审计可以是运营商自己的行为，也可以是外部托管服务。这种行为的主要目的是检查网络元件的配置是否合理，并能识别和防护潜在的安全漏洞。其他的技术还有网络和安全漏洞的流量监控，这通常要依赖于数据包的深度检测技术，因为它可以与历史行为和容量偏差、性能、流量类型等方面的信息相结合。从逻辑上来讲，如果能够提供一个实时网络服务的话，那么诸如病毒防护这样的传统方法也仍然是有效的。

8.5　设备生产中的错误

无线环境下的一个潜在威胁就是网络设备或智能设备等用户设备中存在的潜在安全漏洞。在这种环境下的一个具体挑战通常是设备生产中紧密的生产时间表有时可能会导致对硬件和软件包中的错误所实施的测试数量减少。因此在测试中需要特别注意这一点。此外，强烈建议所有有关各方要改进测试，尽可能早地优化“搜索问题”。如果这样做的话，原始设备制造商们就可以及时发现包括安全漏洞在内的其他问题。因此，这种早期测试的概念对现代设备制造是至关重要的。以下部分对这一概念的基础和思想进行了概述，这对安全团队和其他技术领域同样是有效的。

8.5.1　设备订购

根据一般的经验法则，设备投资不应太早，因为货物在存储时可能会带来仓库存储成本高、保质期满的风险和受损单元数量增加的风险，并且早期版本的潜在错误可能会危及设备的安全性。然而，如果投资太晚了，那么可能会对系统部署造成严重影响，因为订单的时间表可能会有所改变，并且可能无法在最后时刻将计划与实际部署保持一致。实际上，有时还会出现诸如组件的可用性、物流链以及设备到达目的地的物理运输等问题。

一些运营商可能希望通过专业的压力程序来测试新设备，而这些测试程序有时只有在端到端的链路升级到适当的水平之后才能实施。这种类型的互操作性测试（Inter-operability Testing，IoT）通常要求确保元件与运营商基础设施之间的兼容性。潜在的问题是需要投入更多的时间来纠正，并可能需要升级同时还应该考虑设备订单管理所需的时间。

正确的投资时机对于确保交付链与 LTE/LTE-A 部署之间保持一致是至关重要的。因此，除了实际的网络规划优化之外，投资时机的选择也是运营商的关键优化任务之一。

正如图 8.9 所示，物理设备订购的时间对于投资回报率（Return of Invest-

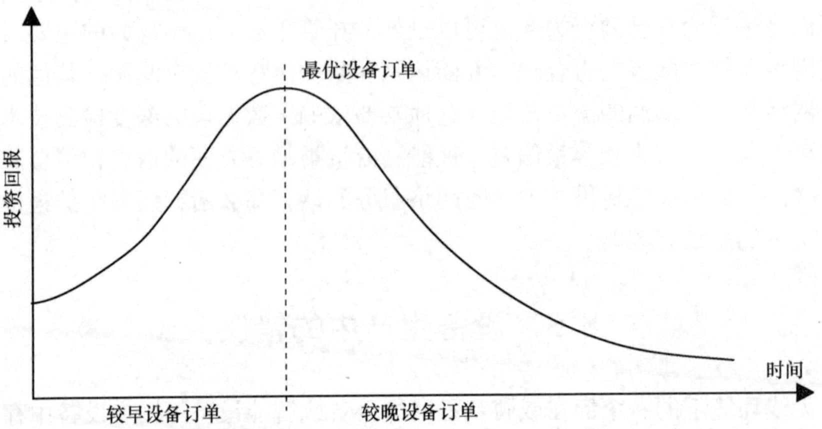

图 8.9　设备订购的正确时机对投资回报的影响

ment，RoI）是有影响的。如果设备订购时间过早，元件的数量可能没有达到正确的硬件/软件级别，这是因为最终的部署计划可能会由于意外情况而发生变化，例如，物理位置的确定比较困难而导致更改。如果设备不能立即安装，仓库成本会增加，设备甚至可能因为超过保修期而过时。因此，应该始终有一个最佳的备件缓冲区来确保能够快速更换故障模块。另一个重要的方面就是设备的备件。库存的规模要足够完整以应对潜在的硬件和现场设备过时的安全防护问题。

另一方面，如果设备订购时间太晚，可能会给生产线的时间表带来难以估量的挑战。如果生产线饱和，订单可能需要花费比平均时间更长的时间，这会延迟新设备的安装。除了硬件的准备工作外，软件级别的调整也很重要。如果软件路线图表明软件需要尽快升级，订购预装软件的设备是没有任何意义的。

对于整体设备的组织工作而言，库存管理软件是优化设备订购的良好工具。它可以有效地跟踪物流链，并确保设备能及时到达正确的位置。

8.5.2　早期测试

尽早测试新的网络元件功能是运营商和设备提供商成功部署网络的基本任务之一。值得注意的是，该原则适用于所有的网络元件，包括 UE（用户设备）。事实上，新智能手机模型的生命周期和市场推出速度正在加速，而这种方式存在较大的风险，那就是不能够确保设备的功能或性能目标，包括确保设备具备足够的安全级别。当运营商从原始设备制造商（简称 OEM）订购了独家产品设备时，这种情况就显得尤为重要。OEM 完成了针对运营商自身要求的功能，同时也按照风险分析所表明的那样深入完成相关功能。但是在运营商的最终验收测试期间，甚至在设备启动后的商业阶段可能还会存在一些问题，例如，由于没有很好地实施第三方质量过程，产品在后期出现了问题。由于这种情况损害了运营商和 OEM 的公众形象，因而补救措施可能会花费高昂的费用。

由于从设备研究初期阶段，持续到开发阶段，以及在实际制造期间，时间表通常都非常紧迫，这意味着之前正确的项目功能模块的测试可能会被最小化，这是因为设备制造商们抱着这样一种观念，那就是新产品变型中不会出现问题的，而这可能会导致巨大的问题。因为 UE 新功能的增加，其他新的 RF 频段，新的 MIMO 和 CA 配置，多模式操作和芯片级的架构更改，这些都有可能导致出现难以预测的问题。例如，由于不同滤波器的调整，UE 先前良好的 GSM RF 性能可能遭受其他 LTE 频带的影响，从而使得 GSM RF 频带部分中的 RF 性能变得不可接受。如果 OEM 不能针对所有的频段和系统执行（重复）所有必要的 RF 性能测试，就意味着在设备的交付阶段将存在不可预测的风险。最坏情况下可能会导致设备的功能不是最佳，而这种情况只能在设备的商业运行阶段和网络操作中才能被发现。

自 20 世纪 90 年代以来，随着数字蜂窝网络和设备的发展，有许多设备在某些情况下根据产品说明不能正常工作的例子，而这些情况都是在设备投入到商业市场之前未曾发现的。这时，运营商基本上只有下面几种选择：第一、让用户接受低质量的故障设备，这甚至可能降低其他用户的质量；第二、修改网络功能，将故障设备产生的问题降到最低；第三、设备升级。通过在线升级软件来升级程序。还有可能是下面这种最大代价的情况：即从客户那里召回故障设备并升级或者完全更换设备。这种代价显然是非常昂贵的，因为该设备的商业利润可能会变为负数，特别是在设备利润最小的情况下。有时也可以修改网络功能使其能够支持故障设备，以尽量减少更换成本。该解决方案的缺点是运营商需要在更长的时间内确保调整后的网络功能，例如，软件的正常升级或者新版本的发行。这显然增加了网络管理的复杂性。因此，早期测试是运营商和 OEM 减少后续成本的最佳解决方案。

由于新的先进技术的使用以及对功能和性能的更高要求，引入 LTE/LTE-A 会进一步增加网络元件和用户设备潜在故障的概率。图 8.10 是理想的新设备制造的高级过程。这里是指任何 LTE/LTE-A 网络元件，以及具有新功能或者增强型性能的用户设备，即修改了的设备或者是新的软硬件设备。在现实生活中，错误可能仅在测试的后期阶段才被发现，这已经接近设备的计划发行日期了，最坏的情况是这可能会导致设备进入市场的时间延迟，如图 8.11 所示。

在设备制造阶段结束之前，建议对设备制造进行尽可能多的预测试，同时还要平衡费用问题。图 8.12 阐明了早期测试的概念。强调早期测试是基于这样一个事实，即设备的新功能可能对其产生干扰影响，而这种问题在产品模型初期可能会很好地得到解决。

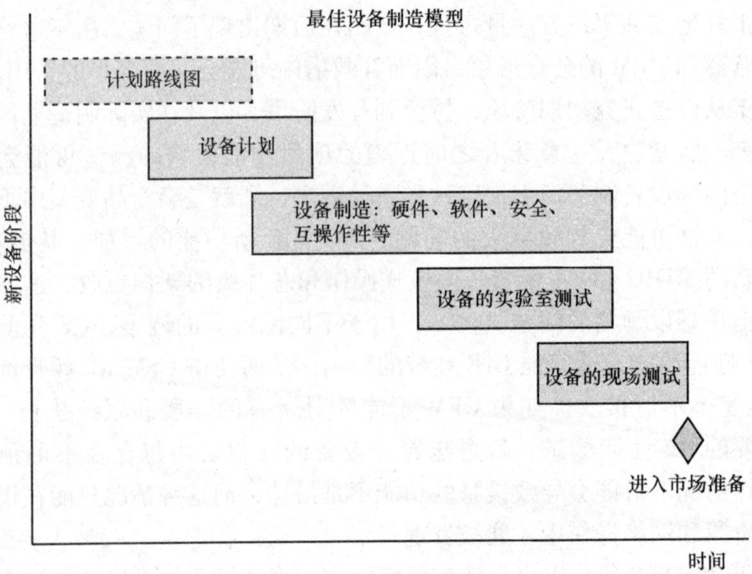

图 8.10　设备生产的一般规律

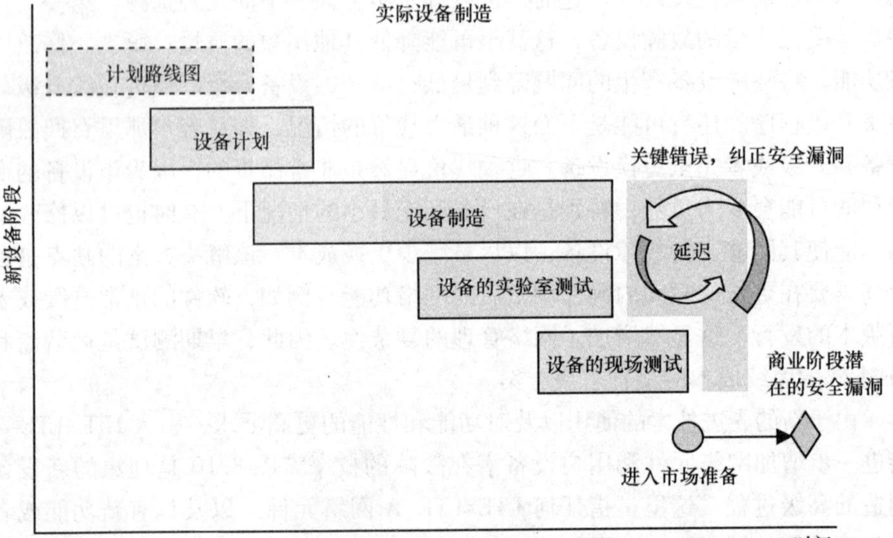

图 8.11　一个真实的场景实例，由于错误在发布之前发现得太晚导致商业市场进入有时会出现延迟

此外，可能还存在一些特定运营商的需求以及需要额外测试的重要要求。如果在现场测试阶段后期发现有关此类运营商所要求功能相关的任何问题，按时更可能会具有挑战性。这对于那些和操作系统或芯片组相关的错误来说显得

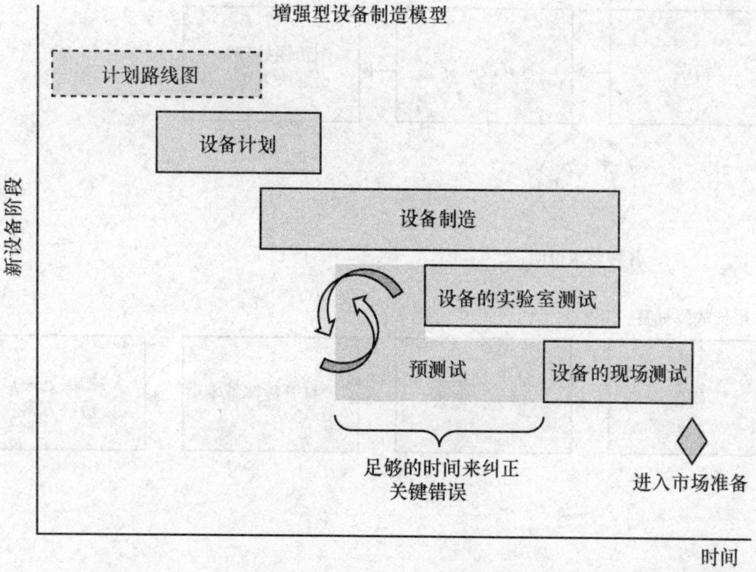

图 8.12　一旦设备原型准备就绪，通过早期的测试活动会使市场进入延迟的问题最小化

尤为重要。为了确保捕获潜在的问题，建议在开发阶段执行特定运营商的现场测试（试验、实验、友好的运营商实验室测试），以便故障管理能够对内部的纠正措施请求和第三方要求尽早做出足够的响应。设备故障的更正通常是通过打开一个修复请求来完成的，即通过已建立的过程发出故障单，如图 8.13 所示。

值得注意的是，对设备硬件和嵌入式原始设备制造商软件所造成的主要威胁不是信任链中的错误。尽管这种情况不能完全排除，例如，任何不可信任的个人都有可能会在计划或制造过程中更改设备。可以假定设备上的潜在安全漏洞（无论是诸如蜂窝基站、Wi-Fi 接入点等网络元件，还是像路由器、网桥、网关等核心元件）都是由于设计或装配线上的无意错误而造成的。尤其对于安全级别具有较高要求的设备来说，无论潜在的安全漏洞发生的根本原因是什么，对设备的功能和性能进行充分彻底的早期测试，从而识别并纠正任何缺陷都显得非常至关重要。在诸如支付解决方案等关键领域里，确保硬件功能的一个重要任务是实施认证，而这个认证通常是耗时的，但非常值得努力去做。一旦硬件获得批准并实施部署，定制的定期安全审计就会发生很大的作用，因为它可以对保护机制提供保障，并确保潜在的内部硬件缺陷在正确修复之前不会被暴露于外部世界。

相同的原则同样适用于端到端链的相应组件，包括在订阅管理（包括提供在线升级和高级远程访问方法）中对 SIM/UICC 的预期功能和互操作性进行彻底的安全测试和审核。

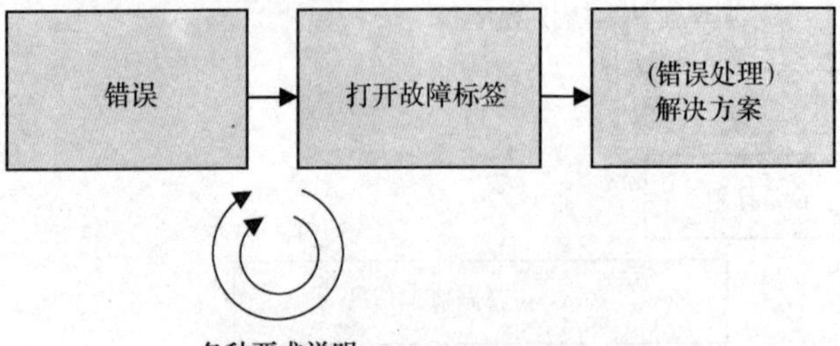

a)

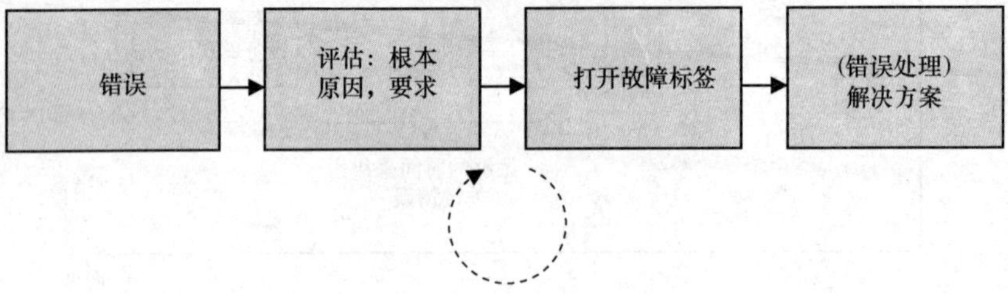

b)

图 8.13　故障标签的打开处理同样适用于 LTE/LTE-A UE 和网络元件
（为了快速处理设备的故障，最好的方法是在故障标签打开之前深入评估背景信息）

8.6　自组织网络测试和测量技术

8.6.1　原理

自组织网络（SON）是在 LTE/SAE 中引入的新技术，该技术作为下一代移动宽带网络技术的一部分，已经被 NGMN 联盟采纳并将其作为未来网络的关键要求。自组织网络的实现目标是对基站参数进行自动化配置和优化，使其保持最佳的性能和效率。事实上，SON 概念不仅在网络规划和优化中非常有用，它通过确保参数的正确设置还能解决潜在的安全漏洞问题。

在这之前，一个驱动测试团队会进入实时网络对网络性能做一个“快照”，然后把这个“快照”带回实验室来分析，以改善其设置。更多的快照能够提供更具统计意义的数据，因此这些数据为优化提供了良好的基础。但是这种基于驱动测试的数据获取过程是昂贵的、困难的，并且是不可重复的。此外这是问题发生后解决问题的被动方法，如果问题已经可见，则无助于改善用户体验，在网络部署开始时，也大量使用驱动测试，以测量蜂窝小区覆盖范围，并为小区功率、频率等设置初始参数，以控制干扰并最大化容量。

SON 应该使网络运营商能够在正常运行期间通过测量技术以及利用基站产生的数据来自动执行这个过程。这种技术减少了对特定驱动测试数据的需求，因此它可以降低运行成本。通过使用网络中生成的实时数据，并提供网络元件级别的实时反应，可以更早地对网络的变化和存在的问题进行更多的动态响应，这样可以增强客户的体验，并减少其对用户产生的影响。

SON 通过安装新的基站来简化运营商的处理流程，并降低成本和系统的复杂性以及缩短时间。在部署毫微微蜂窝时，由于运营商不是严格地控制这些蜂窝基站，而是需要依靠自动化流程将基站正确配置到网络中，因此，SON 在这方面具有明显的优势。此外，由于驱动测试优化的减少以及现场故障的勘察和维修费用的降低，最终导致站点的运行成本也降低了。所有这些都是使用自动化技术代替人工操作来节省网络的运营成本的。对于网络客户而言，基于覆盖率和质量保证（QoS）的驱动以及实际客户的使用优化，使得 SON 能够提供更好的客户满意度，并且能减少设备的停机时间或者降低故障单元的发生率。OSS（运营支持系统）的监控系统和 SON 应该协同工作，自动检测系统的使用趋势和故障，并自动采取相应的措施来实时纠正系统错误。

SON 是对自动化（或全自动化）控制和管理网络这个概念的最高级描述，其中，网络运营商只关注策略控制（准入控制、订阅服务、计费等）和网络的高级配置或规划。所有低级别的网络设计和设置实现都是由网络元件自动完成的。自组织原理可以分为三个通用领域，这些领域是与网络实际部署有关的，它们分别是配置（生成站点之前的规划和准备）、优化（获取活动站点的最佳性能）和修复（检测和修复错误故障和设备）。下面将对这三个通用领域进行详细的解释。

8.6.2　自我配置

自我配置是网络部署的第一阶段，涵盖了从“需求”（例如，改善覆盖范围、提高容量、填补覆盖漏洞）到生成网络上的一个站点这样一个过程，该站点是一个能提供服务的“活的”站点，其中涉及的主要阶段大概是：

1）规划 eNB 的位置、容量和覆盖范围。

2）设置 eNB 的参数（无线电、传输、路由和邻居节点）。

3）安装、调试和测试。

自我配置网络应该允许运营商把主要精力放在对位置、容量和覆盖要求的选择上，接下来，SON 应该能自动设置 eNB 的参数，使该站点在通电后能够正常运行。这将进一步减少启动和调试的过程，并能够在现场实施简单的“最终测试”，以确保新站点能启动并正常运行。自配网络参数的设置包括电平功率的最佳设置、站点 ID 号的选择以及正确识别邻居站点的 ID 号。邻居站点的 ID 号必须通过 eNB 和那些在 S2 接口上使用小区间干扰控制（Inter Cell Interference Control，ICIC）算法的邻居节点进行协商，这对于防止两个站点的覆盖重叠干扰是至关重要的。

8.6.3 自我优化

一旦一个站点开始运行，经常性的优化任务更多的是一种“日常维护”活动。随着该地区的地理信息的变化（例如建筑物的修建或拆除）和无线电频谱的变化（例如，运营商或其他运营商增加了新的蜂窝信号，或者在同一区域或同一塔楼内增加了其他的射频发射机），相邻站点列表、信号的干扰级别以及相关切换参数都必须做出调整以确保网络能够进行平滑的覆盖和切换。目前，可以使用 OSS 监控解决方案来检测这些问题产生的影响，但该解决方案需要一个团队进入现场，通过测量技术来获取新环境的特征，然后返回工作区，再确定新的最优设置。SON 将在网络中通过使用 UE 来获取现场所需的测量数据来自动执行这个过程，并自动将其报告返回给网络。从这些报告中可以确定新的参数设置。这将代替驱动测试团队去做此类的测量工作。通过在 eNB 中使用质量报告来优化调度算法，还可以将“自优化”概念扩展到管理 QoS 和负载平衡。

8.6.4 自我修复

当一个站点全速运作并处于活跃状态的时候，它正在创造收入，并能满足客户的需求。如果该站点出现任何问题，且无法提供服务或无法满足相应的覆盖面，那么将会使收入损失或者导致客户流失，因此必须要尽可能快地将该站点恢复到它的最大容量。SON 的第三个要素是自动检测站点何时发生故障（例如，通过监视内置的自检机制和邻居站点的报告来发现故障，这些报告是由 UE 检测生成的）。如果 SON 报告指示一个站点出现了故障，则需要采取以下两个必要措施：第一，确定故障的性质，以便把相应的设备维修小组派送到现场；第二，如果可能，将用户的网络重新路由到另外一个站点并重新配置邻居站点，以便在修复期间该用户能够在此区域得到相应的服务。修复完成之后，SON 还应该在类似于对站点进行现场调试和测试过程中关注站点的重启。因此，SON 中的自我修复功能这个概念是指故障管理和校正的自动化。

8.6.5 技术问题以及对网络规划的影响

多厂商的 RAN（无线接入网）环境下部署 SON 需要将报告和决策的参数标准化。eNB 需要从 UE 和其他 eNB 中获取测量报告，然后将其返回给运营和维护（O&M）系统来优化参数设置。如果涉及多个供应商设备，那么就必须采用标准化的格式使得 SON 的解决方案不再依赖于特定的供应商。

正在实施 SON 的设备供应商将需要开发新的算法来设置 eNB 的参数，这些参数是诸如功率电平、干扰管理（例如，子载波的选择）和阈值切换等。这些算法需要同时考虑所需的输入数据（即网络可用的数据）和所需的结果（包括与相邻小区的合作）。

此外，由于在核心网络（演进分组子系统，EPS）中实现了 SON，因此，需要把进入核心网络的数据类型和格式进行标准化。在核心网络内部，需要新的算法来衡量和优化考虑 QoS 和服务类型（例如，语音、视频、流和浏览）这两个因素来。这样做的目的是为了使运营商能够优化核心网络的类型和容量，并且能够调整 IP 路由、流量疏导等参数［例如在多协议标签交换（Mnlti Protocol Label Switching，MPLS）网络中的 IP 路由参数］。

8.6.6 网络安装、调试和优化的影响

设备供应商是能够通过开发连接 eNB 配置和客户体验的算法来快速适应客户的需求的。这里的客户体验正是通过 UE 在网络中测量得到的。其中面临的挑战是如何将 RF 规划和客户的“质量体验”在低水平的技术实施中相互结合起来。这样做的好处是，网络可以适应并满足站点用户的需求，而且不需要支付因为相关团队经常进行现场维护而带来的额外优化成本。当网络规划者的仿真环境进行网络容量/覆盖的环境仿真时，需要考虑 eNB 基站的自组织网络操作。由于运营商不能直接控制或配置基站，所以该仿真环境需要在网络中预测网络供应商的 SON 功能行为。

操作人员或者安装人员的现场测试必须验证所有参数是否正确设置并符合初始的仿真环境和模型，这将确保 eNB 基站能够提供预期的覆盖范围和性能。接着，SON 将自动优化节点，以确保在不同的运行条件（例如，业务负载、干扰）下系统能够保持理想的性能。这就减少了需要对配置和优化进行驱动测试的数量（理论上减少到零），因此，只有在发现故障或者 SON 无法进行自我修复故障的情况下才需要进行驱动测试。我们将在后面的现场网络测试中看到，一整套 RF 的 OTA 测试可以在现场安装时完成，以便 SON 能够被正确地配置和验证。我们预计 SON 通常能够降低网络初始化配置所需的驱动测试级别，但是它无法替换站点的最初的现场调试或验收测试。因此，首选的测试策略是通过初始的现场测试来进一步加强 SON 的参数设置。

在网络中运行的 SON 存在的潜在缺点是需要通过用户设备（UE）进行测量，并且这种测量需要足够的可用数据。eNB 基站能够对用户设备发出测量命令并生成相应的报告，但是定期执行此操作将对用户设备的电池寿命产生影响。当前智能手机上的电池寿命已经达到了一个极限，因此，额外的 SON 测量不应该显著降低电池的寿命。

8.6.7 自组织网络和安全

虽然 SON 概念的提出主要是为了确保网络的功能和性能，但是它也可以作为保障网络安全性的可行基础。对 SON 功能应用的一些想法包括通过在商业化前和商业网络中受控（隔离）压力测试进行自动化和可重复的安全审计。

参考文献

[1] I. Androulidakis, D. Pylarinos and G. Kandus. Ciphering indicator approaches and user awareness. Maejo International Journal of Science and Technology, 6(3):514–527, 2012.

[2] Aftenposten. The spoof GSM base stations revealed in Oslo, 16 December 2014. http://www.aftenposten.no/nyheter/iriks/Secret-surveillance-of-Norways-leaders-detected-7825278.html (accessed 4 July 2015).

[3] 3GPP TSG SA WG3 Security – SA3#25 S3-020557, 8–11 October 2002. http://www.3gpp.org/ftp/tsg_sa/wg3_security/tsgs3_25_munich/docs/pdf/S3-020557.pdf (accessed 4 July 2015).

[4] Wired. GSM spoof BTS demo, 31 July 2010. http://www.wired.com/2010/07/intercepting-cell-phone-calls (accessed 4 July 2015).

[5] Forbes. GPRS relay, 19 January 2011. http://www.forbes.com/sites/andygreenberg/2011/01/19/smartphone-data-vulnerable-to-base-station-spoof-trick/ (accessed 4 July 2015).

[6] Forbes. Information security of automotives, 8 April 2014. http://www.forbes.com/sites/andygreenberg/2014/04/08/darpa-funded-researchers-help-you-learn-to-hack-a-car-for-a-tenth-the-price (accessed 4 July 2015).

[7] J. Penttinen. The Telecommunications Handbook. John Wiley & Sons, Inc., Hoboken, NJ, 2015.GSMA. Embedded UICC Protection Profile, Version 1.0, 22 September 2014.

[8] Verizon Security Breach Report, 2015. http://www.verizonenterprise.com/DBIR/2015/ (accessed 19 April 2015).

[9] Wi-Fi security description by Wi-Fi Alliance, 2015. http://www.wi-fi.org/discover-wi-fi/security (accessed 13 June 2015).

[10] BBC. Mass snooping fake mobile towers ‘uncovered in UK’, 10 June 2015. http://www.bbc.com/news/business-33076527 (accessed 14 June 2015).

[11] 2016 Data Breach Investigation Report. Verizon, 2016.

[12] Intel Curie, 2015. https://iq.intel.com/tiny-brain-wearables-cute-button/ (accessed 15 June 2015).

[13] M. Green. A few thoughts on cryptographic engineering, 14 May 2013. http://blog.cryptographyengineering.com/2013/05/a-few-thoughts-on-cellular-encryption.html (accessed 4 July 2015).

[14] 3GPP TS 55.216 V6.2.0 (2003-09). Technical Specification, 3rd Generation Partnership Project; Technical Specification Group Services and System Aspects; 3G Security; Specification of the A5/3 Encryption Algorithms for GSM and ECSD, and the GEA3 Encryption Algorithm for GPRS; Document 1: A5/3 and GEA3 Specifications. (Release 6).

[15] M. Walker. On the security of 3GPP networks. Eurocrypt 2000.

[16] Elad Barkan, Eli Biham and Nathan Keller. Instant ciphertext-only cryptanalysis of GSM encrypted communication. Advances in Cryptology – CRYPTO 2003. Lecture Notes in Computer Science Volume 2729: 600–616, 2003.

[17] I. Androulidakis, D. Pylarinos and G. Kandus. Ciphering indicator approaches and user awareness. Maejo International Journal of Science and Technology, 6(3):514–527, 2012.

[18] Jen Valentino-Devries. Stingray phone tracker fuels constitutional clash. Wall Street Journal, 22 September 2011.

[19] WPG Harris. Harris Wireless Products Group catalog, page 4. 25 August 2008. https://www.documentcloud.org/documents/1282631-08-08-25-2008-harris-wireless-products-group.html (accessed 4 August 2015).

[20] L. Liang, S. Iyengar, H. Cruickshank and Z. Sun. Security for the flute over satellite networks. Proceedings, International Conference on Communications and Mobile Computing, Kunming, China, January 2009. Pp 485–491.

[21] M. Mahmoud, N. Larrieu, A. Pirovano. An aeronautical data link security overview. Proceedings, IEEE/IAII Digital Avionics Systems Conference, Orlando, USA, October 2009. Pp 4.A.4-1–4.A.4-14.

[22] 4G mobile broadband evolution. Release 10, Release 11 and beyond, HSPA+, SAE/LTE and LTE-Advanced. 4G Americas. October 2012.

[23] 3GPP TR 33.902, V4.0.0 (2001-09). Technical Report, Technical Specification Group Services and System Aspects; 3G Security; Formal Analysis of the 3G Authentication Protocol (Release 4).
[24] 3GPP TS 33.102, V2.0.0 (1999-04). Technical Specification Group (TSG) SA; 3G Security; Security Architecture, version 2.0.0.
[25] Example, SIM Ki key breach: http://www.gemalto.com/press/Pages/Gemalto-presents-the-findings-of-its-investigations-into-the-alleged-hacking-of-SIM-card-encryption-keys.aspx (accessed 12 April 2015).
[26] *Signal*. Incoming: What is a cyber attack? 1 January 2015. http://www.afcea.org/content/?q=incoming-what-cyber-attack (accessed 3 December 2015).
[27] Radio mines in World War II (in Finnish). https://fi.wikipedia.org/wiki/Viipurin_radiomiinat (accessed 3 December 2015).
[28] *Defense News*. Time To refocus on the EMP threat, 18 August 2015. http://www.defensenews.com/story/defense/commentary/2015/08/18/time-refocus-emp-threat/31915021/ (accessed 3 December 2015).
[29] Real Clear World. NATO tries to define cyber war. 20 October 2014. http://www.realclearworld.com/articles/2014/10/20/nato_tries_to_define_cyber_war_110755.html (accessed 3 December 2015).
[30] Suomen sotilas, historiikki Viipurin radiomiinoista. http://www.suomensotilas.fi/sakkijarven-polkka-eli-elsoa-jatkosodan-ajoilta/ (accessed 7 January 2016).
[31] Guillaume Barbu, Christophe Giraud andVincent Guerin. Embedded eavesdropping on Java Card.
[32] Dimitris Gritzalis Steven Furnell and Marianthi Theoharidou. 27th IFIP TC 11 Information Security and Privacy Conference, SEC 2012., Jun 2012, Heraklion, Greece. Springer, 376, pp.37–48, 2012, IFIP Advances in Information and Communication Technology.

第9章
监控与防护技术

9.1 概　述

本章讨论移动通信、服务、用户和应用程序的防护技术。“传统”解决方案（如防火墙）是隔离进程的重要手段，它也是一种基于IPSec网关的技术。书中讨论了监控技术的作用和原理以及订阅模块，这其中包括硬件老化的远程评估，硬件老化是出现故障的一个预兆，而这些故障可能会暴露一些安全漏洞。书中还总结了实时网络分析和防护技术，例如深层数据包审查、病毒防护和合法拦截。最后介绍了无线系统下的位置隐私和健康安全。

随着数据使用的增加，移动通信用户的数量在全球范围内的增长，移动运营商们正面临需要不断适应这种增长或者需要进一步与互联网服务提供商（ISP）建立合作关系的问题。同时，“传统”的移动运营商除了需要通过一个合理的比特管道提供语音呼叫和数据服务的功能之外，利益相关者们还面临新的挑战，例如，如何保持较好的服务性能和可用性，如何继续提供新的、丰富的、有趣的用户体验，以及如何保护网络、终端用户的内容、设备和应用程序免受已知和未知的安全威胁。如果移动运营商们能够应对这些挑战，那么他们就可以提高客户的满意度，保持业务的平稳增长。这是在当前竞争激烈的环境下任何移动运营商和任何移动虚拟网络运营商的基本任务。

智能设备的增强型功能以及具有较为复杂功能的手机正面临着新的挑战，这是因为这些功能已经成为对数据消耗需求日益增加的关键基础。因此，运营商既要满足提升互联网服务使用的需求，同时要确保在所有已部署的网络产品中对已知的和各种新的安全风险提供适当的防护。

统计数据清楚地显示，智能手机应用程序已经增加了网络的信令，这些信令可能对整体网络性能产生负面影响。从某种意义上说，由于它增加了营业收入，因此这对运营商和其他利益相关者来说是一个积极的挑战。但同时，正如本章参考文献［4］所指出的那样：合法应用程序的用户生成的这些额外信令的负载所产生的影响可能和非恶意分布式拒绝服务（DDoS）攻击所产生的影响一样。此外，特别是在应用层，新的移动设备和应用程序可能会带来更加新颖的漏洞。LTE/LTE-A 的部署正引领着全 IP 移动网络的架构，而向着全 IP 移动网络架构目标发展的总体趋势也可能打开了有助于基于 IP 的安全攻击的潜在安全漏洞。这意味着移动运营商需要不断更新其安全流程和防护机制。

9.2　个人设备

9.2.1　Wi-Fi 连接

配备 Wi-Fi 连接的笔记本电脑和智能设备等这些无线设备很容易遭受通过公共 Wi-Fi 热点连接的一些病毒和安全漏洞的攻击。无论什么时候当设备连接到公共可用的 Wi-Fi 接入点时，都应该受到合理的关注，这是因为热点流量可能已经被黑客监控了。最有效、最安全的防护方法是彻底避免在公共 Wi-Fi 区域中传输敏感的信息，因为黑客可能已经建立了一个“看起来正常”、但具有欺骗性的 Wi-Fi 热点（拥有正确的 ID 号），并通过黑客自己的计算机将用户的数据进行了重定向，这样黑客就能够监视网络中的进出流量。此外，黑客可能在登录过程中监视进入热点的新用户的合法信令，其目的是捕获凭证和计算机的身份信息，随后，黑客利用窃取的信息再次登录用户访问的服务器。由于诸如电子邮件和社交媒体之类的某些服务可能会在较长时间内保留用户的登录信息，因此，黑客一旦窃取了全部访问凭证，他们便可以通过“劫持”Wi-Fi 会话来访问原始用户的资源。

家庭 Wi-Fi 路由器也是黑客的潜在目标。从终端用户的角度来看，强烈建议使用足够复杂的密码来访问设备，建议使用另外一种同样复杂的密码来访问家庭 Wi-Fi 无线电覆盖范围内的接入点路由器。降低安全风险的另外一个简单方法就是在不使用网络时关闭路由器的电源。

9.2.2　防火墙

防火墙是限制网络数据出入的最常用的一种防护机制。防火墙可以作为一个独立的组件部署在数据网络的基础设施内，也可以集成到其他网络元件（例如 GPRS 核心网络路由器）中。防火墙是一种安装在笔记本电脑或其他无线和有线设备中非常典型的应用形式。

防火墙也可以嵌入到 SIM 卡或者 UICC 卡中。在这种情况下，应用防火墙是指 eUICC 运行环境下的功能，该功能具有限制应用程序访问或修改属于其他应用程序数据的能力。本章参考文献［7］中所描述的 Java 卡系统防火墙就是这种应用防火墙的一种实例。

9.3 IP 核防护技术

9.3.1 总则

“传统”的隔离技术是基于防火墙的。和固定网络的情况一样，移动通信网络自从部署了分组数据服务以来就已经有了防火墙。移动通信网络的核心是由那些为交换和路由功能设计的元件组成的。如果这些元件或接口通过公共IP 网络暴露给了未经授权的用户，那么黑客就可以拦截流量并干扰通信、修改内容或阻止服务。因此，防火墙给我们提供了一种直接可行的防护方法。

GPRS 为 GSM 系统开启了全 IP 概念。分组系统架构自从第一个 ETSI 97 发行版本以 GSSN 的形式发行以来就默认包含了一个初始防火墙。除了在连接GPRS 核心网络和互联网（或其他分组数据网络）的 Gi 接口中部署防火墙之外，GPRS 还包含其他接口，例如连接漫游合作伙伴（GPRS 漫游交换，简称GRX）的 Gp 接口，如果该接口的数据不能得到相应保护，漫游合作伙伴也会遭受同样的威胁。因此，基于 IP 的移动传输的安全需要额外的包过滤方法来保护网络免受欺骗攻击和计费更改。我们还需要使用网络地址转换（NAT）协议从外部 IP 地址空间来隐藏内部 GPRS 网络用户的 IP 地址（通常处于10. x. x. x 的地址空间中）。额外的流量分析方法对于发现恶意信令模式是有用的，例如，使用虚假请求来轰击 HLR（归属位置寄存器）使得 GPRS 网络出现过载的意图。

然而，情况正变得更加复杂，这是因为 LTE 系统和高级 LTE 系统的部署使得以前相对封闭和受保护的 2G 和 3G 核心网络正在向全 IP 网络过渡。一个潜在的新风险是非授权人员可以通过 IP 来访问未加密的用户流量或网络控制信令流量，而先前隔离的核心网络会通过系统架构本身来阻止这种潜在风险的发生。

内部通信链路也存在潜在的危险，例如漫游。默认情况下即使漫游合作伙伴是信任的，当黑客进入国际网络并通过这些接口渗透到漫游合作伙伴的网络时，也可能会出现恶意的攻击行为。随着公共互联网和其他不可信的外部网络越来越多地涉及路由，其安全风险自然也就增加了。随着无线电接口防护技术的发展，LTE 及其衍生产品都将需要得到保护，尤其要重点防护它们的内核，这是因为它们的内核完全是基于 IP 连接的。因此，选择好的移动运营商能确保移动系统的接口得到保护，这些接口包括连接互联网的 Gi 接口，无线电接入的 S1 接口和连接漫游伙伴的 Gp 接口[4]。

本章参考文献［4］利用独有的安全平台提出了一个整体解决方法，该平台集成了接口检查功能，这些接口是和 IPS、VPN 隧道、安全 NAT、防病毒、防机器人和 Web 安全等其他安全应用相结合的。这种集中式的安全解决方案的优点是具有策略统一的功能、单点监控和简化设置管理的报告，可简化完整设置的管理。

9.3.2 LTE 核心数据包的防护

LTE 核心网络的保护需要通过 Gi 接口和 SGi 接口屏蔽来自任何网络的攻击来实现。这种防护的其中一个挑战是现代智能设备应用程序包含的高级功能这些功能通常是基于 IP 地址的复杂应用。因此，移动运营商需要以可扩展的方式来处理越来越多的这种 IP 地址的同时，仍然能够识别单个用户的设备，例如不能将复杂通信与 DoS 攻击相混淆了。公有 IP 地址和私有域与公共域之间的转换都可以通过 Gi 接口和 SGi 接口中载体级的 NAT（Carrier Grade NAT, CGN）来处理。从 IPv4 到 IPv6 的过渡是这一发展的重要组成部分，在这过渡期间还需要在策略上考虑对这两种形式的支持[4]。

CGN 可以处理互联网社区中各种活动所导致的临时信令负载的溢出，这些活动包括当前环境下典型的随机端口扫描。除了一般的信令负载之外，还可能存在这样一种情况，那就是在移动运营商的无线电和核心基础设施内，蓄意把过载的信令聚集到所选择的目标，从而阻止网络的流量或者对所选终端用户移动设备的无线电接入进行干扰。

9.3.2.1 Gi /SGi 接口

CGN 的原理是将核心服务和设备的 IP 地址隐藏在 Gi/SGi 接口后面，使其在公共互联网中不可见。该方法可以保护服务和设备免受目标 DoS 的攻击。此外，它还可以防止潜在的设备 IP 地址被“劫持”，否则可能会导致收费攻击。图 9.1 介绍了本章参考文献［4］中给出的一个 CGN 防火墙的部署案例。

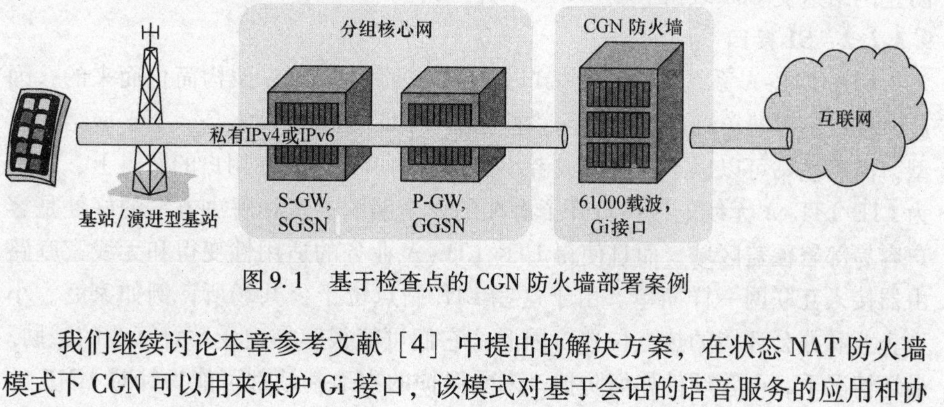

图 9.1 基于检查点的 CGN 防火墙部署案例

我们继续讨论本章参考文献［4］中提出的解决方案，在状态 NAT 防火墙模式下 CGN 可以用来保护 Gi 接口，该模式对基于会话的语音服务的应用和协议所产生的互联网流量进行了优化。状态防火墙是通过遍历流量来跟踪运行状态和网络连接特征的网络元件，因此，它能够将合法数据包从比特流中区分开来。这个案例的风险和共享 IP 地址有关，它可能会打开针对用户和运营商的超额计费攻击的后门。

本章参考文献［4］建议 NAT 防火墙（如图 9.2 所示）的理想功能应该是充当单一的可扩展网关。它通过单个 IP 地址进行管理，从而实现了单控制台的安全和策略管理的功能，这样就能简化任务并提供有效的流量均衡。这特别适用于基于机架的多网关模块堆叠的解决方案。网络流量和设备数量的增加是影响 NAT 性能和吞吐量的重要因素。

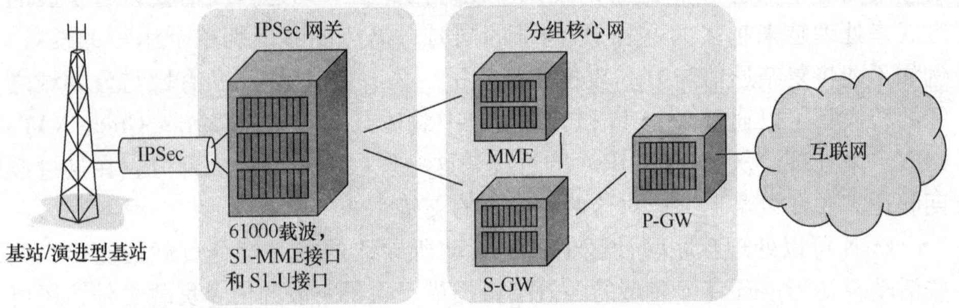

图 9.2　IPSec 网关模式下的检查点部署案例，传输 S1-MME 接口上的信令（SCTP）和 S1-U 接口上的流量（UDP 上的 GTP-U）

本章参考文献［4］进一步强调了对 NAT 防火墙的智能需求，以便该防火墙可以识别在计费攻击中有代表性的附加数据会话。NAT 防火墙需要检测发起方何时退出会话，并强制终止该特定会话。此外，NAT 防火墙需要提供具有附加安全功能（如 IPS，防病毒，URL 过滤，应用程序控制和防机器人）的深度包检测（Deep Packet Inspection，DPI）技术来保护移动网络基础设施，并防止网络遭受 DoS 攻击。

9.3.2.2　S1 接口

LTE/LTE-A 系统的无线电接口是从原来的 2G 和 3G 架构简化而来的，因此该接口不需要单独的无线电网络控制器。LTE 无线电网络是一个平面结构模型，由于基站可以以本地基站或者小区站点的形式驻留在用户的站点上，这就为 LTE/LTE-A 无线电接口打开了潜在的安全漏洞。这种解决方案的好处是客户容易部署覆盖区域，而且使得 LTE/LTE-A 业务的适用性变得和无线家庭路由器接入互联网一样简单。由于这些 LTE 站点位于公共场所，例如家庭、小型企业和办公环境的热点位置，因此，它们可能很容易遭受蓄意篡改的威胁。最坏情况下，不管硬件如何防护，未受保护的本地基站都可能为针对 MME 的攻击提供便利，这意味着我们需要对这些网络元件加以特殊防护。一个可行的解决方案是基于 IPSec 标准和安全网关的防御。

安全网关需要支持 LTE 基站和分组核心网络之间的认证来阻止来自无线电网络的未授权访问连接请求。因此，基于第三方公钥基础设施解决方案的互操作性对于 eNB 控制平面和用户平面的证书认证是至关重要的。本章参考文献［4］强调了支持封装安全有效载荷（Encapsulating Security Payload，ESP）功能和互联网密钥交换（IKEv2）功能的安全网关使用 AES、SHA-1 或 Triple-DES 加密算法确保流量的机密性和完整性的重要性，它还能防止在控制平面和用户平面上窃听数据和篡改数据。此外，网关需要支持对 S1-MME 控制平面的流控制传输协议（Stream Control Transmission Protocol，SCTP）的深度包检测功能，以防将虚假流量注入到应用程序中。扩展的网关防护功能还需提供电信级的 IPSec 吞吐量和性能，并最大限度地减少任何网络延迟。

9.3.3　漫游威胁的防护

9.3.3.1　Gp/S8 接口

对 Gp/S8 接口的防护能够屏蔽分组核心网络中和漫游相关的恶意行为。例如，当用户通过别的移动运营商网络请求服务时，运营商网络是允许通过 Gp/S8 接口接入 GRX 网络的。GRX 并不是直连每个运营商的，它实际上是一个连接漫游用户的集中式集线器。由于无线接入技术的重叠，即使涉及不可信的网络，也需要运营商在 Gp/S8 接口上以一种安全的方式来支持 LTE 分组核心网络和 2G/3G 分组核心网络之间的内部网络流量的漫游。

根据本章参考文献［4］所述，与 Gp/S8 接口相关的典型的安全威胁是以带宽饱和、数据洪泛、欺骗或缓存区中毒的形式对服务的可用性展开 DoS 攻击。此外，如果移动站能够劫持合法移动站的 IP 地址，并在用户毫无察觉的情况下开始数据下载，则 Gp/S8 接口可能容易遭受超额计费攻击。

9.3.3.2　Gp/GRX 接口

我们需要在网络漫游状态下对 Gp/GRX 接口的各种安全要求给予保障。本章参考文献［4］告诉我们的最重要任务是在运营商们的网络之间正确保护 GRX 网络免受 DoS 攻击。如果有办法能从别的 IP 网络域将 IP 数据包插入到 GRX 网络域中，那么 DoS 攻击就有可能发生。因此，安全网关需要在 Gp 接口上支持深度状态报文检测的密钥协议，这些协议分别是 GTP、SCTP 和 Diameter 协议。

GTP 是提供移动数据服务的，因此理解 GTP 流量可以简化基于运营商身份识别策略的漫游协议的实施，并防御 DoS、DDoS 和超额计费攻击。SCTP 位于移动网络的 IP 传输层。理解了 SCTP 流就很容易防御基于坏数据包的 DoS 攻击，并且能防止未经授权的网络访问。Diameter 是一个用于授权、认证、计费和 QoS 的信令协议。深入理解 Diameter 数据流能够提供一种防护方法，该方法能够在服务提供商之间不可信的公共 IP 传输网络上保证数据免受潜在的数据拦截。图 9.3 和 9.4 给出了实际的防护选择。

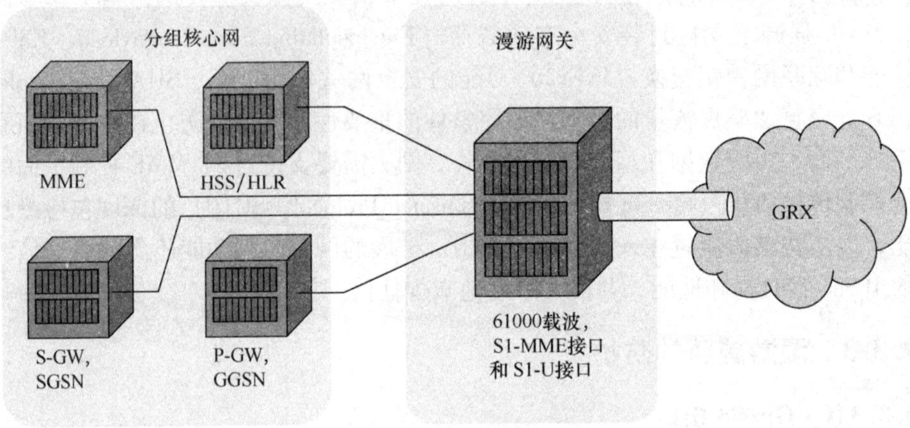

图 9.3　检查点充当漫游网关的实例

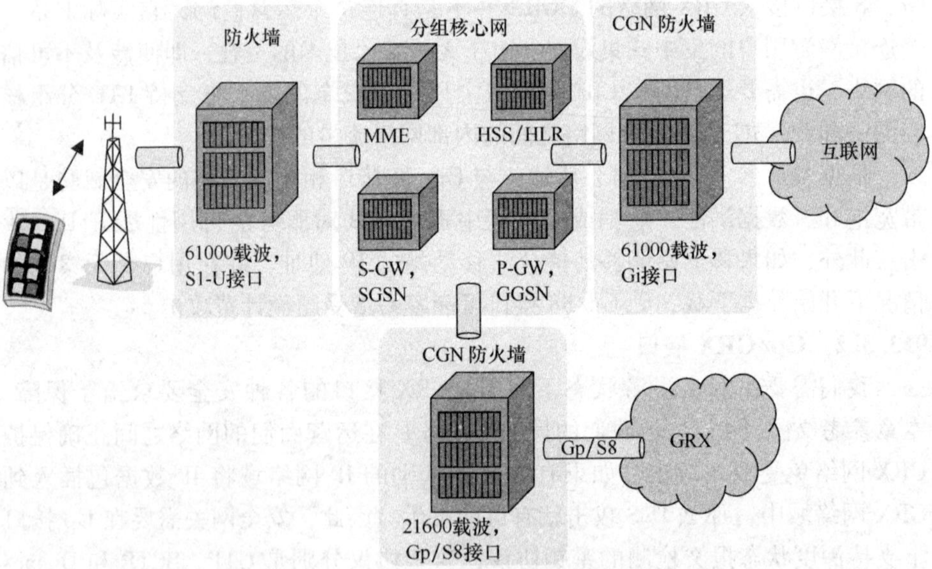

图 9.4　保护漫游网关的检查点实例

LTE/LTE-A 流量的大幅增加也导致了 SCTP 和 Diameter 的流量增加。本章参考文献［4］强调了检查这种类型流量的重要性，这是因为它能够防止像数据曝光器攻击这样的恶意行为，这种攻击行为是通过从数据包核心网络中使用未经授权的 GTP 或 Diameter 命令来实现的。

9.4 硬件故障和性能监测

总的来说，除了具体的加密和通信保护机制之外，无线安全的范围还覆盖了网络元件和接口的保护。这是合乎逻辑的，因为网络任何一点的非理想状态因素，无论是否是软件故障或硬件故障的低性能造成的原因，都可能为潜在的安全攻击打开后门。因此，应该把网络的性能监测和故障管理作为安全保证的组成部分。

监测技术包括监测所选的网络元件和接口以及用户设备的状态的手段。用户设备的状态通常可以由操作者根据所支持的功能通过远程操作来完成，它可以检索关于设备的硬件、软件和 SIM/UICC 模块的状态信息。

9.4.1 网络监测

市场上有各种类型的网络监测方法和系统，这些方法和系统可以分为监视和安全监测这两大类型。网络（计算机）监测是指对所连设备的活动和存储在其存储器中的数据的监测，或者监测诸如互联网的计算机网络中传输的数据。因此，可以将计算机安全视为网络安全和 IT 安全的同义词，它是指保护信息系统免遭窃取或者防止对硬件、软件及其所存储信息造成的破坏，并拒绝破坏性的服务或者偏离方向的服务[1]。

网络运营管理环境中所理解的网络监测是指性能监测和故障管理。如果信令或用户数据流量中的数据趋势开始显著偏离各自小区或区域，那么这两个区域就可能会存在潜在的安全威胁。网络元件供应商通常拥有监测这种威胁的解决方案，这种解决方法是集成到系统中或者是系统的附加功能，他们还可以部署外部监测工具，以便提供更加个性化和集中式的分析。

9.4.2 拒绝服务/分布式拒绝服务防护

本章参考文献［5］把拒绝服务（DoS）定义为系统性能的暂时降低，需要手动重启系统崩溃或者系统的重大崩溃导致永久性数据丢失。从计算机早期时代到图形网络和个人计算机消费市场的重大突破，DoS 并不是一个重要的话题。然而，随着依赖电子形式的服务不断增加，DoS 和分布式拒绝服务（DDos）的重要性已经成为了一个重要话题，而这种电子形式的服务正是通过公共互联网来互联的。其中，DDoS 是 Dos 更为强大的一种形式，这是因为它们使得我们日常生活的基本功能受到干扰，如银行和通信。因此，针对 Dos 攻击和 DDoS 攻击的无线系统防护任务已经成为了移动运营商们的“日常事务”。

9.4.3 存储器磨损

由于设备（包括用户设备和网络设备）的内存模块都是由物理硬件组成的，所以这些设备在开始出现故障之前，都有一定的生命周期。这对于那些经常在内存块（如 SIM/UICC）中进行读写的设备来说显得尤其重要。物理内存表面的逐渐磨损可能会导致不可预知的问题，在最坏情况下，尽管这种情况很少发生，但也可能会出现安全漏洞。因此，确保设备在其使用期间内的正常运行是非常重要的。

UICC（集成电路卡）在其有效期内足以支持移动设备实际使用寿命，或者在用户将 UICC 更换为更先进的产品之前，UICC 仍在其有效期内。降级主要是由于对存储器进行读写周期数量造成的。一些 UICC 类型支持 100 万次周期的设计标准，超过 100 万次就开始出现错误，而一些不太健壮的模型可能支持相当低的周期数量。然而，UICC 也有可能会出现意外情况，特别是当 UICC 卡中安装了一些主动信令的应用程序时，这些应用程序在默认情况下读写内存的频率远高于正常的读写频率。

移动运营商部署的监测解决方案可以跟踪订阅模块的技术功能。例如，在本章参考文献［6］中提到了一个关于 SIM 卡生存期监测工具（芯片健康监测器）的实例。这些解决方案可能包括硬件磨损的远程评估和应用程序消耗 UICC 的统计数据。不同类型的 UICC 存在一定的期望生命周期，在这种情况下，随着读/写周期次数的逐渐增加，ICC 将通过重新分配内存块来管理内存利用率。因此，相应的 UICC 磨损监测可以远程揭示潜在的安全问题以防事态进一步恶化。在这种情况下，运营商可以在 UICC 发生故障之前提示客户应该更换该设备。

9.5 安全分析

移动通信网络的安全分析已经成为移动运营商们日常工作中越来越重要的一个部分。安全分析的目的是确保所有流量都运行正常，并且不会产生意外或蓄意的恶意意图。因此，移动通信网络的安全性主要是指可能危及软件和 IT 网络的相关威胁，这种威胁可能会破坏运营商或用户的合法通信或使用费用。以下部分将介绍基于事后处理和实时监测的安全方法。

9.5.1 事后处理

直方图，即历史比较数据，这些数据是网络统计信息收集的一部分，并且可以作为进一步进行后验分析的基础，以便用来理解用户或组通信模式的偏差。无论是实时监测还是事后监测都有可能揭示潜在的针对网络、应用程序或设备的恶意行为。因此，相应的监测工具可以把历史数据作为完整的安全威胁防护过程中的重要组成部分。

9.5.2　实时安全分析

9.5.2.1　流量分析

常规网络流量往往会根据一些日常模式（办公时间和空闲时间）、每周模式（工作日和周末）和季节模式（暑假）等来建立一定程度重复性的相似模式。如果网络流量的长期模式突然发生了没有明显原因的偏离（例如在当地体育场发生了足球比赛），则可能意味着产生了恶意的攻击意图。像 DDoS 这样的网络攻击可能会试图暴力攻击网络基础设施内某些元件的凭证。

随着基于 IP 系统的移动通信网络的数量不断增加，在互联网中许多网络元件正在使用类似或等价的端到端的流量，这些网络元件是路由器、网桥以及相应的控制和监测系统。网络监控系统（Network Monitoring System，NMS）、入侵检测系统（Intrusion Detection System，IDS）和入侵防御系统（Intrusion Prevention System，IPS）分工完成系统监测。IDS 和 IPS 用于检测安全漏洞并防止未经授权的活动，而 NMS 用来检测网络的性能。然而，监视安全威胁的替代形式可能是这三种设备类型的组合。

9.5.2.2　DPI

除了需要对总体流量进行分析之外，还需要更详细地分析流量的类型和内容。DPI（深度包检测）的目的是收集信息，并在必要时根据被检查的信息或从通信内容中推断出的信息来采取相应的应对措施[1]。DPI 所面临的挑战是 IP 流量是动态增加的，并且这些流量是从多个源分发到各种接收器中。此外，流量通常涉及具有不同语法表示的各种协议以及各种分组类型和相应的端口。DPI 需要实时适应这种高度动态的环境，例如阻止对未授权的区域和内容的访问，或者限制每种通信类型的吞吐量，同时不干扰合法的流量。

DPI 解决方案需要对所有利益相关者（包括移动运营商、服务提供商和政府）共享相同的类型要求。这些要求包括正确和及时分析的可靠性，容错能力可靠性，足够大的容量以及以并行方式将分析分发到元件上的能力。例如，高级电信计算架构（Advanced Telecommunications Computing Architecture，ATCA）就是典型的符合 DPI 的行业要求。

涉及 DPI 应用程序的各种实体有很多类型，因此，DPI 的聚焦会根据实际情况做相应的调整。DPI 的一些实际作用是策略执行、网络安全、用户分析、流量监测、合法拦截、内容优化、计费量的计量、内容缓存、负载均衡和内容修改。表 9.1 总结了 DPI 的一些典型作用及实例。

表 9.1　DPI 的主要作用

PDI 重点	描　　述	示　　例
策略执行	流量整形、优化、访问控制、准入、内容过滤等功能	流量管理提供了用户之间资源的合理利用并增强了用户的体验
网络安全	防火墙，基于网络的防病毒软件应用程序，入侵检测/预防，数据泄露的防护，反垃圾邮件，垃圾邮件网络电话，垃圾邮件即时通信	Web 应用防火墙的防护并提供对弱实时、可升级的末端软件的支持；当用户设备缺乏安全性时提供基于网络（例如城域网）的安全解决方案
网络分析	通过对性能和容量分析来揭示网络功能的状态	向移动运营商们和服务供应商们提供有关网络质量的信息
用户分析	提供对用户基本行为的理解	向服务供应商和移动运营商提供对资源和服务的典型使用情况，这些信息用来优化市场营销
流量监测	网络诊断	确保及时排除故障信息
合法拦截	流量监测的监管	提供合法请求的内容
内容优化	代理和内容修改	通过降低图像和视频质量来减少所需容量；重新设计网页以优化带宽；增加虚拟用户的数量来共享资源
计费量的计量	流量容量的监测	多种方案的应用，例如，基于比特位或内容的损耗来改变数据传输速率；对不同服务提供商之间的支付进行细化
内容缓存	存储终端用户经常访问的内容	允许服务提供商通过拦截流量来选择缓存的内容
负载均衡	通过分析数据包的内容，将数据包重定向到不同的目的地址	根据总体利用率以及基于 DPI 结果的优化路径来阻止流量
内容修改	检查并修改内容	提供修改分组内容的方法，即插入 ID 号的追踪，修改数据包头，重写或添加数据包

9.6 病毒防护

一旦将第一批智能设备引入消费市场，安全威胁就开始出现了。由于智能设备是基于应用程序的，所以病毒正在成为一个重要的威胁因素，这是因为这些病毒已经在固定的IT环境中存在了多年。事实上，随着网络基础设施的保护机制的增强，这种威胁正在转向应用层。

应用商城这个概念提出的目的是在应用中最大限度地减少恶意代码所引发事件的发生。将应用程序引入应用商城之前，需要通过对应用程序的测试和认证过程。然而，这可能在某些方面还不能完全消除恶意行为。一个方面和应用程序为了正常工作所需要的安装权限有关。这是合乎逻辑的，例如，相机应用程序需从用户那里获取对照片库的永久访问权限。如果应用程序请求的权限对应用程序的正常运行而言并不是必需的，这时情况就会稍微复杂一些。例如手电筒程序要访问设备的麦克风。除了测试需要之外，即使应用程序开发人员在提交应用程序时并没有使用这种扩展类型的权限，在应用程序运行的后期也可能会遭受严重的安全威胁。例如，当应用程序的通信用于非法活动，如窃听用户的通话，或者应用程序的开发人员或某些人对应用程序进行破坏时，就会发生这种安全威胁。防止和最小化这种事件的一种方法是在安装这些应用程序之前进行评估，即：与应用程序本身带来的好处相比，是否所有的访问权限真的有必要赋予该应用程序。

在智能设备可能拥有别的与安全相关的应用当中，还存在大量的病毒防护应用程序，这些应用程序可能被嵌入到其他有用的防护工具当中。其中一些工具是收费的，而其他一些则是免费的。这些工具旨在防范恶意软件、广告软件、间谍软件和其他恶意代码。它们还能清理无用的文件，优化设备的电源利用率，管理应用程序以及通过加密提供附加的隐私保护功能。它们还可能是有用的防盗工具，如果设备丢失或被盗，可以远程清除设备里的内容。网络或服务提供商还可能把提供病毒防护及相关的工具作为终端用户服务包中的一部分。

因此，病毒防护是智能设备的基本服务。它可以是基于设备应用层的实时服务，也可以是由移动运营商或服务提供商提供的基于网络的服务。最具有可行性的选择取决于需求，记住免费工具可能同样有用，但是它的防护功能可能受限，缺乏技术支持，还可能会显示广告信息。

9.7　合法拦截

合法拦截（Legal/Lawful Interception，LI）是用来对商业、政府和军事环境通信的授权访问。合法拦截为移动和固定网络运营商以及服务提供商提供了一种方法，该方法采用“事后”分析法为合法执法人员搜集流量并识别私人或组织的通信。该方法已经在移动通信网络中长期使用。举个例子，合法拦截已经成为基于3GPP发行版97规范中第一个GPRS网络中的一部分，在“合法拦截网关”（简称 LIG）术语定义下，允许移动运营商通过 GPRS 节点对网络流量进行镜像操作。合法拦截必须遵照国家和地方法律法规执行。

LTE/LTE-A 网络中的 EPS 能够拦截通信的内容（Content of Communication，CoC）中 IP 层的内容。LTE/LTE-A 语音连接也表示经过网络电话的 IP 数据流。如果在 LTE 语音呼叫期间应用“回退”类型的功能以切换到电路交换技术中，则相应的 2G/3G 网络中也包含了合法拦截。除了用户平面的拦截之外，EPS 的合法拦截方案也可以在控制平面消息中拦截相关信息（Intercept Related Information，IRI），该控制平面消息可以识别呼叫方、LTE 终端的位置和其他与呼叫相关的信息。

EPS 合法拦截的功能架构与 3GPP 的 3G 网络的分组交换域的功能架构类似。图 9.5～图 9.7 分别描述了 MME、归属用户服务器（HSS）、服务网关（S-GW）和分组数据网络网关（Packet Data Network Gateway，PDN-GW）的配置。在 3GPP 标准中分别对 EPS 上述相关的合法拦截做了定义[8]。拦截的主要身份是 IMSI、MSISDN 和 IMEI。

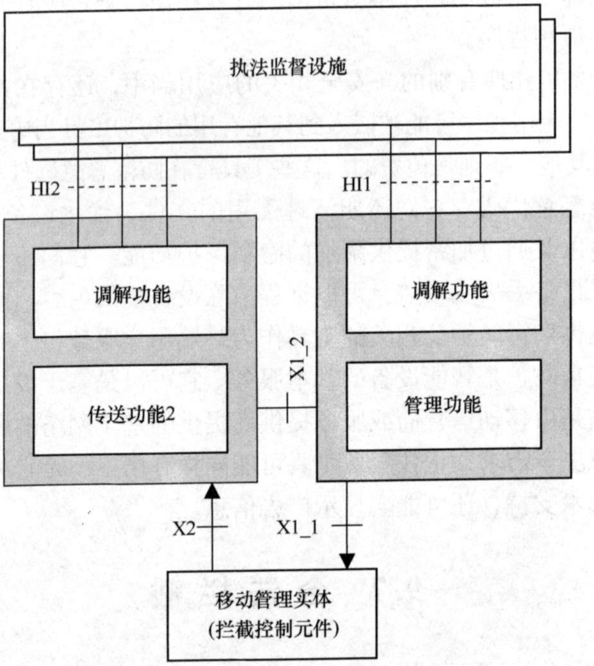

图 9.5　移动管理实体（MME）的拦截配置

当 HSS 处理信令时，MME（移动管理实体）元件管理控制平面。因此，通信的内容（CoC）的拦截只能通过 LTE/LTE-A 的 S-GW 元件和 P-GW 元件来实施。图 9.5～图 9.7 中，管理功能（Administration Function，ADMF）是一

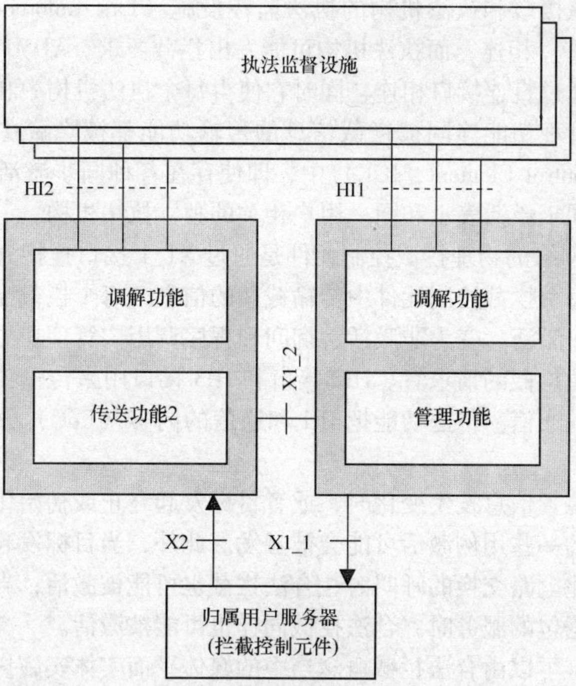

图 9.6　HSS 的拦截配置

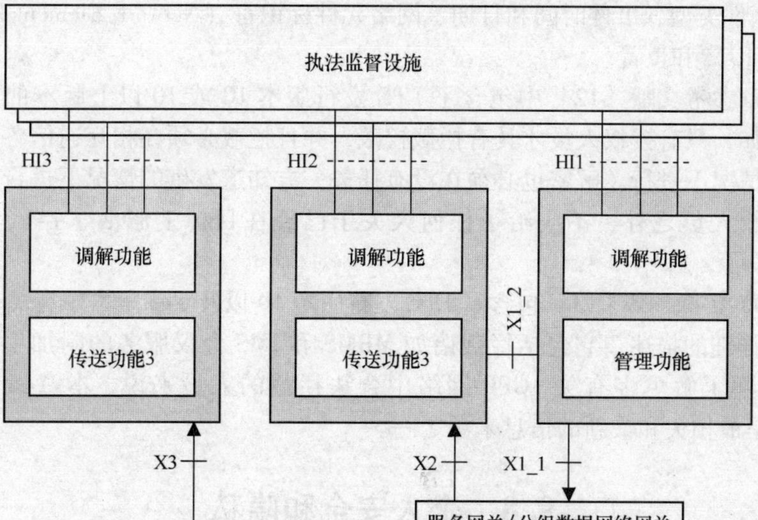

图 9.7　服务网关/分组数据网络网关（S-GW/P-GW）的拦截配置

个接口功能，该接口和执法机构的执法监控设施（Law Enforcement Monitoring Facilities，LEMF）相连，而执法机构可能发出拦截要求。ADMF 的功能与被拦截的网络元件通过直连接口相连，同时它使得每个执法机构中和拦截相关的活动彼此独立。管理功能连同被拦截信息的传输功能都被隐藏在拦截控制元件（Intercepting Control Element，ICE）中，即使存在各种同步激活的拦截功能也是如此，这些同步激活表示和同一用户相关的独立执法机构。

LTE/SAE 网络的物理拦截控制元件是通过 X1_1 接口连接到管理功能模块的，该接口从每个拦截控制元件中传输截获的信息。每个拦截控制元件独立地执行拦截，即：激活、变为非激活、询问和程序调用。管理功能模块的 HI1 接口被定义为合法拦截的请求者。HI2 接口和 HI3 接口用来传输独立传送功能和执法机构之间的通信。传送功能把 IRI 和通信的内容（CoC）分发到相关的执法机构。

当用户的位置信息发生变化时，或者目标发起终止或初始化短消息的传输时，合法拦截的一些用例激活可能会被触发。此外，当目标发起或终止一个用来终止或初始化电路交换的呼叫时，合法拦截也可能被激活；当目标发起一个初始化分组数据包的服务时，合法拦截同样也可能被激活。

通信的内容可以由合法拦截概念当中的媒体平面实体实施拦截。此外，和截获的通信相关的各种身份信息也可以被存储。从用户那里拦截到的相关监听信息包括：MSISDN、IMSI、移动设备标识符（Mobile Equipment Identifier，ME ID）、事件类型、事件时间和日期、网络元件标识符（Network Element Identifier，NE ID）和位置。

本章参考文献［12］中包含了 LTE 发行版本 10 或 10 以上版本的最新要求。例如，只有授权人员才具有拦截权限，并且拦截必须在相互通信各方都不知情的情况下进行。解密也必须在没有任务一方知道发生的情况下进行，因此除了授权人员之外，不应给予任何人关于已经在目标上激活了拦截功能的指示。

本章参考文献［13］包含了 LTE 发行版本 10 以及更高版本中有关 LTE 拦截的更详细的描述。它包括拦截诸如 MBMS 和 IMS 会议服务的附加项目。对于有兴趣了解更多有关 3GPP 网络中合法拦截的人员来说，本章参考文献［13］是最相关和最新的信息来源之一。

9.8 个人安全和隐私

9.8.1 商业移动警报系统

在 LTE 网络的 3GPP 发行版本 9 当中引入了商业移动预警系统（Commercial Mobile Alert System，CMAS），它能够推送多个并发的警告通知。CMAS 警告通知是在系统通知块类型 12（SystemInformationBlockType12）中广播的。页面请求会在 RRC_Idle 和 RRC_Connected 这两个状态下通知 UE 相关消息，而该 UE 必须具备 CMAS 功能。一旦 UE 接收到 CMAS 指示的页面请求消息时，它就开始接收基于调度信息列表的 CMAS 通知消息，这个调度信息列表中的内容可以在系统通知块类型 1（SystemInformationBlockType1）中找到。在 LTE 网络中的 MME 和 eNodeB 之间包含了另外一个程序来实现通知替换功能和通知取消功能。对应的 CMAS 信令分别如图 9.8 和图 9.9 所示。在这种情况下，MME 通过“写-替换”警告请求消息来启动一个“写-替换”程序，该消息包含消息标识符、警告区域列表、广播指令和内容。eNodeB 通过“写-替换”警告响应消息来告知消息已收到并启动广播。需要注意的是，ETWS 和 CMAS 是两个独立的服务，ETWS 消息和 CMAS 消息在 S1 接口进行区分，从而实现不同的处理。

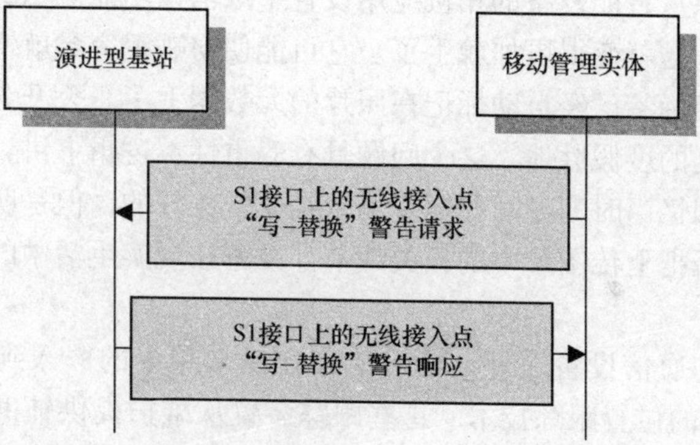

图 9.8 “写-替换”警告处理

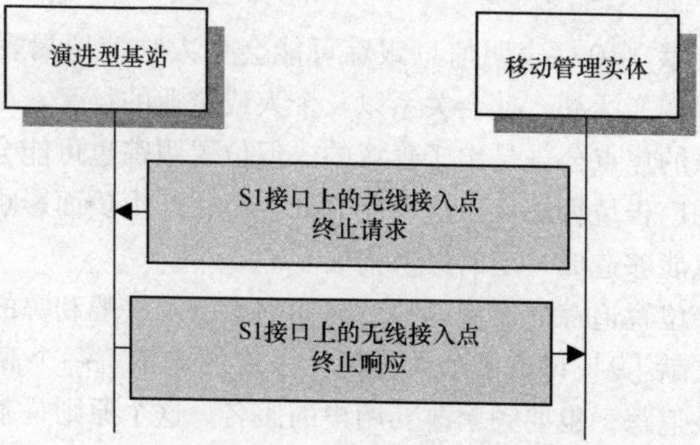

图 9.9 终止处理

通过终止程序可以停止公共预警系统（Public Warning System，PWS）消息的广播。MME 通过终止请求消息来启动该程序，该消息包含消息标识符、消息的序列号以及将被终止广播的警告区域列表。一旦 eNodeB 收到请求，就通过终止响应消息对消息进行确认并停止广播。

9.8.2 位置隐私

随着 LBS 的日益普及以及诸如卫星定位（GPS、GALILEO、GLONASS 和其他国际、国内的各种替代品）等配套技术的增强，集成移动网络服务（集合小区 ID），多小区的抵达时间和位置辅助服务，以及诸如 Wi-Fi 的其他无线系统的位置跟踪方法，这些都可能引起对个人用户隐私保护的担忧，尤其是当前用户设备提供的位置信息非常准确，其精度可以在几米范围内。

只要信息在恰当的控制中，物理位置跟踪可能不是唯一的问题。默认情况下，位置数据也可以自动嵌入到用户的照片和别的内容，除非这种功能被取消，例如，可以从智能设备的相机应用设置中取消该功能。当这些照片分享在社交媒体时，问题就变得更加棘手了。它可能使窃贼很容易就实现其任务，因为其位置和时间标签已经自动标记在照片的元数据上了。公开分享的家庭照片可表明来自遥远的度假胜地，这个问题具有双重性：逻辑上讲，在家庭成员和朋友之间能够回忆当时的时间和地点场景是非常美好的，但是明智的做法是需要仔细考虑是否把上传图片中的相关细节都暴露在现实生活中的每个人的视野当中。

除了用户的通信设备之外，还可能存在越来越多的嵌入到其他日常物体（例如汽车）中的位置跟踪技术。这些跟踪装置从维护提供辅助措施的角度来看是有用的，例如在发生交通事故的情况下。不过，比较好的办法可能是需要读取这些物体相应的隐私数据从而全面理解这些隐私数据是如何被查看到以及由谁来查看的。

本章参考文献［10］表明信息跟踪可能会令人吃惊地揭露出大量的有关个人的习惯、兴趣、活动、社会关系以及个人或企业的秘密。尽管一些服务提供商为个人提供的焦点公告是出于善意的，但位置跟踪也可能会触发无用的广告和基于位置的广告垃圾邮件，这可能对社会声誉产生负面影响，甚至犯罪分子利用这些信息能够造成一定的经济损失。

有许多关于位置追踪的发展趋势、法律因素以及一般利弊的相关文献。例如，本章参考文献［9］讨论了个人可能会采取的对策。一个高级原则是即使这些用户正在被追踪，也要频繁改变用户的假名。这个原则是基于这样一个原理：和用户互动的每个应用程序都要给它们赋予一系列新的、未使用的假名。

另一方面，通过应用匿名通信来避免这种跟踪也可能会阻止一些积极影响的产生，例如阻止高准确的位置信息嵌入到紧急呼叫中。非法行为实体想要隐藏自己的身份可能会成为非常令人关注的焦点。然而，这不仅仅是信任方个体的位置信息的暴露，而且还涉及一些重要的问题：这些信息有多准确？如何相信这些信息不会泄露给罪犯分子？在法律实体监督的情况，如何确保位置数据真实正确而不会因为个人位置的改变得出错误的结论。本章参考文献［11］研究了位置跟踪立法的一些实例，并讨论了具有通信或记录功能的商用 GPS 设备的原理。

为了应对相应的攻击，本章参考文献［10］讨论了位置隐私保护机制（Location-Privacy Protection Mechanism，LPPM）。由于缺乏系统的量化方法，本章参考文献［10］认为他们的评估和比较是有问题的。此外，关于攻击者模型的假设往往是不完整的，存在用户位置隐私信息的错误评估的风险。本章参考文献［10］通过捕获攻击者可获取的初始信息以及可能攻击的信息，为 LPPM 变型的分析提供了一个框架。该文献提出了一个简单的模型来论证能够揭露攻击的所有类型的位置信息。本章参考文献［10］还通过对攻击者行为的形式化处理，提出并论证用来量化位置隐私的恰当指标。

9.8.3 生物效应

和安全相关的远程无线项目是射频（RF）辐射。射频辐射是非电离的，这意味着它不会像过量电离 X 射线辐射那样引起遗传改变。相关调查机构和行业得出的科学共识是，唯一可以衡量射频辐射的影响因素是人体细胞的温度升高。如果辐射太多，温度可能超过健康的极限，这可以通过观察微波加热产生的影响来看到。这种情况发生在非授权的 2.45GHz 频段，由于它们的共振峰值导致在该特定频带上产生摩擦使得该波段最适合于预热水原子。然而，微波炉的辐射功率水平从数百到几 kW，远远超出通常使用功率水平为 1～2 W 的蜂窝系统的用户设备。由于这个话题与人的健康方面有关，因此，这种辩论的结果是很富有成就感的。建议采用可靠的方式来了解该主题，例如：通过高质量、可重复的科学成果，这些科学成果是通过专业的方法和设备得到的。

生物效应本身并不属于本书的范围，除非怀疑某些场景可能涉及网络攻击，例如，故意重新引导高功率射频源（如飞行雷达天线系统），如果该高功率射频源接近居民区时是非常危险的。另外一种理论情况可能涉及黑客的蓄意攻击，他们将移动设备的辐射功率水平提高到最大值，或者使电路过载或者使设备的电路短路，这样可能会使手机或电池的温度超出其允许的范围。然而，这些主题将涉及另外一些和网络攻击相关的书。官方组织有许多关于整体移动通信的指导方针和限制信息，例如国家频率监管机构。关于 RF 辐射影响的相关科学证明信息可以从各种官方消息源获得。

本章参考文献［3］指出，COST 研究结果与过去几年研究领域得到的结果基本一致，即：尚未发现在大多数职业或环境中发生的电磁场的低功率辐射所导致的不良健康影响。不过，本章参考文献［3］还指出，有关存在辐射的位置仍然有一些不确定性，并且由于新技术的出现，电磁场领域的新应用也可能进一步促进相关的研究活动。欧盟理事会建议其成员国密切关注进一步的发展并促进国家层面上的研究。对这方面感兴趣的读者可以从本章参考文献［2］中查看有关欧盟资助研究的更多细节，并且，COST 244bis 的研究中详细介绍了电磁场的生物医学效应，相关的信息可以查看本章参考文献［3］。

参 考 文 献

[1] Radisys. DPI: Deep packet inspection motivations, technology, and approaches for improving broadband service provider ROI. White paper, September 2010.

[2] Health and electromagnetic fields. EU-funded research into the impact of electromagnetic fields and mobile telephones on health. http://ec.europa.eu/health/ph_determinants/environment/EMF/brochure_en.pdf (accessed 5 December 2015).

[3] COST 244bis. Biomedical effects of electromagnetic fields, 3 November 2000. ftp://ftp.cordis.europa.eu/pub/cost/docs/244bisfinalreport.pdf (accessed 5 December 2015).

[4] Check Point. Next generation security for 3G and 4G LTE Networks. White paper, November 2013. https://www.checkpoint.com/downloads/product-related/whitepapers/wp-ng-mobile-network-security.pdf (accessed 5 December 2015).

[5] Morrie Gasser. *Building a Secure Computer System*. Van Nostrand Reinhold, 1988.

[6] Ulrich Wimböck. Securing your M2M business M2Mission Possible. Giesecke & Devrient, Belgrad, 26 September 2013. https://m2m.telekom.com/upload/Event_Presentation_2013_BS_Ulrich_Wimboeck_4276.pdf (accessed 30 December 2015).

[7] Embedded UICC Protection Profile, Version 1.0. GSMA, 22 September 2014.

[8] J. Penttinen. The Telecommunications Handbook. John Wiley & Sons, Inc., Hoboken, NJ, 2015.

[9] Alastair R. Beresford and Frank Stajano. Location privacy in pervasive computing. *Pervasive Computing*, January-March 2003.

[10] Reza Shokri, George Theodorakopoulos, Jean-Yves Le Boudec, and Jean-Pierre Hubaux. Quantifying location privacy. IEEE Symposium on Security and Privacy, 2011.

[11] GPS location privacy in the USA. http://www.gps.gov/policy/privacy/ (accessed 8 January 2016).

[12] ETSI TS 133 106, V10.0.0 (2011-05). Technical Specification, Universal Mobile Telecommunications System (UMTS); LTE; Lawful interception requirements, Release 10.

[13] ETSI TS 133 107, V10.4.0 (2011-06). Technical Specification, Universal Mobile Telecommunications System (UMTS); LTE; 3G security; Lawful interception architecture and functions, Release 10.

第 10 章

无线解决方案与无线安全的未来

10.1 概　　述

本章讨论了无线安全的未来，包括其发展趋势和大数据等关键推动因素的影响。本章还讨论了相关的安全威胁和解决方案，在强调平衡适当安全机制的重要性的同时，提供流畅的用户体验，避免大量数据传输等而导致的性能下降，随着物联网设备数量的增长这些都是可以预期的。它还总结了传感器网络的发展及其安全性。最后，本章将介绍 5G 及更高版本的移动通信系统，包括用于为未来无线技术的标准化和安全性能挑战做准备的项目。

10.2 物联网作为一种驱动力

正如 GSMA 所指出的，为未来的物联网做好准备至关重要。GSMA 和其他产业一起致力于建立移动运营商之间的共同能力。它使网络为物联网环境中的所有参与者提供创造价值的可能。GSMA 进一步得出结论，如安全、计费和收费、设备管理这些基本的功能都可以通过开发新服务来增强物联网环境。通过提供这些增值服务，MNO（移动运营商）可以超越连接，成为客户值得信赖的合作伙伴。对于远程 M2M 配置，GSMA 嵌入式 SIM 规范有望通过各自的技术规范来加速 M2M 解决方案的增长和提高运行效率，从而实现 eSIM 对于初始运营商预订以及随后在不同运营商之间订阅改变的 OTA 配置的远程配置和管理。

GSMA 认识到：不断增长的物联网环境提供了一系列的社会经济效益，但需要鼓励企业开发设备、应用程序和服务，同时消费者也要信任数据的安全。这是行业和标准化机构创建一个共同基础的好时机，因为物联网环境将在未来几年内持续快速发展。

性价比较高的物联网环境构造块包括大数据，因此需要了解各自的威胁，同时，为了避免伴随大量数据传输而导致的无线技术性能下降，需要安全机制的解决方案。在这种环境中的另一个重要元素是传感器网络，包括智能电网，如果在最初阶段不采取适当的行动，将会同样易受到攻击。

10.3 4G 的演进

3GPP 标准宣布之后，版本 8 LTE 很快进入市场。例如，2010 年 12 月 Verizon Wireless 在美国推出了 LTE，到 2012 年 11 月，Verizon Wireless LTE 网络就覆盖了超过 2.5 亿人口的区域。那时，AT&T 已经覆盖了 1.5 亿人口的区域。其他主要的美国运营商快速地推进了 LTE 部署，并且全球部署数量也在快速增长。

作为快速开发设备和服务的一个例子，诺基亚网络与 Sprint 一起实现了 2.6 Gbit/s 下行链路吞吐量演示。该演示是在单一区域情况、120MHz 聚合带宽中完成的，并且超出了当时 ITU-R 对于最完整的 4G 性能的严格要求。与此同时，NSN 发布了一份关于 Flexi Multiradio 10 基站产品系列的公告，该产品系列能够支持每个站点高达 5 Gbit/s 的峰值下行链路吞吐量。这些活动表明，5G 网络的下一个重大步骤的发展速度很快，到 2020 年可能会以标准的形式成为现实。

至于 4G 时代，到目前为止，ITU-R 已经批准了在 4G 环境下的两个系统：LTE-A 和 WiMAX2。它们共享某些重要的高级原理，因为两者的设计都是用来为所有服务传送分组数据的，包括语音传输。此外，下行链路中两个系统都基于正交频分复用（Orthogonal Frequency Division Multiplexing，OFDM）技术。

WiMAX 及其演进由 IEEE 802.16 标准集定义。类似地，与 IEEE 定义的上一代 Wi-Fi 的情况一样，它是一个开放标准，并且在被批准为标准之前，由工程界广泛修订。这提供了以这样一个规模来引入 WiMAX 设备的方法，即终端用户的成本相对较低。类似地，3GPP 标准是 LTE/SAE 设备互操作的网关，因此也是可用于规模经济的网关。

对于移动运营商来说，3GPP 和 IEEE 方法之间最重要的区别是 LTE/SAE 可以部署为现有 GSM 和/或 UMTS 基础设施内的连续体，如图 10.1 所示。反之，WiMAX 及其发展路径需要一个新的网络。LTE 和 LTE-A 的主要优点是已部署、可互操作的 2G/3G 基础设施在全球广泛应用。LTE/LTE-A 用户设备通常包括 2G 和/或 3G，其为终端用户提供无缝 LTE/LTE-A 服务，而运营商仍然可以从现有基础设施中受益。

IEEE 802.16m 或 WiMAX2 是 IEEE 802.16-2009 标准的一组附加定义。IEEE 802.16m 和 LTE-Advanced 是遵循国际移动通信 4G（即 IMT-Advanced systems）要求的两个系统。IEEE 802.16m 于 2009 年 10 月提交到国际电联

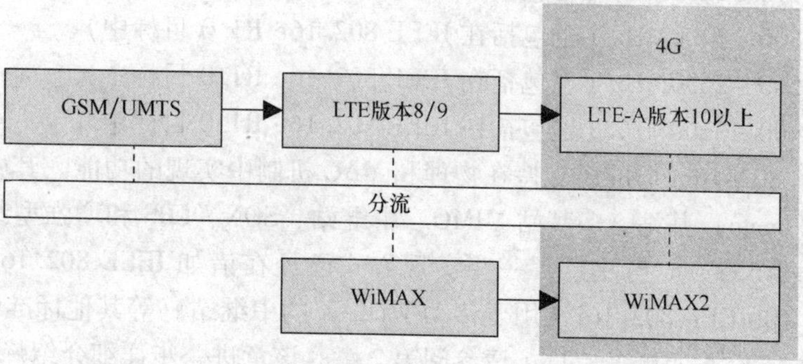

图10.1　LTE-A和WiMAX2是其自身演进路径的结果，但可以通过数据分流和互操作在合作环境中使用

(ITU)，目的是响应对IMT-Advanced的需求。按照ITU-R定义，IMT-Advanced要求在低移动性情况下最大数据传输速率可达1Gbit/s，这与IEEE 802.16m和LTE-Advanced[10]兼容。

除了高度增加的4G数据传输速率（静态环境高达1Gbit/s）之外，主要要求是，比如，支持100MHz带宽和1ms的往返时间值。IEEE 802.16m的重点在于要实现由ITU-R定义的值，同时保持与传统IEEE 802.16系统的向后兼容性。IEEE 802.16 m标准在2010年年底发布，并于2012年推出其商业版。

IEEE 802.16 m包括几个特性来达到IMT-Advanced的目标。它相应地提高了数据传输速率，并且从WiMAX 1.5版本开始提供增强的FDD支持。WiMAX2支持每载波5~20MHz的频带宽度，并且包含高达100MHz的载波聚合的可能性。在IEEE 802.16m中，载波聚合可以是连续的或不连续的。相比之下，先前的IEEE 802.16e没有载波聚合。

和IEEE 802.16e一样，IEEE 802.16m定义MIMO天线配置选项为，下行链路2×2、2×4、4×2、4×4、4×8和8×8，上行链路1×2、1×4、2×4和4×4。在IEEE 802.16 m中，2x2 MIMO的支持是强制性的。IEEE 802.16e和EEE 802.16m的双工方案是TDD、FDD和混合FDD。IEEE 802.16m的单元区域范围可达5km，以实现最佳性能，带有一定降级的服务可达到30km，而基本连接可达100km。IEEE 802.16m用户设备的速度在最佳性能时可以高达10km/h，而对于具有一定降级的车载环境速度可达120km/h，对于有基本连接的高速车载环境可达350km/h的速度。

IEEE 802.16m的目标频段如下：

· 450~470MHz（也包括在IMT-2000中）
· 698~960MHz（也包括在IEEE 802.16e R1.0目标中）
· 1710~2025MHz（也包括在IMT-2000中）

· 2110 ~ 2200MHz（也包括在 IMT-2000 中）
· 2300 ~ 2400MHz（也包括在 IEEE 802.16e R1.0 目标中）
· 2500 ~ 2690MHz（也包括在 IEEE 802.16e R1.0 目标中）
· 3400 ~ 3600MHz（也包括在 IEEE 802.16e R1.0 目标中）

IEEE 802.16m 标准还支持在物理和 MAC 机制中实现的功能。其中一些是毫微微（femto）基站、多基站 MIMO、中继站、SON、LBS 和增强型组播广播业务（E-MBS）。应当注意，一些实现方式已经在诸如 IEEE 802.16e（移动 WiMAX）和 IEEE 802.16j（用于移动 WiMAX 的中继站）等其他标准中指定。

有关 LTE-A 的更多信息，请参阅第 2 章，该章进一步详细介绍蜂窝系统。

10.4 设备的发展

10.4.1 智能卡的安全方面

基于 UICC 的安全元件（SE）无论是以传统的形式还是永久地嵌入设备中，都是非常有用的。在提供至少 TLS4 安全等级时，这些防篡改硬件解决方案仍然具有良好的基础，而要用基于软件的安全解决方案实现相同的安全等级时，则更具挑战性。随着 eSE 概念和相应订阅管理的发展，通向 5G 的最终趋势仍有待观察。由于物联网环境的快速发展，5G 可能越来越依赖于除了“传统的”SIM/UICC 概念之外的解决方案。

10.4.2 移动设备的考量因素

之前，GSM 被认为是物联网（IoT）/M2M 设备连接的逻辑基础。然而，随着 3G 和 4G 网络的部署，GSM 在消费者语音服务中的作用逐步减少，然而它能够服务于诸如嵌入到公用设施和汽车中的设备，被广泛传播。与此同时，如 LTE 的先进系统被视为没必要复杂化到去服务 IoT 领域。这一趋势表明，LTE 实际上是各种物联网服务的非常有用的基础。这一趋势的一个具体证据包含 M2M 类别（Cat M），与其他类支持数十或数百 Mbit/s 数据传输速率相比，该类支持非常低的数据传输速率（最高支持 1Mbit/s）。此外，为了进一步区分物联网设备的低比特率和窄带特性，3GPP 规范将 M2M 类别划分为 Cat M1（最初为 Cat-M）和 Cat M2（之前被称为窄带物联网，即 NB-IoT）。这种“思维改变”的原因是 LTE/LTE-A 逐渐成为全球级别的默认标准，这样可确保快速部署和大范围的覆盖区域。由于 LTE/LTE-A 比前几代中任何一代都提供了更好的频谱效率、动态可扩展性和更大容量，因此能够非常有效地支持诸如可穿戴设备等 IoT 设备。

这就是 3GPP LTE-A 版本 12 和版本 13（越来越多的定义支持 M2M 设备），是与物联网环境相关的解决方案的部分原因。Cat-M1 和 Cat-M2 特别适用于机器类通信（Machine-Type Communication，MTC）。Cat M1 提供 1Mbit/s 的峰值数据传输速率，由于 IoT/M2M 设备一般对数据传输速率没有更高的要求，因此这被视为 IoT/M2M 设备合适的基础。Cat M2 指定更窄的带宽和更低的复杂性，目的是降低设备成本和功耗。标准化领域的这种发展可以加速降低前几代移动设备的重要性，并可能会关闭在 LTE/LTE-A 之前部署的完整网络，这一速度比预期的要快，同时还会有新想法——为 MTC 提供 2G 和 3G 频率。这一发展可能会在 2017 年开始实施，届时将部署支持版本 12 和版本 13 的功能网络。

同时，芯片厂商正在准备通过提供允许数据传输速率高达 10 Mbit/s 的 1 类芯片来更好地解决 M2M 环境的设备基础。即使这个类别提供比经济高效的低功耗 M2M 设备实际上需要的更快速的连接，但与其他典型的为智能设备提供的类别 3 和类别 4 芯片相比，它仍然更好地优化了设备复杂性。

在等待 M1/M2 类芯片组时，许多当前和未来的 IoT 设备将受益于第 1 类芯片组，例如智能手表/健康设备等可穿戴设备，以及其他具有低容量的小尺寸电池，因为受益于其超低功耗的设备，或者远程定位的设备，例如需要在相同的电源下自主地工作很长时间的多用途计量表（utility meters）。

10.4.3　物联网设备的考量因素

本章参考文献［7］总结了物联网设备安全的一些关键方面。行业的主要信息是物联网设备需要包含有内置的安全解决方案，而不是仅仅依赖网络基础设施的保护机制。在设备制造中存在着将安全级别保持在最低的一个诱因，原因就是这样一来许多设备将只需要极低的成本并且设备本身也会很简单；不幸的是，对制造商以及终端用户来说，将高级安全解决方案包含在内可能会显著增加设备的总成本。

本章参考文献［7］还将针对物联网设备的网络安全威胁划分为应用程序级别和系统级别。应用程序级别包含大量非故意的和蓄意造成的安全威胁。作为后者的示例，存在着在设备中留下后门的情况（这些情况之后被揭示出来）——使许多设备易受到网络攻击，因为更新可能是非常具有挑战性的，例如路由器被部署在了没有人直接负责的地方。

本章参考文献［7］进一步讨论了虽然应用层攻击在嵌入式设备中很突出，但也发现了对系统层服务的攻击。2015 年的系统级漏洞包括，如大量报告的针对 Jeep 的安全漏洞，该漏洞被用于远程控制 'hijacking'[8]，还包括 Heartbleed 漏洞启示[9]，显示了广泛应用于嵌入式设备的 OpenSSL 密码库的弱点。Heartbleed 错误可以用来作为潜在的物联网设备的漏洞的参考，因为相当广泛的社区一直依赖于它。这是一个基本的安全威胁，因为它允许互联网上的任何人读取易受攻击版本 OpenSSL 软件保护的系统的内存。由于此漏洞，识别服务提供商和加密通信量、用户姓名和密码以及实际内容的密钥受到损害。因此，知识渊博的攻击者可以利用该漏洞窃听通信、访问服务器和用户数据并将其复制。

随着 IoT 设备数量的增长，必须确保足够高的 QoS 以及流畅的用户体验，以及足够高的安全级别，包括基于事件的、实时的欺诈检测。这需要强大的端到端加密解决方案，确保终端用户的隐私、身份以及内容保护。

本章参考文献［11］提出了一些潜在的解决方案来解决物联网设备潜在的安全漏洞。最可行的和高度逻辑化的解决方案之一是以某一种形式（传统 SIM/UICC 卡，eSE 或诸如 microSD 的外部硬件）将 SE 包含到 IoT 设备中。SE/eSE 的好处在于其设备无关性，采用水平方法。此外，SE/eSE 提供了依赖于国际标准的强大且经证实的安全机制和管理。因此 SE/eSE 是提供可行的端到端安全的未来概念。在受信任方管理其身份的情况下，它还可以支持多个应用程序。

本章参考文献［12］已经得出结论，随着越来越多的物联网设备的增加，eSE 的作用将在今后几年中至关重要。但该文献指出，传统的 SIM 卡限制了零售点和销售的数量。因此，蜂窝连接的消费电子设备的销售尚未在国际上得到发展，由于这个原因 Wi-Fi 连接已经替代了蜂窝连接。然而，该文献还指出，eUICC 在消费电子设备中的作用对于改变这一点至关重要。消费电子领域有望成为 eSIM 规格的强大适配器，作为新型连接产品的首选解决方案，GSMA 具有巨大的潜力，在物联网设备和消费者设备的生命周期中提供可互操作的配置文件管理。

商业市场预计将提供全面的服务，优化物联网通信以及融合现有技术。在 M2M 和消费领域中，高度动态地利用设备的主要组成部分是本书所述的续订订阅管理。还有与最佳通信相关的新的改进措施，如高级分流方法 Google Fi 计划[14]指出。这是一个为终端用户提供流畅和无缝的无线体验的项目，通过选择蜂窝网络和 Wi-Fi 热点来优化通信方式，与领先的运营商和硬件制造商紧密合作。

10.4.4 传感器网络和大数据

大数据是指“传统”数据处理应用程序无法处理的大量数据或复杂数据。不仅是数据本身的数量，而且在存储、分析、校正、搜索、共享、传输和呈现数据时，在收集和发布过程中出现了许多问题。有趣的是，本章参考文献

[20] 指出，如此多的数据常处于存储状态，没有进一步的分析。

大数据的一个重要贡献者预计将是分布式无线传感器网络（Wireless Sensor Network，WSN）。即使在这样的环境中单一设备产生的数据并不多，由密集的 WSN 内的所有传感器产生的累积数据可以在很大程度上代表大数据。因此，一个正在进行的研究领域，是在密集分布式传感器网络中，大数据采集领域的节能方法和技术[16]。虽然对隐私的妥善处理同样重要，但仍存在重大的商业机会。

大数据技术发展的驱动因素之一是向中央处理点流入的数据量的大幅增加，以及对这些处理点（即基于服务器的技术）输出需求的增加。随着新设备产生越来越多的数据，包括加速度计、摄像机和 GPS 等各种设备，这种趋势仍在继续[17]。为了处理这么大量的数据，需要新的思维和解决方案，例如流处理。此外，还需要优化的方法，例如更简单的部署工具、编程接口和库，以便处理和挖掘数据源。

正如本章参考文献 [18] 指出，通过云计算的大数据是从数据中心和终端设备分流大量计算和数据的可行方法，因为它提供了灵活性、可扩展性以及经济节约的特点。然而，云计算可能不是最佳应用，因为它需要实时响应时间和移动性支持。对于 WSN，操作区域需要靠近物理世界，然而云可以管理网络边缘的部分数据存储和计算。这是研究界的另一个有趣的领域——在无处不在的 WSN 环境中为大数据开发提供解决方案，包括相关的计算、存储、数据分析、挖掘和分布式算法，同时确保足够的 QoS 和系统完整性。

通过当前的和新型传感器技术生成大数据过程，以及收集和分析数据中的技术进步，也可能引起对个人隐私和数据安全问题的担忧。例如，本章参考文献 [19] 报告了关于无线环境传感器的 Google 演示，强调这些传感器因为其使用或误用不间断的数据收集而可能暴露潜在信息。该装置由几百个无线设备组成，用来探测噪声等级、湿度和温度。WSN 基于 ZiGBee 连接。该网络将 4000 个连续流数据生成到云平台，作为数据的入口点，然后使用 Google Compute Engine 进行后续处理，使用 Google BigQuery 进行分析，并使用交互式 Web 应用程序来显示。该演示指出了管理大数据的手段，以及基于云开发系统的好处。然而，本章参考文献 [19] 提醒我们，如果传感器被摄像机和运动传感器取代，设置可能会更容易受干扰。

本章参考文献 [21] 指出，在大数据分析方面存在社会效益，例如科学和医学研究中。如果妥善处理，这些数据可以促成新的创新，从而提高生活质量。然而，重要的是小心处理环境的直接测量和大数据的收集及其后期处理。因此，需要适当的技术和法规来确保数据安全存储并进行相应处理，以免危及隐私权。ICO 的相关文献[21]中可以看到为下一轮做准备的一个例子，其中指出了大数据领域对数据保护和隐私风险的兴趣，并提出了解数据保护问题的必要与如何遵循数据保护法（Data Protection Act，DPA）的建议。

10.5 5G 移动通信

10.5.1 标准化

因为4G 的概念是按照国际电联（ITU）的 IMT-Advanced 需求定义的，5G 代表了一个比4G 更高效的系统的想法。全球5G 标准的目标是提高数据传输速率和加快响应时间。即使5G 的实际形式仍然不清楚，但5G 的整体概念已经产生了很大的兴趣。讨论的重点是到2020 年实现无缝连接的社会。5G 的理念是，通过融合系统和技术，将人们、事物、数据、应用程序、交通系统、城市连接到一起——换句话说，万物都可以连接。因此，5G 可以作为确保物联网顺利发展的整合平台，并作为智能网络通信的推动者。

ITU-R 已经建立了一个通过 IMT 为 2020 年及以后（即 IMT-2020）开发 5G 的计划，即“IMT-2020”，它是 ITU 的 3G 的 IMT-2000 和 4G 的 IMT-Advanced的需求描述之后的下一个演进步骤。该计划为国际 5G 研究活动奠定了基础，ITU-R 的目标是确定一个 5G 移动宽带社会的愿景，这又是 WRC 在国际电联频率分配讨论中的有力依据。世界 WRC 是决定如何最有效地重组目前频段，以便在国际范围最有效地使用即将到来的 5G 网络的重要论坛。

更具体地，ITU-R WP5D 工作组正在积极推动与5G 的技术进展和要求相关的信息共享，包括愿景和技术趋势、要求、RF 共享和兼容、对应用和部署的支持，以及最重要的 IMT 规范。

推动5G 开发的活跃的标准化机构之一是3GPP，它致力于将候选技术提交给 ITU-R 的 IMT-2020 过程。计划于 2019 年 6 月为 ITU-R WP5D 第 32 次会议提交初始技术说明书，并计划于 2020 年 10 月为 ITU-R WP5D 第 36 次会议提交详细的规格说明书[15]。为了相应地调整技术规范工作，3GPP 已经决定根据 2019 年 12 月之前冻结的规范来提交候选提案。对于 3GPP 规范，5G 对若干个技术领域都具有影响，其中最清晰可见的是无线电接口，目标是在响应时间显著减少的同时，大大提高理论 4G（并因此增加 LTE）的数据传输速率。因此，无线电接入网络技术规范组（3GPP RAN TSG）致力于识别 IMT-2020 要求以及新无线电接口的 3GPP 要求和范围，以并行方式工作来增强作为 3GPP 的 LTE-A，即 4G 阶段的 LTE 演进，以及要符合国际电联的 IMT-Advanced 要求。

10.5.2　概念

5G 指第 5 代无线系统。它们属于超越目前的 4G 网络以外的移动通信标准的下一个主要阶段，将符合即将到来的 ITU-R 的 IMT-2020 要求。与当前 4G 系统相比，5G 的理念是以更少的延迟提供更快的数据传输速率，从而有助于在无线环境中适应更先进的服务。

业界似乎认可 5G 是新颖性的组合，尚未开发和标准化的解决方案、现有系统（包括商业上可用的移动的各代）以及其他可行的无线接入技术，这些技术共同促成了数据传输速率的显著提高（至少为当前 LTE-A 的 10 倍），更低的延迟（几乎为零）和支持增加的容量需求（成千上万的同时连接的消费者和 M2M 设备）。由于 5G 的关键推动作用，一些预期的先进的使用案例包括支持触觉互联网和增强（虚拟）现实，提供了全新、流畅和极具吸引力的用户体验。

目前，关于 5G 的具体形式有很多想法。一些主要的运营商正在通过具体的演示和实验来推动技术实践，目的是促进标准化，从而加快系统定义。虽然这些活动有利于 5G 的全面发展，但直到国际标准化确保共同商定的 5G 定义，从而促进全球 5G 互操作性为止，这些活动代表的都是专有解决方案。

5G 是移动通信领域长期发展的结果，其根源可以追溯到 20 世纪 80 年代，当时 1G 移动通信网络开始成为现实。从那时起，4G 以来的新一代基于早期的经验和学习，为开发人员提供了一个基础，用于设计提高系统的访问、传输、信令和整体性能的安全性和技术。尽管目前仍在部署高性能 4G 网络，电信行业已经认识到，由于人们对不断发展的多媒体的无休止的需求，极大地需要更快的终端用户数据传输速率。5G 将能够应对极具挑战性的容量需求，提供适用于几乎所有需求的流畅的用户体验，直至最先进的虚拟现实应用程序。与此同时，指数级增强和增长的物联网需要新的安全措施，包括潜在的安全漏洞监测和预防。

5G 将响应高级多媒体应用中消费者不断增长的需求，并解决指数级增长的物联网环境的巨大需求。随着新的 M2M/IoT 应用和服务的出现，预计将会有角色转换技术的发展，并提供依赖、支持和补充现有技术的新思想。5G 是市场中的现有系统一起管理以及该环境的最合理的基础之一。

对于新 5G 时代的安全保障，在 SIM/UICC 和订阅类型的“传统”形式中可能会产生影响，因为环境将更加动态，不断变化的设备可能会使用单一用户的订阅数据和凭据。目前正在努力开发可互操作的订阅管理解决方案，以实时响应更改订阅的需求，从而为这一始终连接的高速数据社会提供了一个构建块。5G 时代，消费者和 M2M 设备物理上看起来的外观会是怎样，还有待观察，但可以肯定的是，与以前的移动网络相比将有更多的品种，包括每个用户的多种可穿戴设备，以及在互连社会中参与了我们日常生活的高度先进的控制和监测设备。随着这些全新类型的机器的出现，SIM/UICC 等可移动订阅身份模块的作用将会发生变化；体积更小的个人设备需要规格更小的元件，这意味着 eSE 的数量将增加。同时，需要进一步开发解决不断变化的订阅的技术以及基于软件和硬件的安全解决方案。在 5G 时代，基于云计算的安全解决方案（如标记化和 HCE）的可行性，以及基于设备的技术（如 TEE）的进一步发展将是非常重要的。

10.5.3 行业调研举措

有各种各样的移动运营商（MNO）和网络设备供应商参与实际的现场测试，并且已经建立了若干调查方案来研究新系统思想的可行性和性能。例如，Verizon 已经建立了一个 5G 技术论坛，而欧盟（EU）则负责协调在不同团队的 5G 研究项目。关于欧盟资助的最新 5G 研究计划的更多信息可以参见本章参考文献［13］。

10.5.4 5G 在物联网中的作用

直到国际电联（ITU）正式决定各自的需求，并从候选系统中选择合适的技术为止，5G 仍在头脑风暴的阶段，但很显然5G 系统的目标是解决大量增长和不断发展的 IoT 领域出现的问题。我们可以预期有许多新颖和未来的解决方案，例如集成的可穿戴设备、家用电器、工业解决方案、机器人、自动驾驶汽车以及其他能从 5G 网络中获益的解决方案，5G 网络可以被认为能够支持越来越多的并发信号以及“永远连接”的设备。

目前正在进行的关于开发移动通信中的下一个重大步骤（即5G）的工作，将物联网作为一个基本组成部分。即使 5G 的一些最重要的关键目标是，利用诸如多天线系统[6]的先进技术，提供与几乎零延迟的 4G 系统相比还快数倍的多重数据传输速率，但它们仅代表了整个技术的一部分。在即将到来的 5G 中，另一个同样重要的方面是管理大量 IoT 设备的能力——有可能在单个无线电小区下管理数千个设备——这意味着整体数据传输速率预算将在这些通常相对较低的比特率机器之间分配。

除了“传统”类型的物联网设备，如具有集成移动通信系统的可穿戴手表、汽车通信系统和公用事业计量表外，还有一些新兴技术领域，如自动驾驶汽车和无人机，其功能需要高可靠性以及安全通信[4]。有关物联网开发的更多信息请参见本章参考文献［1-3，5］。

参考文献

[1] IoT white papers of GlobalPlatform. http://www.globalplatform.org/mediawhitepapers.asp
[2] IoT descriptions of RedBite. http://www.redbite.com/the-origin-of-the-internet-of-things/
[3] IoT definitions of WordPress. https://iotomorrow.wordpress.com/origin-definition/
[4] BBC. Drones: http://www.bbc.com/news/technology-34088404
[5] Nokia. LTE-M: Optimizing LTE for the Internet of Things. White paper. http://www.gsacom.com/downloads/pdf/Nokia_lte-m_-_optimizing_lte_for_the_internet_of_things_white_paper_2015.php4
[6] Nokia. LTE Multi-antenna Optimization. White paper. http://www.gsacom.com/downloads/pdf/Nokia_multi-antenna_optimization_in_LTE_white_paper_2015.php4
[7] Alan Grau. Security framework for IoT devices, 1 December 2015. http://www.embedded.com/design/safety-and-security/4440943/Security-framework-for-IoT-devices (accessed 30 December 2015).
[8] *Wired*. http://www.wired.com/2015/07/hackers-remotely-kill-jeep-highway/ (accessed 30 December 2015).
[9] Heartbleed bug report. http://heartbleed.com/ (accessed 30 December 2015).
[10] Rohde & Schwarz. IEEE 802.16m technology introduction. White paper, 2010.
[11] Ulrich Wimböck. Securing your M2M Business; M2Mission possible. Giesecke & Devrient, Belgrad, 26 September 2013. https://m2m.telekom.com/upload/Event_Presentation_2013_BS_Ulrich_Wimboeck_4276.pdf (accessed 30 December 2015).
[12] Beecham Research Ltd. Benefits analysis of GSMA embedded SIM specification on the mobile enabled M2M industry, 2014.
[13] European Union, 5G initiatives. http://ec.europa.eu/digital-agenda/en/towards-5g (accessed 30 December 2015).
[14] Google Fi project, 1 January 2016. https://fi.google.com/about/ (accessed 1 January 2016).
[15] Tentative 3GPP timeline for 5G. 17 March 2015. http://www.3gpp.org/news-events/3gpp-news/1674-timeline_5g (accessed 1 January 2015).
[16] Daisuke Takaishi, Hiroki Nishiyama, Nei Kato and Ryu Miura. Towards energy efficient Big Data gathering in densely distributed sensor networks. IEEE, 2014. http://ieeexplore.ieee.org/xpl/articleDetails.jsp?tp=&arnumber=6800057 (accessed 6 January 2016).
[17] Big Data now. Current perspectives from O'Reilly Media, January 2015. http://www.oreilly.com/data/free/files/big-data-now-2014-edition.pdf (accessed 6 January 2016).
[18] Fu Xiao, Chongsheng Zhang and Zhijie Han. Big Data in ubiquitous wireless sensor networks. *International Journal of Distributed Sensor Networks*, March 2014. http://www.hindawi.com/journals/ijdsn/2014/781729/ (accessed 6 January 2016).
[19] Google's wireless Sensors: Big Data or Big Brother? *Network Computing*, 22 May 2013. http://www.networkcomputing.com/wireless-infrastructure/googles-wireless-sensors-big-data-or-big-brother/a/d-id/1234212? (accessed 6 January 2016).
[20] SAS. Big Data. http://www.sas.com/en_us/insights/big-data/what-is-big-data.html (accessed 6 January 2016).
[21] Big Data and data protection. Data protection act, Information Commissioner's office, Version 1, June 2014.

北京市版权局著作权合同登记 图字：01-2017-0902 号。

图书在版编目（CIP）数据

物联网通信安全及解决方案/（美）于尔基·T. J. 潘蒂宁（Jyrki T. J. Penttinen）著；李爱萍等译. —北京：机械工业出版社，2018.3

书名原文：Wireless Communications Security: Solutions for the Internet of Things

ISBN 978-7-111-59004-0

Ⅰ. ①物… Ⅱ. ①于… ②李… Ⅲ. ①互联网络-应用-计算机通信-安全技术②智能技术-应用-计算机通信-安全技术 Ⅳ. ①TP393.4②TP18

中国版本图书馆 CIP 数据核字（2018）第 014439 号

机械工业出版社（北京市百万庄大街 22 号 邮政编码 100037）
策划编辑：吕 潇 责任编辑：朱 林
责任校对：张 薇 封面设计：马精明
责任印制：孙 炜
北京玥实印刷有限公司印刷
2018 年 4 月第 1 版第 1 次印刷
169mm×239mm · 21 印张 · 362 千字
0001—2500 册
标准书号：ISBN 978-7-111-59004-0
定价：99.00元

凡购本书，如有缺页、倒页、脱页，由本社发行部调换

电话服务	网络服务
服务咨询热线：010-88361066	机 工 官 网：www.cmpbook.com
读者购书热线：010-68326294	机 工 官 博：weibo.com/cmp1952
010-88379203	金 书 网：www.golden-book.com
封面无防伪标均为盗版	教育服务网：www.cmpedu.com